弧焊物理过程建模与数值分析

樊 丁 黄健康 著

U0221100

科学出版社

北京

内 容 简 介

本书在介绍弧焊过程的相关概念、物理意义及电弧特性的同时，系统地介绍了电弧-熔滴-熔池耦合作用下的大量过程建模与数据分析。全书内容分为 9 章，主要介绍了传热传质的基础理论、TIG 焊电弧数值分析、活性 TIG 焊接过程建模分析、AA-TIG 焊接过程建模分析、GMAW (熔化极气体保护焊)焊接过程、外加磁场与金属蒸气作用下焊接电弧行为数值模拟研究、焊丝熔化以及熔滴过渡的数值模拟、焊接过程中熔池行为、熔池与表面行为以及焊缝形貌数值模拟及分析。本书在讲解理论知识的同时，翔实讲解了弧焊过程、数值模拟过程及所得结果数据，并提供相关实例。

本书可作为焊接技术与工程专业研究生从事焊接的教学参考书，也可供从事焊接研究的工程技术人员参考。

图书在版编目(CIP)数据

弧焊物理过程建模与数值分析/樊丁, 黄健康著. —北京: 科学出版社, 2022.1
ISBN 978-7-03-071316-2

Ⅰ.①弧⋯ Ⅱ.①樊⋯ ②黄⋯ Ⅲ.①电弧焊-物理过程-系统建模 ②电弧焊-物理过程-数值分析 Ⅳ.①TG444

中国版本图书馆 CIP 数据核字（2022）第 006559 号

责任编辑: 赵敬伟 郭学雯 / 责任校对: 彭珍珍
责任印制: 吴兆东 / 封面设计: 无极书装

科学出版社 出版
北京东黄城根北街 16 号
邮政编码: 100717
http://www.sciencep.com

北京中石油彩色印刷有限责任公司 印刷
科学出版社发行　各地新华书店经销

*

2022 年 1 月第 一 版　开本: 720 × 1000　B5
2024 年 1 月第二次印刷　印张: 23 1/2
字数: 474 000

定价: 189.00 元
(如有印装质量问题, 我社负责调换)

序 一

　　焊接是一个涉及电弧物理、传质传热、冶金和力学的复杂过程，采用理论方法研究，很难准确地解决生产中所有问题。因此，在研究焊接生产技术时，往往采用实验手段作为基本方法，即"理论—实验—生产"模式，但大量的焊接实验增加了生产的成本，且费时费力。

　　随着计算机软硬件技术的快速发展，引发了智能制造技术的热潮，这其中就包括焊接热加工过程的数值模拟。焊接数值模拟技术的出现，为焊接生产"理论—数值模拟—生产"模式的发展创造了条件。焊接数值模拟技术的发展使焊接技术正在发生着由经验到科学、由定性到定量的飞跃。在这样一个背景下，兰州理工大学在这方面开展了大量的工作，樊丁教授及团队以焊接过程中的电弧物理为研究对象，通过数学物理建模与数值模拟来深刻揭示弧焊过程中特有的物理现象及机制。樊丁教授曾多次赴日本大阪大学接合科学研究所原所长牛尾诚夫教授研究室深造与合作研究，他以充沛的精力和深刻的洞察力，在多方的支持下，经过三十余年的辛勤努力，开展了电弧、熔滴、熔池及其耦合行为的实验及数学物理建模与数值分析方面的研究，并取得了丰硕的科研成果。

　　《弧焊物理过程建模与数值分析》这本书对弧焊过程数值分析的相关理论知识和建模过程进行了详细的讲解，从质量、动量、能量和电荷的守恒定律出发，从微观机制上系统地描述传热传质动量传输行为，对电弧—熔滴—熔池体系的流体动力学状态和传热过程建立数理模型，分析和计算整体或局部的流场、热场、电磁场，获得表征焊接过程的基础数据。综合考虑焊接热源的热-力作用，通过建立适用的和恰当的焊接热源模式，对该热源模式作用下的焊接热场进行数值模拟与仿真。本书对此有详细的实验数据和细致建模讲解，并结合作者近几年的研究成果而整理出许多有重要意义的案例分析，能够为广大学习焊接过程数值模拟的读者提供指导。

　　本书是他科研成果的一个阶段性总结，本书有助于推动我国焊接学科发展及人才培养。

陈剑虹

2022 年 1 月，兰州

序　二

　　焊接技术已发展成为制造业中最重要的基础加工工艺之一，标志着国家的制造技术水平不可替代。目前所使用的焊接方法依然以弧焊方法为主，研究弧焊过程对焊接技术的发展具有重要意义。焊接物理过程主要包含电弧物理、热量传输、质量传输、液态金属流动等，这是一个极其复杂的过程。随着计算机技术的快速发展和数值模拟技术的应用，数学物理建模与数值模拟对焊接研究以及焊接生产具有重要的指导作用，因此亟待出版该方面的专著。

　　兰州理工大学樊丁教授以电弧物理—熔滴过渡—熔池流动行为为主线，经过艰辛努力完成了本书稿。本书通过介绍如何建立焊接电弧物理、熔滴过渡、熔池流动行为的数学模型，分析控制方程以及边界条件，进行数值模拟计算，为深入理解焊接过程中的复杂物理现象提供途径，进而为实现焊接过程自动化提供重要而实用的理论依据和基础数据。熔滴过渡行为和熔池流动行为是近年来焊接过程数值模拟的重点和难点，本书对此有详细的建模讲解，并结合作者近几年的研究成果而整理出许多有重要意义的案例分析，能够为广大学习焊接过程数值模拟的读者提供指导。当今信息时代的发展，运用数值模拟技术将大大提高焊接技术研究的科学水平，大量节约实验所需的人力、物力，其具有十分重要的理论意义和工程实用价值。

　　樊丁教授曾多次赴国际焊接物理权威机构 (日本大阪大学牛尾诚夫教授研究室) 深造与合作研究。经过三十余年的辛勤努力，在电弧、熔滴、熔池及其耦合行为的实验及数学物理建模与数值模拟方面取得了丰硕的科研成果，培养了以石玗、张瑞华为代表的博士研究生 16 名，硕士研究生 60 余名。本书便是他科研成果的一个阶段性总结，有助于推动我国焊接物理学科发展及人才培养。特此推荐。

冯吉才

2022 年 3 月，哈尔滨

前　言

　　焊接技术作为材料加工工艺的一种不可替代的重要方法,以它独特的优势已成为国民经济发展中的一个重要支柱,其广泛应用于航空航天、船舶车辆、能源化工、微电子技术、海洋工程等重要领域。不言而喻,焊接技术对于推动国家现代化建设和科学技术的发展都起着举足轻重的作用。

　　焊接过程中的难点以及重点便是焊接过程中的物理现象,主要包括电弧物理、热量传输、质量传输、液态金属流动等复杂过程。本书将以电弧物理—熔滴过渡—熔池流动行为—焊接温度场为主线,通过数学物理建模及模拟计算来对弧焊过程中所涉及的各物理过程进行深入研究,从数值分析的角度来深刻揭示弧焊过程中特有的物理现象与机制。

　　本人于 20 世纪 80 年代,师从陈剑虹教授,之后多次在日本大阪大学接合科学研究所牛尾诚夫教授研究室从事焊接物理及数值模拟相关的学习研究工作,并先后与日本大阪大学、美国肯塔基大学、乌克兰巴顿电焊研究所、德国弗劳恩霍夫研究院等开展学术交流。作者的多项研究工作被国际上的同行专家引用,并获得了同行们的高度认可。由于作者多年来在该领域做了大量的教学与研究工作,主持完成多项国家自然科学基金项目,取得了一系列的科研成果。因此,作者希望通过本书可以系统地总结自己过去三十余年的学术研究与教学成果,以供广大读者学习参考。

　　本书将在数理概念、数值模拟理论及软件基础上分别从弧焊过程中的电弧、熔滴过渡、熔池、温度场及其之间的相互耦合影响来探讨弧焊过程中各物理机制的变化,揭示弧焊过程中各部分相互作用的本质。

　　在基础理论方面,首先简要介绍弧焊过程数值模拟的特点及焊接数值模拟的基本方法、内容和意义,其次将系统地阐述焊接过程中几大物理过程所涉及的数学方程,为焊接过程的数值模拟打下基础。

　　电弧数值模拟方面,在传统的 TIG (非熔化极惰性气体保护焊) 数值模拟的研究基础上引入新的弧焊方法数值模拟,将介绍双钨极与多钨极 TIG 焊电弧、旁路耦合电弧、AA-TIG (电弧辅助活性非熔化极惰性气体保护焊) 电弧数值模拟过程与结果分析;并进一步介绍混合气体保护的 TIG 电弧行为,金属蒸气对电弧行为的影响;介绍在外加轴向磁场和横向磁场等条件下 TIG 电弧建模及数值分析。

　　熔滴过渡数值模拟方面,主要介绍 GMAW (熔化极气体保护焊) 焊过程熔滴过渡模型，建立熔滴仿真模型，分析脉冲电流条件、TIG 旁路填丝等数值分析过程；并将介绍本团队在大电流旋转过渡条件下 GMAW 熔滴过渡方面的数值模拟研究成果，以及在外加磁场来控制电弧及熔滴过渡数值模拟的最新进展。

熔池数值模拟方面，将介绍大厚板电弧焊、电弧增材制造过程、旁路耦合电弧焊过程、铝/钢异种金属熔钎焊过程建模及数值分析；对 TIG 焊熔池表面行为进行建模与数值分析；分析 AA-TIG 焊熔池行为、开展 TIG 焊驼峰焊道分析建模及数值研究的最新进展；介绍 TIG 焊电弧–熔池耦合、GMAW 电弧–熔滴耦合行为最新的研究进展。

本书所介绍的研究工作主要是作者与其指导的博士硕士研究生共同完成的。他们作为课题组的骨干，不仅很好地完成了各项科研课题，并且做出了一些创新性的成果。本书不仅来源于作者本人发表的论文，还有多位研究生的学位论文。主要有张瑞华、王新鑫、肖磊等博士以及韩日宏、郝珍妮、杨茂鸿、霍宏伟、盛文文等硕士的学位论文。

本书稿完成后，陈剑虹教授、冯吉才教授和武传松教授推荐出版，或为本书作序，对于焊接界前辈和同仁的关怀支持，作者表示衷心的感谢！

本书将通过二维码的形式公布书中部分实例的源代码，以此来促进该领域的进一步发展。

樊　丁

2022 年 3 月

目　　录

第 1 章　传热传质的基础理论

1.1　基本物理量定义

1.1.1　张量和场

1. 张量

张量在物理学中有广泛的应用。并非所有的物理量都可以用标量或矢量来表示，例如，固体中的一点由内力作用而此处将产生应力，弹性物体中任意一个体积元的形变，这些量都只有通过张量才能进行详细而准确的描述。标量与矢量也可以称为张量，张量是比较简单而且特殊的一种形式。

与矢量相同，张量也是一个与坐标系无关的客观量，即不变量。张量也可以在确定的坐标系中用分量表示出来，张量的分量可以是常数也可以是函数。判断一个量是否是张量，只需看同一个张量在两个坐标系中，即一个坐标系中的分量如何用另外一个坐标系中的分量进行表示。

张量是一个较为复杂的量，其可以具有多个分量。为了便于对张量的表示和计算，需要引入一些记号或约定。直角坐标系可以用 $x_i(i=1,2,3)$ 来表示三个坐标轴，代替惯用的记号 x,y,z，同时将通常记号 $\vec{i},\vec{j},\vec{k}$ 用 $\vec{i}_i(i=1,2,3)$ 来代替。在张量求和中，采用爱因斯坦求和约定。该约定规定，如果某一指标在某项中重复出现两次，那么该项就必须对这个指标取它所有可能取到的值。例如，对 $a_{ij}b_{ik}(i=1,2,3;j=1,2,3;k=1,2,3)$ 求和可得 $c_{jk}=a_{1j}b_{1k}+a_{2j}b_{2k}+a_{3j}b_{3k}$，其中 $j=1,2,3,k=1,2,3$。i 在每一项中都出现了两次，求和也可以表述为 i 分别等于 1,2,3 时对 j 和 k 求和，称 i 为哑标，j 和 k 为自由标。

标量和矢量是特殊的张量，矢量是一阶张量，而标量是零阶张量。张量的阶数与其分量数目相关，需要注意的是所有的讨论都是基于直角坐标系而进行的。在三维空间中零阶张量的分量个数为 3^0，一阶张量的分量个数为 3^1，那么 n 阶张量的分量个数便为 3^n。由此就知道张量的阶数就是 3^n 中的 n。在这里只讨论到二阶张量，不再对更高阶数进行讨论。

由上面的分析可知，一个二阶张量有 3^2 个分量，其分量可表示为 $a_{ij}(i=1,2,3;j=1,2,3)$。下面通过二阶张量来表示已知物体内部的应力状态，如图 1.1 所示，一根细棒受外力 F 作用，此时细棒内部每一点都产生应力。现在考虑细棒内部一点 B 的受力情况。建立坐标系 x_1,x_2,x_3，取以 B 为顶点的直角六面体微元，微元体的长、宽、高分别设为 dx_1，dx_2，dx_3。如图 1.2 所示，在微元体的每一个面上都有应力存在。$\vec{S}_i$ 表示垂直于 $\vec{i}_i$ 面上的应力，$\vec{S}_i'$ 为 $\vec{S}_i$ 对面上的应力，由于微元体处于平衡状态，因此作用在微元上力的总和为零。

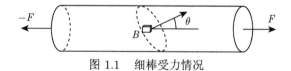

图 1.1   细棒受力情况

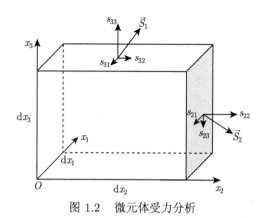

图 1.2   微元体受力分析

由此可以得到 $S_1 = S_1'$，$S_2 = S_2'$，$S_3 = S_3'$，即微元中相对面上的应力大小相等方向相反。可以将应力 $\vec{S}_i$ 用分量的形式表示出来，即 $\vec{S}_i = s_{ij}\vec{i}$。其中 s_{11}, s_{22}, s_{33} 分别为 $\vec{S}_1, \vec{S}_2, \vec{S}_3$ 的法向分量，也称为正应力。当 $i \neq j$ 时的 s_{ij} 称为切应力。

2. 场

在处理很多实际的问题时，一些物理量并不仅仅是在平面上分布的，也可能分布在空间中，这些量会随着空间位置和时间的变化而变化，于是将这些量在空间中的分布称为场，如温度场、引力场、静电场等。下面就介绍两种最基本的场的概念，即标量场与矢量场。

标量只有大小而无方向。在实际应用时给标量赋予单位后，标量便有了实际的物理意义。在某一区域 Ω(该区域可以是一至三维) 内的任意一点都会有唯一的标量与之相对应，对这种随着空间位置变化而变化的情况，可以寻找一个函数 $f(\Omega)$ 对其变化进行描述。将这个函数称为区域 Ω 上的标量场。

矢量场的定义与标量场定义具有相似之处，只不过是通过矢量来进行描述的。如果在空间中的任一点都有唯一的一个矢量 (向量) 与之相对应，则可以找到一个

矢量函数 $\vec{F}(\Omega)$ 对变化情况进行描述，因此就将这个矢量函数称为该区域的场。

标量场和矢量场是两种不同类型的场，其不具有具体的物理意义，只有在确定所描述的物理量时才有具体物理含义。例如，描述温度分布为温度场，描述速度分布为速度场等。

1.1.2 通量

单位时间单位面积物质的流通量称为通量，如磁通量、扩散通量等。假如对黄河某一段的水流速度进行测定，从而绘制出这一段的水流速度分布。假设在这段中投放一张网，单位时间内流过网的水量称为该流速场下通过该截面的通量。通量的大小与水流速度有关，与截面大小无关。计算通量的截面大小是投影到与流速方向垂直面上的面积。如图 1.3 所示。如果从左侧进行考察，则计算的是流入的通量；相反，如果从右侧计算，则计算的是流出的通量。

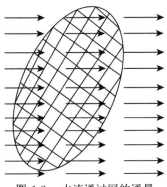

图 1.3　水流通过网的通量

在物理学中，对空间分布的电场与磁场也采用电场线和磁场线进行分析，也可以用同样的方法计算电场通量和磁场通量。在了解通量的物理意义后，还需要对其进行数学计算，在计算之前首先需确定计算曲面的方向，即曲面的法向量方向。只有确定了曲面法线方向后才能区分曲面的两侧，从而确定是流入曲面还是流出曲面。

如图 1.4 所示，选定有向曲面 S，将其任意分割成 n 个有向的微小曲面 ΔS_i，并将微小有向曲面的面积记为 $\Delta S_i(i=1,2,3,\cdots,n)$，在 ΔS_i 上任取一点 P_i，过 P_i 做微小曲面 ΔS_i 的法向量 e_n。用 P_i 点的流速近似代替 ΔS_i 上的流速，以 ΔS_i 为底面做高为 $\vec{v}$ 的柱体，这个柱体的体积就表示单位时间内通过 ΔS_i 的流体的通量近似值。

由此可以求出微小曲面的通量为 $\Delta \Phi_i \approx \vec{v} \cdot \vec{e}_n \cdot \Delta S_i(i=1,2,3,\cdots,n)$，对

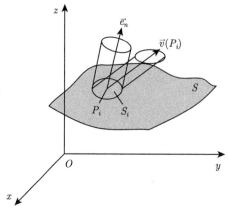

图 1.4　通量微元表示

$\Delta\Phi_i$ 求和得到 $\Delta\Phi \approx \sum\limits_{i=1}^{n} \vec{v} \cdot \vec{e}_n \cdot \Delta S_i$，令最大的微小有向曲面 ΔS_i 的面积为 s，当

s 大小趋近于零时，即 $s \to 0$。如果极限 $\lim\limits_{s \to 0} \sum\limits_{i=1}^{n} \vec{v} \cdot \vec{e}_n \cdot \Delta S_i$ 存在，就可以通过积

分得到流体通过有向曲面 S 的通量 $\Delta\Phi$。如果 $\Delta\Phi > 0$，则表示流体通过曲面有
正通量；相反，如果 $\Delta\Phi < 0$，则表示流体通过曲面有负通量。

1.1.3　梯度、散度和旋度

1. 梯度

梯度是用来描述物理参量在空间上的变化程度的量，对于流速场中的梯度即
为流速梯度。梯度的概念来源于标量场中的等值面和方向导数的概念。

对于稳定的流场，各个物理量在空间中变化的函数可表示为

$$F = f(x, y, z), \quad \partial F/\partial t = 0$$

该变化函数的值 F 为常数，那么函数中的各个参量也是常数。如果这个常数值存
在于空间的某个平面上，那么就称该平面是等值面。可以对函数值 F 赋予各种物
理参量，例如，对于流体的流速便为等速面，对于压力便为等压面等。

根据以前所学，从数学的角度知道了方向导数的概念，从物理的角度来讲，方
向导数可以理解为：流场中某物理参量在某个方向上单位距离的变化量。在流场
中存在各种不同数值的等值面，在等值面上的法向方向距离最短，方向导数的值
最大，在三维空间中的梯度可以定义为

$$\text{grad} f(p) = \frac{\partial f(p)}{\partial \vec{n}} = \frac{\partial f(p)}{\partial x}\vec{i} + \frac{\partial f(p)}{\partial y}\vec{j} + \frac{\partial f(p)}{\partial z}\vec{k} \tag{1.1}$$

式 (1.1) 中的 $\vec{n}$ 为等值面在 p 点的法线方向。在动量传输的计算过程中,式 (1.1) 常用于表示速度梯度或者压力梯度。为了简洁明了,引入了哈密顿算子 ∇:

$$\nabla = \frac{\partial}{\partial x}\vec{i} + \frac{\partial}{\partial y}\vec{j} + \frac{\partial}{\partial z}\vec{k} \tag{1.2}$$

应用哈密顿算子后就可以将梯度公式简化为

$$\mathrm{grad}f(p) = \nabla f(p) \tag{1.3}$$

梯度的概念来源于方向导数,方向导数是标量,但是梯度是矢量。梯度方向沿着等值面的法线且指向等值面数值增大的一侧。对于某一个确定的物理参数来讲,当梯度指向数值增加的方向时,梯度取正值;反之取负值。

对于某一速度场,设其空间中任意一点的速度为 $\vec{u}$,在直角坐标系中可以分解成为沿三个轴向上的分量形式,分别为 u_x, u_y, u_z。

对于该速度场,每个速度分量的梯度只存在于其他的两个方向上,比如说 z 方向上的速度 u_z 中只存在 $\partial u_z/\partial x$ 和 $\partial u_z/\partial y$。事实上,流体在流动的过程中同样存在同方向上的速度变化,例如 z 方向上的 $\partial u_z/\partial z$。

2. 散度

散度的定义描述为在流场中有一包含了 Q 点的空间曲面 Ω,如图 1.5 所示。假设这个封闭曲面所包含的流体的体积为 V,当 $V \to 0$ 时,在单位时间内单位体积的流体通过封闭曲面流过的流体的体积量称为 a 点的散度,散度还可以表示流体体积变化速度。

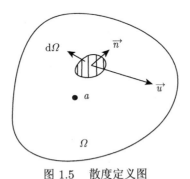

图 1.5 散度定义图

用 div 来表示流体的散度,即

$$\mathrm{div}\vec{u} = \lim_{v \to \infty} \frac{\oint_{\Omega} \vec{u}_n \mathrm{d}\Omega}{V} \tag{1.4}$$

其中，$\oint_{\Omega} \vec{u}_n \mathrm{d}\Omega$ 为通过封闭曲面的体积流量，$\vec{u}_n$ 为封闭曲面微元面上的法向流速。可以把从封闭曲面流出或流入的流体体积视为体积 V 的膨胀量或收缩量。

当体积趋于零时，可以视为 Q 点的体积膨胀率或收缩率。现在在三维空间下进行讨论。假设流场中包围 Q 点的封闭曲面为六面体微元，如图 1.6 所示。六面体的边长分别为 $\mathrm{d}x, \mathrm{d}y, \mathrm{d}z$，微元体的六个面上都有流体的流入或流出，设垂直于 x 轴的两个面上的流体流速为

$$u_x \text{ 和 } u_x + \frac{\partial u_x}{\partial x}\mathrm{d}x \tag{1.5}$$

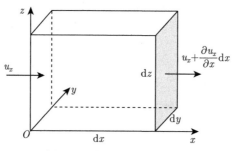

图 1.6　微元体的散度分析

同理可得垂直于 y 轴和 z 轴的两个面上的流速分别为

$$u_y \text{ 和 } u_y + \frac{\partial u_y}{\partial y}\mathrm{d}y, \quad u_z \text{ 和 } u_z + \frac{\partial u_z}{\partial z}\mathrm{d}z \tag{1.6}$$

由此可以得到单位时间内微元体内流体的净流量为

$$\mathrm{d}Q = \frac{\partial u_x}{\partial x}\mathrm{d}x\mathrm{d}y\mathrm{d}z + \frac{\partial u_y}{\partial y}\mathrm{d}x\mathrm{d}y\mathrm{d}z + \frac{\partial u_z}{\partial z}\mathrm{d}x\mathrm{d}y\mathrm{d}z \tag{1.7}$$

联立式 (1.4) 与式 (1.7) 可得

$$\mathrm{div}\vec{u} = \frac{\partial u_x}{\partial x} + \frac{\partial u_y}{\partial y} + \frac{\partial u_z}{\partial z}, \quad \mathrm{div}\vec{u} = \nabla \cdot \vec{u} \tag{1.8}$$

式 (1.8) 即为三维空间中流场的散度解析式，对于一维和二维的解析式只需去掉相应的坐标即可。

由散度的概念可知，当 $\mathrm{div}\vec{u} > 0$ 时表示流体体积的膨胀。相反，当 $\mathrm{div}\vec{u} < 0$ 时则表示流体体积收缩。对于不可压缩流体，因为其密度不会发生变化，则必定会有 $\mathrm{div}\vec{u} = 0$，进而可以得到 $\nabla \cdot \vec{u} = 0$，这体现了质量守恒原理，后面的连续性方程讨论时还会进一步讲解。

3. 旋度

流体在流动过程中, 除了具有一定大小和方向的流动速度 $\vec{u}$ 之外, 流体还有旋转运动, 由此引入描述流体旋转强度的运动参量——旋度。旋转运动是针对流体质点所组成的微团, 如果流体流动速度处处相等, 则不存在微团的转动。当流体的流速不相等时, 不论流体的流动方向是否相同, 都一定会产生微团的转动。流体微团旋转运动的强弱可以通过微团转动时角速度的大小来表示。在流体力学中为了描述方便, 采用旋度的概念描述流体的旋转强度。如图 1.7 所示, 设流场中有一平面 A, 在平面 A 上有一点 a, 假设流体质点在平面 A 的边缘运动, 边缘到 a 点的距离为 r。流体质点的运动速度为 $\vec{u}$, 在平面边缘 S 上的分速度为 u_s, 现假设平面 A 为半径为 r 的圆, 且 a 就在圆心处。这样就可以将 a 点在平面 A 法线方向上的旋度定义为

$$\mathrm{rot}\vec{u} = \frac{1}{\pi r^2} \oint_L u_L \mathrm{d}L \tag{1.9}$$

其中, $\mathrm{rot}\vec{u}$ 对应于 a 点的旋度; $\oint_L u_L \mathrm{d}L$ 对应于平面周长 L 的线积分, 也称为流体旋转运动环量。如果 A 为不规则的曲面图形, 当 $A \to 0$ 时, 可以得到 a 点的旋度为

$$\mathrm{rot}\vec{u} = \lim_{A \to 0} \frac{\oint_L u_L \mathrm{d}L}{A} \tag{1.10}$$

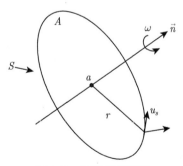

图 1.7 旋转强度定义

根据式 (1.9) 和式 (1.10) 表达形式可以将旋度视为单位面积上的环量, 也称为涡量。旋度本身表示有旋转角速度的含义, 如图 1.8 所示, 当曲面 $A \to 0$ 时, 曲面就可以近似为一个平面来进行处理, 而微元弧扫过的面积也可近似为 $1/2(r\mathrm{d}s)$, 此时环量大小为 $u_L \mathrm{d}L$, 由此可以得到旋度表达式为 $\mathrm{rot}\vec{u} = 2\omega$。这里 ω 表示转动

角速度。旋度和角速度都为矢量。从 $\mathrm{rot}\vec{u} = 2\omega$ 可以看出，流体的转动角速度和旋度的正负同号，其方向可以通过右手定则来确定。流体旋转方向以逆时针为正。

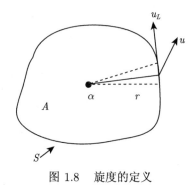

图 1.8　　旋度的定义

在直角坐标系中，若流体微团流速表示为

$$\vec{u}(x,y,z) = P(x,y,z)\vec{i} + Q(x,y,z)\vec{j} + R(x,y,z)\vec{k} \tag{1.11}$$

则流体的旋度可以表示为

$$\mathrm{rot}\vec{u} = \left(\frac{\partial R}{\partial y} - \frac{\partial Q}{\partial z}\right)\vec{i} + \left(\frac{\partial P}{\partial z} - \frac{\partial R}{\partial x}\right)\vec{j} + \left(\frac{\partial Q}{\partial x} - \frac{\partial P}{\partial y}\right)\vec{k} \tag{1.12}$$

可以用哈密顿算子将旋度简写为 $\mathrm{rot}\vec{u} = \nabla \times \vec{u}$。由此可见，散度是一个矢量，既有大小又有方向。

1.1.4　高斯公式

高斯公式表示空间区域 Ω 由光滑的封闭曲面 Σ 围成，设空间中有矢量场 $\vec{f}(x,y,z) = P(x,y,z)\vec{i} + Q(x,y,z)\vec{j} + R(x,y,z)\vec{k}$，矢量场中的分量 $P(x,y,z)$，$Q(x,y,z)$，$R(x,y,z)$ 在区域 Ω 上有一阶连续偏导数，则有

$$\oiint_{\Sigma} \vec{f}(x,y,z) \cdot \vec{n}_0 \mathrm{d}S = \iiint_{\Omega} \left(\frac{\partial P}{\partial x} + \frac{\partial Q}{\partial y} + \frac{\partial R}{\partial z}\right)\mathrm{d}V \tag{1.13}$$

式 (1.13) 即为高斯公式，其中曲面的积分是沿着整个封闭曲面外侧进行的。下面就从数学角度来推导得出这个公式。

如图 1.9 所示为空间区域 Ω，假设与 z 轴平行的直线在穿过空间区域 Ω 时与该区域边界的交点不超过两个。将区域 Ω 在 x-O-y 平面上的投影记为 D_{xy}。为了便于理解，先证明式 (1.14) 成立。

$$\left.\begin{aligned}
\oiint_{\Sigma} R(x,y,z)\mathrm{d}x\mathrm{d}y &= \iiint_{\Omega} \frac{\partial R(x,y,z)}{\partial z}\mathrm{d}x\mathrm{d}y\mathrm{d}z \\
\oiint_{\Sigma} P(x,y,z)\mathrm{d}y\mathrm{d}z &= \iiint_{\Omega} \frac{\partial P(x,y,z)}{\partial x}\mathrm{d}x\mathrm{d}y\mathrm{d}z \\
\oiint_{\Sigma} Q(x,y,z)\mathrm{d}x\mathrm{d}z &= \iiint_{\Omega} \frac{\partial Q(x,y,z)}{\partial y}\mathrm{d}x\mathrm{d}y\mathrm{d}z
\end{aligned}\right\}
\tag{1.14}$$

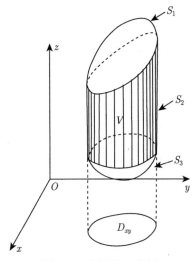

图 1.9　高斯公式分析

　　根据上面的假设，可以将该区域两端的封闭曲面 Σ 分为上下两个部分，上半部分为 Σ_2，下半部分为 Σ_1，上半部分曲面的法向量向上，相反，下半部分法向量向下。设两个曲面的方程为

$$\Sigma_1 = z_1(x,y), \quad \Sigma_2 = z_2(x,y) \tag{1.15}$$

其中 x,y 的取值范围为 D_{xy}，先考察等式等号左边，上、下曲面对 R 积分，可以将函数中的 z 值代换为 $z_1(x,y)$ 和 $z_2(x,y)$，则二重积分式可以写为

$$\left.\begin{aligned}
\text{上半部分:} &\iint_{D_{xy}} R\left(x,y,z_2(x,y)\right)\mathrm{d}x\mathrm{d}y \\
\text{下半部分:} &-\iint_{D_{xy}} R\left(x,y,z_1(x,y)\right)\mathrm{d}x\mathrm{d}y
\end{aligned}\right\}
\tag{1.16}$$

其中对下半部分积分时出现负号是因为曲面的法向量与 z 轴方向相反，将上面两

式相加，再经过变换，由此便证明了式 (1.14) 的第一式成立。同样的道理，可以证明余下两个公式成立。

将求和并经过变换证明得到的式 (1.14) 中的三个公式进行求和得到

$$\iint\limits_{\Sigma} Pdydz + Qdxdz + Rdxdy = \iiint\limits_{\Omega} \left(\frac{\partial P}{\partial x} + \frac{\partial Q}{\partial y} + \frac{\partial R}{\partial z}\right)dV \qquad (1.17)$$

三重积分式中的积分项与散度公式非常相像，高斯公式也可以用来计算散度。

1.1.5 斯托克斯公式

斯托克斯公式建立了空间两侧的曲面积分与边界曲线积分的联系。设 L 是分段光滑的有向封闭曲线，S 是以封闭曲线 L 为边界的光滑曲面，假设矢量场 $\vec{f}(x,y,z)$ 的分量函数为 $P(x,y,z),Q(x,y,z),R(x,y,z)$，以及其一阶偏导在以 S 为边界的封闭区域内连续，则一定有

$$\oint\limits_{L} Pdx + Qdy + Rdz = \iint\limits_{S} \left(\frac{\partial R}{\partial y} - \frac{\partial Q}{\partial z}\right)dydz$$

$$+ \left(\frac{\partial P}{\partial z} - \frac{\partial R}{\partial x}\right)dxdz + \left(\frac{\partial Q}{\partial x} - \frac{\partial P}{\partial y}\right)dxdy \qquad (1.18)$$

式 (1.18) 即为斯托克斯公式，是由英国数学家斯托克斯推导得出的，下面就对其进行推导证明。在证明之前先简要介绍如何判断曲面的正侧与曲线正方向，在选取曲面的正侧后，用右手定则，如此便可以通过法线方向来确定曲线方向，反之亦然。

将上面的斯托克斯公式进行重新组合，将相同的函数放在一起，可将其分成三个等式。下面就三个等式进行证明。如图 1.10 所示，其中曲面由方程 $z(x,y)$ 所确定，曲面边界为 L，曲面在 $x\text{-}O\text{-}y$ 上的投影为 D。$\vec{n}$ 为曲面的法向量，则 $\vec{n}$ 的方向向量与其方向余弦满足下面的关系式

$$\frac{\partial z}{\partial x} = -\frac{\cos\alpha}{\cos\gamma}, \quad \frac{\partial z}{\partial y} = -\frac{\cos\beta}{\cos\gamma} \qquad (1.19)$$

将式 (1.19) 代入所拆分的三个等式中，再根据格林公式和 $\dfrac{\partial P[x,y,z(x,y)]}{\partial y} = \dfrac{\partial P}{\partial z}\cdot\dfrac{\partial z}{\partial y} + \dfrac{\partial P}{\partial y}$ 可以证明三个公式成立，将成立后的等式进行组合便可得到最终的斯托克斯公式。

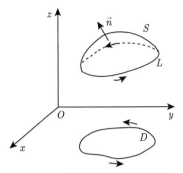

图 1.10　斯托克斯公式分析

1.2　连续性方程

　　1.1 节运用积分对质量守恒方程进行了推导,本节将用微分形式对连续性方程的质量守恒定律进行推导。流场中通过任意法线与流线垂直的微小闭合曲线的流线所构成的管状面,将这个管状面内所包含的流体质点形成的流动称为元流,管状曲面是由无数的流线所组成的,所以其内部的流体质点不会穿过曲面到元流以外区域。若管状曲面是整个流体的运动边界,则将此管状曲面内所有的质点形成的流动称为总流。由此可以看出,总流是由无数个元流构成的集合。

　　流体分为一维、二维和三维流动,在焊接过程所涉及的流体流动主要是三维的,所以下面就三维流动的连续性方程进行推导。采用流体微元法分析一般的三维流动,如图 1.11 所示为流场中的控制体,设其中心点为 C,控制体在 x、y、z 方向上的尺寸分别为 $\mathrm{d}x$、$\mathrm{d}y$、$\mathrm{d}z$,流体流入微元体的速度在 x、y、z 方向上的分量分别为 u、v、w,密度为 ρ。为了用流入的速度参量表示这个控制体范围内的速度,需假设 u、v、w 与 ρ 在空间上连续可导。首先来计算垂直于 x 轴的两个面上的流动速度,由于假设速度参数在空间上连续可导,设流入的速度为 u,则流出的速度可以表示为

$$u = u + \frac{\partial u}{\partial x}\mathrm{d}x \tag{1.20}$$

同理可以求出 y、z 方向上两个面的速度分别为

$$\left.\begin{array}{l} v_c = v, \quad v_d = v + \dfrac{\partial v}{\partial y}\mathrm{d}y \\[2mm] w_e = w, \quad w_f = w + \dfrac{\partial w}{\partial z}\mathrm{d}z \end{array}\right\} \tag{1.21}$$

　　因为控制体的体积非常微小,而且速度与密度在空间上连续可导,所以在计算流体通过控制体六个面上的质量流量时,可以将速度与密度在各个面上看作是

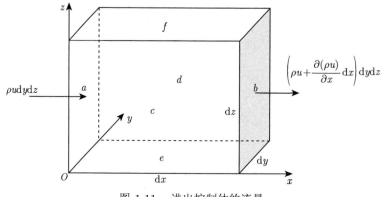

图 1.11 进出控制体的流量

近似均匀分布的。因为动量是质量与速度的乘积,所以动量在 x, y, z 方向上的分量也是连续可导的,则式 (1.20) 在等号左右两边同时乘上 $\rho \mathrm{d}y\mathrm{d}z$ 便可得到质量流量表达式。

x 方向流入流出控制体质量流量:

$$\left.\begin{array}{l} Q_{ma} = \rho u \mathrm{d}y\mathrm{d}z \\ Q_{mb} = \rho u \mathrm{d}y\mathrm{d}z + \dfrac{\partial(\rho u)}{\partial x}\mathrm{d}x\mathrm{d}y\mathrm{d}z \end{array}\right\} \tag{1.22}$$

将式 (1.22) 中两式相减可得通过 x 方向上两个面流入到控制体内的质量流量为

$$Q_{mx} = Q_{ma} - Q_{mb} = -\frac{\partial(\rho u)}{\partial x}\mathrm{d}x\mathrm{d}y\mathrm{d}z \tag{1.23}$$

同理可得 y 方向与 z 方向流入控制体和流出控制体的质量流量。

根据质量守恒定律可知,单位时间内控制体质量的变化量恒等于单位时间内流体流入控制体的质量,由此可以得到表达式:

$$\frac{\partial(\rho \mathrm{d}x\mathrm{d}y\mathrm{d}z)}{\partial t} = Q_{mx} + Q_{my} + Q_{mz} \tag{1.24}$$

将 x 方向、y 方向与 z 方向上两个面流入控制体内的质量流量代入式 (1.24) 便可以得到三维流动的连续性方程

$$\frac{\partial \rho}{\partial t} + \frac{\partial(\rho u)}{\partial x} + \frac{\partial(\rho v)}{\partial y} + \frac{\partial(\rho w)}{\partial z} = 0 \tag{1.25}$$

该方程等号左边的后三项为矢量 $\rho \vec{v}$ 的散度,可以表示为 $\nabla(\rho \vec{v})$。因此方程 (1.25)

可以写成更简单的形式：

$$\frac{\partial \rho}{\partial t} + \nabla (\rho \vec{v}) = 0 \tag{1.26}$$

当流体不可压缩时，密度不随时间变化，即 $\partial \rho / \partial t = 0$。此时的连续性方程可以表示为

$$\nabla \cdot \vec{v} = \frac{\partial u}{\partial x} + \frac{\partial v}{\partial y} + \frac{\partial w}{\partial z} = 0 \tag{1.27}$$

其中，$\nabla \cdot \vec{v}$ 为矢量速度的散度，其物理意义为单位时间内单位体积的流量的体积增量，也可称为体变形率。对于不可压缩流体，无论流体怎么样变化，其体积大小都保持不变，因此体变形率为零。对于不可压缩流体，不论是稳态流动还是非稳态流动，其连续性方程都相同。不可压缩流体的连续性方程的实际运用十分广泛，一些可压缩流体也可以近似地看作不可压缩流体进行处理。

1.3 热传导方程

1.3.1 傅里叶导热定律

傅里叶在研究固体定态导热时提出傅里叶导热定律，为了方便讨论固体定态传热过程，需要建立定态温度场模型。假设有一块长和宽都无限大的平板，厚度分布均匀且为 δ，初始时刻平板的各个部分温度均为 T_0。假定温度的高低对板的导热性没有影响，在 $t = t_0$ 时刻给平板的下表面加一个均匀稳定且温度为 T 的热源，保持平板上表面的温度 T_0 不变，于是底部的热量将逐步地从下表面向上表面传递，假设平板是由无限多个极薄的薄膜堆叠而成的，就可以认为热量是从下表面一层一层传递到上表面去的。相邻的各层逐次地吸热和放热传递给下一层，通过这样循环往复，热量就能沿着厚度方向进行传递，经过一定时间以后达到平衡。

如图 1.12(a) 所示，为初始时刻 t_0 时的温度场，除了下表面 $y = 0$ 处温度为 T 之外，平板内所有部分温度都为 T_0。随着温度逐渐传递到平板内部，图 1.12(b) 表述了 t_1, t_2, t_3 时刻板内的温度分布，除了上下表面以外，板内各处的温度都在不断发生着变化，为非定常温度场阶段。图 1.12(c) 表明经过一定时间后，板内的温度保持稳定，且从下表面到上表面呈线性分布，此时已有热量传递但板内温度场不再发生变化，这属于定常状态。只要上下表面的温度不发生变化，则板内的温度分布也就不会再变化。

通过实验发现在如图 1.12 所示的稳定温度场条件下，平板的导热量 $Q_导$、传热面积 A、上下板温差 ΔT 以及导热的单位时间 t 和平板厚度 δ 之间存在如下的关系，平板的导热量 $Q_导$ 与传热面积 A、上下板温差 ΔT 和导热的单位时间 t

成正比，与平板厚度 δ 成反比。用数学表达式可表示为

$$Q_导 = \lambda \frac{T - T_0}{\delta} A \,(\mathrm{W}) \tag{1.28}$$

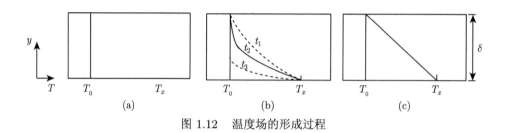

图 1.12   温度场的形成过程

将式 (1.28) 中的 $T - T_0$ 代换为 ΔT，δ 换为 Δy，当 $\Delta y \to 0$ 时，则可求得极限。那么单位面积的导热量可表示为

$$\lim_{\Delta y \to 0} q = -\lambda \frac{\partial T}{\partial y} \,(\mathrm{W/m^2}) \tag{1.29}$$

其中，$\partial T / \partial y$ 为 y 方向上的温度梯度 ($^\circ\mathrm{C/m}$)，λ 为物体导热能力的系数，即热导率 ($\mathrm{W/(m \cdot {}^\circ C)}$)。

式 (1.28) 和式 (1.29) 分别是以导热量 $Q_导$ 和热通量 q 来表示的傅里叶导热定律，根据式 (1.29) 可知导热量 $Q_导$ 正比于温度梯度 $\partial T / \partial y$，式 (1.29) 中的负号是因为导热的方向与温度梯度的方向相反。根据上面讨论的板厚 y 方向的导热，可以推导出任意方向的傅里叶导热方程：

$$q = -\lambda \frac{\partial T}{\partial \vec{n}} \,(\mathrm{W/m^2}) \tag{1.30}$$

其中，$\vec{n}$ 为等温面的法线方向，式 (1.30) 是所有导热问题的最基本定律。

要计算导热量 $Q_导$ 或者热通量 q 就必须要先确定热导率 λ 的值，λ 是表征物体导热能力的参数。根据式 (1.30) 可将热导率 λ 推导出来。

由此可见，根据推导公式，热导率 λ 可以用文字表述为在温度梯度为 $1^\circ\mathrm{C/m}$ 的物体内，单位时间内通过单位面积的热量。物体的热导率主要是由物体自身性质和物体温度所决定的，同时也与压力、密度和存在状态有一定关系，在其他条件相同的情况下，热导率 λ 与物体的温度 T 呈线性关系，可表示为

$$\lambda = a + bT \tag{1.31}$$

式中，a 为 $0^\circ\mathrm{C}$ 时的热导率，b 为不同物体的系数。

对于气体，其导热是由分子的热运动和相互碰撞所完成的，以理想气体为例，其热导率与分子均方根速度 $\langle v^2 \rangle$ 和平均自由程 d 成正比，在气体密度相同的情况下，温度升高时平均自由程增加，则热导率增加。一般情况下不考虑压力对热导率的影响，只有当压力过低或者过高的情况下才需考虑压力的影响。

在实际情况下，很少存在单一气体的情况，一般都会是两种或者多种气体混合在一起。对于混合气体的热导率可用下式进行计算：

$$\lambda = \left(\sum_{i=1}^n \varepsilon_i \lambda_i M_i \right) \bigg/ \left(\sum_{i=1}^n \varepsilon_i M_i \right) \tag{1.32}$$

其中，ε_i 为混合气体中某一种气体的分子量 M_i 为某种气体的摩尔含量。

在气、液、固三种物态中，气体的热导率最小，为 $0.006 \sim 0.6 \text{W/(m·°C)}$。液体的热导率与固体的热导率更相近，因为二者都主要依靠分子振动传递能量。对于大多数液体而言，其热导率随着温度的升高而逐渐降低，但水和甘油的热导率随着温度升高而增加，这是由于分子有较强的缔合作用，而缔合作用随着温度升高而减弱。

不同固体之间的热导率差异较大，纯金属的导热能力最强，这是由于金属主要是靠其内部的自由电子的振动传热，但热导率随着温度升高而降低，合金的热导率较纯金属小。非金属固体的导热主要是由晶格的振动所完成的，除了多数的金属氧化物外，非金属固体的热导率都随着温度升高而降低。

一些多孔的材料物体，其热导率不再是这种材料的热导率，还包括孔隙中的气体导热、对流和孔隙中气体与固体之间的热传导，因此这种物体的热导率除了与温度有关之外，还与孔隙的疏密程度有关，孔隙越多则热导率越小。

将式 (1.29) 改写为

$$q = -\frac{\lambda}{C_p \rho} \cdot \frac{\partial (C_p \rho t)}{\partial y} = -\alpha \frac{\partial (C_p \rho t)}{\partial y} \tag{1.33}$$

式中，C_p 为比热容，ρ 为物体的密度，$\partial (C_p \rho t)/\partial y$ 表示单位体积的物体热量梯度，α 为物体的导温系数，其表征物体热量传输能力的大小。热导率概括了物体在导热时的导热能力大小和自身焓变的大小。α 越大表明物体在传热时自身吸收的少而传导的多，表明该物体热量传播能力越强，相反则物体传播热量能力越弱。

1.3.2 微分形式的导热方程

本节将用微元体的分析方法来研究物体的导热关系，为了简化问题将对研究的体系做如下假设：体系中有内热源，热量也可以从外界传递到体系或者从体系传递到外界；不考虑体系因摩擦而产生的热量，例如，流体与流体间的相互摩擦和流体与容器壁的摩擦；体系中物体的一般参数为常数，如热导率、比热容、密度等。

由于物体内部各部分温度不同，因此会产生热量的传递，热量的传递遵循能量守恒定律，即物体内部热量的增量等于通过边界与外界进行的热交换和物体自身产热之和，再结合上面所讲的傅里叶热传导定律便可推导出热传导方程。设在 dt 时间内，沿着 dS 的法线方向流过的热量为 dQ，根据傅里叶热传导方程可得

$$d\vec{q} = -\lambda \frac{\partial T}{\partial n} \vec{n} dSdt = -\lambda \nabla T dSdt \tag{1.34}$$

现取一微元体 Ω，设其边界为封闭曲面面积 $\partial\Omega$，在 dt 时间内微元体吸收的热量可表示为

$$d\vec{Q} = \oiint_{\partial\Omega} d\vec{q} dS - \oiint_{\partial\Omega} \lambda \nabla T_1 dSdt \tag{1.35}$$

从 t_1 到 t_2 的时间段内，物体 Ω 的温度由 $T(x, y, z, t_1)$ 变到了 $T(x, y, z, t_2)$，这个过程中微元体表面流入的总热量的增量为 Q_1，热源产生的热量为 Q_2，微元体总的热量增量为 Q，则该微元体的热量变化可表示为

微元体热量增量$(Q) = $ 通过边界流入的量$(Q_1) + $ 热源产生的量(Q_2)

图 1.13 为微元体热量传输。

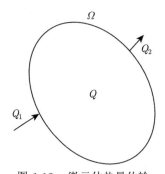

图 1.13   微元体热量传输

建立如图 1.14 所示的坐标系并取一个正六面体微元，热量通过这六个微面流入或流出这个微元。单位时间通过单位面积的热通量 $q = -\lambda \partial T/\partial n$。

对于垂直于 x 轴的两个微面，设通过左侧微面流入微元的热量为 $Q_{x1} = q_x dydz$，通过右侧微面流出微元的热量可表示为

$$Q_{x_2} = \left(q_x + \frac{\partial q_x}{\partial x} dx \right) dydz \tag{1.36}$$

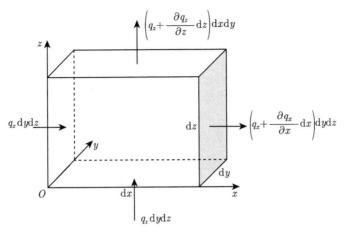

图 1.14 进出微元体的热量

所以，Q_{x1} 与 Q_{x_2} 作差可得单位时间内从这两个微面净流入微元体的导热量

$$Q_x = Q_{x_1} - Q_{x_2} = -\frac{\partial q_{x_1}}{\partial x}\mathrm{d}x\mathrm{d}y\mathrm{d}z \tag{1.37}$$

同理，可求得通过 y 方向上的两个面和 z 方向上的两个面上净流入微元体的导热量。

那么流入微元体的总导热量为

$$Q' = Q_x + Q_y + Q_z = -\left(\frac{\partial q_{x_1}}{\partial x} + \frac{\partial q_{y_1}}{\partial y} + \frac{\partial q_{z_1}}{\partial z}\right)\mathrm{d}x\mathrm{d}y\mathrm{d}z \tag{1.38}$$

将 $q = -\lambda\partial T/\partial n$ 代入式 (1.38) 可得

$$Q' = \left[\frac{\partial}{\partial x}\left(\lambda\frac{\partial T}{\partial x}\right) + \frac{\partial}{\partial y}\left(\lambda\frac{\partial T}{\partial y}\right) + \frac{\partial}{\partial z}\left(\lambda\frac{\partial T}{\partial z}\right)\right]\mathrm{d}x\mathrm{d}y\mathrm{d}z \tag{1.39}$$

微元体与外界的热量交换除了从各个面吸收热量以外，还包括辐射传热。设单位质量的流体单位时间通过辐射与外界交换的热为 q'，则微元体交换的总的辐射热为

$$Q'' = q'\rho\mathrm{d}x\mathrm{d}y\mathrm{d}z \tag{1.40}$$

联立式 (1.38) 和式 (1.40) 可得微元体从外界接收的总热量为 $Q = Q' + Q''$。

接下来讨论微元体做功的情况，微元体做功由体积力做功和表面力对外做功两部分组成。体积力做功较为简单，微元体的体积力在单位时间内对外做的功可表示为

$$W_{体} = -\rho\left(g_x + g_y + g_z\right)\left(\vec{u} + \vec{v} + \vec{w}\right)\mathrm{d}x\mathrm{d}y\mathrm{d}z \tag{1.41}$$

其中，g_i 为重力加速度，$\vec{v}$ 为微元体速度。公式中的负号是因为体积力为外界对微元体的力，速度为微元体的速度，不加负号则表示外界对微元体所做的功。

此外还有表面力做功，表面力相对较复杂。单位时间内微元体对外界做功的大小为微元体的表面上的力与该处的速度的乘积，如图 1.15 所示。与 x 轴垂直的两个面上，左侧面的表面力 $\vec{\Gamma}$ 做功可以表示为

$$W_{x_1} = \vec{\Gamma}_x \cdot \vec{u}\mathrm{d}y\mathrm{d}z \tag{1.42}$$

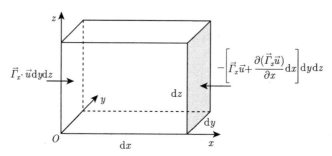

图 1.15   微元体通过表面力所做的功

若规定以拉力为正，则左侧面上的拉力与速度方向相同，微元体对外做正功。速度和表面力的乘积在空间上是连续可导的，因此右侧表面力做功为

$$W_{x2} = -\vec{\Gamma}_x\vec{u}\mathrm{d}y\mathrm{d}z - \frac{\partial\left(\vec{\Gamma}_x\vec{u}\right)}{\partial x}\mathrm{d}x\mathrm{d}y\mathrm{d}z \tag{1.43}$$

同样以拉力为正，此时速度方向与微元体对外的作用力方向相反，因此表面力做负功。式 (1.42) 与式 (1.43) 的加和为这两个表面力对外界的总功。

将速度和应力都使用分量形式进行表示，可将总功改写为

$$W_x = -\frac{\partial}{\partial x}\left(\tau_{xx}u + \tau_{xy}v + \tau_{xz}w\right)\mathrm{d}x\mathrm{d}y\mathrm{d}z \tag{1.44}$$

式中，$\tau_{xx}, \tau_{xy}, \tau_{xz}$ 分别为垂直于 x 轴面上沿 x, y, z 方向上的表面应力分量，同理可以得到垂直于 y 轴和 z 轴的两两相对面对外做功。

联立可得表面力对外界做的总功可表示为

$$\begin{aligned}
W_{面} &= W_x + W_y + W_z \\
&= -\left[\frac{\partial}{\partial x}\left(\tau_{xx}u + \tau_{xy}v + \tau_{xz}w\right) + \frac{\partial}{\partial y}\left(\tau_{yx}u + \tau_{yy}v + \tau_{yz}w\right)\right. \\
&\quad \left. + \frac{\partial}{\partial z}\left(\tau_{zx}u + \tau_{zy}v + \tau_{zz}w\right)\right]\mathrm{d}x\mathrm{d}y\mathrm{d}z
\end{aligned} \tag{1.45}$$

微元体的能量变化可表示为

$$\frac{\mathrm{D}E}{\mathrm{D}t}\rho\mathrm{d}x\mathrm{d}y\mathrm{d}z = \rho\frac{\mathrm{D}}{\mathrm{D}t}\left(U + \frac{u^2+v^2+w^2}{2}\right)\mathrm{d}x\mathrm{d}y\mathrm{d}z \tag{1.46}$$

把微元体对外界体积力做的功、热量的交换、表面力做功和微元体能量变化都代入热力学第一定律中，并通过哈密顿算子简化：

$$\rho\frac{\mathrm{D}}{\mathrm{D}t}\left(U + \frac{1}{2}v^2\right) = \rho g\vec{v} + \nabla\left(\vec{v}\tau_{ij}\right) + \nabla\left(\lambda\nabla T\right) + q'\rho \tag{1.47}$$

式 (1.47) 是能量方程的微分形式，其中各部分所表示的含义 $\rho\frac{\mathrm{D}}{\mathrm{D}t}\left(U + \frac{1}{2}v^2\right)$ 为流体微元体总的能量变化量；$\rho g\vec{v}$ 为体积力做的功；$\nabla\left(\vec{v}\tau_{ij}\right)$ 为表面力所做的功；$\nabla\left(\lambda\nabla T\right)$ 为微元体通过对流所获得的能量；$q'\rho$ 为微元体通过辐射获得的能量；$\frac{\mathrm{D}}{\mathrm{D}t} = \frac{\partial}{\partial t} + (\vec{V}\cdot\nabla) = \frac{\partial}{\partial t} + V_i\frac{\partial}{\partial x_i}$。

式 (1.47) 为总的能量方程，总能量由动能和内能两部分组成，动能由宏观速度体现，而内能由温度体现。通常，分开考虑这两部分能量更有助于理解。动能方程进行一次积分就变成了动量方程，对微分形式的动量方程积分便可得动能方程。x 方向的动量方程可以表示如下

$$\frac{\mathrm{d}u}{\mathrm{d}t} = g_x + \frac{1}{\rho}\left(\frac{\partial\tau_{xx}}{\partial x} + \frac{\partial\tau_{yx}}{\partial y} + \frac{\partial\tau_{zx}}{\partial z}\right) \tag{1.48}$$

将式 (1.48) 两边同时乘以 x 方向分速度 u，则等式左边为 $u\left(\mathrm{d}u/\mathrm{d}t\right)$，$u\left(\mathrm{d}u/\mathrm{d}t\right)$ 又可以改写为 $\mathrm{d}(u^2/2)/\mathrm{d}t$。因此，可以把三个速度分量的总动能变化表示为

$$\frac{\mathrm{d}(u_iu_i/2)}{\mathrm{d}t} = \frac{\mathrm{d}(u^2/2 + v^2/2 + w^2/2)}{\mathrm{d}t} \tag{1.49}$$

由此将式 (1.49) 从 x 方向推广到 x, y, z 三个方向上可得

$$\frac{\mathrm{d}(u_iu_i/2)}{\mathrm{d}t} = u_ig_i + \frac{1}{\rho}u_i\frac{\partial\tau_{ij}}{\partial x_i} \tag{1.50}$$

式 (1.50) 就是微分形式的动量方程，可以看出动能的改变主要由体积功和表面功所决定。

总的能量方程减去动能方程就可以得到微分形式的内能方程：

$$\rho\frac{\mathrm{d}U}{\mathrm{d}t} = \tau_{ij}\frac{\partial u_j}{\partial x_i} + \frac{\partial}{\partial x_i}\left(\lambda\frac{\partial T}{\partial x_i}\right) + \rho q' \tag{1.51}$$

1.3.3　扩散方程

在绝对零度以上，物质中的各种粒子都具有一定的能量，会产生振动。对于固体来讲，粒子的振动不仅可以传递能量，而且还会促使其脱离最初的位置，即产生转移。由于粒子运动的不规则性，所以其向任意方向运动的可能性基本相等。如果某种类粒子在该处浓度均匀，则粒子向其他位置转移多少粒子，也会有相应数量的粒子转移到该处。当粒子浓度不相同时，由于每个粒子运动方向是随机的，因此高浓度向低浓度处运动的粒子数必定会大于低浓度向高浓度处运动的粒子数，这样就实现了物质的运输，直到该类粒子分布均匀为止。

为了定量地描述浓度分布不均匀的程度，便引入了浓度梯度的概念。浓度梯度与温度梯度的定义有相似之处，可描述为：在垂直于等浓度线方向上，单位距离内某一物质浓度的变化量。对于一维传导过程，某组分 i 的浓度梯度可表示为

$$\mathrm{grad}C_i = \frac{\partial C_i}{\partial x} \tag{1.52}$$

1. 菲克第一定律

首先说明定态浓度场的建立过程，假设有一定厚度的无限大的薄钢板。初始状态时板内的碳均匀分布且浓度为 C_0。现在在板的下方通入碳浓度为 C_x 的渗碳气体，在板的上方通入低含碳量的脱碳气体使得其碳含量保持为 C_0，如图 1.16(a) 所示。则钢板下表面的碳含量升高至 C，由于碳原子会在钢板内部进行扩散，当钢板两侧出现浓度差时，碳原子就会由下向上进行扩散。随着时间的推移，钢板中靠近高碳浓度气体一侧的部分区域含碳量已达到 C_x，而且向上逐渐减小，碳浓度分布状态如图 1.16(b) 所示。一定时间后，便建立了如图 1.16(c) 所示的线性浓度分布状态。

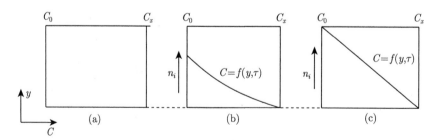

图 1.16　体积元中的物质浓度的变化率

当物质扩散性一定时，物体中某组分的扩散量与物体内部该组分的浓度梯度成正比，与扩散时间和界面面积成正比，与两界面间距成反比。则对单位时间单位面积上的物质扩散量可表示为

$$J_i = D_i \frac{C_x - C_0}{Y} = D_i \frac{\Delta C}{\Delta Y} \tag{1.53}$$

由于物质的扩散还与温度、压力等其他因素有关，因此可将上式改写为偏微分的形式：

$$J_i = -D_i \frac{\partial C_i}{\partial y} (\text{mol}/(\text{m}^2 \cdot \text{s})) \tag{1.54}$$

式中，J_i 为单位时间通过单位面积的传输量；$\partial C_i/\partial y$ 为浓度梯度；D_i 为组分 i 的扩散系数，负号表示物质传输方向与浓度梯度方向相反，即组分由高浓度向低浓度扩散。

菲克第一定律还有其他表示形式，质量浓度形式为

$$J_i = -D_i \frac{\partial \rho_i}{\partial y} (\text{kg}/(\text{m}^2 \cdot \text{s})) \tag{1.55}$$

从热力学方面讲，化学位梯度也是推动扩散的动力，化学位梯度的形式为

$$J_i = -D_i' \frac{\partial \mu_i}{\partial y} \tag{1.56}$$

菲克第一定律是建立在定态浓度场条件下的，扩散公式是描述单一组分的扩散，仅说明物质扩散的自身性质。但化学位的扩散定律表示了扩散可从低浓度区域扩散到高浓度区域。

以 A,B 两种组分混合气体为例来讲解菲克第一定律的表达形式，A 组分的传质通量为

$$J_A = -CD_{AB} \frac{\partial \varepsilon_A}{\partial y} (\text{mol}/(\text{m}^2 \cdot \text{s})) \tag{1.57}$$

式中，C 为混合气体的总摩尔浓度；D_{AB} 为 A,B 气体的相互扩散系数；ε_A 为 A 气体的相对摩尔浓度。

2. 菲克第二定律

自然界中的大多数扩散都为非稳态扩散过程，该方程可由菲克第一定律结合质量守恒定律推导出来。如图 1.17 所示，取一截面积为 A，长度远大于界面长、宽的体积元。假设组元从截面流入的通量为 J_1，流出的通量为 J_2。根据质量守恒定律可得：流入体积元的速率 − 流出体积元的速率 = 体积元内蓄积速率。

流入的速率等于 J_1A，流出的速率为

$$J_2 A = J_1 A + \frac{\partial J_1 A}{\partial x} \mathrm{d}x \tag{1.58}$$

组元的蓄积速率可以用体积元中扩散物质的质量浓度随时间的变化率来表示

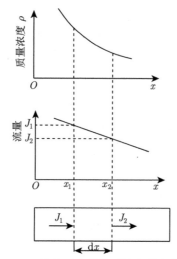

图 1.17   体积元中的物质浓度的变化率

$$-\frac{\partial J_1}{\partial x} A \mathrm{d}x = \frac{\partial \rho}{\partial t} A \mathrm{d}x \tag{1.59}$$

将菲克第一定律的物质质量浓度形式的方程代入可得

$$\frac{\partial \rho}{\partial t} = \frac{\partial}{\partial x}\left(D \frac{\partial \rho}{\partial x}\right) \tag{1.60}$$

假设扩散系数 D 与浓度无关，则可将式 (1.60) 改写为

$$\frac{\partial \rho}{\partial t} = D \frac{\partial^2 \rho}{\partial x^2} \tag{1.61}$$

式 (1.61) 为菲克第二定律在一维空间中的表达式，若要将其推广到三维空间上去，只需进一步假定组元在空间中扩散能力各向同性，即扩散系数 D 在三个方向上的值相同，由此可以得菲克第二定律的普遍形式

$$\frac{\partial \rho}{\partial t} = D \left(\frac{\partial^2 \rho}{\partial x^2} + \frac{\partial^2 \rho}{\partial y^2} + \frac{\partial^2 \rho}{\partial z^2} \right) \tag{1.62}$$

扩散若是由浓度梯度引起的，则称为化学扩散；若是由热振动而非浓度梯度所引起的，则称为自由扩散，扩散系数为 D_s。

金属晶体中的扩散是由于原子在其平衡位置振动，当振幅足够大时便跳跃到另一平衡位置。这样的扩散有五种具体形式：交换机制的扩散、间隙机制的扩散、空位机制的扩散、晶界扩散以及表面扩散。

计算扩散量还需知道该组元的扩散系数，扩散系数 D 的表达式为

$$D = D_0 + \exp\left(-\frac{Q}{RT}\right) \tag{1.63}$$

式中，R 为气体常数 (8.314J/(mol·K))，Q 为单位摩尔原子的激活能，T 为热力学温度。D_0 为扩散常数，不同扩散机制的 Q 和 D_0 不同，但扩散系数表达式相同。

影响物质扩散的因素有很多，主要为以下几个方面：温度、晶体结构、固溶体类型、化学成分、晶体缺陷。温度对物质的扩散影响作用最大，这是由于温度越高，原子能量越大，达到激活状态的原子比例也越高，因此扩散系数大。不同的晶体结构对原子的扩散也具有很大的影响，不同的晶体结构，致密性不同，致密度越小，晶体结构越容易扩散。不同的晶体结构对固溶原子的溶解程度不同，因此所造成的浓度梯度也不相同。不同金属的自扩散激活能与其原子间结合力相关，原子间的结合能越大，所需的扩散激活能越高，因此越不易扩散。

3. 对流传质

当流体作层流或湍流时，物质交换不仅依赖于分子扩散也依赖于流体各部分之间的相对位移。当空气流过水面时，其边界层中的速度分布与其流过固体表面上的一样，即从水面向上分别是层流区、过渡区和湍流区。显然，物质的扩散要受到气体流动速度和流动状态的影响，对于流体流过界面而进行的物质交换可以类似运用牛顿冷却公式表示为 $m_A = \beta_A(C_{A,f} - C_{A,w})$，式中 β_A 为组分 A 的传质系数，$C_{A,f}$ 为流体主体中组分 A 的平均浓度，$C_{A,w}$ 为界面处 A 的浓度。

对于沿壁面作层流边界层流动的流体可以根据动量方程和能量方程推导出边界层对流扩散方程为

$$u\frac{\partial C_A}{\partial x} + v\frac{\partial C_A}{\partial y} = D\frac{\partial^2 C_A}{\partial y^2} \tag{1.64}$$

从式 (1.64) 可以看出能量方程、动量方程和扩散方程之间存在内在联系。将动量方程

$$u\frac{\partial u}{\partial x} + v\frac{\partial u}{\partial y} = D\frac{\partial^2 u}{\partial y^2} \tag{1.65}$$

与扩散方程相比可得一个无量纲常数，也称之为施密特数，用 Sc 表示

$$Sc = \frac{v}{D} \tag{1.66}$$

当 v 与 D 相等时，$Sc = 1$。同样将能量方程与扩散方程相比可得另一个无量纲数，称之为刘易斯数

$$Le = \frac{a}{D} \tag{1.67}$$

由于热量和质量的传递在数学形式上相类似，因此可以推测描述质量传输的经验准则与描述热量传输的经验准则具有类似的形式。由此由传质系数 β 组成的准则表示为 Re 和 Sc，准则的函数为 Sh：

$$Sh = f(Re, Sc) \tag{1.68}$$

1.3.4　热对流与热辐射

热对流，简称对流，是指流体中温度不同的各部分由于相互混合的宏观运动所导致的热量传递现象。流体中温度分布不均匀时，也必然会产生导热现象，因此热对流总是与导热同时发生。

相对运动的流体和固体壁面之间的传热，就是一个对流与导热联合作用的热传递过程，称之为"对流换热"。当温度为 t_f 的流体流过面积为 A，温度为 t_w 的固体壁面时，流体和固体壁面之间的对流换热量 $Q_{对流}$ 与面积 A、流体和壁面之间的温度差 Δt 成正比，表示为 $Q_{对流} = hA\Delta t$。该公式为对流换热过程中的牛顿冷却公式，式中的比例系数 h 称为对流换热系数，简称换热系数，单位为 $W/(m^2 \cdot K)$。当流体流过固体表面时，由于流体的黏性作用，紧贴壁面的区域流体将被滞止而处于无滑动状态，壁面与流体之间的热量交换必须通过流体层中，根据傅里叶定律可以知道传递的热量 $q = -\lambda \partial T / \partial y$。式中，$\partial T / \partial y$ 为贴壁处壁面的法线方向上的流体温度变化率，λ 为流体的热导率。

当在稳定状态时，壁面与流体之间的对流换热等于贴壁处静止流体层的导热量，即 $q = Q_{对流}$。所以，对流换热系数的一般关系式为

$$h = -\lambda \frac{\partial T}{\partial y A \Delta t} \tag{1.69}$$

当流体沿固体壁面流动时，流体的黏性气作用的区域仅仅局限于紧贴在壁面的流体薄层内，这种黏性作用逐渐向外扩散，在离开壁面的某个距离之外的流动区域，黏性的影响可以忽略不计，但是在这个距离之外的区域流动可以认为是理想流体的流动，该流动速度急剧变化的流体薄层，普朗克称之为速度边界层。当流体流过与其温度不相同的壁面时，同样发现在壁面附近的一个薄层内，流体温度在法线方向上急剧变化，而在薄层之外，流体温度梯度变化几乎为零。

边界层具有以下两个显著特征：① 边界层厚度与壁面尺寸相比是很小的量；② 边界层内沿壁面法线方向速度梯度和温度梯度变化剧烈存在以下的不等式。

对速度边界层：

$$u \gg v, \quad \frac{\partial u}{\partial y} \gg \frac{\partial u}{\partial x}, \quad \frac{\partial v}{\partial y}, \quad \frac{\partial v}{\partial x} \tag{1.70}$$

对温度边界层：

$$\frac{\partial T}{\partial y} \gg \frac{\partial T}{\partial x} \tag{1.71}$$

引入边界层可以将区域划分为两个区：一为边界层流动区，这里流体的黏性力与流体的惯性力共同作用，引起流体速度发生显著变化；二是主流区，这里流体黏性作用力非常微弱，可视为无黏性的理想流体。同样，将对流换热的温度场分为两部分，即热边界层区和主流区。主流区的温度变化率可视为零。

根据边界层的特点，运用数量级分析的方法来简化完整的对流换热微分方程组，可以以能量的微分方程组的简化来说明数量级分析法的具体应用。

针对图 1.18 所示的外掠平板温度边界层，设边界层内主流方向坐标为 x 的数量级为 1，u 的数量级为 1，则 y 和 v 的数量级为 ι，于是边界层的二维稳态能量方程的各项数量级可分析如下：

$$u\frac{\partial T}{\partial x} + v\frac{\partial T}{\partial y} = m\left(\frac{\partial^2 T}{\partial x^2} + \frac{\partial^2 T}{\partial y^2}\right)$$
$$1\frac{1}{1} + \iota\frac{1}{\iota} = \iota^2\left(\frac{1}{1^2} + \frac{1}{\iota^2}\right) \tag{1.72}$$

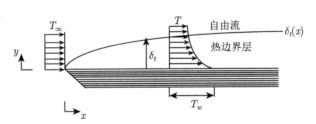

图 1.18　外掠平板温度边界层

式 (1.72) 表明，热扩散率 m 具备 ι^2 的数量级，且 $\partial^2 T/\partial y^2 \gg \partial^2 T/\partial x^2$，因而可以将主流方向的二阶导数项 $\partial^2 T/\partial x^2$ 忽略，因此式 (1.72) 简化为

$$u\frac{\partial T}{\partial x} + v\frac{\partial T}{\partial y} = a\frac{\partial^2 T}{\partial y^2} \tag{1.73}$$

对动量方程进行数量级分析时，若体积力对过程不造成影响，则动量方程可以简化为

$$u\frac{\partial u}{\partial x} + v\frac{\partial u}{\partial y} = \nu\frac{\partial^2 T}{\partial y^2} - \frac{1}{\rho}\frac{\mathrm{d}p}{\mathrm{d}x} \tag{1.74}$$

在同一 x 处，流体在边界层内的压力与层外流体的压力相等，因此 $\mathrm{d}p/\mathrm{d}x$ 可由边界层外理想流体的伯努利方程确定。

热辐射，指的是物体的内能转化为电磁波向外界发射的热量传递过程。热辐射不同于导热和热对流，它是不接触的传热方式，不依赖于中间介质的媒介作用，它可以在真空中传递能量。

任何物体都在连续地向外发射辐射热，温度越高，辐射能力越强，物体的辐射能力与温度有关。如果物体能够完全吸收投射到其表面的辐射能，这种物体称为黑体。黑体的辐射能力最强。面积为 A，温度为 T(热力学温度) 的黑体向外辐射的导热量可以用玻尔兹曼定律，即 $Q_{辐射} = \sigma_b AT^4$ 表示。黑体是一个假想的理想物体，一般物体的辐射能力要低于黑体，其辐射的热量要用相同温度下的黑体辐射的热量乘以一个小于 1 的修正系数 ε 来表示，即 $Q_{辐射} = \varepsilon\sigma_b AT^4$，其中，$\sigma_b$ 为斯特藩–玻尔兹曼常量，也称为黑体辐射常量，ε 为实际物体的辐射能力与黑体的接近程度，即黑度。

物体不断地向四周辐射能量，也不断接收四周物体辐射过来的能量。物体之间通过辐射而进行的能量传递称为辐射换热。这两个温度分别为 T_1 和 T_2 的无限放大平行黑体平板之间的辐射换热可以表示为

$$Q_{辐射} = \sigma_b A(T_1^4 - T_2^4) \tag{1.75}$$

1.4 N-S 方程

纳维–斯托克斯 (Navier-Stokes) 方程 (简称 N-S 方程)，又称为黏性流体动量平衡方程，其描述了流体在流动条件下，动量与作用力之间的平衡以及转换关系，为运动流体的能量守恒特征关系式。

不论流体处于静止还是运动的状态，都满足能量、力的平衡关系。当以作用力的形式来表达流动流体的能量平衡关系时，根据力的平衡关系可知，作用在流体上的合力为零。若以动量的形式来表达流动流体的能量平衡关系，则系统中总的动量变化与其他力作用之和必定等于系统的动量增量，用公式的形式可表示为：流入和流出系统的动量差值 + 其他力对系统作用的总和 = 系统动量的变化量。对于稳定流动系统，其系统的总动量没有变化。对于黏性流体，动量的传输有两种基本形式：流体质量对流基础上进行的对流传输；流体的黏性引起的动量传输。

1.4.1 表面力和体积力

根据牛顿第二定律 $F = ma$，其中质量 m 可表示为 $\rho \mathrm{d}x\mathrm{d}y\mathrm{d}z$，加速度 a 可表示为 $\mathrm{D}V/\mathrm{D}t$，由此可将牛顿第二定律改写为

$$F = \rho \mathrm{d}x\mathrm{d}y\mathrm{d}z\mathrm{D}V/\mathrm{D}t \tag{1.76}$$

若物体的质量保持不变，则上式还可以解释为该物体动量随时间的变化率。

由此，要计算该物体的动量，只需求出其受到的各种力即可。取如图 1.19 所示的微元体，该微元体受到的力分为表面力 $\vec{F}_S$ 和质量力 $\vec{F}_b$ 两类。

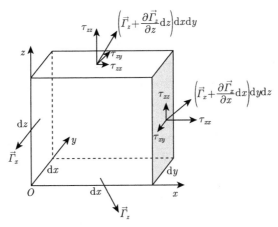

图 1.19　微元体所受表面力

表面力的表示较为复杂，下面就对图 1.19 所示的表面力进行分析。按照一般的约定，取拉力为正值，压力为负值。在与 x 轴垂直的两个面 A、B 中，左侧面 A 的表面力数值上等于表面应力与面积的乘积，用符号 $\vec{\Gamma}_x$ 表示 A 面上的表面应力，则左侧面的表面力可以表示为

$$\vec{F}_A = \vec{\Gamma}_x \mathrm{d}y\mathrm{d}z \tag{1.77}$$

由于控制体非常小，可以得到 B 面上的表面力为

$$\vec{F}_B = \vec{\Gamma}_x \mathrm{d}y\mathrm{d}z + \left(\frac{\partial \vec{\Gamma}_x}{\partial x}\mathrm{d}x\right)\mathrm{d}y\mathrm{d}z \tag{1.78}$$

联立式 (1.77) 与式 (1.78) 可以计算出 x 方向上的合力：

$$\vec{F}_x = \vec{\Gamma}_x \mathrm{d}y\mathrm{d}z + \left(\frac{\partial \vec{\Gamma}_x}{\partial x}\mathrm{d}x\right)\mathrm{d}y\mathrm{d}z - \vec{\Gamma}_x \mathrm{d}y\mathrm{d}z = \left(\frac{\partial \vec{\Gamma}_x}{\partial x}\mathrm{d}x\right)\mathrm{d}y\mathrm{d}z \tag{1.79}$$

同理，可以计算出 y 方向和 z 方向上的表面力合力。

联立可计算出微元体六个面上的表面力之和：

$$\vec{F}_S = \left(\frac{\partial \vec{\Gamma}_x}{\partial x}\mathrm{d}x\right)\mathrm{d}y\mathrm{d}z + \left(\frac{\partial \vec{\Gamma}_y}{\partial y}\mathrm{d}y\right)\mathrm{d}x\mathrm{d}z + \left(\frac{\partial \vec{\Gamma}_z}{\partial z}\mathrm{d}z\right)\mathrm{d}x\mathrm{d}y \tag{1.80}$$

　　体积力相对于表面力较为简单，体积力可以用单位质量的体积力与所取微元体的质量相乘，这里的体积力可以是重力或其他与质量相关的力，一般情况下只需考虑重力。将微元体内密度视为常数 ρ，则微元体的质量为 $\rho \mathrm{d}x\mathrm{d}y\mathrm{d}z$。由此可将质量力表示为

$$\vec{F}_b = \vec{f}\rho \mathrm{d}x\mathrm{d}y\mathrm{d}z \tag{1.81}$$

式中，$\vec{f}$ 为质量力系数，如同在计算重力时常数为重力加速度 g。得到了表面力和质量力后，二者之和便为微元体所受的合力 $\vec{F}$。

　　将质量力和体积力的具体的表达式代入合力 $\vec{F}$ 可得

$$\vec{F} = \vec{f}\rho \mathrm{d}x\mathrm{d}y\mathrm{d}z + \left[\frac{\partial \vec{\Gamma}_x}{\partial x} + \frac{\partial \vec{\Gamma}_y}{\partial y} + \frac{\partial \vec{\Gamma}_z}{\partial z} \right] \mathrm{d}x\mathrm{d}y\mathrm{d}z \tag{1.82}$$

　　将式 (1.82) 代入牛顿第二定律中，就得到了微元体应力形式的动量方程

$$\frac{\mathrm{D}\vec{V}}{\mathrm{D}t} = \vec{f}\frac{1}{\rho} \left[\frac{\partial \vec{\Gamma}_x}{\partial x} + \frac{\partial \vec{\Gamma}_y}{\partial y} + \frac{\partial \vec{\Gamma}_z}{\partial z} \right] + \vec{f} \tag{1.83}$$

式 (1.83) 中等号的左侧为单位质量流体的动量变化量；等号右侧第一项为单位质量流体所受到的表面力；第二项表示单位质量流体所受到的质量力。

　　微元流体表面的应力大小不能直接得到，只有将其表面力转换成与流体相关的量才可以进行计算。在直角坐标系中，表面力可以分解成 x,y,z 三个方向上的分量形式，即一个正应力和两个切应力。由此，可以将三个应力表示为

$$\vec{\Gamma}_x = \tau_{xx}\vec{i} + \tau_{xy}\vec{j} + \tau_{xz}\vec{k} \tag{1.84}$$

式中，τ 代表的是应力分量，其中下标分别表示应力所在的表面和应力的作用方向。例如，τ_{xy} 中第一个 x 表示的是应力作用在与 x 轴垂直的表面上，第二个字母 y 表示应力的方向平行于 y 轴。将式 (1.84) 代入动量方程式中可得应力分量形式的动量方程式。

　　同理可得在 y 与 z 上的应力。

　　由于切应力之间存在如下关系：$\tau_{xy} = \tau_{yx}, \tau_{yz} = \tau_{zy}, \tau_{xz} = \tau_{zx}$，所以九个应力分量中只有六个分量相互独立。由于引入的九个应力分量都未知，因此上式对于解决实际问题并没有太大的用处。要处理黏性流体，就必须要解决各应力分量的计算问题。

　　如图 1.20 所示，图中下表面固定不动，而上表面以一定速度匀速运动。通过实验，上面的平板运动所需的拉力与其运动速度成正比，而与两板面间距成反比。假设液体左右两侧的压力相等，可以通过该实验得到切应力

$$\tau = \mu \frac{\partial u_i}{\partial y} \tag{1.85}$$

式中，u_i 为液体的水平流速；μ 为黏性系数，描述液体黏性大小的系数。可以看出黏性力作用于与 y 轴垂直的平面且指向 x 轴方向上，其代表的意义与 τ_{yx} 相同。若流体流动方向不是沿着 x 方向，则剪切力与 x 和 y 方向上的速度 u 和 v 的变化相关。对于一般的流体，其剪切应力可表示为

$$\tau_{xy} = \tau_{yx} = \mu \left(\frac{\partial u}{\partial y} + \frac{\partial v}{\partial x} \right) \tag{1.86}$$

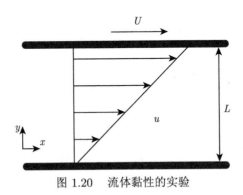

图 1.20　　流体黏性的实验

同理可知 z 和 y 方向上的剪切应力。由于相对的两个面上的作用力大小不相等，为了满足平衡条件，流体表面的正应力并不只有压力项，还应该包含有切应力的作用。Stokes 得出了正应力的关系式：

$$\tau_{xx} = 2\mu \frac{\partial u}{\partial x} - \frac{2}{3}\mu \left(\nabla \cdot \vec{V} \right) - p \tag{1.87}$$

按照相同的方式，同理可证正应力 τ_{yy} 和 τ_{zz} 的关系式。

对于不可压缩流体，其速度的散度为零，即 $\nabla \cdot \vec{V} = 0$。正应力还与流体的伸长率有关，相比于伸长率所产生的正应力，体积变化所产生的正应力可以忽略不计，因此黏性流体的正应力可以简化。

在流动流体中，黏性正应力远小于压力，所以通常将黏性正应力忽略不计。式 (1.86) 和式 (1.87) 是牛顿流体在任何流动情况下的应力与应变率之间的关系，因此被称为牛顿流体的本构方程，也被称为广义流动定律。

广义流动定律将应力与应变速率之间建立起了联系，因此解决了计算各应力分量的问题，使流体动量变化量的计算得以实现。将式 (1.87) 代入应力形式的动量方程就可以得到动量方程，该方程即为 N-S 方程。引入算子并将其简化为矢量形式为

$$\frac{D\vec{V}}{Dt} = f - \frac{1}{\rho}\nabla p + \frac{u}{\rho}\nabla^2 \vec{V} + \frac{1}{3}\frac{u}{\rho}\nabla \left(\nabla \cdot \vec{V} \right) \tag{1.88}$$

其中 f 为单位质量流体的体积力项；$-\nabla p/\rho$ 为单位质量流体的压力项；$\dfrac{u}{\rho}\nabla^2\vec{V}+\dfrac{1}{3}\dfrac{u}{\rho}\nabla(\nabla\cdot\vec{V})$ 为黏性力项，对于理想流体为零；$\dfrac{D\vec{V}}{Dt}$ 为惯性力项，即流体动量随时间的变化量。但在实际的应用中，若流体不是处于强压缩状态，可以将 $\dfrac{1}{3}\dfrac{u}{\rho}\nabla(\nabla\cdot\vec{V})$ 省略，此时的 N-S 方程为

$$\frac{D\vec{V}}{Dt} = f - \frac{1}{\rho}\nabla p + \frac{u}{\rho}\nabla^2\vec{V} \tag{1.89}$$

1.4.2　自定义方程

波动方程是一种重要的偏微分方程，主要描述自然界中的各种波动现象，但在很多领域内都用得到波动方程及其相关的变动方程。物体中的各个粒子在绝对零度以上都会有一定的波动，都可以采用波动方程。

对于简单一维波动方程，以弦的横波方程为例，在弦上取 $M_1 M_2$ 上的一小段弧，将它的长度定为 ΔS：

$$\Delta S = \sqrt{1 + \ell_x^2}\,\mathrm{d}x \tag{1.90}$$

设定 $\ell_x = \partial\ell/\partial x$，弦在过程中作微小振动，所以弦在振动过程中未伸长，由胡克定律可以知道，在该过程中，张力保持不变即 $F_1 = F_2 = F$，在 x 轴的分量代数和为零

$$F(\cos\alpha_1 - \cos\alpha_2) = 0 \tag{1.91}$$

对于微小振动，由式 (1.91) 可以得到 $\cos\alpha_1 = \cos\alpha_2 \approx 1$。

现在导出弦的横波方程，张力在 ℓ 轴方向上的分量代数和为

$$f_\ell = F\sin\alpha_2 - F\sin\alpha_1 \tag{1.92}$$

在这里 $\sin\alpha_1 \approx \tan\alpha_1 = \left.\dfrac{\partial\ell}{\partial x}\right|_{x_1}$，$\sin\alpha_2 \approx \tan\alpha_2 = \left.\dfrac{\partial\ell}{\partial x}\right|_{x_2}$，则上式可化为

$$f_\ell = F\left(\left.\frac{\partial\ell}{\partial x}\right|_{x_2} - \left.\frac{\partial\ell}{\partial x}\right|_{x_1}\right) = F\left.\frac{\partial^2\ell}{\partial x^2}\right|_\xi (x_2 - x_1) \tag{1.93}$$

设线性密度为 ρ，由于弦的距离很小，在这里默认加速度相同，即在该段任意一处的加速度可用 $\partial^2\ell/\partial t^2$ 来表示，则该段的质量与加速度的乘积为

$$\frac{\partial^2\ell}{\partial t^2}(x_2 - x_1) \tag{1.94}$$

当没有外力时,联立牛顿第二定律可得

$$\frac{\partial^2 \ell}{\partial t^2}(x_2 - x_1) = F\frac{\partial^2 \ell}{\partial x^2}\bigg|_{\xi}(x_2 - x_1) \tag{1.95}$$

当弦的长度取极限时得到方程

$$\frac{\partial^2 \ell}{\partial t^2} = a^2\frac{\partial^2 \ell}{\partial x^2} \tag{1.96}$$

式中, $a^2 = F/\rho$ 为该方程的弦的自由横振动方程。

当有外力作用在弦上时,其方向可以垂直于 x 轴方向,设其力的密度为 $F(x,t)$,由于弦段极限很小,弦上的外力近似相等。所以对式 (1.96) 的右端需要添加外力项,即

$$\frac{\partial^2 \ell}{\partial t^2} = a^2\frac{\partial^2 \ell}{\partial x^2} + f(x,t) \tag{1.97}$$

式中, $f(x,t) = F(x,t)/\rho$。

上述为简单的一维弦的波动方程,在三维波动方程中,假设有一均匀杆发生纵振动,杆中任一小段有纵向位移或速度时必将导致邻段的压缩或者伸长,当这种状态持续下去,就有纵波沿着杆传播,这样纵波动方程和弦的横波动方程相同,这样可以表示

$$\frac{\partial^2 \ell}{\partial t^2} = a^2\left(\frac{\partial^2 \ell}{\partial x^2} + \frac{\partial^2 \ell}{\partial y^2} + \frac{\partial^2 \ell}{\partial z^2}\right) + f(x,y,z,t) \tag{1.98}$$

根据材质的不同会有不同的阻尼系数,在不同时刻阻尼会产生变化,这里记为在标准状态下的阻尼系数。而阻尼力是在阻碍其黏性物质以一定的振动速度向下振动、方向前进的力,阻尼力 R_z 的大小与运动质点的速度的大小成正比,方向相反。杆中很小一段都会受到邻段的阻力,这里记为

$$R_z = k\frac{\partial \ell}{\partial x} \tag{1.99}$$

这里 $k = d_a/\rho$,其中 d_a 为阻尼系数, $\partial \ell/\partial x$ 为速度。

根据三维波动方程即式 (1.98) 可知,微元体受到的张力和阻尼力是内部的,可以导出公式

$$\frac{\partial^2 \ell}{\partial t^2} + k\frac{\partial \ell}{\partial x} = a^2\left(\frac{\partial^2 \ell}{\partial x^2} + \frac{\partial^2 \ell}{\partial y^2} + \frac{\partial^2 \ell}{\partial z^2}\right) + f(x,y,z,t) \tag{1.100}$$

引入算子

$$\nabla^2 = \frac{\partial^2}{\partial x^2}\vec{i} + \frac{\partial^2}{\partial y^2}\vec{j} + \frac{\partial^2}{\partial z^2}\vec{k} \tag{1.101}$$

当式 (1.100) 微元体受到惯性力或者重力时 $f(x, y, z, t) = F(x, y, z, t)/\rho$，根据式 (1.101)，代入

$$\frac{\partial^2 \ell}{\partial t^2} + k\frac{\partial \ell}{\partial x} = a^2\nabla^2\ell + \nabla \cdot \gamma + f(x, y, z, t) \tag{1.102}$$

微元体受到的阻尼力和纵向振动产生的张力 (两者为内部弹性力)，当在纵向产生振动时受热，形成热应力记为 γ，热应力、张力和阻尼力在 x、y、z 轴上方向相反。引入哈密顿算子 ∇，则热应力简化为

$$\nabla \cdot \gamma = \left(\frac{\partial}{\partial x}\vec{i} + \frac{\partial}{\partial y}\vec{j} + \frac{\partial}{\partial z}\vec{k}\right) \cdot \gamma \tag{1.103}$$

将式 (1.103) 代入式 (1.102) 可得

$$\frac{\partial^2 \ell}{\partial t^2} + k\frac{\partial \ell}{\partial x} = a^2\nabla^2\ell + \nabla \cdot \gamma + f(x, y, z, t) \tag{1.104}$$

在该总质量下所受的弹性力为 $c\nabla\ell$，c 为刚性模量，其中微元体所受到的热应力 $\sigma = \dfrac{F}{A}$。

$$e_a\frac{\partial^2 \ell}{\partial t^2} + d_a\frac{\partial \ell}{\partial x} = c\nabla^2\ell + \nabla \cdot \gamma + f \tag{1.105}$$

亥姆霍兹方程来自于可分离变量的波动方程，在波动方程中 ℓ 只写成含有时间变量的部分或者含有空间变量的部分，则式 (1.105) 可以写成

$$-\nabla(c\nabla\ell) - k^2\ell = f \tag{1.106}$$

式 (1.106) 为亥姆霍兹方程，其中 $a = -k^2$，$k = 2\pi/\lambda$，k 为波数，λ 为波长。

取一个微元体 Ω，在区域内的方程形式：

$$e_a\frac{\partial^2 \ell}{\partial t^2} + d_a\frac{\partial \ell}{\partial t} - \nabla(c\nabla\ell + \vec{\alpha}\ell - \gamma) + \beta \cdot \nabla\ell + a\ell = f \tag{1.107}$$

方程中 e_a、d_a、c 为方程的系数，其中 $e_a\dfrac{\partial^2 \ell}{\partial t^2}$ 为质量，$d_a\dfrac{\partial \ell}{\partial t}$ 为阻尼质量，$c\nabla\ell + \vec{\alpha}\ell - \gamma$ 为守恒通量，$c\nabla\ell$ 为扩散量，$\vec{\alpha}\ell$、$\beta \cdot \nabla\ell$ 分别是流出与流入对流量，$a\ell$ 为吸收的量，γ、f 表示在该区域内的源。

在区域上的方程形式即 Neumann 边界形式:

$$\vec{n} \cdot (c\nabla \ell + \vec{\alpha}\ell - \gamma) + q\ell = g - h^{\mathrm{T}}\ell \tag{1.108}$$

其中, $q\ell$ 为边界吸收, g 为边界源。

当 $\ell = r$ 时在该区域上为 Dirichlet 边界形式

$$\vec{n} \cdot (c\nabla \ell + \vec{\alpha}r - \gamma) + qr = g - h^{\mathrm{T}}r \tag{1.109}$$

当系数只是时间和空间的函数或者常量时则为线性方程, 当系数仅是因变量的函数时为非线性方程。

1.5 麦克斯韦方程组

麦克斯韦方程组 (Maxwell's equations) 是英国物理学家詹姆斯·麦克斯韦在19 世纪建立的一组偏微分方程, 描述电场、磁场与电荷密度、电流密度之间的关系。麦克斯韦方程组只包含了四个方程却囊括了经典电磁学的一切内容。

麦克斯韦方程组包含: 电荷是如何产生电场的高斯定理; 论述了磁单极子的不存在的高斯磁定律; 电流和变化的电场怎样产生磁场的麦克斯韦–安培定律以及变化的磁场是如何产生电场的法拉第电磁感应定律。

麦克斯韦方程组积分表达式为

$$\begin{aligned}
&\oint_S \vec{E} \cdot \vec{n}\mathrm{d}a = \frac{q}{\varepsilon_0} \\
&\oint_S \vec{B} \cdot \vec{n}\mathrm{d}a = 0 \\
&\int_C \vec{E} \cdot \mathrm{d}\vec{l} = -\frac{\mathrm{d}}{\mathrm{d}t}\int_S \vec{B} \cdot \vec{n}\mathrm{d}a \\
&\int_C \vec{B} \cdot \mathrm{d}\vec{l} = \mu_0 \left(I + \varepsilon_0 \int_S \vec{E} \cdot n\mathrm{d}a \right)
\end{aligned} \tag{1.110}$$

麦克斯韦方程组微分表达式为

$$\begin{aligned}
&\nabla \cdot \vec{E} = \frac{\rho}{\varepsilon_0} \\
&\nabla \cdot \vec{B} = 0 \\
&\nabla \times \vec{E} = -\frac{\partial \vec{B}}{\partial t} \\
&\nabla \times \vec{B} = \mu_0 \left(\vec{J} + \varepsilon_0 \frac{\partial \vec{E}}{\partial t} \right)
\end{aligned} \tag{1.111}$$

1.5.1　高斯电场定律

下面就对四个方程逐一进行讨论。首先是高斯电场定律，在这一节内容里会出现两类电场：一类是由电荷产生的静电场；另一类是由变化磁场所产生的感生电场。高斯电场定律针对的是静电场，将产生定场的电荷分布与静电场的空间特征联系了起来。

高斯定律的主要思想为：静电荷产生的电场通过任意闭合曲面的通量，与封闭曲面所包含的电荷量成正比。由于电场总是始于正电荷而终止于负电荷。那么，若有任意大小，任意形状的封闭曲面，若曲面内没有电荷则曲面的电场通量为零；若曲面内包含有正电荷，那么通过曲面的电场通量为正；若曲面内正负电荷量相等，则电场正通量与负通量相互抵消。

在高斯定律中的面积分适用于电场。电场强度既有大小又有方向，是一个矢量，因此电场也被称为矢量场。如图 1.21 所示，对于均匀的电场 $\vec{E}$，若电场方向垂直于曲面 S，则电场通量 Φ_E 就可表示为 $\Phi_E = |\vec{E}| \times S$。若均匀的电场与曲面不垂直，则需要将曲面投影到垂直于电场方向的平面上，因此电场通量 Φ_E 就可表示为 $\Phi_E = \vec{E} \cdot \vec{n} \times S$。其中 $\vec{n}$ 为曲面的法向单位向量。

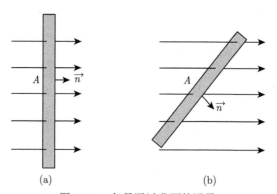

(a)   (b)

图 1.21　矢量通过曲面的通量

对于更加复杂的情况，即电场强度 $\vec{E}$ 非均匀，且与曲面的夹角也在不停地变动，如图 1.22 所示。不同的线段长度表示流速是非均匀的，而且曲面与流速的夹角也不是恒定不变的。因此，要同时考虑流速与曲面面积的变化。为了解决这个问题，可以运用微积分的办法来进行处理。把曲面分成一个个小块，当小块面积足够小时可以认为其法线方向不变，用 $\vec{n}_i$ 表示第 i 个小块的单位法向，$\mathrm{d}a_i$ 表示第 i 个小块的面积。则通过曲面总的电场通量 $\Phi_E = \sum\limits_i \vec{E}_i \cdot \vec{n}_i \mathrm{d}a_i$。

高斯电场定律的微分形式。由于封闭曲面可以任意选取，假设选取的封闭曲面无限小，即封闭曲面所包含的体积可以视为一个点，那么就可以得到微分形式的高斯电场定律。其与积分形式的区别在于：微分形式的高斯定律表示的是某一点的电场散度与该点处电荷密度的关系；而积分形式则是描述电场在一个大曲面上的积分。电场通量是针对于面积上的定义，而散度是针对于空间中一点。散度的数学定义可以理解成穿过围绕空间一点的无限小曲面的通量。应用到电场上来便是电场穿过无限小曲面的通量。

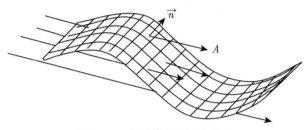

图 1.22   矢量在曲面上的分量

在高斯电场定律积分式的等号两边同时除以体积曲面包围的体积 ΔV，且取 $\Delta V \to 0$ 可得

$$\lim_{\Delta V \to 0} \frac{1}{\Delta V} \oint_S \vec{E} \cdot \vec{n} \mathrm{d}a = \lim_{\Delta V \to 0} \frac{1}{\Delta V} \frac{q}{\varepsilon_0} \tag{1.112}$$

其中，曲面包含的总电荷量 q 比上体积 ΔV 就是电荷密度 ρ，因此公式可以变为

$$\lim_{\Delta V \to 0} \frac{1}{\Delta V} \oint_S \vec{E} \cdot \vec{n} \mathrm{d}a = \frac{\rho}{\varepsilon_0} \tag{1.113}$$

而等式左边的这一部分，便是电场在该点的散度 $\mathrm{div}\vec{E}$。在一般情况下习惯用散度的另外一种表示形式 $\nabla \cdot \vec{E}$。将其代入上式中便得到了高斯电场定律的微分形式：

$$\nabla \cdot \vec{E} = \frac{\rho}{\varepsilon_0} \tag{1.114}$$

正电荷附近的电场似乎处处都是散开的，但电场除了正电荷所在的点以外散度处处为零。也就是说，决定散度的因素不是电场线是否发散，而是取决于电场线穿入和穿出微小封闭曲面的通量。若穿入通量大于穿出，则散度为正；若穿出通量大于穿入，则散度为负。

1.5.2 高斯磁场定律

高斯磁场定律与上一部分讲的高斯电场定律有许多相似之处，无论是高斯磁场定律还是高斯电场定律都关心穿过封闭曲面的通量。但两者又有不同之处，这主要是由于正负电荷可以分开，而南北极子却只可能成对出现。

高斯定律的主要思想：穿过任意曲面的磁通量之和为零。到目前为止还没有发现磁单极的存在，所以高斯定律公式的等号右边一定为零。

在计算封闭曲面的磁通量 Φ_B 时与电通量 Φ_E 相类似。当磁场 $\vec{B}$ 均匀且与曲面垂直时，磁通量 $\Phi_B = |\vec{B}| \times S$；当磁场 $\vec{B}$ 均匀且与曲面呈一定夹角时，磁通量 $\Phi_B = \vec{B} \cdot \vec{n} \times S$；当磁场 $\vec{B}$ 为非均匀磁场且与曲面的夹角也在不断变化时，总磁通量为 $\Phi_B = \sum\limits_i \vec{B}_i \cdot \vec{n}_i \mathrm{d}a_i$。

磁通量也是标量，磁通量的单位是 $\mathrm{Wb(T \cdot m^2)}$。在考虑磁场线的数量时，要考虑到磁场在空间中是连续的，只有当磁场线的密度与磁场强度之间相关联时，磁场线的数量才具有意义。

在考虑闭合曲面的磁通量时不要忘了磁场线对封闭曲面的穿透作用是双向的，即同时存在穿入和穿出。穿入的正通量与穿出的负通量相抵消，因此净通量为零。如图 1.23 所示，不论闭合曲面在磁场中的位置以及其形状如何，穿入和穿出的磁场线数量一定相等。高斯定律的物理意义可解释为：磁场线总是完整的环，所以穿过任意形状和位置的封闭曲面的净磁通量为零。

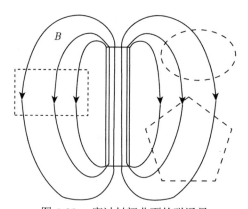

图 1.23 穿过封闭曲面的磁通量

由于磁场线的封闭性，所以高斯磁场的微分形式非常简单，其表达式如下：$\nabla \cdot \vec{B} = 0$。式子的左边表示磁场在某一点流入微小封闭曲面大于流出的趋势，其主要思想为：磁场的散度处处为零。理解磁场的散度也可以类比于电场散度，电场在任意点的散度与该点电荷量成正比，但由于不存在单独的极子，因此任意点的“磁密度”为零，所以对于任意点的磁场散度必定为零。

对于通电长直导线所产生的磁场，距电流为 I 的无穷长导线 r 处的磁场强度为 $\dfrac{\mu_0 I \varphi}{2\pi r}$，因此求得导线周围的磁场散度为

$$\mathrm{div}\vec{B} = \nabla \cdot \vec{B} = \nabla \cdot \left(\frac{\mu_0 I \varphi}{2\pi r}\right) \tag{1.115}$$

为了计算方便, 用圆柱坐标系可得

$$\nabla \cdot \vec{B} = \frac{1}{r}\frac{\partial}{\partial r}\left(rB_r\right) + \frac{1}{r}\frac{\partial B_\varphi}{\partial \varphi} + \frac{\partial B_z}{\partial z} \tag{1.116}$$

由于磁场只有 φ 分量, 因此可得

$$\nabla \cdot \vec{B} = \frac{1}{r}\frac{\partial \left(\mu_0 I/(2\pi r)\right)}{\partial \varphi} = 0 \tag{1.117}$$

对此结果可以做如下理解, 由于磁场环绕着通电导线所以没有径向上的分量, 又由于磁场强度的幅值沿任何以导向为圆心的圆环为常数, 因此任意点进入的磁通量必定等于从该点流出的通量。

1.5.3 法拉第定律

法拉第通过设计一系列实验证明了回路中磁通量的变化会产生电流, 这一发现后来被扩展为变化的磁场产生电场。这种由磁场产生的电场比静电荷产生的电场复杂得多, 但法拉第定律对此给出了很好的解答。

法拉第定律的一般积分形式为

$$\int_C \vec{E} \cdot \mathrm{d}\vec{l} = -\frac{\mathrm{d}}{\mathrm{d}t}\int_S \vec{B} \cdot \vec{n}\mathrm{d}a \tag{1.118}$$

由该方程式可知, 穿过曲面的磁通量发生变化则会在该曲面任意边界上产生感生电动势, 而且变化的磁场会产生环绕的电场。这就是电磁的工作原理, 电磁炉的线圈产生出高频变化的磁场, 当磁场穿过金属锅底时, 就会在锅底平面内产生环形电场, 而电场使金属内的自由电子定向运动形成环形电流, 即涡流。这就是说电磁炉的产热机构其实就是锅底, 这也是为什么不能用其他材料而是用电磁炉加热的原因。

法拉第公式中带有一个负号, 这个负号有一个重要的定律——楞次定律。楞次认为变化磁场感生出的电流的方向总是要阻止磁通量的变化, 也就是说若环路中的磁通量减少, 则环路中感生的电流所产生的磁通量会阻碍磁通量的降低, 即感生电流产生的磁通量与外加磁场方向相同; 相反, 若环路中的磁通量增加, 环路的感生电流所产生的磁通量与外加磁场方向相反, 如图 1.24 所示, 磁通靠近和远离线圈时, 线圈内的电流方向相反。

法拉第定律等号右边所表示的是磁通量的变化率, 在这里的磁通量不为零, 这里是对曲面 S 进行积分而非封闭曲面, 所以此处的结果不为零。导致磁通量变化

的原因有很多，例如，若磁场强度的幅值发生变化，则穿过曲面的磁通量一定发生变化；如果曲面与磁场的夹角随时间变化，那么磁通量也会发生变化；如果磁场强度 B 和夹角都不发生变化，但曲面面积改变，则磁通量也会发生变化；这三种情况如图 1.25 所示。

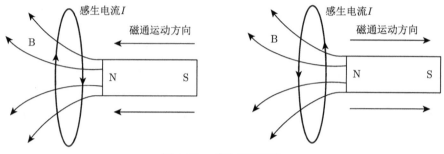

图 1.24   感生电流方向

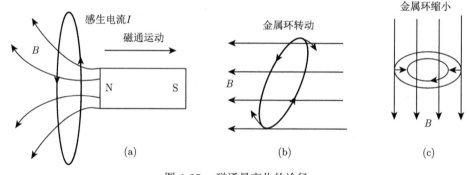

图 1.25   磁通量变化的途径

　　磁通量变化得越快，磁通量变化率就越大，因此环路中所产生的感生电动势也越大，这也是为什么发电机的转子要高速旋转，就是为了得到大的磁通量变化率从而产生大的感生电动势。矢量场沿闭合路径的线积分为场的环流，这一概念同样适用于环形电场。感生电场的电场线为封闭的圆环，这样的电场会带动其路径上的自由电子定向运动，形成电流。电场沿环路的环流被称作电动势，沿电场线路径的积分不是力而是单位电荷在电场力作用下所做的功。用 $\vec{F}/q$ 替换公式中的 $\vec{E}$，则法拉第定律等号左边变为

$$\oint_C \vec{E} \cdot \mathrm{d}\vec{l} = \frac{1}{q} \oint_C \vec{F} \cdot \mathrm{d}\vec{l} = \frac{W}{q} \tag{1.119}$$

式中，$\displaystyle\int_C \vec{F} \cdot \mathrm{d}\vec{l}$ 表示力 $\vec{F}$ 沿环路所做的功，因此感生电场的环流是沿环路运动的

每一库仑电荷的能量。

旋度是对场绕某一点旋转趋势的度量，散度是通过分析无穷小曲面的通量得出的，而旋度则是通过考虑围绕该点无穷小路径的单位面积的环流得出的，电场 $\vec{E}$ 的旋度的数学表达式为

$$\vec{n} \cdot \mathrm{curl}(\vec{E}) = (\nabla \times \vec{E}) \cdot \vec{n} = \lim_{\Delta S \to 0} \frac{1}{\Delta S} \oint_C \vec{E} \cdot \mathrm{d}\vec{l} \tag{1.120}$$

式中，C 为环绕路径所包围的面积。但这个公式对于计算特定的电场的作用并不大。对于真正的计算，可以用算子对直角坐标的微分来进行运算：

$$\nabla \times \vec{E} = \left(\vec{i}\frac{\partial}{\partial x} + \vec{j}\frac{\partial}{\partial y} + \vec{k}\frac{\partial}{\partial z} \right) \times \left(\vec{i}E_x + \vec{j}E_y + \vec{k}E_z \right) \tag{1.121}$$

将等号右边展开后可得

$$\nabla \times \vec{E} = \left(\frac{\partial E_z}{\partial y} - \frac{\partial E_y}{\partial z} \right) \vec{i} + \left(\frac{\partial E_x}{\partial z} - \frac{\partial E_z}{\partial x} \right) \vec{j} + \left(\frac{\partial E_y}{\partial x} - \frac{\partial E_x}{\partial y} \right) \vec{k} \tag{1.222}$$

式中，电场 $\vec{E}$ 的旋度的不同分量表示电场在坐标平面上的旋转趋势。

若在某一点处 x 方向上的分量大，那么在 y-z 平面上在该点有明显的旋转，旋转方向可以根据右手定则判断。如图 1.26 所示，场在一点处在 x 方向的分量与沿 y 值的变化以及随 z 值的变化相关。对于所分析的点从左到右，E_z 由负值变为正值，因此 $\partial E_z / \partial y$ 为正；同理可得 $\partial E_y / \partial z$ 为正，因此该点处的旋度值为正值。由点电荷产生的场从正电荷出发到负电荷，因此不会绕某一点旋转，也就没有旋度。但由变化的磁场所产生的电场则不相同，由于感生电场没有起点和终点，不断地绕着中心旋转，因此旋度中心处的旋度一定不为零。

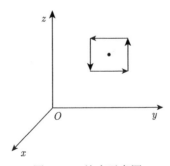

图 1.26　旋度示意图

1.5.4　安培-麦克斯韦定律

变化的磁场能够产生电场，那么电场是否能够产生磁场。在很早的时候英国商人就发现，被闪电击中的铁器具有吸附其他铁器的能力，当时的人并不知道

其中的缘由。到后来安培对奥特斯的意外发现进行深入研究，得到了著名的定律——安培定律，但安培定律只适用于恒定电流的形式。麦克斯韦在这一基础上进一步进行扩展，认为变化的电通量也会产生磁场。这一发现对麦克斯韦认识光的电磁本质有很大的作用。

安培–麦克斯韦定律的积分表达式为

$$\oint_C \vec{B} \cdot \mathrm{d}\vec{l} = \mu_0 \left(I + \varepsilon_0 \int_S \vec{E} \cdot \vec{n}\mathrm{d}a \right) \tag{1.123}$$

式中，等号后面为导体的电流 I 和穿过导体曲面 S 的电通量的变化，等号前面表示沿闭合回路 C 的环形磁场。式中，μ_0 为真空磁导率，其国际单位计量为 $\mu_0 = 4\pi \times 10^{-7} \mathrm{V} \cdot \mathrm{s}$。

如图 1.27(a) 所示电路中，闭合开关时，电源对电容充电，此时导线中的电流产生环绕导线的磁场，其大小根据安培定律可得

$$\oint_C \vec{B} \cdot \mathrm{d}\vec{l} = \mu_0 I \tag{1.124}$$

在确定包围电流的曲面时，会出现一个问题。由于曲面是任意的，不妨取为如图 1.27(b) 所示的曲面。当电容充电时，电流穿过左边的平面却没有穿过右边的平面，但是两者都是以安培环路为边界，所以磁场沿环路的积分必定相同。右边平板环路上的磁场很显然只能靠电场激发出来。

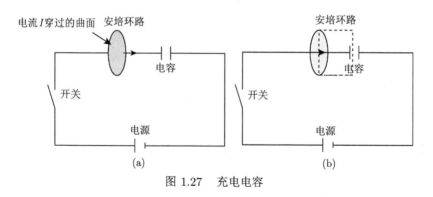

图 1.27　充电电容

由于电容充电时，电荷在板面上不断积累，因此电容板间的电场随时间也在不断变化，因此可以运用高斯定律来确定电场。两板之间的电场为 $\vec{E} = (Q/A\varepsilon_0)\vec{n}$，$Q$ 和 A 分别为板上的电荷量和平板面积，则穿过平面的电通量为

$$\Phi_E = \int_S \vec{E} \cdot \mathrm{d}a = \frac{Q}{\varepsilon_0} \tag{1.125}$$

因此，电通量的变化率为

$$\frac{\mathrm{d}}{\mathrm{d}t}\int_S \vec{E}\cdot\mathrm{d}a = \frac{1}{\varepsilon_0}\frac{\mathrm{d}Q}{\mathrm{d}t} \tag{1.126}$$

将等式两边同时乘以真空电容率 ε_0，会发现等号右边变为电荷量随时间的变化，其单位为 C/s，是电流单位。人们将这种电流表达式表示的电流称为位移电流 I_d

$$I_d = \varepsilon_0\frac{\mathrm{d}}{\mathrm{d}t}\int_S \vec{E}\cdot\vec{n}\mathrm{d}a \tag{1.127}$$

无限长通电直导线周围的磁感应强度为

$$B = \frac{\mu_0 I}{2\pi r} \tag{1.128}$$

假设围绕导线移动每一小段就测量一次磁场的大小和方向，将每一次测得的 $\vec{B}\cdot\mathrm{d}\vec{l}$ 进行累加便得到了磁场环流。

安培–麦克斯韦定律的微分形式一般写为

$$\nabla\times\vec{B} = \mu_0\left(\vec{J} + \varepsilon_0\frac{\partial\vec{E}}{\partial t}\right) \tag{1.129}$$

等式左边表示磁场在一点处的旋度，右边表示电流密度以及电场的变化率。值得注意的是，磁场旋度不为零的位置位于电场变化或者电流流过处，而在此以外的地方处处为零。可能像电场一样，散开的电场线一定有散度，磁场围绕中心旋转一定有旋度，确定一点是否有旋度不是因为该处的场线有曲率，而是该点周围场的变化率的叠加，如果该点周围场的导数之和为零则没有旋度。现在计算环绕电流的安培环路的旋度，运用磁场旋度的定义式可得

$$\nabla\times\vec{B} = \lim_{\Delta S\to 0}\frac{1}{\Delta S}\oint_C \vec{B}\cdot\mathrm{d}\vec{l} = \lim_{\Delta S\to 0}\frac{1}{\Delta S}\mu_0 I \tag{1.130}$$

当 ΔS 趋近于零时，$I/\Delta S$ 就趋近于 J。这个结果与安培定律相同，加上位移电流后就可得到安培–麦克斯韦方程。

1.5.5 电磁场的标势与矢势

在静电场中，可以用静电势 ϕ 来描述静电场，而电场强度 $\vec{E} = -\mathrm{grad}\phi$，其中 grad 为梯度。由于 ϕ 是一个标量函数，而 $\vec{E}$ 是一个向量函数，用静电势描述静电场带来了很大的方便，当然静电势 ϕ 也不是唯一确定的，可以相差任意常数，但这对最后确定电场没有任何影响。

引理 1　在这里先假定两个向量场 $\vec{A}$ 和 $\vec{B}$，若向量场 $\vec{B}$ 为一个横场，即满足

$$\nabla \cdot \vec{B} = 0 \tag{1.131}$$

则它必可以表示为另一个向量场 $\vec{A}$

$$\vec{B} = \nabla \times \vec{A} \tag{1.132}$$

反之亦然。

引理 2　若向量场 $\vec{A}$ 为纵场，即满足

$$\nabla \times \vec{A} = \vec{0} \tag{1.133}$$

则 $\vec{A}$ 必为某个标量场的梯度

$$\vec{A} = \nabla \varphi \tag{1.134}$$

反之亦然。

任何一个向量场均可以分解为纵场和横场两部分的叠加，即分解为无旋场和无源场的叠加。

若一个向量场 $\vec{B}$ 为横场，即满足 $\nabla \cdot \vec{B} = 0$，那么它一定可以表示为另一个向量场 $\vec{A}$ 的旋度：$\vec{B} = \nabla \times \vec{A}$。这种 $\vec{A}$ 的确定并不是唯一的，可以有相差一个梯度函数 $\nabla \varphi$ 的自由度，其中 φ 为任意标量函数，由于 $\nabla \varphi$ 为一个纵场，当一个向量场 $\vec{A}$ 与 $\nabla \varphi$ 的加和仍具有和向量场 $\vec{A}$ 的同样性质时，这可以说明加上任意一个纵场不会改变一个向量场的性质。

在电磁场中，磁感应强度 $\vec{B}$ 的散度恒为零，即 $\nabla \cdot \vec{B} = 0$，则肯定表示某个向量场 $\vec{A}$ 的旋度：

$$\vec{B} = \nabla \times \vec{A} \tag{1.135}$$

但是在这里，$\vec{A}$ 只是其横场部分有确定的意义，其纵场部分可以任意选取。并且有相差 $\nabla \varphi$ 的自由度。

对于电场强度 $\vec{E}$ 已经不能像静电场那样引入静电势了，因为 $\nabla \times \vec{E} = -\partial \vec{B}/\partial t$ 一般不为零，但由麦克斯韦方程 $\nabla \times \vec{E} = -\partial \vec{B}/\partial t$ 和 $\vec{B} = \nabla \times \vec{A}$ 可以得出

$$\nabla \times \left(\vec{E} + \frac{\partial \vec{A}}{\partial t} \right) = \vec{0} \tag{1.136}$$

由引理 2 可以知道，必定存在标量场 ϕ，使得

$$\vec{E} + \frac{\partial \vec{A}}{\partial t} = -\nabla \phi \tag{1.137}$$

这样，汇总起来得到

$$\vec{B} = \nabla \times \vec{A} \tag{1.138}$$

$$\vec{E} + \frac{\partial \vec{A}}{\partial t} = -\nabla \phi \tag{1.139}$$

这里的 ϕ 和 $\vec{A}$ 分别为电磁场的标势和矢势，磁感应强度与矢势 $\vec{A}$ 有关，但和静电场不同，一般来说电场强度 $\vec{E}$ 不仅与标势 ϕ 有关也与矢势 $\vec{A}$ 有关。

若 $\vec{A}$ 满足 $\vec{B} = \nabla \times \vec{A}$，那么对任意给定的函数 $\varphi = (t,x,y,z)$，$A' = \vec{A} + \nabla \varphi$ 也满足同样的条件，代入式 (1.139) 可以得到 A' 及 $\phi' = \phi - \partial\vec{\varphi}/\partial t$ 同样满足式 (1.138) 和式 (1.139)。也就是说，若 $\vec{A}$ 及 ϕ 为电磁场矢势和标势，则

$$A' = \vec{A} + \nabla \varphi \tag{1.140}$$

$$\phi' = \phi - \frac{\partial \vec{\varphi}}{\partial t} \tag{1.141}$$

也为相应的矢势与标势，其中 φ 为任意一个给定的函数，也就是说，矢势与标势不是唯一确定的，由上式所示的一定的自由度。由式 (1.140) 和式 (1.141) 给出的变换称为规范变换，φ 决定了所给的规范，选取不同的 φ，就决定不同的规范。当适当选取特殊的 φ 时，可以使问题得到简化。当 $\vec{A}$ 和 ϕ 做规范变换时，尽管矢势和标势改变了，但此时 $\vec{E}$ 和 $\vec{B}$ 都保持不变，这种不变性称为规范不变性。由于这种不变性，在用标势和矢势来描述电磁场时，就可以选择适当的规范使处理得到简化，势有规范不定性，而在规范变化下不变，实际上，电磁场是最简单的规范场。

现在使用矢势 $\vec{A}$ 及标势 ϕ 来表示电磁场方程，将式 (1.139) 代入麦克斯韦方程 $\nabla \times \vec{E} = \rho/\varepsilon_0$ 可以得到

$$\frac{1}{c^2}\frac{\partial^2 \vec{A}}{\partial t^2} - \nabla \vec{A} + \nabla\left(\nabla \times \vec{A} + \frac{1}{c^2}\frac{\partial \phi}{\partial t}\right) = \frac{\rho}{\varepsilon_0} \tag{1.142}$$

将式 (1.138) 和式 (1.139) 代入麦克斯韦方程 $\nabla \times \vec{B} = \mu_0(\vec{J} + \varepsilon_0\partial\vec{E}/\partial t)$ 有

$$\nabla^2 \times \vec{A} = -\frac{1}{c^2}\frac{\partial}{\partial t}(\nabla\phi) - \frac{1}{c^2}\frac{\partial^2 \vec{A}}{\partial t^2} + \mu_0\vec{J} \tag{1.143}$$

利用向量分析公式 $\nabla^2 \times \vec{E} = \nabla^2 \cdot \vec{E} - \nabla\vec{E}$ 可以得

$$\frac{1}{c^2}\frac{\partial^2 \vec{A}}{\partial t^2} - \nabla\vec{A} + \nabla\left(\nabla \times \vec{A} + \frac{1}{c^2}\frac{\partial\phi}{\partial t}\right) = \mu_0\vec{J} \tag{1.144}$$

至于麦克斯韦方程的其他两个方程，可以用来定义标势与矢势，应满足式 (1.141) 和式 (1.142)。如果选择标势和矢势使其满足

$$\nabla \times \vec{A} + \frac{1}{c^2}\frac{\partial \phi}{\partial t} = 0 \tag{1.145}$$

则式 (1.140)~ 式 (1.142) 就简化成两个相互独立方程

$$\frac{1}{c^2}\frac{\partial^2 \phi}{\partial t^2} - \nabla\phi = \frac{\rho}{\varepsilon_0} \tag{1.146}$$

$$\frac{1}{c^2}\frac{\partial^2 \vec{A}}{\partial t^2} - \nabla\vec{A} = \mu_0 \vec{J} \tag{1.147}$$

式 (1.146) 和式 (1.147) 即为标势与矢势分别满足以 ρ 和 $\vec{J}$ 为源的波动方程。而式 (1.145) 为洛伦兹条件。在一般情况下，总可以通过适当的规范变换使洛伦兹条件得到满足，即可找到 φ，使在规范变换式 (1.140) 和式 (1.141) 下成立：

$$\nabla \times A' + \frac{1}{c^2}\frac{\partial \phi'}{\partial t} = 0 \tag{1.148}$$

将式 (1.140) 和式 (1.141) 代入上式得

$$\frac{1}{c^2}\frac{\partial^2 \varphi}{\partial t^2} - \nabla\varphi = \nabla \times \vec{A} + \frac{1}{c^2}\frac{\partial \phi}{\partial t} \tag{1.149}$$

上式为以 $\nabla \times \vec{A} + \partial\phi/c^2\partial t$ 为右端的波动方程，只要取 φ 为这个方程的解，所得的 A' 和 ϕ' 满足式 (1.137)，这样的 φ 总是存在的。

满足洛伦兹条件的矢势和标势称为洛伦兹规范下的矢势和标势。但值得注意的是，洛伦兹条件下的式 (1.145) 并不能完全确定矢势和标势，由满足式 (1.148) 的 φ 加上任意一个满足齐次波动方程的函数，所得的 A' 和 ϕ' 仍满足洛伦兹条件，即式 (1.149)。因此在洛伦兹规范内也存在着规范变换和规范不变性问题。

在自由电磁场的情况下，$\rho = 0$，$\vec{J} = 0$ 在洛伦兹规范下标势与矢势均满足齐次波动方程，此时可适当选择 φ 使在保持洛伦兹条件的规范变换下，新的标势 $\phi' = \phi - \partial\vec{\varphi}/\partial t = 0$。为此只要取 φ 使得满足 $\phi = \partial\vec{\varphi}/\partial t$ 和齐次波动方程即可。此时标势与矢势满足的方程只剩下

$$\frac{1}{c^2}\frac{\partial^2 \vec{A}}{\partial t^2} - \nabla\vec{A} = \vec{0} \tag{1.150}$$

而洛伦兹条件则转化为

$$\nabla \times \vec{A} = 0 \tag{1.151}$$

即 $\vec{A}$ 只有横场部分，相应地

$$\vec{E} = -\frac{\partial \vec{A}}{\partial t} \tag{1.152}$$

$$\vec{B} = \nabla \times \vec{A} \tag{1.153}$$

上式均为横场，并且是最简单的方程。

一般地说，满足条件时公式为

$$\nabla \times \vec{A} = 0 \tag{1.154}$$

这样的规范称为库仑规范。

1.6 边界条件

对于非稳态问题，若不给定初始条件以及边界条件，则热传导微分方程有无数个解。初始条件规定了时间 $t=0$ 时区域内的温度分布情况，而边界条件则说明区域边界上的温度或热流密度的情况。对于某一特定区域，可以给定边界处的温度分布或热流分布情况，也可以给定进行对流传热的已知温度环境。对于不同的描述方法，下面就这三类边界条件进行讨论，如图 1.28 所示。

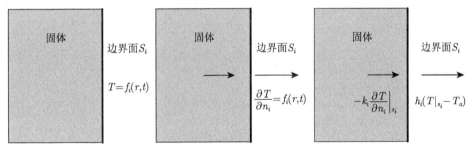

图 1.28　边界条件示意图 (从左往右依次为第一类、第二类、第三类)

1. 第一类边界条件

第一类边界条件描述的是，设某一区域的边界为 S_i，边界上的分布是给定的。一般情形下，边界上 S_i 的分布是时间和空间的函数。对于特殊情形，当边界上的分布只与时间有关时，其函数可表示为 $T = f_i(t)$，当边界上的分布只与位置有关时，其函数可表示为 $T = f_i(r)$。

若边界上的值为常数 K，则可得 $T = K$。当 $K=0$ 时称为第一类齐次边界条件，当 K 不等于零时也同样为第一类齐次条件。

2. 第二类边界条件

第二类边界条件上的法向导数是确定的，这个法向导数可以是时间的函数也可以是空间的函数。

$\partial T/\partial n_i$ 表示边界面上沿法线方向的导数，第二类边界条件相当于确定了给定边界面上热流密度的大小。将上式两边同时乘上材料的热导率后，式子的左边就成为边界上的热流密度。若边界为零，则推导出的公式可改写为

$$\text{边界 } S_j \text{ 处：} \frac{\partial T}{\partial n_i} = 0 \tag{1.155}$$

该式为第二类齐次条件，也可以表示绝热条件。

3. 第三类边界条件

第三类边界条件描述的是区域边界上的法向导数和线性组合已经确定，可将其表示为

$$\text{边界 } S_j \text{ 处：} k_i \frac{\partial T}{\partial n_i} + h_i T = f_i(r, t) \tag{1.156}$$

可以看出第三类边界条件就是第一类和第二类边界条件的组合，可以分别令系数等于零来得到第一类边界条件和第二类边界条件。该式的物理意义可描述为：在所研究的边界上，通过牛顿冷却定律的对流换热，将区域的热量传递给环境，因此环境的温度随时间和空间的不同而变化。建立边界面上的能量平衡：

$$k_i \frac{\partial T}{\partial n_i} + h_i T = h_i T_a \equiv f_i(r, t) \tag{1.157}$$

当 $f_i(r, t)$ 等于零时，即

$$k_i \frac{\partial T}{\partial n_i} + h_i T = h_i T_a = 0 \tag{1.158}$$

式 (1.156) 也称为第三类齐次边界条件，其物理意义为：热量以对流的形式通过边界传递给温度为零的环境。

上面的三类边界条件概括了大部分情况，这些边界条件都是线性边界条件。此外热量的传输还存在与温度 4 次方的辐射边界条件成正比，或者与温差的 5/4 次方成正比的自然对流边界条件，这些边界条件都是非线性的。

1.7　偏微分方程求解方法

1.7.1　偏微分方程差分方法

一阶偏微分、二阶偏微分以及 n 阶偏微分，由于三种类型的微分方程解法类似，可以将微分方程转化为代数方程。不妨记 $\nabla^2 \mu_b = \mu_{xx} + \mu_{yy}$，$f(x, y)$ 和 $g(x, y)$ 是求解域上的连续函数，假设求解区域为 $R = \{(x, y); 0 \leqslant x \leqslant a, 0 \leqslant y \leqslant$

$b, b/a, m/n\}$，将求解区域划分成 $(n-1) \times (m-1)$ 个网格，$a = nh$，$b = mh$。记 $f_{ij}(x_i, y_j)$，根据式 $f_i'' = (f_{i+j} - f_i)/h = (f_{i+1} - 2f_i + f_{i-1})/h^2$ 可以得到中心公式：

$$\nabla^2 \mu_b = \mu_{xx} + \mu_{yy} = \frac{\mu_{i+1,j} - 2\mu_{i,j} + \mu_{i-1,j}}{h^2} + \frac{\mu_{j+1,i} - 2\mu_{i,j} + \mu_{i,j-1}}{h^2} \quad (1.159)$$

同理可得

向前差：

$$\nabla^2 \mu_b = \mu_{xx} + \mu_{yy} = \frac{\mu_{i+2,j} - 2\mu_{i+1,j} + \mu_{i,j}}{h^2} + \frac{\mu_{i,j+2} - 2\mu_{i,j+1} + \mu_{i,j}}{h^2} + O(h^2) \quad (1.160)$$

向后差：

$$\nabla^2 \mu_b = \mu_{xx} + \mu_{yy} = \frac{\mu_{i,j} - 2\mu_{i-1,j} + \mu_{i-2,j}}{h^2} + \frac{\mu_{i,j-2} - 2\mu_{i,j-1} + \mu_{i,j}}{h^2} + O(h^2) \quad (1.161)$$

因为存在二阶精度 $O(h^2)$，所以中心公式可以近似为

$$\nabla^2 \mu_{i,j} \approx \frac{\mu_{i+1,j} - 2\mu_{i,j} + \mu_{i-1,j}}{h^2} + \frac{\mu_{i,j+1} - 2\mu_{i,j} + \mu_{i,j-1}}{h^2} \quad (1.162)$$

根据椭圆方程的具体形式可以将其分为以下三种形式：

拉普拉斯 (Laplace) 方程：$\nabla^2 \mu_l = 0$

泊松 (Poison) 方程：$\nabla^2 \mu_p = g(x, y)$

亥姆霍兹 (Helmholtz) 方程：$\nabla^2 \mu_h + f(x, y)\mu_h = g(x, y)$

根据中心公式，可建立三种不同形式椭圆方程简化后的代数方程如下。

拉普拉斯方程：

$$\mu_{i+1,j} + \mu_{i-1,j} + \mu_{i,j-1} + \mu_{i,j+1} - 4\mu_{i,j} = 0 \quad (1.163)$$

泊松方程：

$$\mu_{i+1,j} + \mu_{i-1,j} + \mu_{i,j-1} + \mu_{i,j+1} - 4\mu_{i,j} - h^2 \cdot g_{i,j} = 0 \quad (1.164)$$

亥姆霍兹方程：

$$\mu_{i+1,j} + \mu_{i-1,j} + \mu_{i,j-1} + \mu_{i,j+1} - (h^2 \cdot f_{i,j} - 4)\mu_{i,j} - h^2 \cdot g_{i,j} = 0 \quad (1.165)$$

根据拉普拉斯、泊松、亥姆霍兹方程建立方程组，但是需要知道对应的边界条件才能使方程组存在定解，但是存在着边界条件，而边界条件一般分为狄利克雷边界条件和导数边界条件两种。

狄利克雷边界条件：$\phi|\Gamma = \varphi(x,y)$。

对于狄利克雷边界条件而言，给出了边界上各节点处的函数计算公式，直接代入节点值 (x_i, y_j) 计算即可，如下所示为矩形区域的边界点计算：

$$\mu(x_1, y_j) = \mu_{1,j} = \varphi(x_1, y_j) \quad (1 \leqslant j \leqslant m) \quad 左边界 \tag{1.166}$$

$$\mu(x_n, y_j) = \mu_{n,j} = \varphi(x_n, y_j) \quad (1 \leqslant j \leqslant m) \quad 右边界 \tag{1.167}$$

$$\mu(x_j, y_1) = \mu_{j,1} = \varphi(x_j, y_1) \quad (1 \leqslant j \leqslant n) \quad 下边界 \tag{1.168}$$

$$\mu(x_j, y_n) = \mu_{j,n} = \varphi(x_j, y_n) \quad (1 \leqslant j \leqslant n) \quad 上边界 \tag{1.169}$$

导数边界条件：$\partial\mu(x,y)/\partial N = 0$

对于拉普拉斯方程，对于边界上的点 (x_n, x_j) 可得

$$\mu_{n+1,j} + \mu_{n-1,j} + \mu_{n,j-1} + \mu_{n,j+1} - 4\mu_{n,j} = 0 \tag{1.170}$$

显然，上式中的 $\mu_{n+1,j}$ 在求解域外，是未知量。根据中心差分公式 $f_i' = (f_{i+1} - f_{i-1})/(2h)$ 可以得到

$$\mu_x(x_n, y_j) \approx \frac{\mu_{n+1,j} + \mu_{n-1,j}}{2h} \tag{1.171}$$

根据式 (1.171) 可以得到逼近表示 $\mu_{n+1,j} \approx \mu_{n-1,j}$，并代入式 (1.170) 得

$$2\mu_{n+1,j} + \mu_{n,j-1} + \mu_{n,j+1} - 4\mu_{n,j} = 0 \tag{1.172}$$

同理可对其他边界条件进行逼近表示。

对于泊松方程和亥姆霍兹方程同样根据上述方法，获得边界条件的线性方程，然后将这些方程添加到式 (1.169) ～ 式 (1.171) 所建立的方程组中，从而建立起 $(n-1)$ 个 $(m-1)$ 元的线性方程组，解该方程组即可获得各节点的函数值。

有限差分法的收敛性和稳定性

由于迭代法必须保证收敛性，所以在解有限差分方程组时还应保证其收敛性，也就是通常所说的算法稳定性。有限差分法的算法稳定性可以通过特征值方法、傅里叶变换 (冯·诺依曼条件) 以及能量估计等方法来判断。下面给出常用的冯·诺依曼条件：

向前差分：$r \leqslant 1$，绝对收敛，向后差分：$r > 0$，绝对收敛，中心差分：对任何的 r 绝对不收敛。

假设求解域内 x 方向网格划分的步长为 h，y 方向网格划分的步长为 k，将偏微分方程化为标准形式，具体来说标准形式如下。

双曲方程：

$$\frac{\partial^2 \mu_1}{\partial y^2} = c^2 \frac{\partial^2 \mu_1}{\partial x^2} \quad (c > 0) \tag{1.173}$$

对于式 (1.173) 所示的双曲方程，冯·诺依曼条件为 $r = ck/h$。

抛物方程：

$$\frac{\partial \mu_2}{\partial y} = a \frac{\partial^2 \mu_2}{\partial x^2} \tag{1.174}$$

对于式 (1.174) 所示的抛物方程，冯·诺依曼条件为 $r = ck/h^2$。

椭圆方程：

$$\frac{\partial^2 \mu_3}{\partial y^2} + c^2 \frac{\partial^2 \mu_3}{\partial x^2} = 0 \quad (c > 0) \tag{1.175}$$

对于式 (1.175) 所示的椭圆方程，冯·诺依曼条件为 $r = ck/h$。

为了使算法在任何情况下都能保持稳定性，去掉对网格划分的冯·诺依曼条件，通常采用隐式方案，对五点差分公式中的节点所在的行做差分，然后把这些差分的加权作为中心点的差分值，则拉普拉斯算子可修正为

$$\mu_{xx} = \theta \frac{\mu_{i+1,j+1} - 2\mu_{i,j} + \mu_{i-1,j+1}}{h^2} + (1 - 2\theta) \frac{\mu_{i+1,j} - 2\mu_{i,j} + \mu_{i-1,j}}{h^2}$$
$$+ \theta \frac{\mu_{i+1,j+1} - 2\mu_{i,j} + \mu_{i-1,j-1}}{h^2} = 0 \quad (0 \leqslant \theta \leqslant 1) \tag{1.176}$$

利用式 (1.176) 进行计算时，稳定性没有任何限制。θ 取不同的值得到不同的差分公式，通常取 $\theta = 1/4$。

1.7.2 偏微分方程有限元法

1. 变分原理

用有限元方法近似求解偏微分方程的数值解，基本想法是把场域分割成很小的子区域 Ω，通常称为 "单元" 或者 "有限元"，然后对每个单元进行独立的处理和运算，通过选取恰当的尝试函数 (局部上与真实函数近似的简单函数)，使每个单元的计算变得简单，经过对每个单元重复而简单的计算，再将其结果总和起来，便可以得到用整体矩阵表达的整个区域的解。很多物理规律或自然现象，应用数学建模的知识，最后都可以转化成椭圆型偏微分方程

$$-\left(\frac{\partial}{\partial x} \beta_i \frac{\partial \mu}{\partial x} + \frac{\partial}{\partial y} \beta_i \frac{\partial \mu}{\partial y} \right) = f_i \tag{1.177}$$

这里的 $\beta_i > 0$，以及 $f_i = f(x, y)$ 都是已知函数，物理学上很多平衡态和定常态问题都可以用式 (1.177) 进行推导或者简化得到。其中包括弹性膜的平衡、弹性柱体的扭转、定常态的热传导和扩散、不可压缩无旋流、定常渗流、静电磁场等。

由于式 (1.177) 是二阶导数，为保障有唯一的解，要在边界上给定条件，通常有三类边界条件，这三类边界条件可以通过上文来确定范围。

这里的 $\bar{\mu}, q_1, \eta$ 都是大于等于零的边界上已知的函数，β_i 为方程系数在边界上的值，$\vec{n}$ 为边界上的外法线方向。在边界不同的地方可以取不同类型的边界条件，若将第二类边界条件看作第三类边界条件当 $\eta = 0$ 时的特例，则边界条件一般可以表示为

$$\begin{cases} \mu = \bar{\mu}, & \varGamma_0 \\ \beta_i \dfrac{\partial \mu}{\partial n} + \eta \mu = q_1, & \varGamma_1 \end{cases} \tag{1.178}$$

其中，$\varGamma_0, \varGamma_1$ 分别为封闭区域 $\varOmega$ 上的边界上互补的两部分 (图 1.29)。

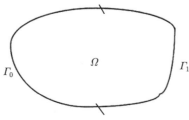

图 1.29　求解区域与边界

对于式 (1.178) 中的边界条件可以构成积分：

$$J(\mu_f) = \iint_\varOmega \left\{ \frac{\beta_i}{2} \left[\left(\frac{\partial \mu_f}{\partial x} \right)^2 + \left(\frac{\partial \mu_f}{\partial y} \right)^2 \right] - f \mu_f \right\} \mathrm{d}x \mathrm{d}y + \int_{\varGamma_1} \left(\frac{1}{2} y \eta \mu_f^2 - q_1 \mu_f \right) \mathrm{d}s' \tag{1.179}$$

它是 μ_f 及其偏导数的二次泛函，可以证明变分问题

$$J(\mu_f) = 极小$$

$$H = \bar{H}, \quad \varGamma_0 \ 上$$

$$-\left(\frac{\partial}{\partial x} \beta_i \frac{\partial \mu_f}{\partial x} + \frac{\partial}{\partial y} \beta_f \frac{\partial \mu_f}{\partial y} \right) = f, \quad \varOmega \ 内$$

$$\beta_i \frac{\partial \mu_f}{\partial n} + \eta \mu_f = q_1, \quad \varGamma_1 \ 上 \tag{1.180}$$

泛函通常指一种定义域为函数、值域为实数的函数，也就是数学上的函数。

上述公式有相同的解，在这里变分问题的可取函数应有适当的光滑性以使得能量积分有意义，通常取此类函数为 Sobolev 空间 $H^1(\varOmega)$。

由式 (1.179) 可得 $J(\mu_f)$ 的一次变分:

$$\delta(J) = \iint_{\Omega} \left[\beta_i \frac{\partial \mu_f}{\partial x} \frac{\partial \delta\mu_f}{\partial x} + \beta_i \frac{\partial \mu_f}{\partial y} \frac{\partial \delta\mu_f}{\partial y} - \delta\mu_f \right] \mathrm{d}x\mathrm{d}y + \int_{\Gamma_1} (\eta\mu_f - q_1)\delta\mu_f \mathrm{d}s$$

(1.181)

以及二次变分:

$$\delta^2(J) = \iint_{\Omega} \left[\beta_i \left(\frac{\partial}{\partial x}\delta\mu_f \right)^2 + \beta_i \left(\frac{\partial}{\partial y}\delta\mu_f \right)^2 \right] \mathrm{d}x\mathrm{d}y + \int_{\Gamma_1} \eta(\delta\mu_f)\mathrm{d}s \quad (1.182)$$

由于二次变分正定, 函数 μ_f 在 $H^1(\Omega)$ 内达到极小的充分必要条件一次变分恒为零, 对式 (1.181) 用 Gauss 公式并使之为零可得

$$\delta(J) = - \iint_{\Omega} \left[\beta_i \frac{\partial \mu_f}{\partial x} \frac{\partial \delta\mu_f}{\partial x} + \beta_i \frac{\partial \mu_f}{\partial y} \frac{\partial \delta\mu_f}{\partial y} + f \right] \delta\mu_f \mathrm{d}x\mathrm{d}y$$

$$+ \int_{\Gamma_1} \left(\beta_i \frac{\partial \mu_f}{\partial n} + \eta\mu_f - q_1 \right) \delta\mu_f \mathrm{d}s = 0 \quad (1.183)$$

对任意的 $\delta\mu_f \in H_0^1(\Omega)$ 成立. 对此, 由 μ_f 为变分问题 (1.180) 的解时可推导成立.

对于最简单的泛函:

$$J[y(x)] = \int_{x_2}^{x_1} F(x, y, y') \mathrm{d}x \quad (1.184)$$

变分运算可以与积分、微分交替运算. 其中 $F(x, y, y')$ 为核函数, 只有未知数 x、函数 y 以及 y 的导数.

$$\delta(J) = \delta \left[\int_{x_1}^{x_0} F(x, y, y')\mathrm{d}x \right] \quad (1.185)$$

泛函的极值问题的间接解法是转换成微分形式下的欧拉方程 $\delta(J) = 0$:

$$\frac{\partial F}{\partial y} - \frac{\mathrm{d}}{\mathrm{d}x} \left(\frac{\partial F}{\partial y'} \right) = 0 \quad (1.186)$$

这是最简泛函的欧拉方程, 其结果等价于泛函取极值必要条件.

对一般的二次泛函的变分问题, 设线性泛函

$$F(v) = \iint_{\Omega} fv\mathrm{d}x\mathrm{d}y + \int_{\Gamma_1} qv\mathrm{d}s \quad (1.187)$$

其中 f、q 分别为 Ω 和 Γ_1 上的已知函数，设双线性泛函

$$Q(\mu,v) = \iint_\Omega (a\mu_x v_x + b(\mu_x v_y + \mu_y v_x) + c\mu_y v_y + g\mu v)\mathrm{d}x\mathrm{d}y + \int_{\Gamma_1} \alpha\mu v\mathrm{d}s \tag{1.188}$$

其中 a,b,c 是 (x,y) 上足够光滑的函数，α 是 s 函数。现假定 $Q(\mu,v)$ 为椭圆型双线性泛函，则 $a>0, ac>b^2, g\geqslant 0, \alpha \geqslant 0$，经过变换

$$Q(\mu,v) = \iint_\Omega \left(a\left(v_x + \frac{b}{a}v_y\right)^2 + \frac{1}{a}(ac-b^2)v_y^2 + gv^2 \right)\mathrm{d}x\mathrm{d}y + \int_{\Gamma_1} \alpha v^2\mathrm{d}s \geqslant 0 \tag{1.189}$$

定义能量泛函，根据式 (1.188) 和式 (1.189) 可知

$$J(v) = \frac{1}{2}Q(v,v) - F(v) \tag{1.190}$$

取一函数集 $M = \left\{ v\in H_0^1(\Omega), v|_{\Gamma_0} = \bar{\mu} \right\}$，$H_0^1(\Omega)$ 是 Sobolev 空间。

对任意的 $v\in H_0^1(\Omega)$，以及实数 ε，当 $\mu\in M$ 时，有

$$J(\mu+\varepsilon v) - J(v) = \varepsilon\{Q(\mu,v) - F(v)\} + \frac{1}{2}\varepsilon^2 Q(\mu,v) \geqslant 0 \tag{1.191}$$

即变分问题等价于，当 $\forall v\in H_0^1(\Omega)$，$\mu\in M$ 时

$$Q(\mu,v) = F(v) \tag{1.192}$$

式 (1.192) 也称为虚功方程，即应变能的改变等价于外力对虚位移所做的功。

再利用高斯公式，有

$$Q(\mu,v) = -\iint_\Omega Lv\mu\mathrm{d}x\mathrm{d}y + \int_{\Gamma_1} \mu lv\mathrm{d}s \tag{1.193}$$

其中，L 及 l 分别为 Ω 和 Γ_1 的微分边值算子

$$L\mu = (a\mu_x + b\mu_y)_x + (b\mu_x + c\mu_y)_y - g\mu$$

$$l\mu = \alpha\mu + [a\cos(n,x) + b\cos(n,y)]\mu_x - [b\cos(n,x) + c\cos(n,y)]\mu_y \tag{1.194}$$

将式 (1.193) 代入式 (1.194)，根据 v 的任意性可得到微分方程边值问题

$$\begin{cases} -L\mu = f, & \Omega内 \\ l\mu = q, & \Gamma_1上 \\ \mu = \bar{\mu}, & \Gamma_0上 \end{cases} \tag{1.195}$$

综上所述，能量泛函的极值问题等价于虚功方程，等价于微分方程边值问题。这就是简单的 Ritz-Galerkin 法。

2. 加权余量法

例如, 电磁场位函数偏微分方程的数值求解方法——加权余量法, 电磁场问题总可以用位函数的偏微分方程和相应的边界条件表述:

$$\begin{cases} \nabla^2 \vec{A} - \mu\varepsilon \dfrac{\partial^2 \vec{A}}{\partial t^2} = -\mu\vec{J} \\ \nabla^2 \phi - \mu\varepsilon \dfrac{\partial^2 \vec{\phi}}{\partial t^2} = -\dfrac{\rho}{\varepsilon} \end{cases} \tag{1.196}$$

两个偏微分方程形式相同, 故以电位方程的求解过程为例。磁位矢量的方程可以分解到几个分量上并变为标量方程。

在求解场域内, 偏微分方程的真解为 ϕ, 近似解为 $\vec{\phi}$, 它由一组简单函数 ψ 的线性组合表达, 表达中有待定系数 C_i

$$\vec{\phi} = \sum_{i=1}^{n} C_i \psi \tag{1.197}$$

加权余量法误差 (即余数) 的定义

$$\begin{cases} R_\Omega = \nabla^2 \overline{\phi} - \nabla^2 \phi \\ R_\Gamma = \overline{\phi}_\Gamma - \phi_\Gamma \end{cases} \tag{1.198}$$

一般余数并不表示近似解与真解间的差 (场域 Ω 内), 加权余量法采用拉普拉斯算子作用后的差别 (即余数), 来代表近似解相接近偏微分方程真解的程度。当余数小于要求的精度时, 就可以认为近似解就是偏微分方程的解。要减少余数, 可以通过寻求适当的待定系数来实现。

为有效表达减小余数的效果, 要选取适当的加权函数, 以使余数和该加权函数的积分为 0。

1.7.3 偏微分有限体积法

守恒方程的形式为积分方程

$$\int_S \rho\phi\vec{v}\cdot\vec{n}\mathrm{d}s = \int_S \Gamma\nabla\phi\cdot\vec{n}\mathrm{d}s + \int_\Omega q_\phi \mathrm{d}\phi \tag{1.199}$$

求解区域用网格分割有限个控制体积 (CV)。同有限差分不同的是, 网格为控制体积的边界, 而不是计算节点。为了保证守恒, CV 必须是不重叠的, 且表面同相邻 CV 是同一个。

CV 的节点在控制体积的中心。先定义网格, 再找出中心点。优点: 节点值代表 CV 的平均值, 可达二阶精度。

CV 的边界线在节点间中心线上。先定义节点, 再划分网格。

两个方法基本一样，但在积分时要考虑到位置。但第一个方法用得比较多。

$$\int_S f \mathrm{d}S = \sum_k \int_{S_k} f \mathrm{d}S \tag{1.200}$$

对流：$f = \rho\phi\vec{v}\cdot\vec{n}$ 在垂直于界面的方向。

扩散：$f = \Gamma\nabla\phi\cdot\vec{n}$ 在垂直于界面的方向。

中间点定理 (midpoint rule)。表面积分为格子表面上的中心点的值和表面积的乘积：

$$F_e = \int_{S_e} f \mathrm{d}S = \vec{f_e} Se \approx f_e Se \tag{1.201}$$

此近似为 2 阶精度。由于 f 在格子界面没有定义值，它必须通过插值来得到。为了保证原有的 2 阶精度，插值方法也须采用 2 阶精度的方法。

基于界面顶角值，当已确定顶角值时，2 阶精度的方法还有

$$F_e = \int_{S_e} f \mathrm{d}S = \frac{S_e}{2}(f_{ne} + f_{se}) \tag{1.202}$$

高阶精度近似：

$$F_e = \int_{S_e} f \mathrm{d}S = \frac{S_e}{6}(f_{ne} + f_{se} + 4f_e) \tag{1.203}$$

1. 插值方法

ϕ_e 用 e 上游 (upstream) 上的值，通过 1 阶向前差分或向后差分来表示。

$$\varphi_P = \begin{cases} \varphi_P, & (v\cdot n)_e > 0 \\ \varphi_w, & (v\cdot n)_e < 0 \end{cases} \tag{1.204}$$

此方法为唯一的无条件满足边界准则的近似，即不产生振荡解。但它的数值扩散效应很大。从 Taylor 展开：

$$\varphi_e = \varphi_P + (x_e - x_P)\left(\frac{\partial\varphi}{\partial x}\right)_P + \frac{(x_e - x_P)^2}{2}\left(\frac{\partial^2\varphi}{\partial x^2}\right)_P + H \tag{1.205}$$

它取得的是第一项，因此，精度是 1 阶的。它的截断误差为扩散项。即

$$f_e^d = \Gamma_e\left(\frac{\partial\varphi}{\partial x}\right)_e \tag{1.206}$$

此扩散产生在垂直于流动方向或在流线方向。易产生严重的误差。尤其对于有峰值或有较大变化的变量，会使值光滑，要得到精确的解，需要很精细的网格：

$$\varphi_e = \varphi_E \lambda_e + \varphi_P (1 - \lambda_e) \tag{1.207}$$

其中 λ_e 为线性插值因子。定义为

$$\lambda_e = \frac{x_e - x_p}{x_E - x_P} \tag{1.208}$$

用 Taylor 展开可得到此方法的截断误差:

$$\phi_e = \phi_E \lambda_e + \phi_P(1 - \lambda_e) - \frac{(x_e - x_p)(x_E - x_P)}{2}\left(\frac{\partial^2 \phi}{\partial x^2}\right)_p + H \tag{1.209}$$

为 2 阶精度。和其他所有高精度一样，会发生数值振荡。假定线性分布，则在 e 点的导数可以表示成

$$\frac{\partial \phi}{\partial x} = \frac{\phi_e - \phi_p}{x_E - x_P} \tag{1.220}$$

如 e 在两点的中央时，为 2 阶精度。

2. 二次迎风插值格式

用抛物线 (2 次) 分布代替线性 (1 次) 分布。抛物线需要 3 点。这第 3 点取在上风点上。对于 E 点，当 $u > 0$ 时，取 W，当 $u < 0$ 时，取 EE 点。

$$\varphi_e = \begin{cases} g_1\varphi_E - g_2\varphi_W + (1 - g_1 + g_2)\varphi_P, & u_x > 0 \\ g_3\varphi_P - g_4\varphi_{EE} + (1 - g_3 + g_4)\varphi_E, & u_x < 0 \end{cases} \tag{1.221}$$

其中，g 可以用插值系数来表示

$$\begin{aligned} g_1 &= \frac{(2 - \lambda_{e,W})\lambda_{e,P}^2}{1 + \lambda_{e,P} - \lambda_{e,W}}, & g_2 &= \frac{(1 - \lambda_{e,P})(1 - \lambda_{e,W})^2}{1 + \lambda_{e,P} - \lambda_{e,W}} \\ g_3 &= \frac{(1 + \lambda_{e,W})(1 - \lambda_{e,P})^2}{1 + \lambda_{e,E} - \lambda_{e,P}}, & g_4 &= \frac{\lambda_{e,P}\lambda_{e,E}^2}{1 + \lambda_{e,E} - \lambda_{e,P}} \end{aligned} \tag{1.222}$$

此方法的缺点是多了一个点，且非均匀网格的系数复杂。但是，当此方法用于中间点法则近似时，面积分仍是 2 阶精度。虽然此时 QUICK 方法比 CDS 方法稍微精确一点，但两个方法都在 2 阶方法上渐近收敛，相差不大。

参 考 文 献

高家锐, 1987. 动量、热量、质量传输原理 [M]. 重庆：重庆大学出版社.

黄宝宗, 2012. 张量和连续性介质力学 [M]. 北京：冶金工业出版社.

黄筑平, 2012. 连续介质力学基础 [M]. 北京：高等教育出版社.

黄祖良, 1989. 矢量分析与张量分析 [M]. 上海：同济大学出版社.

李大潜，秦铁虎, 2005. 物理学与偏微分方程 [M]. 北京：高等教育出版社.

王洪伟, 2019. 我所理解的流体力学 [M]. 北京：国防工业出版社.

武传松, 2008. 焊接热过程与熔池形态 [M]. 北京：机械工业出版社.

赵镇南, 2008. 传热学 [M]. 北京：高等教育出版社.

庄礼贤, 2009. 流体力学 [M]. 北京：中国科学技术大学.

Fleisch D, 2013. 麦克斯韦方程直观 [M]. 唐璐，等译. 北京：机械工业出版社.

Incropera F P, 2007. 传热和传质基本原理 [M]. 叶宏，等译. 北京：化学工业出版社.

第 2 章 TIG 焊电弧数值分析

2.1 电弧数值分析的发展趋势

　　焊接就物理过程本质而言是复杂的，焊接过程一般体现在两个方面：其一，焊接方法本身具有多样性；其二，焊接过程的多物理场耦合性，并且多物理场共同作用。在某一特定的焊接方法下，其复杂性往往体现在焊接过程热的产生、热的传导、各种力对流体的流动的影响、微观组织的演变、焊接应力变形等诸多物理过程耦合在一起，影响并支配整个焊接过程。那么焊接数值模拟技术就是对焊接现象的深入理解的得力工具。而焊接数值模拟的存在意义在于，通过对复杂或者不可观察的现象和过程进行定量分析和极端情况下尚不知规则的推测和预测，实现对复杂焊接现象的模拟，不但有助于认识焊接物理过程，也可优化工艺和结构设计，减少工作量，提高生产效率。焊接数值模拟技术是伴随计算机技术和数值计算方法的发展而逐渐诞生和发展起来的，也伴随着非线性有限元技术的成熟而发展成熟起来。最早的焊接数值模拟于 19 世纪 70 年代日本大阪大学 Ueda 及美国布朗大学的 Marcal、Hibbitt 率先将材料的非线性以及几何非线性纳入焊接–热力耦合计算过程，并研发了非线性有限元软件，极大地推动了焊接数值模拟技术的发展。

　　1984 年，Oreper 和 Szekely 针对 TIG 焊焊接电弧固定的情况首次建立了轴对称数学模型，该模型采用流函数–涡度法处理控制方程，并分析了浮力、电磁力、表面张力梯度对流体流动的影响。而 Kou 与 Sun 则采用的是稳态模型。但是他们模型的缺陷在于所假设的焊接熔池表面是平坦的，可实际情况下没有考虑熔池的自由表面变形，焊后的结果均为熔透。随后 1989 年，Thompson 和 Szehely 根据之前的轴对称数学模型的实验结果，建立起新的模型——轴对称瞬态模型，该模型考虑了熔池的自由表面变形和焊接过程产生的相变，较之前有了很大提升。但实际上该模型的建立是预先施加一个熔池表面变形的初始值，根据数学模型的变化分析实验结果。Chen 和 Zacharia 在熔透的情况下建立了数学模型，该模型有两个自由表面。通过所建立的数学模型，观察到在固定电弧焊接时，两个自由表面熔池内流体的流动方式与一个自由表面流体流动方式的不同。但其中的缺点在于模型是将熔透后的熔池简化为一个圆柱体，可实际的焊接熔池形状会随着焊接参数的改变而发生变化。Farson 等为了研究在固定 TIG 焊焊接电弧时的熔透熔池的动态行为建立了数值模型，他们的研究发现，当熔池的背面直径接近于正面直径时，熔池下塌比较严重。但模型的不足之处是将熔透后的熔池形状也简化为一个圆柱体，可实际上该焊接处于熔透状态并且伴有严重下塌，即使背面直径无限接近于正面直径，熔池的整体形状也不可能是一个标准的圆柱体。所以模型有很大缺陷。

对于运动的 TIG 焊电弧，Kou 与 Wang 于 1986 年对 3mm 铝合金薄板建立了准稳态模型，该模型首次对焊接过程中熔池的对流传热进行数值分析。基于实验以及理论的结果，该模型是在没有考虑熔池表面自由变形的基础上建立的。随后，1995 年 Zacharia 等在该基础上对非铝合金材质建立了三维熔池的对流传热的瞬态模型，并进行了分析。其最大的缺陷是在熔透的情况下，忽略了背面的熔池表面变形程度。Cao、Zhang 与 Kovacevic 根据前人的模型经验，对运动的 TIG 焊电弧建立了三维瞬态模型，并对模型进行了数值分析。但是因为运动的电弧有着明显的电弧压力，模型电弧压力公式系数的选取有待改进，所以实验没有达到预期效果。

Kovitya 和 Lowke 建立了 TIG 电弧传热数学模型并用数值方法求解了温度和流速分布。Ushio 和 Matsuda 所建的模型首次考虑了紊流问题。他们假定电流密度分布为已知条件，但是焊接过程十分复杂以及施焊时会有各种问题的产生，很难用实验方法对电流密度进行精准测量。这就使得该模型实际上成为一个半经验模型。

然而，国内从 20 世纪 80 年代开始数值模拟的研究工作，西安交通大学和上海交通大学在 80 年代初期开展焊接热塑性理论和数值计算方面的研究。山东大学在电弧物理及熔池流动行为方面，哈尔滨工业大学、南京航空航天大学在焊接微观组织演化方面均做出了卓有成效的研究。武传松与陈定华等对运动的 TIG 电弧建立起三维准稳态模型，但实际上该模型是在焊接后熔池表面平坦、未熔透的情况下建立的，没有考虑在实际焊接过程中随着电弧的运动，各个物理项对熔池产生作用，使熔池表面发生变形，与建立的模型有一定的差异。之后为了对运动电弧作用下熔池内部流体的流动以及流体的传热进行研究。武传松还和 Tsao 建立了相关的三维准稳态数学模型，基于此模型，分析了没有考虑随电弧运动的熔池表面变形情况。随后武传松又与 Dorn 在此基础上考虑了熔池上下表面的变形，建立了熔透的熔池三维准稳态模型，但是由于电弧处于运动状态，对熔池某一状态的成长过程是瞬间发生的，这样造成所建立的三维准稳态模型偏向于简单化。在此之后，定量分析了运动电弧作用下 TIG 焊接过程中的熔池的三维形状、上下表面变形，以及熔池内流场和热场的瞬态行为，并建立了三维瞬态模型，可以通过该模型对熔池上下表面作用的电流密度、热流密度和电弧压力分布情况进行数值分析。

基于上面复杂的焊接物理过程，为深入了解，应当建立有效的数学模型，但是在对所建立的模型进行分析时，会有或多或少的缺陷产生，因此，建立一套完善的数值分析模型是必要的。本章节作者针对 TIG 焊电弧传热传质进行了数值分析，建立完善的数值分析模型。通过建立紊流模型，在控制方程的基础上采用欧姆定律方法计算了电流密度和焊接过程中遇到的复杂的紊流问题，通过实验总结发现了弧柱电流密度径向与轴向分布情况，确定了焊接电流与电弧边缘区的紊流区域以及电场强度的关系。

2.2 TIG 焊电弧传热传质数值分析

在焊接电弧的燃烧过程中，各种化学、物理过程都涉及其中。其中能量的传递与转换、粒子的电离、粒子的复合以及过程中的复杂运动、电弧电源特性曲线等问题是研究热点。通常对电弧进行合理的假设，并在此基础上进行建模分析。在局部区域结果较为理想，但与实际过程相比仍具有较大差距。对此，对电弧的建模及数值分析一直是国内外众多学者研究的热点领域。

焊接过程的实现主要是通过电弧对电能与热能之间的转化，从而作用于工件，实现对工件的连接。因此，对其焊接过程中电弧的传热传质现象内在本质的理解对后续分析熔池内在行为及电弧、熔池二者相互作用具有重要意义。焊接电弧本质为一种等离子体，其存在着复杂的物理和化学过程，通过实验对其相关数据的测量通常是比较困难的。而电弧参数的理论计算及数值分析有着独特的优点，因此其广泛应用于电弧性质的研究。早期对电弧模型的研究主要是对其进行简化分析，基于其轴对称的形态采用柱坐标简化为二维情况。

除以上假设外，还包括：

(1) 等离子处于局部热平衡 (local theimal equilibrium，LTE) 和局部化学平衡 (local chemical equilibrium) 状态；

(2) 等离子流动状态为稳态层流加局部紊流，且满足光学薄性质；

(3) 不考虑黏性效应所产生的热损耗；

(4) 不考虑阳极区与阴极区的非平衡过程；

(5) 忽略重力影响。

如今对电弧模型的研究逐步发展完善、深入。从简化二维模型到更符合实际的三维模型，从局部热平衡假设到双温模型以及从瞬态到稳态模型的发展，都意味着对电弧的认识由浅入深。

同时，电弧中存在的非 LTE 状态、紊流现象、局部化学平衡、混合气体等离子的非平衡过程等方面使其研究愈加复杂。但对于这方面的研究，因为技术手段的限制，所以对其研究相对较少。

1. 数学模型

图 2.1 是 TIG 焊焊接过程钨极与电弧的坐标系统与求解区域，其中 r-z 为圆柱坐标系，z 表示轴线方向，r 为径向，TIG 直流电弧在阴极和阳极板之间稳定燃烧。该过程会满足三大基本方程：质量守恒定律（即连续性方程）、动量守恒定律 (即 N-S 方程) 以及能量守恒定律。

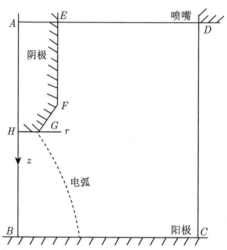

图 2.1　TIG 焊焊接过程钨极与电弧的坐标系统与求解区域

既然焊接过程会有电弧产生，那么会涉及电磁学，所以麦克斯韦方程是不可或缺的方程组，其中需要补充说明欧姆定律：$\vec{J} = e\vec{E}$，源项：$S_T = \vec{J} \cdot \vec{E} - S_R$，$S_R \propto \exp(eU_i/(kT))$，该比例系数由 Evans 和 Tankin 的实验结果推导得出。那么在此定义流函数 h 和涡度 a：

$$\vec{v}_r = -\frac{1}{d_r}\frac{\partial h}{\partial z}, \quad \vec{v}_z = \frac{1}{d_r}\frac{\partial h}{\partial r}, \quad a = \frac{\partial \vec{g}_r}{\partial z} - \frac{\partial \vec{v}_z}{\partial r} \tag{2.1}$$

其中 $\vec{v}_r$ 为流速的径向分量，$\vec{v}_z$ 为流速的轴向分量。

通过流函数和涡度公式，将其代入三大基本方程的圆柱坐标系中，可进一步推导。该模型利用 N-ε 模型求解紊流黏性系数，即 $\mu_t = C_d d K^2/X$，该公式中的 N 与 X 由下列方程求出

$$\frac{\partial}{\partial z}\left(K\frac{\partial h}{\partial r}\right) - \frac{\partial}{\partial r}\left(N\frac{\partial h}{\partial z}\right) - \frac{\partial}{\partial z}\left\{r\frac{\mu_e}{e_K}\frac{\partial N}{\partial z}\right\} - \frac{\partial}{\partial r}\left\{r\frac{\mu_e}{e_K}\frac{\partial N}{\partial r}\right\} - rS_N = 0 \tag{2.2}$$

$$\frac{\partial}{\partial z}\left(X\frac{\partial h}{\partial r}\right) - \frac{\partial}{\partial r}\left(X\frac{\partial h}{\partial z}\right) - \frac{\partial}{\partial z}\left\{r\frac{\mu_e}{e_X}\frac{\partial X}{\partial z}\right\} - \frac{\partial}{\partial r}\left\{r\frac{\mu_e}{e_X}\frac{\partial X}{\partial r}\right\} - rS_X = 0 \tag{2.3}$$

式 (2.2) 和式 (2.3) 中，μ_e 为有效黏度，S_N 为 N 的源项，S_X 为 X 的源项，N 为紊流动能，X 为紊流能量耗散率。而 S_N 与 S_X 则由以下方程求出

$$S_N = 2\mu_t \left\{ \left(\frac{\partial \vec{v}_z}{\partial z} \right)^2 + \left(\frac{\partial \vec{v}_r}{\partial r} \right)^2 + \left(\frac{\vec{v}_r}{r} \right)^2 + \frac{1}{2} \left(\frac{\partial \vec{v}_z}{\partial z} + \frac{\partial \vec{v}_r}{\partial r} \right)^2 \right\} - \mathrm{d}X \quad (2.4)$$

$$S_X = 2C_1\mu_t \frac{X}{K} \left\{ \left(\frac{\partial \vec{v}_z}{\partial z} \right)^2 + \left(\frac{\partial \vec{v}_r}{\partial r} \right)^2 + \left(\frac{\partial \vec{v}_r}{\partial r} \right)^2 + \frac{1}{2} \left(\frac{\partial \vec{v}_z}{\partial z} + \frac{\partial \vec{v}_r}{\partial r} \right)^2 \right\} - C_2 \mathrm{d} \frac{X^2}{N}$$
$$(2.5)$$

式中 μ_t 为紊流黏度，C_1、C_2 为常数，其值分别为 1.44、1.92。联立式 (2.2) ～ 式 (2.5) 即可得出结果。

2. 边界条件

如图 2.1 所示，BH 为对称轴边界，则有

$$h = \frac{\partial K}{\partial r} = \frac{\partial X}{\partial r} = \frac{\partial T}{\partial r} = 0, \quad \left(\frac{a}{r} \right)_0 = \frac{8}{d} \left\{ \frac{h_0 - h_1}{r_2^2} + \frac{h_1 - h_0}{r_1^2} \right\} \Big/ (r_2^2 - r_1^2) \quad (2.6)$$

这里的下角 0、1、2 分别表示中心轴线及 r 方向相邻的点。在 CD 边界与 BH 边界相似都为零，BC 边界与 EF 边界 $h = N = X = 0$，T 是给定值。ED 边界条件也都为零。那么通过 ED 的保护气体流速为

$$\vec{v}_z = \frac{2q\vec{v}}{\pi d} \left[R_2^2 - r^2 + \frac{(R_2^2 - r_1^2)\ln(r/R_2)}{\ln(R_2/R_1)} \right] \Big/ \left[R_2^4 - R_1^4 - \frac{(R_2^2 - R_1^2)^2}{\ln(R_2/R_1)} \right] \quad (2.7)$$

近壁区流体行为用壁函数法描述，近壁区速度分布用对数法则描述，平行壁面的无量纲速度为 $\vec{v}_t = \ln(E_t + s_t)/U$，式中 U 为 Karman 常数，E_t 为壁厚粗糙度函数，s_t 为与壁面的距离。摩擦速度 $\vec{v}_f$ 表示为 $\vec{v}_f = \vec{f}_w/(dC_d^{1/2}N^{1/2})$，壁面应力 $\vec{f}_w$ 可以表示为 $\vec{f}_w = UC_d^{1/4}d\vec{v}_pN_1^{1/2}/\ln\left\{ E_t d\Delta\vec{n}N_1^{1/2}C_d^{1/4}/\mu_e \right\}$，式中包含最接近壁面的平行流速、节点距离和紊流能量。那么 N 的源项通过壁面应力可推导出 $S_N = \vec{f}_w(\partial \vec{v}_p/\partial \vec{n}) - (C_d d^2 N^2/\mu_t)$。可以通过该公式推导出紊流能量消耗率 X。根据 Echert 和 Pfender 理论，通过传导和对流向阳极的热输入 Q 为

$$Q = \frac{Nu}{Re^{1/2}Pr} \left\{ d_{w\_w} \frac{d_{vb}}{dz} \right\}^{1/2} c_p(T_b - T_w)$$
$$\frac{Nu}{Re^{1/2}} = 0.915Pr^{1/4} \left(\frac{d_{b\_b}}{d_{w\_w}} \right)^{0.43}$$
$$(2.8)$$

式中 Nu 为 Nusselt 数，Re 为 Reynolds 数，Pr 为 Prandtl 数。下脚标 w 和 b 表示壁面上的点和边界层边缘的点。

3. 计算的结果与讨论

图 2.2 显示了当电流大小为 200A 时,其焊接弧长为 10mm 的电弧温度场分布。由该图可以看出,阴极前沿温度最高达到 22000K,阴极和阳极前沿有很大的温度梯度,电弧中心轴线上温度比较均匀,温度场从阴极区域向阳极区域逐步扩大呈古钟形,这与之前的测试结果一致,从而解决了之前文献中计算模型存在的严重性问题。本次计算结果表明,电弧电流增大,阴极前沿最高温度有所增加,整个高温区域温度场显著增大。

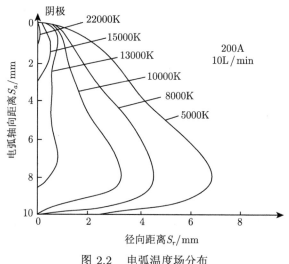

图 2.2   电弧温度场分布

图 2.3 显示了电流密度沿着电弧中心轴线方向的分布情况,由该图可以知道,随着电流的增大,电流密度有所增加,但不是线性增大,电流变化时的电弧导电截面也发生变化。电流密度的径向分布近似于高斯分布,阳极表面热输入的径向分布也近似于高斯分布,并且阳极表面热输入随着电流的增加而增加,阳极热输入包括热对流、热传导、热辐射以及电子的势能和动能,而电子的势能即为逸出功,电子的动能即为阳极电压降。

对流场的分析中,TIG 焊时使用的为氩气,氩气从喷嘴喷出后进入即将发生电弧的电弧区域,起到保护作用,电弧边缘存在空气漩涡。弧柱区为层流,但是弧柱区的边缘出现紊流现象,同一电流下,增大气体流量时电弧边缘区的紊流现象稍微增加,当气体流量上升为 10L/min 时,将电流从 100A 增大到 300A,则紊流区域显著增大,如图 2.4 所示。

图 2.5 显示出了 200A 时电弧区域和边缘处的轴向气流速度沿轴线方向的分布情况,当气体流速在电弧中部位置达到最大值时,受阳极板的阻挡而沿轴线下

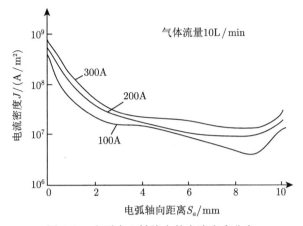

图 2.3 电弧中心轴线上的电流密度分布

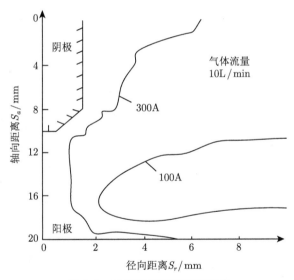

图 2.4 电流对紊流区域的影响

降，在阳极表面上接近于零，但是在电弧中心轴线上，气流在阴极前端达到最大值即 200m/s，随后逐渐下降。

那么这里会涉及电弧热离子弧阴极空间电荷压降以及电弧等离子体辐射对电极能量的影响，但是不能排除电弧在焊接过程中产生的压力对过程的影响。焊接电弧可分为阴极区、阳极区和弧柱区三个区域。这里着重对阴极区进行探讨。

阴极区分为阴极表面、空间电荷区和电离区。空间电荷区与阴极表面和等离子体边界相连。在电弧放电过程中，从阴极表面发射的电子移动到等离子体电离

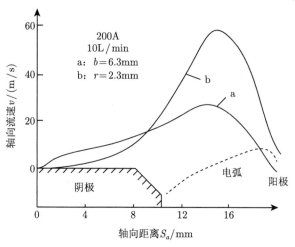

图 2.5　流体轴向速度沿 z 方向的分布

a: 电弧区；b: 边缘处

边界，在与一种边界物质碰撞后，成为电离区的一员。因为等离子体边界的电子与刚从阴极表面发射的电子相比具有高得多的焓，所以在阴极表面和等离子体电离边界之间必须存在电场，即电压降，对从阴极发射的电子做功以增加它们的焓。空间电荷带的宽度被视为一个电子平均自由程，因此，假设鞘层中没有碰撞发生。创建以下等式：

$$W_{\rm s} = eV_{\rm s} = H_{\rm p}(T_{\rm e}) - H_{\rm c}(T_{\rm c}) + E_{\rm los} \tag{2.9}$$

其中，$W_{\rm s}$ 是空间电荷电场对阴极表面发射的电子所做的功；$V_{\rm s}$ 是空间电荷压降；$H_{\rm p}(T_{\rm e})$ 是载流电子在电离边界的焓；$T_{\rm e}$ 是电子温度；$H_{\rm c}(T_{\rm c})$ 是刚从阴极表面发出的一个电子的焓；$T_{\rm c}$ 是阴极温度；$E_{\rm los}$ 是发射电子因与边界物种碰撞而损失的平均能量。如果得到公式右边三项的值，我们就可以很容易地得到空间电荷电压降 $V_{\rm s}$ 的值。对于麦克斯韦分布的单原子气体，根据热力学定律可以知道 U 为平均热动能，$\vec{P}$ 为单位体积内气体粒子施加在壁面上的平均动量变化。因此，一个粒子的平均焓可以表示为

$$H = \frac{1}{2}m\vec{V}^2 + \frac{1}{3}m\vec{V}^2 \tag{2.10}$$

如果使 $E_v = 1/2mV^2$，那么上述等式成为焓与粒子动能的关系式。由于电子仅在表面法线方向上热发射，热发射的电子仅在法线方向上携带来自阴极的动能 (其他方向可忽略不计)，因此热发射电子的平均总动能为 $E_v = kT$。阴极表面刚刚热发射的电子的焓的表达式即

$$H_{\rm c} = \frac{5}{3}E_v = \frac{5}{3}kT_{\rm c} \tag{2.11}$$

在电离区，电子应该在不同于重粒子的温度下遵循麦克斯韦分布。另一方面，由于在等离子体边界存在尖锐的温度梯度，并且电流流过电弧等离子体，因此电子不仅随机运动，而且借助于电场和温度梯度的综合作用，具有朝向阳极的宏观流动。因此，电子的焓不同于理想气体的焓：

$$H_{\mathrm{p}} = \left(\frac{5}{2} + \frac{\lambda e}{\sigma_1 k} \right) kT_{\mathrm{e}} \qquad (2.12)$$

其中 λ 是热导率，σ_1 为导电率。

当一个来自空间电荷带的电子到达电离带的边界时，它将与三种物质中的一种碰撞，即原子、离子或电子。如果电子与重粒子碰撞，会发生两种不同的过程，弹性碰撞和非弹性碰撞。电子因碰撞而损失的能量由各种碰撞概率、能量差以及相对质量决定，可以表示为

$$
\begin{aligned}
E_{\mathrm{los}} &= \frac{1}{2} \Delta E_{\mathrm{e}} p_{\mathrm{e}} + \Delta E_{\mathrm{h}} \frac{2m_{\mathrm{e}}}{m_{\mathrm{a}}} p_{\mathrm{eh}} + \Delta E_{\mathrm{in}} p_{\mathrm{in}} \\
p_{\mathrm{e}} &= \frac{V_{\mathrm{ee}}}{V_{\mathrm{tol}}}, \quad p_{\mathrm{eh}} = \frac{V_{\mathrm{eh}}}{V_{\mathrm{tol}}}, \quad p_{\mathrm{in}} = \frac{V_{\mathrm{in}}}{V_{\mathrm{tol}}} \\
V_{\mathrm{tol}} &= V_{\mathrm{ee}} + V_{\mathrm{eh}} + V_{\mathrm{in}} \\
V_{\mathrm{eh}} &= V_{\mathrm{ei}} + V_{\mathrm{ea}}
\end{aligned}
\qquad (2.13)
$$

其中 p_{e}、p_{eh}、p_{in} 分别是电子与电子、重粒子和非弹性碰撞的碰撞概率；V_{tol}、V_{ee}、V_{ei} 和 V_{ea} 分别是总的、电子与电子、电子与离子和电子与原子的碰撞频率；V_{in} 是非弹性碰撞频率；m_{e} 和 m_{a} 分别是电子和原子质量；ΔE_{e} 是运动电子和等离子体电子的能量之差；ΔE_{h} 也是等离子体中运动电子和重粒子的能量之差；ΔE_{in} 是电离能。

$$V_{\mathrm{s}} = \frac{(2.5 - 0.75p_{\mathrm{e}})T_{\mathrm{e}} - (1.667 - 0.5p_{\mathrm{e}})T_{\mathrm{c}}}{1 - 0.5p_{\mathrm{e}}} \frac{k}{e} \qquad (2.14)$$

方程 (2.14) 是计算热离子弧阴极在大电流和大气压下的空间电荷压降的简单表达式。在计算 V_{s} 之前，我们要知道电子–电子碰撞概率 p_{e}。如图 2.6 所示，p_{e} 对电子温度不敏感。因为电子–离子碰撞频率的值与电子–离子碰撞频率的值相似，所以 p_{e} 的范围为 0~0.5。

图 2.7 显示了根据式 (2.14) 计算的两个极限电子-电子碰撞概率的空间电荷压降。从这个图中我们可以看出，对于不同的 p_{e} 值，V_{s} 的值为 2~5V。

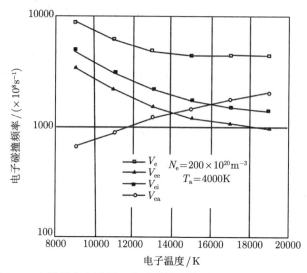

图 2.6　在阴极电离边界，电子弹性碰撞频率是电子温度的函数

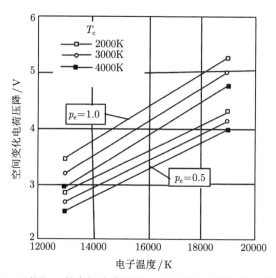

图 2.7　不同 p_e 的空间电荷压降、电子温度和阴极温度的关系

　　图 2.1 是 TIG 弧模型和坐标系的示意图。在棒状极和板之间施加固定的轴向电磁直流电弧。此类情况的一般控制方程是以三大基本方程为主，辅佐着电磁力与洛伦兹力方程。那么在运作的焊接电弧会根据受力的不同产生电弧压力，如何计算电弧压力是十分重要的。对图 2.1 所示，任意两点之间的压差可以表示为

$$P_B - P_A = \int_{A \to B} \left(\frac{\partial P}{\partial z} \mathrm{d}z + \frac{\partial P}{\partial r} \mathrm{d}r \right) \tag{2.15}$$

由于此处涉及的 P 是各向同性压力，因此无论选择哪种路径，$P_B - P_A$ 都必须具有相同的值。将三大基本方程以及电磁力、洛伦兹力方程在对称圆柱坐标系中进行推导并代入式 (2.15)，得一个新的方程：

$$
\vec{P}_B - \vec{P}_A = \int_{A \to B} \left\{ \vec{F}_z + \frac{1}{r}\frac{\partial}{\partial r}\left(\mu_{\mathrm{eff}} r \frac{\partial \vec{v}_z}{\partial r}\right) - \rho \vec{v}_r \frac{\partial \vec{v}_z}{\partial r} \right\} \mathrm{d}z
$$

$$
+ \left\{ \left(\mu_{\mathrm{eff}} r \frac{\partial \vec{v}_z}{\partial z}\right)_B - \left(\mu_{\mathrm{eff}} r \frac{\partial \vec{v}_z}{\partial z}\right)_A \right\}
$$

$$
- \left\{ \frac{1}{2}(\rho \vec{v}_z^2)_B - \frac{1}{2}(\rho \vec{v}_z^2)_A \right\} + \int_{A \to B} \left\{ \vec{F}_r + \frac{\partial}{\partial z}\left(\mu_{\mathrm{eff}} \frac{\partial \vec{v}_r}{\partial z}\right) - \rho \vec{v}_z \frac{\partial \vec{v}_r}{\partial z} \right\} \mathrm{d}r
$$

$$
+ \left\{ \left(\frac{\mu_{\mathrm{eff}}}{r} \frac{\partial r \vec{v}_r}{\partial r}\right)_B - \left(\frac{\mu_{\mathrm{eff}}}{r} \frac{\partial r \vec{v}_r}{\partial r}\right)_A \right\} - \left\{ \frac{1}{2}(\rho \vec{v}_r^2)_B - \frac{1}{2}(\rho \vec{v}_r^2)_A \right\}
$$

$$
(2.16)
$$

假定的边界条件与参考文献 [2] 中的边界条件相同。控制方程被放入无量纲的有限差分形式中，并在包围网格点的矩形所定义的区域上积分。使用了 41×41 的非均匀网格。引入高斯-塞德尔方法，直到满足所有变量的收敛标准为止。然后，使用流体流量变量的计算值，沿两个不同的路径对方程 (2.16) 进行数值积分。将要求解的区域的右上角的压力设为零作为参考，然后使用公式计算右方边界的压力分布。使用大阪大学的 ACOS-900 系统进行计算，将对沿平行于 r 轴的线对所有网格点 P_r 进行积分。另外，沿平行于 z 轴的线从电极表面 ($P = 0$) 到电极的另一个点进行积分。确定电极下方的网格点和 P 值。最后，将 P_r 和 P_z 的平均值作为该点的压力。

最初，假定气体密度是恒定的。在这种情况下，发现在阳极板上计算出的电弧压力分布与实验获得的电弧压力分布之间存在较大的差异，而且沿两条不同路径计算的点的电弧压力值之间存在严重差异。之后，将等离子体密度调节为温度函数即 $i, e, \rho = f(T)$。在这种情况下，通过不同的积分路径计算出的压力值大小不同，在短电弧的情况下，压力值减小很多，计算出的压力分布与阳极板的实验数值非常吻合。图 2.8 显示了使用两个不同积分路径沿中心轴线计算出的电弧压力分布，可以看出两条曲线之间的一致性比较好，尽管存在一些差异，这可能是由于 P_z 计算路径上积分的不适当性造成的，而 P_z 是由电极下表面的压力积分计算得到的。

图 2.9 显示了不同的电弧电流下阳极板上电弧压力的径向分布。我们发现，对于低于 250 A 的电流，计算得出的曲线近似为高斯分布，而高于该值时，曲线变为更凸，由于电流大得多，因此磁力也更大。这与实验结果非常吻合。

随着电弧在焊接甚至实际生活中应用越来越广泛，学者对电弧与电极材料之间相互作用的研究更加有兴趣。焊接传热是主要过程之一，大电流的钨-钨电弧放电中，阴极会有一定的烧蚀。材料在烧蚀上有一个严重的问题，主要由阴极表面的

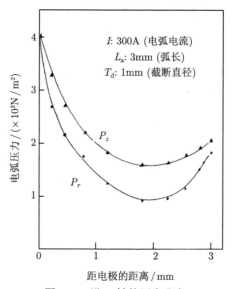

图 2.8　沿 z 轴的压力分布

P_r 沿平行于 r 轴的路径集成，P_z 沿平行于 x 轴路径集成

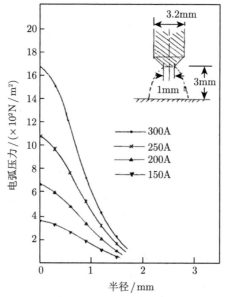

图 2.9　在不同的电弧电流下，阳极板上的电弧压力的径向分布

能量平衡控制。尽管已经为阴极能量平衡的研究做出了许多努力，但是不幸的是，到目前为止，它仍然是一个不清楚的问题。大多数研究都忽略了电弧辐射能量与电导率的关系。但是，有人提出电弧辐射能在阴极能量平衡中起着主导作

用。另外，在电弧放电中，由于阳极材料的功函数和阳极电压下降，电子能量占据输入到阳极的能量的主要部分。但是，最近一些研究发现了弧线阳极下降电压为负。

所有这些都表明，电弧等离子体与电极之间的相互作用比已经理解的要复杂得多，但更值得进行深入研究。为了进一步了解电弧等离子体电极中的能量平衡，提出了一种简化模型来估算热大气电弧的阴极下降电压。曾有人基于电弧传热的数学模型以及电弧等离子体辐射系数与电弧温度之间的实验关系进行分析。讨论了弧辐射对电极能量平衡的相对影响。

图 2.10 显示了轴对称的坐标系统以及各种变量之间的空间几何关系，空间点 $A(r, \beta, z)$ 上电弧等离子体 $\mathrm{d}v$ 的体积元素，均匀地向空间发射能量，则阳极板在轴上的点 P_2 处接收和吸收的能量密度可以表示为

$$
\begin{aligned}
\mathrm{d}R_\mathrm{a}(r_2) &= \frac{\varepsilon_\mathrm{a} U(r, z)}{4\pi d^2} \cos\alpha \mathrm{d}v \\
l^2 &= z'^2 + r^2 + r_2^2 - 2rr_2\cos\beta \\
\cos\alpha &= \frac{z'^2}{l}
\end{aligned}
\tag{2.17}
$$

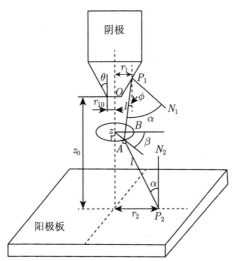

图 2.10 坐标系统以及各种变量之间的空间几何关系

TIG 焊阴极尖端或阴极尖端的一部分是圆锥形的，则如图 2.10 所示，一部分等离子体无法将能量发射到阴极表面的某些部位。因此，用于计算圆锥表面能量密度的辐射公式可以用如下等式表示

$$\cos\alpha = \cos(90° - \theta)\cos\phi - \sin(90° - \theta)\sin\theta$$
$$l^2 = z'^2 + r^2 + r_1^2 - 2rr_1\cos\beta$$
$$\cos\phi = \frac{z'^2}{l}, \quad z' = z + \frac{(r_1 - r_{10})}{\tan\theta} \tag{2.18}$$
$$R_{c2}(r_1) = \iiint_v \frac{\varepsilon_c U(r,z)\cos\alpha r \mathrm{d}\beta \mathrm{d}r \mathrm{d}z}{4\pi l^2}$$

电弧温度测量, 由于测量方法的不同, 非熔化极惰性气体保护焊 (GTA) 的测量温度分布分为两组, 即较高的峰值温度和较低的峰值温度, 另外, 借助喷口电弧二维电磁流体动力学 (MHD) 数学模型进行的数值计算取得了很多成就, 已测得的结果显示, 数值结果与较高峰值温度组的实验结果相符, 该项研究中湍流的数学模型被用于计算电弧的温度分布, 而不是在原始模型中预先设置电弧电流分布, 将欧姆定律和电荷连续性方程式引入到控制方程式即三大基本方程中, 以确定研究中电流密度的空间分布。

利用有限差分法 (FDM) 对与电弧温度有关的方程即将欧姆定律和电荷连续性方程式引入到控制方程式中进行数值求解, 然后公式 (2.18) 在整个电弧等离子体中进行数值积分, 以获得在阴极电极和阳极板上吸收的辐射能量密度的分布。通过将相关表面上的能量密度积分, 可以轻松得到总辐射能量。所有的计算都是在自由燃烧的 GTA 等离子体, 直径 3.2mm 的 Th-W 电极, 电弧电流 100A-300A 和电弧长度 10mm 的条件下, 使用氩气并且在标准大气压下进行。计算的典型温度分布如图 2.11, 图 2.12 和图 2.13 所示。显然, 这些结果与较高峰值温度组的测量结果一致。

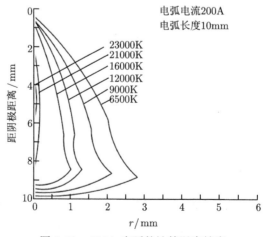

图 2.11   200A 电弧的计算温度轮廓

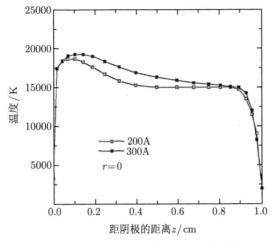

图 2.12　计算的沿 z 轴的电弧温度分布

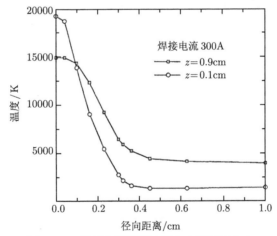

图 2.13　阴极和阳极附近径向电弧温度分布

当电极尖端是圆锥体时, 能量由于入射角的变化, 密度突然减小。图 2.14 表示在电弧电流为 200A 时纯锥形电极尖端的结果。

图 2.15 分别显示了 200A 和 300A 时铜阳极板上等离子体辐射能量密度分布的计算结果。

结果表明, 电弧电流越大, 其分布幅度越大, 但其分布幅度却低于平顶阴极。这是因为电弧温度在近阴极区有一个峰值分布, 表示 200A 电弧电流下阳极板上的辐射能量分布。结果表明, 它们的结果与实验结果吻合得很好。

为了分析电弧长度对电极或焊件上辐射能量分布的影响, 采用不同的电弧截面单元计算了阴极和阳极轴向中心点处辐射对能量的贡献，结果如图 2.16 所示。

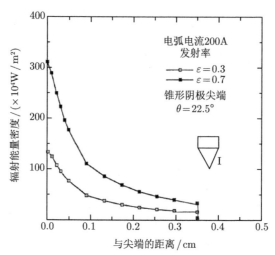

图 2.14   200A 电流下圆锥阴极尖端辐射能量密度的计算分布

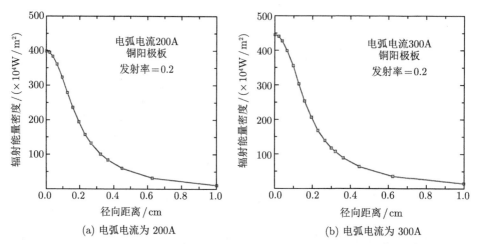

(a) 电弧电流为 200A   (b) 电弧电流为 300A

图 2.15   阳极板在 200A 与 300A 电流下的辐射能量密度分布

　　约 90%的能量来自于近界面处的等离子体区电极，阴极为 3mm，阳极板为 4mm，这意味着如果弧长大于 4mm，则多余部分对电极的辐射能可忽略不计。

　　对于电弧电流为 100～300A 的钨极气体电弧，电弧辐射能对电极的贡献要小于阴极电子冷却能和阳极板加热能。电弧辐射能在一定程度上可能会产生影响，尤其是在相对稳定的低电流环境中，但在阴极或阳极能量平衡中不起主导作用。

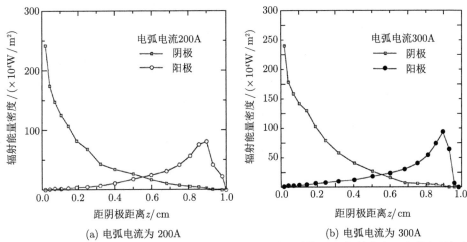

(a) 电弧电流为 200A (b) 电弧电流为 300A

图 2.16 在 200A 与 300A 电流下，不同电弧截面元素对阴极和阳极轴向中心点的电弧辐射能量密度

2.3 TIG 电弧的全耦合数值分析

TIG 焊电弧的热场、磁场、电场等在焊接过程中是同时存在的，其相互促进也相互制约。多场耦合过程中，全耦合主要体现在求解的过程中耦合变量在不同场之间的调用。首先，耦合变量先会在预先设定好的不同独立场中进行计算，与此同时，其会在求解某一个场的同时调用到下一个场进行反算。利用 COMSOL Multiphysics 软件对 TIG 焊接过程中的电弧所涉及的温度场、流场、电场、磁场进行多物理场之间的全耦合研究分析，其所得分析结果更加符合焊接过程中所涉及的实际情况。其中基本假设与控制方程为前面所述。

2.3.1 几何模型及边界条件

根据流体力学基本方程 (连续性方程、动量守恒方程、能量守恒方程以及麦克斯韦方程)，结合实际情况对 TIG 电弧进行了三维几何模型建立。模型采用笛卡儿坐标系，同时对所建立模型预先设定了边界条件，其具体设置见图 2.17。电极的直径设置 1.6mm，而电弧的弧长采用 5mm。

对过程中偏微分方程设置适合的边界条件，是对焊接过程中 TIG 电弧涉及的温度场、电磁场等多场问题求解的前提。

对不同场的边界条件设置如下：温度场下，将求解域四周设定为对通流量形式，底面则考虑实际过程中所涉及的热传导及热辐射；流场下，设置电极和工件表面为无滑动壁面，设置求解域内四周壁面为开边界；电磁场下，求解域边界条件底面为接地，四周壁面和其他设定为电绝缘和磁绝缘，电极则为向内的电流密度。

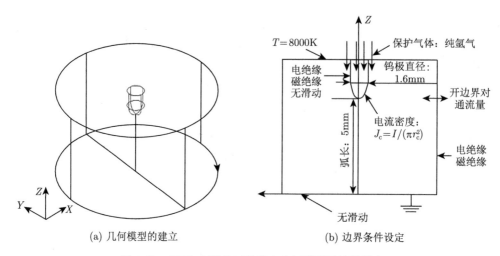

(a) 几何模型的建立　　　　　　　　(b) 边界条件设定

图 2.17　TIG 电弧的三维稳态几何模型及边界设定

2.3.2　网格划分

网格划分是有限元分析的前提，通常占据较长时间。不同的网格形式会对计算结果的精确度以及时间产生很大影响。图 2.18 为建立的 TIG 电弧三维稳态模型网格划分示意图。

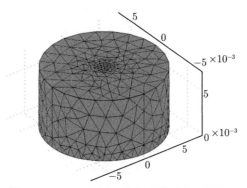

图 2.18　TIG 电弧三维稳态模型的网格划分

通常为了在保证计算结果准确性的前提下尽量缩短计算时间，在网格划分过程中，对变量梯度较大区域采用细密网格，而变量梯度较小区域则用粗网格代替，从而减小计算时间。同时，考虑到电极附近的电流密度、速度、温度等变量的梯度较大；而在模型底部，考虑其为无滑动的壁面，该处流体的速度存在数值的突变，其梯度非常大；同时在求解域的内部，位于电弧中心轴线附近区域的速度及电流密度梯度均比较大，上述区域均采用计算结果较为精密的计算网格。除上述区域外，其余区域一律采用稀疏的网格。

2.3.3 模拟参数的选择

选择与实际情况相对应的氩气作为 TIG 电弧模型中的气体介质，对其求解域内的物性参数进行确定。氩气的众多物性参数均与温度有密切的关系，如热导率、黏性系数、电导率以及密度等。图 2.19 为对氩气不同物性参数的选择，其他参数见表 2.1。

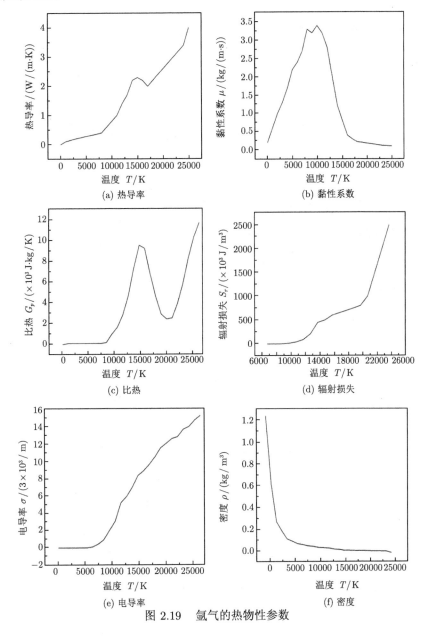

图 2.19 氩气的热物性参数

表 2.1　模拟参数

参数	数值
焊接电流 I/A	200
电弧电压 U/V	20
初始温度 T_0/K	10000
气体流量 L/min	10

2.3.4　TIG 电弧的计算结果

1. 温度场分布

y-z 平面上的电弧温度场如图 2.20 所示。由图 2.20 可知，在氩气氛围情况下，温度峰值出现在靠近电弧阴极的区域内，同时在电弧的阳极以及阴极区域均出现差异明显的温度梯度。模拟的温度峰值处在 20000K 附近。

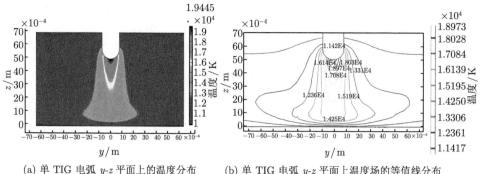

(a) 单 TIG 电弧 y-z 平面上的温度分布　　(b) 单 TIG 电弧 y-z 平面上温度场的等值线分布

图 2.20　TIG 电弧 y-z 平面上的电弧温度场分布 (彩图扫封底二维码)

2. 电流密度分布

如图 2.21(a) 所示，单 TIG 电弧的电流密度基本符合轴对称分布。造成此现象的原因为：焊接过程中，焦耳热占据了电弧热量的大部分，而电流密度与温度的关系成正比，所以其分布与温度场的轴对称分布较为相似。焊接电流由阳极表面经阴极斑点流入阴极顶端，阴极斑点温度高且面积小，故其电流密度在此处达到峰值。轴向方向上，电流密度与阴极距离呈反比关系，距阴极距离越大电流密度越小；径向方向上，情况基本类似，径向距离越大该处电流密度则越小。同时，电流密度最小值出现在电弧的阳极表面附近。

距离底面 1mm 处的电流密度分布图如图 2.21(b) 所示，其电流的分布规律呈现左右对称的典型高斯分布。

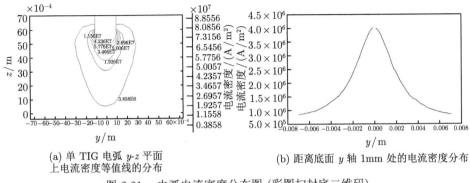

(a) 单 TIG 电弧 y-z 平面
上电流密度等值线的分布

(b) 距离底面 y 轴 1mm 处的电流密度分布

图 2.21 电弧电流密度分布图 (彩图扫封底二维码)

3. 等离子体流场分布

图 2.22 为 TIG 电弧等离子体的流场分布。由图可知，电弧等离子体的速度场在 y-z 平面上呈对称分布，并由两侧向中心区域靠拢且沿轴向由阴极向阳极高速流动，最大流速可达 147.88m/s。高速运动的等离子流运动至阳极附近时，由于阳极表面对其的阻碍作用，使其携带的大量动能传递给阳极，对阳极表面产生冲击力，即电弧压力。

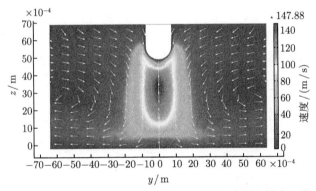

图 2.22 TIC 电弧在 y-z 平面上的流场分布 (彩图扫封底二维码)

4. 内部磁场线及电磁力分布

洛伦兹力作为驱动等离子体运动的力，取决于电弧区域内磁感应强度和电流密度的分布。图 2.23 为单 TIG 电弧的磁场线分布。可以看出，磁场线分布在电流密度较大区域较为集中，且整体上呈对称分布。

如图 2.24 所示为 TIG 电弧电磁力贡献分布图。电磁力贡献分布与电磁力分布对应。从图中可以看出，电磁力分布向内向下，此规律说明电磁力存在两个不

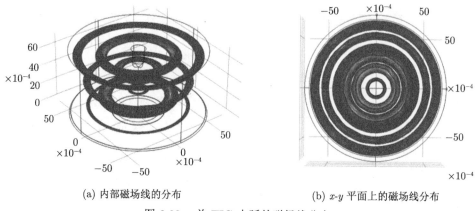

(a) 内部磁场线的分布　　　　　　(b) x-y 平面上的磁场线分布

图 2.23　单 TIG 电弧的磁场线分布

同的分量, 其方向分别为轴向与径向。前者使等离子体流向阳极, 后者则使等离子体收缩。在电弧的对称轴附近区域, 其电磁力最小, 原因是在此处磁感应强度微弱; 而靠近阴极区域, 其尖端电流密度很大, 所以其电磁力也最大; 相反, 电弧边缘靠近阳极的区域电流密度小, 故其电磁力也较小。电弧内钨棒处压力较大而阳极区域压力较小, 其存在的压力梯度形成了如图 2.24 所示的等离子体驱动力, 使其沿对称轴自上而下运动。

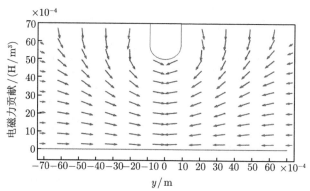

图 2.24　TIG 电弧在 y-z 平面上电磁力的贡献分布

2.4　双 TIG 电弧的全耦合数值分析

2.4.1　模型的数学描述

双 TIG 电弧建模与单 TIG 模型建立相比有着相似之处, 包括模型假设、控制方程选择、网格划分及边界条件设定等基本步骤。图 2.25 为所建立几何模型及边界设定。在此建立的双 TIG 电弧模型中，两电极直径均为 1.6mm，其间距为 3mm，弧长为 5mm。双 TIG 电弧模型中，流过每个电极的电流为 100A，其余参数的设定参考单 TIG 模型。

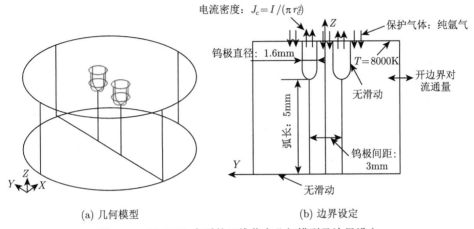

(a) 几何模型　　　　　　　　　　(b) 边界设定

图 2.25　双 TIG 电弧的三维稳态几何模型及边界设定

2.4.2　双 TIG 电弧的计算结果与分析

1. 温度场分布

从图 2.26 温度场分布图看出，两钨极和阳极之间形成了一个电弧，其耦合程度良好。双 TIG 电弧温度场在 y-z 平面呈对称分布，其最高温度接近 16000K。可以看出，图中的两束等离子流均向电弧中心移动，从而引起电弧的产热向其中心传输，其原因主要为电弧电磁场的吸引作用。

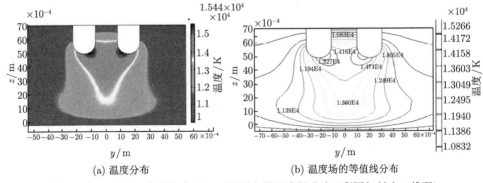

(a) 温度分布　　　　　　　　　　(b) 温度场的等值线分布

图 2.26　双 TIG 全耦合电弧 y-z 平面上的温度场分布 (彩图扫封底二维码)

耦合电弧最高温度与单 TIG 相比具有明显差距，主要原因为双 TIG 电弧模型中电流从两个钨极中流过，相比于单 TIG 模型电流密度降低，同时，电弧热中焦耳热占据主导地位，所以耦合电弧温度较单 TIG 低。耦合电弧在阴极及阳极附近温度梯度较大，这一现象与单 TIG 电弧相似。利用实验对双 TIG 电弧及单 TIG 电弧的温度场分布进行了测量分析，其得出的结论与本章计算结果吻合良好。而模型最高温度略低于实验测量值，原因为：相同电流条件下，采用的半球形钨极的电流密度要小于实际实验中锥台形钨极的电流密度。但并不影响此模型的准确性。

2. 电流密度分布

图 2.27 表示的是距离阳极表面 2mm 处，耦合电弧电流密度在 x 轴和 y 轴上的分布以及相同条件下单弧的电流密度分布。

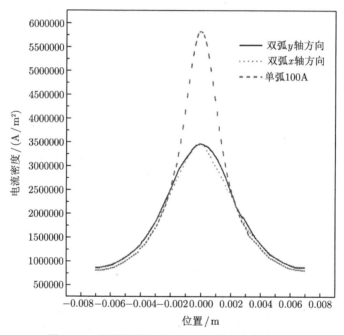

图 2.27   距离阳极表面 2mm 处的电流密度分布

由图可知，双弧的电流密度在 x 方向及 y 方向上分布差异较大，且耦合电弧的电流密度与单 TIG 电弧相比显著降低。耦合电弧在 y 方向上的相对扩展不再服从高斯分布。

图 2.28 表示 y-z 平面上双 TIG 全耦合电弧电流密度的等值线分布。可以看出，相同条件下，双 TIG 全耦合电弧模型中的电流密度峰值远小于单 TIG 电弧

的电流密度峰值。原因为: 电流密度大的区域产生的焦耳热更高, 焦耳热在电弧热中占据主导地位, 故其温度也较高。耦合电弧电流密度分布在阳极与两钨极之间, 这与温度场分布规律相似。

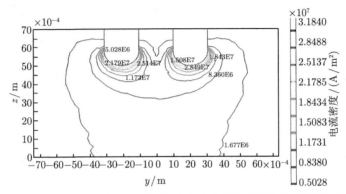

图 2.28 双 TIG 全耦合电弧在 y-z 平面上电流密度等值线的分布 (彩图扫封底二维码)

3. 等离子体速度分布

双 TIG 全耦合电弧在 y-z 平面上的流场分布如图 2.29 所示。可以看出, 其流场呈对称分布, 与单 TIG 电弧流场分布相似, 等离子流最大流动速度为 50m/s, 与单 TIG 电弧下最大速度 150m/s 相比明显较低, 其流动方向主要为从两侧向钨极及阳极之间流动。此差异的原因为等离子流的运动是由电弧电流自生磁场和电流密度产生的电磁力共同决定的, 双 TIG 电弧下电流密度降低, 所以相应的磁场及电磁力减弱, 等离子体流速减小。

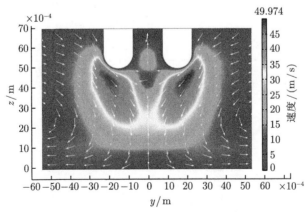

图 2.29 双 TIG 全耦合电弧在 y-z 平面上的流场分布 (彩图扫封底二维码)

4. 磁场线及电磁力分布

图 2.30 为双 TIG 全耦合电弧的磁场线分布图。

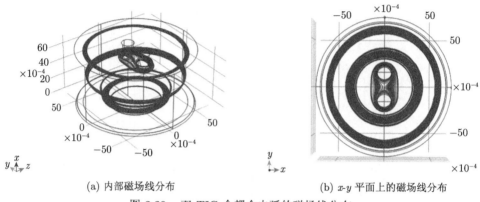

(a) 内部磁场线分布   (b) x-y 平面上的磁场线分布

图 2.30　双 TIG 全耦合电弧的磁场线分布

　　其与单 TIG 下磁场线分布明显不同，单 TIG 电弧模型内部的磁场线分布呈典型轴对称形状，而双 TIG 耦合电弧中由于其电磁力的相互吸引，钨极间磁场线相互交错。在钨极间吸引力的作用下，等离子流在阴极与两钨极之间的区域内进行流动，形成了耦合程度较好的电弧。

　　图 2.31 为双 TIG 全耦合电弧在 y-z 平面上电磁力贡献的分布图。双 TIG 全耦合电弧所受电磁力均为向内向下，与单 TIG 电弧情况相似。这是由于电磁力存在的电弧径向及轴向分量导致的，前者使等离子体收缩而后者则使等离子体向阳极流动。对于耦合电弧，任何一个电弧均会受到另一电弧自生磁场的影响，磁场作用下产生的电磁力使两电弧相互吸引，但阴极处电流密度较大，故此处电磁力较高。

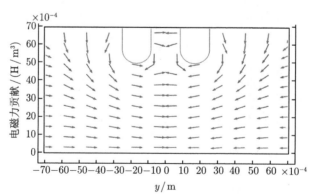

图 2.31　双 TIG 全耦合电弧在 y-z 平面上电磁力贡献的分布

2.4.3 不同钨极间距条件下的计算结果与分析

为探究钨极间距对双 TIG 耦合电弧的流场、电磁场、温度场以及电流密度等行为特征的影响, 对 3mm、5mm、7mm、9mm 不同钨极间距的模型进行了计算对比分析, 其弧长均为 3mm。

1. 不同钨极间距条件下电弧温度场的分布

图 2.32 表示的是不同钨极间距条件下耦合电弧在 $y\text{-}z$ 平面上温度场的分布情况。通过对比分析可知, 电弧最高温度随着钨极间距的增大而呈现先降低后增加的趋势。因为随着两钨极间距离的不断增大, 其相互之间耦合作用减弱; 当距离增大到一定值后, 两电弧解除耦合, 成为两束与单 TIG 电弧性质基本一致的电弧。在其他焊接参数无差异的情况下, 电弧形态与钨极间距有关, 钨极间距越大, 其电弧形态相对扩展。

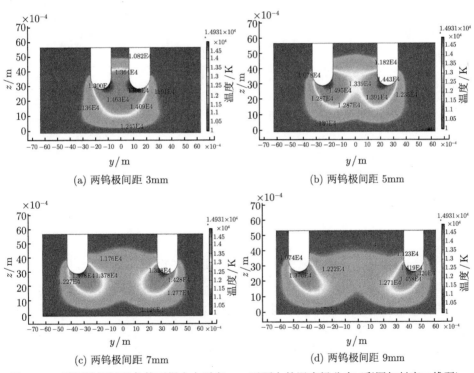

(a) 两钨极间距 3mm (b) 两钨极间距 5mm

(c) 两钨极间距 7mm (d) 两钨极间距 9mm

图 2.32 不同钨极间距条件下耦合电弧在 $y\text{-}z$ 平面上的温度场分布 (彩图扫封底二维码)

2. 不同钨极间距条件下电弧电流密度的分布

图 2.33 表示的是不同钨极间距条件下耦合电弧在 $y\text{-}z$ 平面上电流密度等值线的分布情况。

从图中可知，电流密度随着钨极间距的增加有所下降，阳极表面的电流密度峰值也逐渐降低，且出现双峰。当钨极间距增加到一定程度时，耦合电弧的耦合程度大大降低，出现了单 TIG 电弧的性质，所以电流密度降到一定数值时会有所上升，耦合电弧电流密度最大值远小于单 TIG 电弧电流密度。因为电弧产热主要由焦耳热产生，电流密度的降低将直接影响电弧的温度，这也是耦合电弧的峰值温度随着钨极间距的增大先降低后增大的原因。

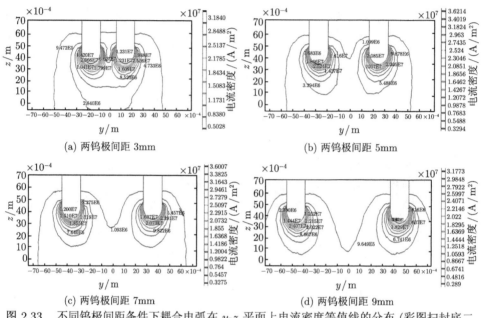

图 2.33　不同钨极间距条件下耦合电弧在 y-z 平面上电流密度等值线的分布 (彩图扫封底二维码)

3. 不同钨极间距条件下电弧等离子体的速度分布

电流自生磁场与电流密度所产生的电磁力共同作用于等离子流的运动，电流密度的降低将导致自生磁场的减弱，产生的电磁力也将随之减弱，从而使得等离子流速降低。图 2.34 表示的是不同钨极间距条件下耦合电弧在 y-z 平面上流场的分布情况，同电流密度的分布规律相同，随着钨极间距的增大，等离子体的最大流速会先降低后增大。

4. 不同钨极间距条件下电弧内部磁场线及电磁力的分布

图 2.35 和图 2.36 分别表示双 TIG 全耦合电弧内部的磁场线及电磁力贡献的分布。从图中可以得到如下结论：随着钨极间距的增大，电弧之间的耦合程度越来越低，直到表现出单 TIG 电弧的性质。

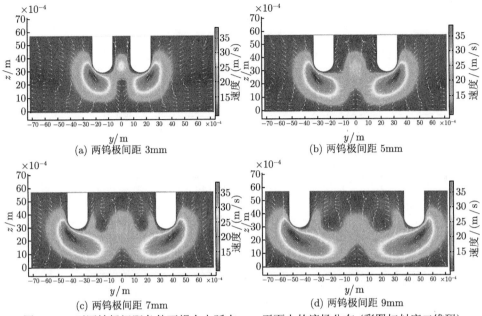

图 2.34 不同钨极间距条件下耦合电弧在 y-z 平面上的流场分布 (彩图扫封底二维码)

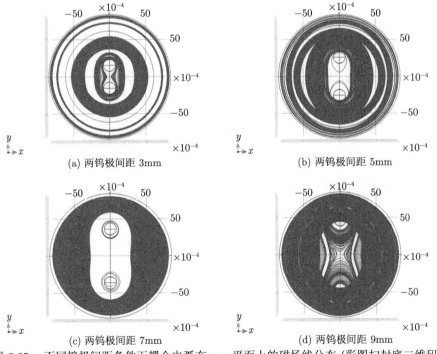

图 2.35 不同钨极间距条件下耦合电弧在 x-y 平面上的磁场线分布 (彩图扫封底二维码)

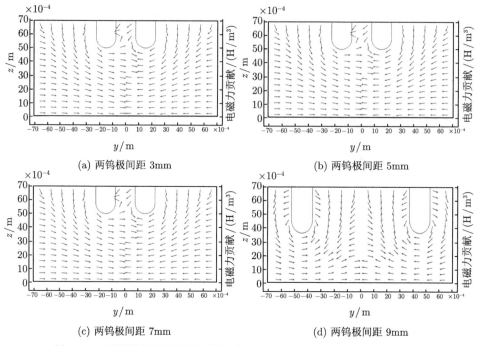

图 2.36　不同钨极间距条件下耦合电弧在 y-z 平面上电磁力贡献的分布

5. 不同钨极间距条件下电弧压力的分布

不同钨极间距下，耦合电弧压力分布如图 2.37 所示。如图所示，耦合电弧压力的最大值随着钨极间距的增大而减小，分布形状由 "尖顶状" 向 "平台状" 转变，并出现了双峰分布。出现这种情况的原因为：钨极间距增大使得其各自产生的电弧吸引程度减弱，所以耦合电弧中心处电流密度降低，引起了耦合电弧中心处压力峰值的减小。所以，在实际焊接中，为适应不同情况的需要，可以适当调节不同的钨极间距。

2.4.4　不对称电流条件下的计算结果与分析

对电流条件分别为 100A-150A 和 100A-200A，弧长均为 5mm 的模型进行计算和分析来探究不对称电流条件对耦合电弧的流场、电磁场、温度场、电弧压力等行为特征的影响。

1. 不对称电流条件下电弧温度场的分布

图 2.38 和图 2.39 表示的是不对称电流条件分别为 100A-150A 和 100A-200A 时耦合电弧在 y-z 平面上温度场和温度场等值线的分布情况。相较于对称电流 100A-100A 模型，一侧钨极电流的增加，电弧温度随之升高且最大值出现在电流

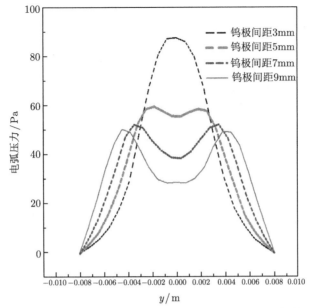

图 2.37　不同钨极间距条件下阳极表面的电弧压力分布 (彩图扫封底二维码)

较大一侧。图中可以看出，温度场明显偏向电流较大一侧，不再呈对称分布。当一侧钨极电流增大后，另一电极电磁力也将增大，此电极上电弧被吸引，从而出现了温度场分布不对称情况。随着一侧电流逐渐增大，其电弧偏转程度更加明显。

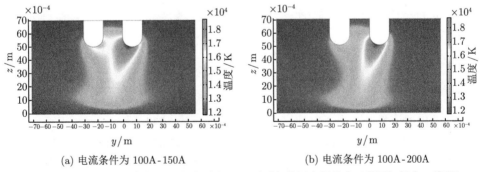

(a) 电流条件为 100A-150A　　　　　　　　　(b) 电流条件为 100A-200A

图 2.38　不对称电流条件下耦合电弧在 y-z 平面上的温度场分布 (彩图扫封底二维码)

2. 不对称电流条件下电弧电流密度的分布

图 2.40 表示的是不对称电流条件分别为 100A-150A 和 100A-200A 时耦合电弧在 y-z 平面上电流密度等值线的分布情况。与对称电流 100A-100A 的情况相比，随着一边电流的增加，电流密度的最大值也随着增加，且其分布不再呈对称分布，最大值出现在电流偏大的一方。随着一方钨极电流的不断增加，该方电

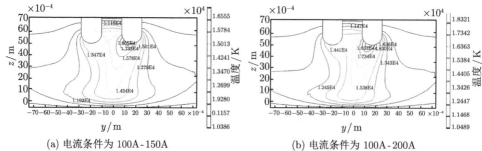

(a) 电流条件为 100A-150A   (b) 电流条件为 100A-200A

图 2.39　不对称电流条件下耦合电弧在 y-z 平面上的温度场等值线的分布 (彩图扫封底二维码)

流密度也越来越大, 对另一方的吸引力也越来越大, 使得电流密度分布的偏向程度也随之越来越强。电流密度等值线的分布情况与电弧温度场的分布情况彼此相互对应, 这也揭示了电弧热主要由焦耳热产生的产热机制。

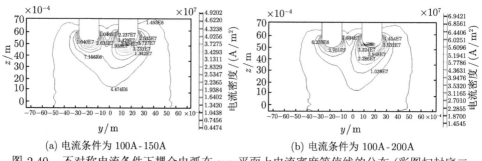

(a) 电流条件为 100A-150A   (b) 电流条件为 100A-200A

图 2.40　不对称电流条件下耦合电弧在 y-z 平面上电流密度等值线的分布 (彩图扫封底二维码)

3. 不对称电流条件下电弧等离子体的速度分布

图 2.41 为不对称电流条件分别为 100A-150A 和 100A-200A 时耦合电弧在 y-z 平面内的流场的分布。其速度分布与对称 100A-100A 模型相比, 不再呈对称分布, 当一侧电流增大时, 等离子体的流速也逐渐增加, 电流较大一侧出现速度最大值。电流密度增大使得自生磁场和产生的电磁力增强, 所以电流较大一侧等离子体流动速度增大。

4. 不对称电流条件下电弧内部磁场线及电磁力的分布

图 2.42 表示的是不对称电流条件分别为 100A-150A 和 100A-200A 时耦合电弧在 x-y 平面上磁场线的分布情况。对于对称及非对称的不同电流条件下, 其内部磁场线及电磁力分布明显不同。非对称电流条件下, 磁场线的密集程度明显偏向于电流较大的一方, 而对称电流情况下磁场线的分布则处于对称状态。这种

趋势在不对称电流差值增大的情况下会愈发明显。

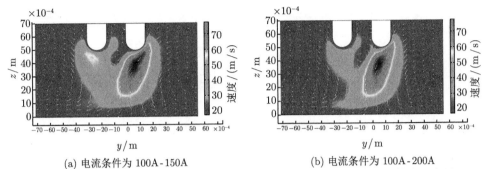

(a) 电流条件为 100A-150A　　　　　　　(b) 电流条件为 100A-200A

图 2.41　不对称电流条件下耦合电弧在 y-z 平面上的流场分布 (彩图扫封底二维码)

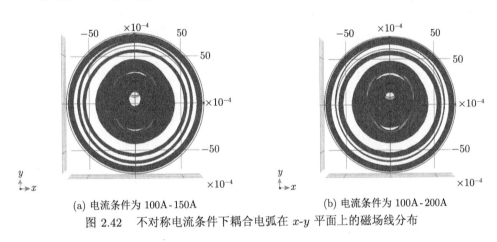

(a) 电流条件为 100A-150A　　　　　　　(b) 电流条件为 100A-200A

图 2.42　不对称电流条件下耦合电弧在 x-y 平面上的磁场线分布

图 2.43 表示的是不对称电流条件分别为 100A-150A 和 100A-200A 时耦合电弧在 y-z 平面上电磁力贡献的分布情况。通过的电流不对称时，其电磁力分布不再呈对称分布，与 100A-100A 情况有明显差异，且其不对称趋势与电流的差值成正比，差值越大，趋势越明显。耦合电弧中，每个电弧都会受到其他电弧自身磁场的影响。且磁场产生的电磁力使其相互吸引，当电流分布不对称时，电流较大一侧吸引力较大，电磁力贡献分布也会不同，如图 2.40 所示。

5. 不对称电流条件下电弧压力的分布

图 2.44 表示的是不对称电流条件分别为 100A-100A、100A-150A 和 100A-200A 时耦合电弧在阳极表面的电弧压力分布情况。从图中可知，当电流对称分布时，电弧压力呈对称分布，当电流不对称分布时，阳极表面的电弧压力呈非对称分布，且电弧压力的最大值出现在电流较大的一面。从图中还可知，当一侧的电流值确定时，另一侧的电流值越大，阳极表面电弧压力的最高值也越大。

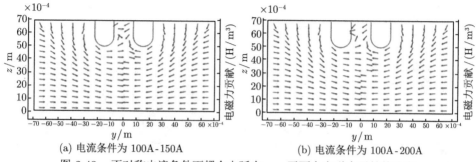

(a) 电流条件为 100A-150A　　　　　　　　(b) 电流条件为 100A-200A

图 2.43　不对称电流条件下耦合电弧在 y-z 平面上电磁力贡献的分布

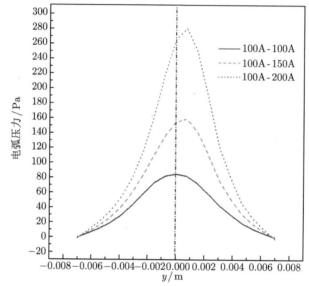

图 2.44　不对称电流条件下阳极表面的电弧压力分布

参 考 文 献

Cao Z N, Zhang Y M, Kovacevic R, 1998. Numerical dynamic analysis of moving GTA weld pool[J]. Journal of Manufacturing Science and Engineering, 120(1): 173-178.

Ding F, Zicheng H, Jiankang H, et al, 2016. Oxygen distribution and numerical simulation of weld pool profiles during arc assisted activating TIG welding[J]. Transactions of the China Welding Institution, 32(2): 38-42.

Eckert R G, Goldstein R J, 1976. Measurements in heat transfer. Hemisphere Pub. Corp.

Fan D, Ushio M, Matsuda F, 1986. Numerical computation of arc pressure distribution(welding physics, process & instrument)[J]. Transactions of JWRI, 15(1):1-5.

Ko S H, Yoo C D, Farson D F, et al, 2000. Mathematical modeling of the dynamic behavior of gas tungsten arc weld pools[J]. Metallurgical & Materials Transactions B, 31(6): 1465-1473.

Kou S, Sun D K, 1985. Fluid flow and weld penetration in stationary arc welds[J]. Metal-lurgical Transactions A, 16(1): 203-213.

Kou S, Wang Y H, 1986. Weld pool convection and its effects[J]. Weld.J. 65(3): 63s-70s.

Lancaster J F, 1984. The physics of welding[J]. Physics in Technology, 15(2): 73-79.

Lanuder B E, 1974. The Numerical Computation of Turbulent Flows[J]. Comp. Meth. Appl. Mech. Eng, 3.

Oreper G M, Szekely J, 1984. Heat-and fluid-flow phenomena in weld pools[J]. Journal of Fluid Mechanics, 147(-1): 53-79.

Thompson M E, Szekely J, 1989. The transient behavior of weldpools with a deformed free surface[J]. International Journal of Heat & Mass Transfer, 32(6): 1007-1019.

Ushio M, Matsuda F. 1982. Mathematical modelling of heat transfer of welding arc (Part 1).IIW Document 212-528-82: 7-15

Ushio M, Fan D, Tanaka M, 1994. A method of estimating the space-charge voltage drop for thermionic arc cathodes[J]. Journal of Physics D Applied Physics, 27(3):561.

Ushio M, Fan D, Tanaka M, 1993. Contribution of arc plasma radiation energy to elec-trodes[J]. Joining and Welding Research Institute, 22(2): 201-207.

Wang X, 2015. Numerical Simulation of Heat Transfer and Fluid Flow for Arc-weld Pool in TIG Welding[J]. Journal of Mechanical Engineering, 51(10): 69.

Wang X, Ding F, Huang J, et al, 2015. Numerical simulation of arc plasma and weld pool in double electrodes tungsten inert gas welding[J]. International Journal of Heat and Mass Transfer, 85: 924-934.

Wang X, Ding F, Huang J, et al, 2015. Numerical simulation of heat transfer and fluid flow in double electrodes TIG arc-weld pool [J]. Acta Metallurgica Sinica, 51(2): 178-190.

Wu C S, Dorn L, 1994. Computer simulation of fluid dynamics and heat transfer in full-penetrated TIG weld pools with surface depression[J]. Computational Materials Science, 2(2): 341-349.

Wu C S, Tsao K C, 1993. Modelling the three-dimensional fluid flow and heat transfer in a moving weld pool[J]. Engineering Computations, 7(3): 241-248.

Wu C S, Zhao P C, Zhang Y M, 2004. Numerical simulation of transient 3-D surface deformation of a completely penetrated GTA weld[J]. Welding Journal, 83(12):330S-335S.

Zhao P C, Wu C S, Zhang Y M, 2004. Numerical simulation of the dynamic characteris-tics of weld pool geometry with step-changes of welding parameters[J]. Modelling & Simulation in Materials Science & Engineering, 12(5):765.

Zhao P C, Wu C S, Zhang Y M, 2005. Modelling the transient behaviours of a fully penetrated gas-tungsten arc weld pool with surface deformation[J]. Proceedings of the Institution of Mechanical Engineers Part B Journal of Engineering Manufacture, 219(1):99-110.

第 3 章　活性 TIG 焊接过程建模分析

3.1　A-TIG 焊耦合电弧特性研究

3.1.1　A-TIG 焊的研究发展现状

1. A-TIG 焊简介

焊接是先进制造技术的重要组成部分,人类社会发展到今天,焊接已经应用到经济发展和社会建设的各个方面,包括航空航天、采矿、船舶、海洋钻探、交通运输等领域,从而也衍生了各种各样的焊接方法。随着科技的进步,焊接已经从单纯的工艺走向科学的范畴,并与其他技术不断碰撞和交融,展现出了旺盛的生命力,焊接工艺逐渐向着高效、智能、低能耗和绿色环保的方向发展。

A-TIG (activating flux TIG) 是一种高效的焊接方法,与常规 TIG 焊相比具有焊接熔深大、生产效率高、生产成本低和焊接变形小等诸多优点,因而被广泛研究。而且,活性焊接方法的发展不止局限于 TIG 焊,开始推广到诸如活性电子束焊、活性激光焊、活性等离子弧焊等高能束焊接领域。然而,对于这些焊接方法而言,活性剂采用手工涂覆,涂覆量不易控制,很难实现自动化;活性剂需要针对不同的材料开发,研制周期较长;活性剂大多存在毒性。这些缺点限制了这种方法在焊接生产中的应用。

2. 活性 TIG 焊接法及其熔深增加机制国内外研究现状

20 世纪 60 年代巴顿电焊研究所 (PWI) 发现了活性剂明显增加了钛合金 TIG 焊接熔深的现象。由于其能成倍增加熔深而不用提高焊接功率,熔深增加完全由活性剂引起。活性剂的这一奇妙作用引起诸多研究者的注意,导致活性焊的研究出现了蓬勃发展的时期,在开发应用活性剂的同时,也对熔深增加机制进行了深入研究。时至今日,对活性 TIG 焊的研究还在继续。

由于活性剂涂覆在焊道表面,焊接时处于电弧和熔池的界面上,不可避免地对电弧和熔池都会产生影响,因此对其熔深增加的机制形成了两大主要的理论体系,即"电弧收缩"理论和"表面张力温度梯度改变"理论。前者偏向于阐述电弧特性的变化对熔池的影响,后者则偏向于阐述熔池的一个重要的物理属性——表面张力变化对熔池的影响。

研究者在使用 Ca_2F 和 Al_2O_3 作为活性剂焊接钛合金时较早观察到电弧收缩现象。其认为活性剂在焊接时进入电弧气氛，改变了电弧的电分布，使电弧收缩，引起熔池电流密度增加，进而增加了电磁力，因此改变了熔池流动使熔深增加。此外，在研究镁合金的活性焊时发现电弧温度升高，电压增加，则认为熔池热输入增加，最终使熔深增加。有的学者认为活性剂改变了熔池表面张力梯度使得熔池内金属流向改变，引起了电弧收缩。而有的学者则认为 A-TIG 电弧收缩与使用的活性剂有关。例如，用 SiO_2 和 TiO_2 作为活性剂焊接不锈钢，两者都可使熔深增加，但 SiO_2 可以收缩电弧，TiO_2 却使电弧整体发生膨胀。

在不锈钢堆焊时发现，加入 0.014%(140ppm) 的 Se 使焊缝深宽比增加超过160%，分析认为是由于 Se 改变了不锈钢熔池的表面张力梯度，使表面张力随温度的升高而增加，所以熔池的流动由外向内，将熔池中心附近的热传输到熔池底部形成深而窄的熔池形貌。后来发现，不锈钢堆焊时保护气中加入 SO_2 亦可以明显地增加熔深。在激光和电子束焊接时加入 Se 能明显地增加熔深，分析认为主要的原因都是这些元素改变了熔池的表面张力梯度，即表面张力随着温度升高而增加。

在 TIG 焊保护气中混入少量的氧气发现可以增加 304 和 316 不锈钢的深宽比，增加 S 含量可以减小 304 不锈钢 TIG 焊的深宽比，但是使用激光焊接则结果相反。究其原因是 O 和 S 都改变了熔池的表面张力温度系数，而表面张力是驱动熔池金属流动最主要的力，因此表面张力驱动熔池由边缘向内部流动，最终增加了熔深。

在用 CuO、NiO、Cr_2O_3、SiO、TiO_2 等作为活性剂焊接 304 不锈钢时，发现都可以使熔深增加，分析焊缝氧含量和焊缝深宽比之间的关系发现，焊缝氧含量超过临界值后深宽比不再增加，则认为氧元素改变表面张力梯度是熔深增加的主要原因。后来研究者在此基础上进行了系统的研究，并在双层气体保护的焊枪内混入活性气体进行焊接，也使不锈钢焊缝熔深明显增加。这些研究验证了"表面张力温度系数改变"理论。

研究者在激光点焊过程将通入氧气的量从 0 开始逐渐增大，通过观察熔池表面的氧化物示踪粒子发现，开始时熔池流动向外，当氧气超过一定量后流动逐渐开始反向，并发展成为完全的向内流动。分析认为，熔池中溶解的氧含量随着温度和时间的变化而不同，最后影响了熔池的传热和传质过程。通过粒子图像测速法(PIV) 观测了在表面氧化物影响下的 TIG 焊熔池表面流动，发现氧化物的存在改变了熔池的对流，使熔池金属由边缘向中心流动。另外，研究者还发现在熔池表面存在着较多的顺时针和逆时针涡流，对熔池的传热和传质产生了很大的影响。

采用高速摄像系统观察到活性剂的存在使熔池表面的流动由外向内，同时用X 光投射原位成像系统观察到熔池内部金属的逆时针流动，直接观察到活性剂逐步改变熔池 Marangoni 流的过程，验证了"表面张力温度系数改变"理论。

至于以哪种作用为主，研究认为与采用的活性剂种类有关。部分学者研究了氟化物对 304L 不锈钢 TIG 焊的活性作用，认为氟化物可以使电弧电压升高，电弧能量更加集中，且电弧温度升高，对熔池表面化学性质无影响，即不会改变表面张力。进而采用 TiO_2、Cr_2O_3、$K_2Cr_2O_7$ 和 MgF_2 作为活性剂焊接 304L 不锈钢，认为氟化物能收缩电弧但不会影响熔池的 Marangoni 对流。

有学者认为虽然在 A-TIG 焊接时观察到电弧或者弧根收缩现象，但对熔深增加并不起主要作用，这种收缩是由熔池表面金属蒸气和由外向内金属流动引起的熔池表面的温度分布改变共同导致的。后来在其建立的数学模型中，采用数值模拟的方法解释了其原因。此外通过实验研究发现，对于双层气体保护 GTA 焊，由于外层气体 CO_2 的存在引起电弧收缩 (电压升高 7V)，所以阳极热输入大量增加，熔池表面热流密度峰值约为普通 TIG 焊的 10 倍，这对明显增加的熔深有很大贡献。

通过对双相钢活性 TIG 焊的研究表明，采用 SiO_2、MoO_3、Cr_2O_3 作为活性剂进行双相钢 TIG 焊，不仅增加了熔深，同时还改善了力学性能。因此认为弧柱和阳极弧根的收缩导致了电压升高，热输入增加，最终使熔深增加。

通过研究氟化物活性剂和氧化物活性剂对 304L 不锈钢焊缝熔深的影响，并采集了电弧光谱信息，发现氟化物增加熔深的原因在于其晶格能和离子半径。并不是所有的氟化物都有活性效果，但是氟化物对熔池表面的化学性质即 Marangoni 效应无影响，对电弧光谱的分析发现，电弧温度升高，且能量密度增大，认为是熔深增加的根本原因。而对于氧化物，电弧效应和向内的 Marangoni 对流对熔深增加都有贡献，结合实验并经过理论计算，认为这两种效应分别占 20% 和 80%。

国内有学者较早针对低碳钢进行了 A-TIG 焊研究，认为电弧收缩和表面张力对熔深增加都有作用。通过对活性 TIG 焊进行系统深入的研究后发现，母材不同，焊接时活性剂所起的作用便不同。对于铁系合金等材料而言，表面张力温度系数改变是其熔深增加的主要原因。而对于铝、镁等轻金属及其合金，由于材料的表面张力梯度小、黏度低、热导率大，因此电弧收缩是其熔深增加的主要原因。

基于上述观点我们提出电弧辅助活性 TIG 焊接法，即 AA-TIG(arc assisted activating TIG) 焊，针对不锈钢的焊接，采用小电流辅助电弧预熔焊道表面形成氧化层，再进行普通 TIG 焊，同样可使熔深明显增加。由于省去了活性剂的研制及涂覆工序，更有利于实现自动化。在此基础上，对预熔氧化层的形成过程和氧在电弧熔池中的过渡行为进行了深入研究，发现对熔深增加起主要作用的是预熔氧化层中的 FeO，而非其他氧化物，即 FeO 的存在改变了熔池的表面张力温度系数。

为进一步提高焊接热输入和焊接自动化，进而提出耦合电弧 AA-TIG 焊，采用双焊枪或者单焊枪双钨极实现焊接过程,用 CO_2 或 O_2 与 Ar 的混合气体作为辅助电弧的保护气体引入活性元素,可使熔深明显增加,而且在焊速较高时,焊缝表面成形良好,无咬边和驼峰缺陷,同时焊缝力学性能满足要求。焊缝成形如表 3.1 所示。

表 3.1 不同焊接方法的焊缝成形对比

焊接方法	焊缝表面	焊缝截面

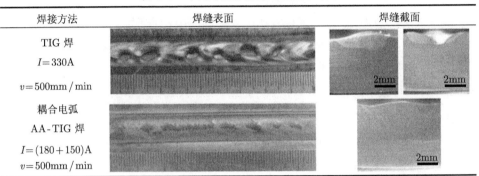

焊接方法	焊缝表面	焊缝截面
TIG 焊 $I=330A$ $v=500mm/min$		2mm / 2mm
耦合电弧 AA-TIG 焊 $I=(180+150)A$ $v=500mm/min$		2mm

3. 活性剂及活性元素对焊接熔池流体流动行为影响的数值模拟研究

在电弧焊条件下,熔池液态金属主要受四种不同性质力的作用,即电磁力、浮力、表面张力和电弧力。前两种属于体积力,后两种属于表面力。浮力的产生是由熔池内的温度梯度和密度梯度引起的;电磁力是由于熔池中发散的电流与自感应磁场之间的相互作用而产生的;表面张力是由熔池自由表面温度梯度引起的;电弧力来源于电弧等离子流对熔池表面产生的压力及气流对自由表面的剪切力。而数值分析使人们不仅有可能确定上述四种力共同作用下熔池内的流体流动行为,而且有可能确定各种力作用的相对大小。

研究表明,焊接熔池的表面张力是熔池流体流动的主要驱动力。由于缺乏焊接高温条件下表面张力温度系数的实验数据,因此大多数研究者把表面张力的温度系数取为恒定值。有学者将表面张力的温度系数取为温度和表面活性元素硫的函数,使得表面张力温度系数在焊接熔池表面温度范围内有正负两种符号,形成表面张力驱动流的双涡现象。近年来越来越多的研究表明表面张力温度系数的变化对熔池的流动方式和熔池的形状有很大的影响。

国外学者建立了熔池的数学模型并进行了数值计算,证明表面张力温度梯度为负时引起的 Marangoni 流向外流,形成宽而浅的熔池形状;表面张力温度梯度为正时引起的 Marangoni 流向内流,形成窄而宽的熔池形状。近年来,有人就焊接电弧与熔池系统的双向耦合进行了数值模拟,研究表面活性元素对熔深的影响。

国内有学者根据焊接过程中合金熔化与凝固相变的多区域性特点,采用三区域统一模型控制方程和辅助方程,计算分析了 Fe-Cr-Ni-S 系中表面活性元素 S

质量分数对热表面张力驱动流和熔池形状的影响。模型中考虑了相变潜热、合金元素气化热损失、加热表面的自然对流和辐射热损失；也考虑了浮力、电磁力和 Marangoni 力联合驱动流；同时，考虑了合金系中 Ni、Cr 元素对 S 偏聚行为和活度的影响。此外，也有人建立了三维移动 TIG 热源作用下焊接熔池的数学模型，模拟了不同氧含量下熔池中的流场和温度场。结果表明，氧元素影响熔池的流动方式是熔深和 H/W 增加的主要原因。

综上所述，虽然 A-TIG 焊接方法已经得到应用，对活性剂增加焊接熔深的机制也进行了大量的定性研究，但对不同影响因素进行定量计算以及焊接熔池模拟的研究还不完善。因此需要进一步的探索研究。

3.1.2   实验与数学建模

在焊接过程中，电弧加热母材金属会发生熔化、凝固过程。该过程存在着三个区域：固相区、液相区和糊状区。糊状区中不存在分明的固、液界面。相变发生在一定的温度范围内，该温度范围构成的相变空间中由固、液两相组成。因此在数学模型上需要建立多区域相变的单相统一控制方程组。

Bennon 和 Incropera 用经典混合理论和半经验定律将液、固相控制方程相互结合获得了一个描述二元相变系统宏观传输现象的统一模型。对于一个由两组元，固、液两相组成的相变体系，根据混合原理和假设条件，可推出总质量、动量、能量和溶质守恒型统一控制方程组，每一方程在整个求解域内 (固相区、液相区和糊状区) 都是有效的。用经典的混合理论所获得的对流、扩散固液相变统一模型控制方程组在形式上与标准的单相流传输方程完全一致。这个统一模型方程在后来的研究中得到了进一步发展，并在实际应用中获得了很大的成功。

在传热问题的数值解法中，使用最广泛的是有限差分和有限元法，就方法发展的成熟程度、实施的难易程度及应用的广泛性而言，有限差分法仍占相当的优势。软件 PHOENICS3.4 采用的数值解法为经常使用的一种有限差分法，即控制容积有限差分法 (control volume-based finite-difference methodology)。这种方法已广泛应用于求解对流、扩散固液相变的统一模型方程，然而将其应用于焊接熔化与凝固过程的模拟还必须结合实际过程特点进行具体处理。

流体流动通常都遵循质量、动量和能量守恒定律，焊接熔池的流体流动亦不例外。假设熔池内的流体为不可压缩牛顿流体；焊接电弧的热流密度分布及电流密度分布服从径向对称的高斯分布；熔池的自由表面为平面；浮力项处理方法采用 Boussinesq 假设；活性剂为绝缘层。基本模型如图 3.1 所示。

控制方程包括连续性方程和动量守恒方程等，可以把控制方程组写成统一的形式：

$$\frac{\partial}{\partial t}\left(\rho\Phi\right) + \nabla \cdot \left(\rho V\Phi\right) = \nabla \cdot \left(\Gamma_\Phi \nabla\Phi\right) + S_\Phi \tag{3.1}$$

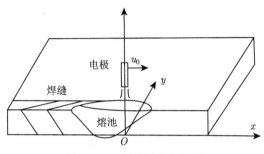

图 3.1 坐标系及求解区域

其中，Φ 为广义变量 (如温度、速度、浓度等)；Γ_Φ 是相应于 Φ 的广义扩散系数；S_Φ 为广义源项。式 (3.1) 中第一项为非稳态项，第二项为对流项，第三项为扩散项，第四项为源项。源项包括了所有不能归入非稳态、对流项及扩散项中的一切其他项。

PHOENICS 3.4 在编制计算机程序时，只写出了一个求解方程的通用程序，然后对不同意义下的 Φ 重复使用这个程序，具有很好的通用性。对于不同的 Φ 需要对相应的 Γ_Φ 和 S_Φ 分别赋予各自合适的表达式，同时也需要给出相应合适的初始条件和边界条件。由于控制方程的统一性，不需要给出固相区、糊状区和液相区之间的边界条件，求解方法上也无须采用运动的数值网格或坐标映象技术来运动跟踪相区间的界面边界条件，整个方程组的求解只需要给出计算域的外边界条件。

3.1.3 几何模型与边界条件

1. 源项的处理

在动量守恒方程右端的源项并没有包括压力梯度项，这是因为本章采用 SIMPLE 分离式解法来处理速度与压力之间的耦合问题，无须将其作为源项单独处理。热源相对移动引起的对流项变化 $\partial(\rho\ \vec{u}_x\ \vec{u}_i)/\partial x$ (其中 $\vec{u}_i$ 分别表示 x、y、z 三个方向的速度矢量 $\vec{u}$、$\vec{v}$、$\vec{w}$) 作为附加源项表示。

1) 焓–孔隙度方法

为了考虑合金相变，需要把整个相变区域分为三部分：固相区、液相区和糊状区。合金相变存在移动边界的问题，用焓–孔隙度法来处理对流、扩散相变问题。它可以固定网格来解决耦合的动量和能量方程，而不必因为相变而重画网格，即用一套固定的数值网格系统和一组物理域的外边界条件获得双区域或多区域相变问题的解，相区 (固、液、糊状) 之间通过控制方程组隐式地耦合起来，采用多孔介质的流动来模拟两相区的枝晶间流体流动。焓–孔隙度的基本出发点是在所有正在发生相变的计算单元中，逐渐降低固相中的速度大小，直到完全固相时速

度变为零。把这些正在进行相变的计算单元假定为多孔介质，其多孔性相应地定义成液相体积分数 f_1。动量方程中的源项为

$$S_d = -\frac{\mu}{K_p}(u_i - u_{s,j}) \tag{3.2}$$

式中，S_d 为一阶拖曳力，它描述了两相区的枝晶间流动，把此流动视为金属液体通过多孔介质的流动，则液固两相间的相互作用力与液体表观流速和固体速度之间的相对速度成比例。渗透率采用计算多孔介质的 Carman-Kozeny 方程描述：

$$K_p = \frac{(f_1)^3}{D_1(1-f_1)^2} \tag{3.3}$$

两相区的渗透率取决于液相分数和凝固组织结构，在许多计算中，被认为是仅取决于 D_1，D_1 又取决于多孔介质的形态，可表示为

$$D_1 = 180/d_l^2 \tag{3.4}$$

d_l 被假设为常量，处于 10^{-2}cm 的数量级，可认为是二次枝晶间距。式 (3.5) 可表示动量方程中枝晶间流动的相间相互作用力：

$$S_d = -C\frac{(1-f_1)^2}{f_1^3}(u_i - u_{(s,i)}) \tag{3.5}$$

其中，C 是与糊状区枝晶形貌有关的常数，温度隐含地包括在液相体积分数中。合理地定义一系数 A 如下：

$$A = -C\frac{(1-f_1)^2}{f_1^3 + b} \tag{3.6}$$

式中，b 仅仅是一个计算常数，通常取值很小，其目的是不使分母为零。一般来说，液相体积分数是多个凝固变量的函数，然而对于许多合金系来说，假设液相体积分数 f_1 仅是温度的函数仍是合理的，即：

$$f_1 = F(T) \tag{3.7}$$

液相体积分数与温度的关系类型一般有阶跃型、线性型和 Scheil 型，对于非等温相变，材料的相变存在模糊区，在模糊区中液相质量分数可以根据温度采用如下线性关系

$$f_1 = \begin{cases} 0, & T < T_s \\ \dfrac{T-T_s}{T-T_1}, & T_s \leqslant T \leqslant T_1 \\ 1, & T > T_1 \end{cases} \tag{3.8}$$

式中，T_s 与 T_l 分别为熔化开始与终了时的温度。

整个计算区域被看作是多孔介质连续体，计算域内各相区的本质之差由液相体积分数来决定。在纯液相区，$f_l = 1$，$A = 0$；在相变糊状区，$0 < f_l < 1$，A 的值决定了动量控制方程中的非稳态、对流和扩散含量，从而使其符合 Carman-Kozeny 定律；在固相区，$f_l = 0$，控制方程中的其他项相对于特别大的 A 值可以忽略掉，从而使速度趋于零。采用以上的源项处理，在固相区 ($f_l = 0$)，动量方程将总是给出所期望的 $\vec{u} = 0$、$\vec{v} = 0$、$\vec{w} = 0$ 的解；而在液相区 ($f_l = 1$)，动量方程将化为普通的流体力学方程。于是固相区与液相区可以统一进行求解。

2) 能量方程的源项

能量守恒方程是用混合焓 H 的形式表示的，H 可看成显热 h 和相变潜热 ΔH 之和：

$$H = h + \Delta H \tag{3.9}$$

潜热 ΔH 与温度的关系为

$$\Delta H = \begin{cases} 0, & T < T_s \\ f_l L, & T_s \leqslant T \leqslant T_l \\ L, & T > T_l \end{cases} \tag{3.10}$$

式中，L 为熔化潜热，则能量方程用显热 h 表示为

$$\begin{aligned}
&\frac{\partial}{\partial t}(\rho h) - \frac{\partial}{\partial x}(\rho \vec{u}_x h) + \frac{\partial}{\partial x}(\rho \vec{u} h) + \frac{\partial}{\partial x}(\rho \vec{v} h) + \frac{\partial}{\partial x}(\rho \vec{w} h) \\
&= \frac{\partial}{\partial x}\left(K\frac{\partial T}{\partial x}\right) + \frac{\partial}{\partial y}\left(K\frac{\partial T}{\partial y}\right) + \frac{\partial}{\partial z}\left(K\frac{\partial T}{\partial z}\right) + S_H
\end{aligned} \tag{3.11}$$

则源项 S_H 为

$$S_H = -\left(\frac{\partial}{\partial t}(\rho \Delta H) + \frac{\partial}{\partial x}(\rho \vec{u} \Delta H) + \frac{\partial}{\partial y}(\rho \vec{v} \Delta H) + \frac{\partial}{\partial z}(\rho \vec{w} \Delta H) + \frac{\partial}{\partial x}(\rho \vec{u}_x \Delta H)\right) \tag{3.12}$$

相变潜热通过源项的形式加入到能量方程中，它包括非稳态项，对流引起的相变潜热变化和移动热源引起的相变潜热变化。

3) 驱使流体流动的体积力

熔池中驱使液态金属运动的驱动力可以分为两类。一类为体积力，它包括浮力和电磁力；另一类为表面张力，它包括表面张力梯度与表面曲率变化引起的剪切力和正压力，以及来源于电弧的正常压力和剪切力。小电流情况下，来源于电弧的力可忽略不计，而表面曲率变化引起的正压力也可忽略不计。由于表面张力只作用在表面节点上，所以它是作为边界条件引入动量方程的，而体积力作用于计算区域的每个节点上，所以它以源项的形式出现在动量方程中。

(1) 浮力

在焊接电弧作用下，熔池内的温度分布很不均匀，因此引发随时间和空间变化的密度梯度。由于这种密度梯度的存在打破了液态金属的静力平衡，出现温差驱动下的流体流动，它的作用效果是使熔池内的温度趋于一致。处理非等温引起的热浮力流动有两种方法：一种是在计算求解过程中视密度随温度而变化，另外一种是熔池中液体密度变化被忽略，而采用 Boussinesq 近似假设，在动量方程的源项中考虑非等温流动现象引起的浮力的影响。第二种方法在合金凝固过程中，其密度变化不大 (铁碳合金体系大约 3%)，所以在本模型中，采用 Boussinesq 近似，非等温引起的热浮力可表示如下：

$$S_B = \rho g \beta \left(T - T_m \right) \tag{3.13}$$

式中，β 为热膨胀系数；T_m 为金属熔点。该驱动力出现在 z 方向动量方程源项中。由于该体积力与重力方向有关，所以 x，y 方向动量方程中不出现这一项。

(2) 电磁力

电流与自感应磁场产生的电磁力作用于熔池液态金属的各个质点上，然而，由于熔池中电流密度的不均匀性，造成电磁力场的不均匀，所以作用于液态金属质点上的力大小不一，从而引发液态金属的流动。焊接熔池中，电磁力以下式的形式写入动量方程的源项中：

$$F = \vec{J} \times \vec{B} \tag{3.14}$$

式中，$\vec{J}$ 为电流密度矢量；$\vec{B}$ 为磁通量矢量。电磁力在 x、y、z 三个方向的分量分别为 $(\vec{J} \times \vec{B}_x)$、$(\vec{J} \times \vec{B}_y)$、$(\vec{J} \times \vec{B}_z)$。

要计算出各点的电流密度矢量和磁通量矢量还必须求解电磁场方程组。设工件中电场是准稳定的，即电荷密度不随时间变化，则描述焊件中电磁场的 Maxwell 方程组为

$$\nabla \times \vec{E} = 0, \quad \nabla \times \vec{H} = 0, \quad \nabla \times \vec{J} = 0, \quad \nabla \times \vec{B} = 0 \tag{3.15}$$

$\vec{E}$ 和 $\vec{H}$ 分别为电场矢量和磁场矢量。除此之外，还需要两个本构方程来建立电流密度矢量 $\vec{J}$ 与电场强度矢量 $\vec{E}$、磁通量矢量 $\vec{B}$ 与磁场强度矢量 $\vec{H}$ 间的关系，这便是欧姆定律：

$$\vec{J} = \sigma_\varepsilon \vec{E}, \quad \vec{B} = \mu_m \vec{H} \tag{3.16}$$

式中，σ_ε 和 μ_m 分别为电导率和磁导率。在电磁力的求解中，设熔池自由表面的电流密度服从高斯分布，即：

$$\vec{J}_z = \frac{3I}{\pi \sigma_j^2} \exp \left(\frac{-3r^2}{\sigma_j^2} \right) \tag{3.17}$$

式中，I 为焊接电流，σ_j 为电流有效分布半径。经过一系列的推导，可得三个方向上电磁力的具体表达式为

$$
\begin{aligned}
(\vec{J} \times \vec{B})_x &= \frac{-\mu_0 I^2}{4\pi^2 \sigma_j^2 r} \exp\left(\frac{-3r^2}{\sigma_j^2}\right) \left[1 - \exp\left(\frac{-3r^2}{\sigma_j^2}\right)\right] \left(1 - \frac{z}{L_z}\right)^2 \frac{x}{r} \\
(\vec{J} \times \vec{B})_y &= \frac{-\mu_0 I^2}{4\pi^2 \sigma_j^2 r} \exp\left(\frac{-3r^2}{\sigma_j^2}\right) \left[1 - \exp\left(\frac{-3r^2}{\sigma_j^2}\right)\right] \left(1 - \frac{z}{L_z}\right)^2 \frac{y}{r} \\
(\vec{J} \times \vec{B})_z &= \frac{\mu_0 I^2}{4\pi^2 L_z r^2} \left[1 - \exp\left(\frac{-3r^2}{\sigma_j^2}\right)\right] \left(1 - \frac{z}{L_z}\right)
\end{aligned}
\tag{3.18}
$$

式中，L_z 为工件 z 方向厚度，μ_0 为介质磁导率。综上所述，动量守恒方程中的源项包括 Darcy 项、电磁力项和浮力项：

$$
\begin{aligned}
S_x &= A(\vec{u} - \vec{u}_0) + \left(\vec{J} \times \vec{B}\right)_x \\
S_y &= A\vec{v} + \left(\vec{J} \times \vec{B}\right)_y \\
S_z &= A\vec{w} + \left(\vec{J} \times \vec{B}\right)_z + \rho g \beta (T - T_0)
\end{aligned}
\tag{3.19}
$$

式中，$A = -C(1-f)^2/(f^3 + q)$，其中 C 是一个大数，而 q 是一个为防止计算过程中发生被零除的情况而添加的一个很小的数。

2. 上表面

(1) 热边界条件

根据以前的工作，假设热流密度分布服从高斯分布，热损失为对流和辐射散热：

$$
-K\frac{\partial T}{\partial Z}\vec{n}_t = \frac{3\eta u_w I}{\pi \sigma_\eta^2} \exp\left(-3\frac{x^2 + y^2}{\sigma_\eta^2}\right) - h_c(T - T_u) - \sigma\varepsilon\left\{T^4 - T_\alpha^4\right\}
\tag{3.20}
$$

式中，$\vec{n}_t$ 为工件上表面单位法向矢量；u_w 为电弧电压；I 为焊接电流；σ_η 为电弧热流分布参数；h_c 为对流系数；σ 为斯特藩–玻尔兹曼常量；ε 为表面发射率；T_u 为室温。

(2) 表面张力

在熔池自由表面上，表面张力与切应力相平衡：

$$
-\mu\frac{\partial \vec{u}}{\partial z} = \frac{\partial \gamma}{\partial T}\frac{\partial T}{\partial x}, \quad -\mu\frac{\partial \vec{v}}{\partial z} = \frac{\partial \gamma}{\partial T}\frac{\partial T}{\partial y}
\tag{3.21}
$$

表面张力 γ 是温度 T 和 O 元素含量 a_i 的函数：

$$
\gamma(T) = \gamma_m - A(T - T_m) - RT\Gamma_s ln(1 + K_{seg}a_i), \quad K_{seg} = k_1 \exp\left(\frac{-\Delta H^0}{RT}\right)
\tag{3.22}
$$

式中，A 为表面张力随温度的变化速率；γ_{m} 为纯金属在熔点 T_{m} 下的表面张力；R 为气体常数；Γ_s 为表面的过饱和度；K_{seg} 为吸收系数；ΔH^0 为吸收的标准热；a_i 为熔体中该活性物质的质量分数。

对上式求导，则表面张力系数温度 $\partial\gamma/\partial T$ 为

$$\frac{\partial\gamma}{\partial T} = -A - R\Gamma_s ln(1 + K_{\mathrm{seg}}a_i) - \frac{K_{\mathrm{seg}}a_i}{1 + K_{\mathrm{seg}}a_i}\frac{\Gamma_S\left(\Delta H^0\right)}{T} \tag{3.23}$$

3. 侧表面和下表面的热边界条件

侧表面和下表面的热边界条件取为工件与环境间的对流与辐射传热条件。

4. Y 方向中心对称面的热和流动边界条件

$$\frac{\partial T}{\partial y} = 0, \quad \frac{\partial\vec{u}}{\partial y} = 0, \quad \frac{\partial\vec{w}}{\partial y} = 0, \quad \vec{v} = 0 \tag{3.24}$$

熔池固、液界面的几何形状由液相分数确定。这一边界是整个控制方程求解的一部分，无须设置内边界条件。三个相区的液相分数确定分别为：液相区 $f_l = 1$、糊状区 $0 < f_l < 1$、固相区 $f_l = 0$。边界的位置是动态变化的，计算的每一迭代循环都需要计算整个液相分数场，从而确定固、液相的前沿位置。

3.2　活性元素不均匀分布下的熔池数值分析

3.2.1　活性 TIG 焊熔池模型

1. 移动熔池模型基本假设

焊接熔池中的液态金属受到力的作用出现复杂的流动现象，为了便于建立数学模型，做如下基本假设来简化数学模型：

(1) 熔池内部液态金属为湍流或者层流、不可压缩 Newton 流体，用 FLUENT 中的 RNG k-ε 湍流模型进行处理；

(2) 熔池上表面是平面；

(3) 不考虑熔池表面上方电弧力的影响；

(4) 除表面张力温度梯度系数、热导率、黏度和换热系数外，其余热物理常数与温度无关；

(5) 熔池上表面的热流密度分布服从双椭圆分布。

根据上述基本假设，计算熔池模型涉及的控制方程有：连续性方程、动量守恒方程、能量守恒方程。

2. 边界条件和源项的处理

1) 边界条件

图 3.2 为熔池计算模型和边界条件示意图，熔池上表面的热边界条件为

$$-k\frac{\partial T}{\partial z} = q_{\mathrm{arc}} - h_{\mathrm{c}}\left(T - T_{\mathrm{a}}\right) - \varepsilon\sigma_{\mathrm{B}}\left(T^4 - T_{\mathrm{a}}^4\right) - \omega H_v \tag{3.25}$$

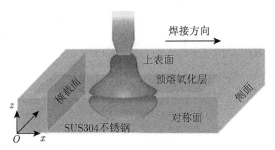

图 3.2 熔池计算模型和边界条件示意图

式中，h_{c} 为对流传热系数；T 为工件表面温度；T_{a} 为环境温度；ε 表面辐射系数；σ_{B} 为斯特藩–玻尔兹曼常量；ω 为蒸发率；H_v 为液–气相变潜热。式 (3.25) 右侧分别为电弧热量 (q_{arc})、对流热损失、辐射散热和蒸发散热。熔池侧面和下表面上只有对流热损失和蒸发散热。对称面的热边界条件是温度梯度为零。来自电弧的热量 q_{arc} 采用的双椭圆热源模型，具体的公式为

$$q_{\mathrm{arc}} = \frac{\eta I U_{\mathrm{a}}}{2\pi\sigma_{\mathrm{q}}^2} \exp\left(-\frac{r^2}{2\sigma_{\mathrm{q}}^2}\right) \tag{3.26}$$

式中，$r = \sqrt{\left(x - v_0 t\right)^2 + y^2}$；$U_{\mathrm{a}}$ 是电弧电压；I 是焊接电流；η 为电弧功率有效利用系数；σ_{q} 为焊接热源分布参数。

$$x - v_0 t \geqslant 0 \text{ 时：} q_{\mathrm{arc}} = \frac{a_{\mathrm{f}}}{a_{\mathrm{f}} + a_{\mathrm{r}}} \frac{6\eta U I}{\pi a_{\mathrm{f}} b_{\mathrm{h}}} \exp\left(-\frac{3\left(x - v_0 t\right)^2}{a_{\mathrm{f}}^2} - \frac{3y^2}{b_{\mathrm{h}}^2}\right) \tag{3.27}$$

$$x - v_0 t < 0 \text{ 时：} q_{\mathrm{arc}} = \frac{a_{\mathrm{f}}}{a_{\mathrm{f}} + a_{\mathrm{r}}} \frac{6\eta U I}{\pi a_{\mathrm{r}} b_{\mathrm{h}}} \exp\left(-\frac{3\left(x - v_0 t\right)^2}{a_{\mathrm{r}}^2} - \frac{3y^2}{b_{\mathrm{h}}^2}\right) \tag{3.28}$$

式中，a_{f}、a_{r} 和 b_{h} 为热源模型参数，η 为电弧传热效率，U 为电弧电压，I 为焊接电流，v_0 为焊接速度。

式 (3.25) 中的钢材蒸发率 ω 与温度的关系式为

$$\lg\omega = 2.52 + \lg p_{\mathrm{atm}} - 0.5\lg T \tag{3.29}$$

式中，p_{atm} 为环境压力，可表示为

$$\lg p_{atm} = 6.121 - \frac{18836}{T} \tag{3.30}$$

熔池上表面存在的表面张力是影响 Fe-O 系合金材料焊接熔池流动特性的主要因素。考虑到表面张力是表面张力温度系数和表面张力浓度系数共同作用的函数，其沿熔池表面的变化与流体的切应力相平衡，具体表示如下：

$$-\mu \frac{\partial \vec{v}}{\partial z} = \frac{\partial \gamma}{\partial T}\left(\frac{\partial T}{\partial X}\right) + \frac{\partial \gamma}{\partial a_i}\left(\frac{\partial a_i}{\partial X}\right), \quad -\mu \frac{\partial \vec{v}}{\partial z} = \frac{\partial \gamma}{\partial T}\left(\frac{\partial T}{\partial y}\right) + \frac{\partial \gamma}{\partial a_i}\left(\frac{\partial a_i}{\partial y}\right) \tag{3.31}$$

式中，μ 是黏度；γ 是金属材料的表面张力；$\partial \gamma / \partial T$ 是表面张力温度系数；$\partial \gamma / a_i$ 是表面张力浓度系数；a_i 是活性元素氧的含量，表达式为

$$a_i = C_{i1}x + C_{i2}y + C_{i3} \tag{3.32}$$

式中，C_{i1}、C_{i2} 和 C_{i3} 是常数，x 和 y 是熔池上表面以热源中心为坐标原点的两方向坐标值。辅助电弧中的氩气和氧气混合比例的不同将导致焊缝表面氧含量的不同，所以在此以辅助电弧中的氩气和氧气的摩尔混合比例作为区分。讨论 Ar-15.4%O_2 和 Ar-3.4%O_2 这两种不同混合比例情况下，熔池上表面氧含量呈不均匀分布时的模拟结果。

(1) Ar-15.4%O_2 时：根据分离电弧 AA-TIG 焊熔池中氧元素俄歇电子的能谱分析结果，进行半定量计算。根据实验测得氧元素分布情况，建立熔池上表面氧非均匀分布模型：如图 3.2 所示，焊接起始点在 $x = 4$mm 处。可以看到，在熔化区域 $x = 6$mm 处，熔池表面的氧含量为 0.7477%，在 $x \leqslant 4$mm 处，熔池表面的氧含量为 0.1%，将其代入方程式 (3.32) 可以解得 $C_{11} = 162$，$C_{12} = 162$，$C_{13} = 0.1338$。根据实验测量前部多后部少的规律，则氧元素在熔池表面的分布满足下式：

$$a_1 = \begin{cases} 162x + 162y + 0.1338, & x > 4\text{mm} \\ 0.1, & x \leqslant 4\text{mm} \end{cases} \tag{3.33}$$

(2) Ar-3.4%O_2 时：根据 AA-TIG 焊熔池半定量计所得的氧的分布状况，提出该情况下的氧分布假设为：在熔化区域内 $x = 6$mm 处，熔池表面的氧含量为 0.05%，在 $x \leqslant 4$mm 处，熔池表面的氧含量为 0.005%，将其代入方程式 (3.32) 解得 $C_{12} = 33$，$C_{22} = 33$，$C_{23} = 0.005$。根据实验测量前部多后部少的规律，则氧元素在熔池表面的分布满足下式：

$$a_2 = \begin{cases} 33x + 33y + 0.005, & x > 4\text{mm} \\ 0.005, & x \leqslant 4\text{mm} \end{cases} \tag{3.34}$$

根据研究结果，可以知道 Fe-O 系合金中的表面张力的公式为

$$\gamma\left(T\right) = \gamma_{\mathrm{m}} - A\left(T - T_{\mathrm{m}}\right) - RT\varGamma_{\mathrm{s}}\ln\left(1 + K_{\mathrm{seg}}a_i\right) \tag{3.35}$$

根据上式我们可以进一步推导出表面张力温度系数和表面张力浓度系数的表达式分别如下。

表面张力温度系数 $\partial\gamma/\partial T$ 为

$$\frac{\partial\gamma}{\partial T} = -A - R\varGamma_{\mathrm{s}}\ln\left(1 + K_{\mathrm{seg}}a_i\right) - \frac{K_{\mathrm{seg}}a_i}{\left(1 + K_{\mathrm{seg}}a_i\right)}\frac{\varGamma_{\mathrm{s}}\left(\Delta H^0\right)}{T} \tag{3.36}$$

表面张力浓度系数 $\partial\gamma/\partial a_i$ 为

$$\frac{\partial\gamma}{\partial a_i} = -\frac{RT\varGamma_{\mathrm{s}}K_{\mathrm{seg}}}{\left(1 + K_{\mathrm{seg}}a_i\right)} \tag{3.37}$$

式中，A 是表面张力随温度的变化速率；R 是气体常数；T 是温度；$\varGamma_{\mathrm{s}}$ 是表面的过饱和度；ΔH^0 是吸收的标准热；K_{seg} 是吸收系数，表达式为

$$K_{\mathrm{seg}} = k_1\exp\left[\frac{-\Delta H^0}{RT}\right] \tag{3.38}$$

式中，k_1 是表面偏聚熵常量。

在熔池侧面和下表面上的速度边界条件为零速度。对称面的边界条件为 y 项的速度梯度为零，其余方向是零速度。

2) 源项的处理

焊接熔池涉及力的作用和熔化凝固等问题，需要经过特殊的处理才能将其合理地应用在软件中以实现其作用和功能。在本章中，母材在熔化和凝固过程中的相变潜热、电磁力和浮力等是通过将其加载方程式源项的形式加载进入方程组。表面张力通过边界条件引入方程组计算中。本章采用焓-孔隙度法处理熔化和凝固过程相变问题，用 Boussinesq 模型处理浮力问题。使用 FLUENTRNG k-ε 模型处理湍流问题。

(1) 焓-孔隙度法 (enthalpy-porosity technique)

针对介于固体和液体之间的相变区，采用多孔介质模型进行有效的处理。相变区的多孔特性等效地处理成液相体积分数 f_l。多孔介质流对动量方程的影响写成源项的一部分，将其进一步拟化成 Carman-Kozeny 方程：

$$\mathrm{grad}P = \left[-C\frac{\left(1 - f_l\right)^2}{f_l^3}\right]\vec{u}_a \tag{3.39}$$

式中，C 是与糊状区枝晶形貌有关的常量，温度 T 包括在液相体积分数中 f_l 中，$\vec{u}_a$ 是一个表观速度的量。

将式 (3.39) 右侧第一部分设定为系数 A, 如下所示:

$$A = -C \left[\frac{(1-f_l)^2}{f_l^3 + b} \right] \tag{3.40}$$

上式 b 是一个取值很小的计算常量, 其目的是避免分母为零。假设液相体积分数 f_l 仅是温度的函数, 可以根据温度采用如下线性关系:

$$f_1 = \begin{cases} 0, & T < T_s \\ \dfrac{T - T_s}{T_1 - T_s}, & T_s \leqslant T \leqslant T \\ 1, & T > T \end{cases} \tag{3.41}$$

式中, T_s 为固相线温度, T_1 为液相线温度。

(2) 湍流模型 (turbulencemodel)

焊接熔池具有湍流特性, RNG k-ε 模型是由暂态 N-S 方程推出的, 使用 RNG 重整化群方法直接从标准 k-ε 模型转换过来。可以较为合理地用来处理强旋转流、低雷诺数流动等问题。RNG k-ε 湍流模型的 k 方程和 ε 方程分别如下:

k 方程为

$$\frac{\partial(\rho k)}{\partial t} + \frac{\partial(\rho k \vec{u}_i)}{\partial x_i} = \frac{\partial}{\partial x_i}\left(\alpha_k D \frac{\partial k}{\partial x_l}\right) + G_k + \rho\varepsilon \tag{3.42}$$

ε 方程式为

$$\frac{\partial(\rho\varepsilon)}{\partial t} + \frac{\partial(\rho\varepsilon\vec{u}_i)}{\partial x_i} = \frac{\partial}{\partial x_j}\left(\alpha_\varepsilon D \frac{\partial\varepsilon}{\partial x_l}\right) + \frac{G_{1\varepsilon}^*}{k}G_k - C_{2\varepsilon}\rho\frac{\varepsilon^2}{k} \tag{3.43}$$

式中, k 为湍动能; ε 为湍动耗散率; D 为扩散系数; G_k 为湍动能产生项; α_k, α_ε, $C_{2\varepsilon}$, $G_{1\varepsilon}^*$ 为经验常数; $\vec{u}_i$ 为三个方向速度; x_i, x_j, x_l 为三个方向坐标; i, j, l 分别可取 1, 2, 3。

(3) 电磁力的加载

本章中的动量源项包括两个部分: 第一部分是处理相变过程的熔–孔隙度法引入的动量源项和电磁力的加载引起的动量源项; 第二部分就是电磁力项。

3) 数值模拟中涉及的材料物性参数和焊接参数

计算材料是 SUS304 不锈钢, 材料的其他热物理参数如表 3.2 所示, 焊接参数如表 3.3 所示。材料的对流换热系数 a_c $(\mathrm{W}/(\mathrm{m}^2 \cdot \mathrm{K}))$、热导率 λ $(\mathrm{W}/(\mathrm{m} \cdot \mathrm{K}))$ 和黏度 μ $(10^{-3}\mathrm{kg}/(\mathrm{m} \cdot \mathrm{s}))$ 与温度的关系如下:

$$a_c = \begin{cases} (1.0 + 0.0119T) \times 10, & T < 1073 \\ [10.5 + 0.0363 \times (T - 1073)] \times 10, & T \geqslant 1073 \end{cases} \tag{3.44}$$

$$\lambda = \begin{cases} 10.717 + 0.014955T, & T \leqslant 780K \\ 12.076 + 0.013213T, & 780K < T \leqslant 1672K \\ 217.12 - 0.1094T, & 1672K < T \leqslant 1727K \\ 8.278 + 0.0115T, & T > 1727K \end{cases} \quad (3.45)$$

$$\mu = \begin{cases} 37.203 - 0.0176T, & 1713K \leqslant T \leqslant 1743K \\ 20.354 - 0.008T, & 1743K < T \leqslant 1763K \\ 34.849 - 0.0162T, & 1763K < T \leqslant 1853K \\ 13.129 - 0.0045T, & 1853K < T \leqslant 1873K \end{cases} \quad (3.46)$$

表 3.2 材料热物理参数

参数	数值
密度 $\rho/(\mathrm{kg/m^3})$	7200
液相线 T_l/K	1723
固相线 T_s/K	1670
环境温度 T_a/K	300
比热 $C_p/(\mathrm{kg \cdot K})$	753
斯特藩-玻尔兹曼常量 $\sigma_B/\left(\mathrm{W/\left(m^2 \cdot k^4\right)}\right)$	5.67×10^{-8}
热膨胀系数 $\beta/\mathrm{K^{-1}}$	10^{-4}
熔化潜热 $Q_L/(\mathrm{J/K})$	2.47×10^5
表面辐射系数 $\varepsilon/\mathrm{K^{-1}}$	0.4
真空磁导率 $\mu_0/(\mathrm{H/m})$	1.26×10^{-6}

表 3.3 焊接参数

焊接电流 I/A	电弧电压 U/V	焊接速度 $v/(\mathrm{mm/min})$	电弧热效率η	高斯热流分布半径 r/mm
160	14	120	0.7	5

3.2.2 Ar-3.4%O$_2$ 混合气体模拟结果与分析

1. 假设熔池内流动为层流流动的模拟结果

图 3.3 所示的是计算时间为 3s 时, 熔池前部、熔池中部、熔池上表面与对称面上的温度场和流场形貌。由熔池横截面的流动可知, 熔池的流动为内向流动, 熔池上表面的流动相对复杂。由对称面上的流场图可以看出熔池前部的熔深比中部的要深, 这说明了熔池正处于不断地形成阶段, 并且证明了数值分析的稳定需要一个过程。在计算时间达到 3s 的时候, 熔池并没有到达准稳态。在熔池形成过程中, 电弧向熔池传递的热量主要分布在熔池中部。但是由于熔池上表面的流动特点 (图 3.3(c)) 是: 在熔池中部和前部的流动是由中部边缘流向前部边缘, 导致了中心高的能量进入前部, 随后在熔池前部进入熔池内部, 近而

导致了能量向前部中心传递得更多，所以熔池的对称面上出现了前部熔深更深的现象。

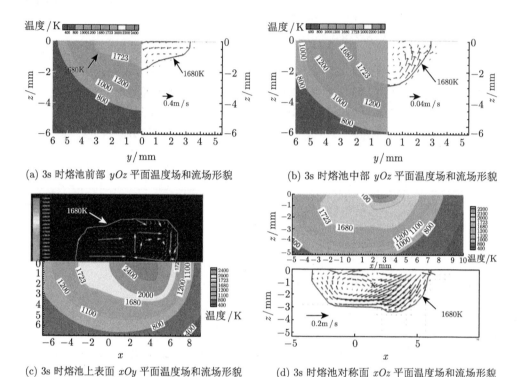

(a) 3s 时熔池前部 yOz 平面温度场和流场形貌   (b) 3s 时熔池中部 yOz 平面温度场和流场形貌

(c) 3s 时熔池上表面 xOy 平面温度场和流场形貌   (d) 3s 时熔池对称面 xOz 平面温度场和流场形貌

图 3.3   计算时间 3s 时的模拟结果 (彩图扫封底二维码)

图 3.4 所示的是模拟时间为 5s 时，熔池前部、熔池中部、熔池上表面和对称面的温度场和流场形貌。对比图 3.3 和图 3.4 可知，随着数值模拟时间的延长，熔池对称面上的流动形态几乎不发生变化，熔池形貌基本形成从而证明了熔池此时已经达到了准稳态。熔池前部和中部的熔深基本一致。熔池上表面的流动仍然较为复杂，流动的大体趋势与图 3.4 相近。

2. 假设熔池内流动为湍流流动时的模拟结果

图 3.5 所示的是辅助电弧中混合气体为 Ar-3.4%O_2，湍流流动且模拟时间为 3s 时，焊接熔池横截面和熔池上表面的温度场和流场形貌。由图可知，熔池上表面不均匀分布的氧对熔池上表面的流动形态有所影响，使得熔池上表面的流动较为复杂。此时的熔池前部仍然比熔池后部的熔深要略深，这主要是因为熔池流动形态和数值分析还未达到准稳态。

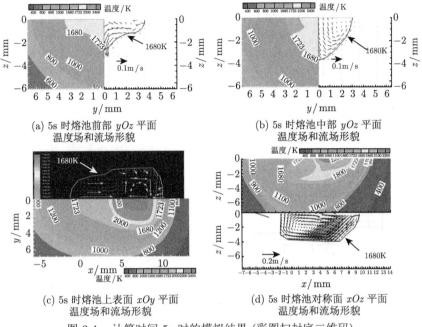

(a) 5s 时熔池前部 yOz 平面
温度场和流场形貌

(b) 5s 时熔池中部 yOz 平面
温度场和流场形貌

(c) 5s 时熔池上表面 xOy 平面
温度场和流场形貌

(d) 5s 时熔池对称面 xOz 平面
温度场和流场形貌

图 3.4 计算时间 5s 时的模拟结果 (彩图扫封底二维码)

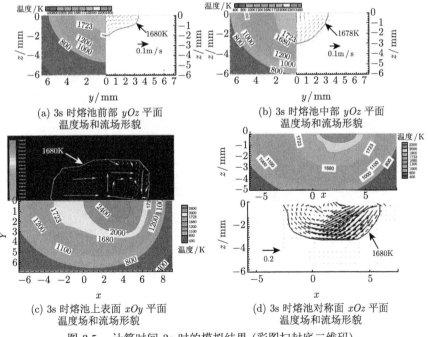

(a) 3s 时熔池前部 yOz 平面
温度场和流场形貌

(b) 3s 时熔池中部 yOz 平面
温度场和流场形貌

(c) 3s 时熔池上表面 xOy 平面
温度场和流场形貌

(d) 3s 时熔池对称面 xOz 平面
温度场和流场形貌

图 3.5 计算时间 3s 时的模拟结果 (彩图扫封底二维码)

图 3.6 所示的是辅助电弧中混合气体为 Ar-3.4%O$_2$，湍流流动且模拟时间为
5s 时，焊接熔池横截面即 yOz 面上的温度场和流场。由图可以发现，熔池的流动
中出现了两个逆时针的流动和一个顺时针的流动：一个起主导作用的逆时针大涡
流使熔池中下部形成内对流，从而促使能量传递给母材，进而使得熔池熔深增加，
熔深大约达到 3.9mm；熔池上部有两个小涡流，流动形式相反，造成了熔池中心
和边缘向径向中部流动。由这三个涡流可以看出，靠近熔池表面处的流动方式复
杂，这主要是受到了熔池上表面的力学行为的影响，熔池内部仍以内对流为主。

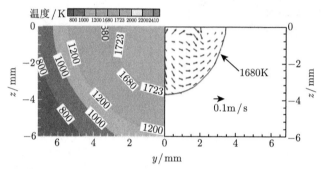

图 3.6 yOz 面上的温度场与流场 (彩图扫封底二维码)

图 3.7 所示的是熔池上表面的温度场和流场。由图可以观察到复杂的涡流流
动：熔池前部为由边缘向中心流动，汇聚进入中心，然后熔池前部向中部流动、后
部向中部流动，这两种流动在熔池温度 2200K 左右的地方汇聚而后向熔池内部
流动。在熔池表面的流动行为研究方面，研究者使用表面粒子测速技术，得到了
A-TIG 焊熔池表面流动行为模型，如图 3.8 所示。其使用的焊接参数是：弧长
3mm、钨极直径 2.4mm、气流量 11L/min、焊接速度 4mm/s、焊接电流 80A 和

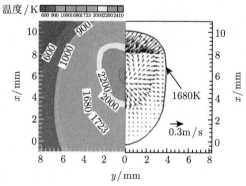

图 3.7 $z = 0$ 面熔池上表面温度场和流场 (彩图扫封底二维码)

焊接电压 12V。使用这样的焊接参数预先焊接以引入活性元素氧,再使用同样的焊接参数并且将高速摄影设备安装以同步采集数据,进行第二道 TIG 焊接。因此,得到了分离电弧 AA-TIG 焊熔池表面流动行为的特点,提出了活性 TIG 焊熔池表面流动的模型 (根据其实验可以发现,其实质与分离电弧 AA-TIG 焊是一样的)。与其提出的模型进行对比可以发现,计算结果中熔池上表面的流动状态和实验结果吻合良好。因此,我们可以得出这样的结论:熔池表面的复杂流动状态与熔池上表面氧的不均匀分布有密切的关系,具体的相互关系还有待进一步的实验研究和数值研究。

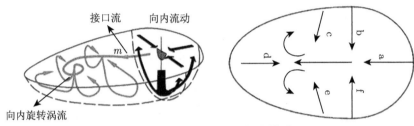

图 3.8   熔池表面流动行为模型

图 3.9 所示的是熔池对称面上温度场和流场分布。由图可以发现,熔池对称面温度最高约为 2400K,流体流速约为 0.3m/s。熔池内部为大的涡流流动,这种流动冲击母材,为母材带来更多的热量从而增加焊缝熔深。

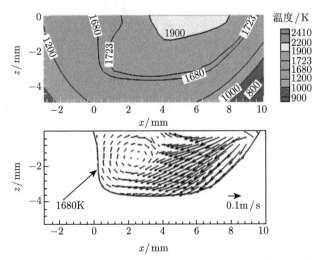

图 3.9   Ar-3.4%O_2 下对称面 xOz 面的温度场和流场 (彩图扫封底二维码)

图 3.10 所示的是焊接时间为 5s 时,实验结果和湍流模型下的模拟结果对比

示意图。由此图可以看出, 模拟结果和实验结果较为吻合。

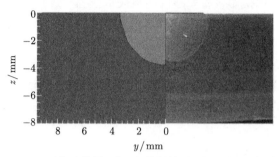

图 3.10　Ar-3.4%O_2 下实验结果 (右) 和模拟结果 (左) 对比 (彩图扫封底二维码)

3.2.3　Ar-15.4%O_2 混合气体模拟结果与分析

1. 假设熔池内流动为层流流动时的模拟结果

图 3.11 所示的是辅助电弧中混合气体为 Ar-15.4%O_2, 层流流动且模拟时间为 3s 时, 焊接熔池横截面与熔池上表面的温度场和流场形貌。由图可知, 熔池上表面不均匀分布的氧对熔池上表面的流动形态有所影响, 使得熔池上表面的流动较复杂。此时的熔池前部仍然比熔池后部的熔深略深。

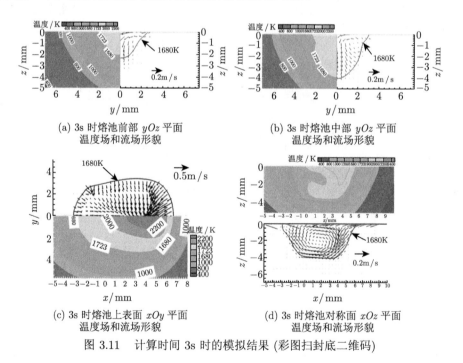

(a) 3s 时熔池前部 yOz 平面
温度场和流场形貌

(b) 3s 时熔池中部 yOz 平面
温度场和流场形貌

(c) 3s 时熔池上表面 xOy 平面
温度场和流场形貌

(d) 3s 时熔池对称面 xOz 平面
温度场和流场形貌

图 3.11　计算时间 3s 时的模拟结果 (彩图扫封底二维码)

图 3.12 所示的是辅助电弧中混合气体为 Ar-15.4%O$_2$，层流流动且模拟时间为 5s 时，焊接熔池横截面与熔池上表面的温度场和流场形貌。由图可知，5s 时的模拟结果与 3s 时的结果差不多。熔池上表面不均匀分布的氧对熔池上表面的流动形态有所影响，但是层流条件下的流动是向内流动。

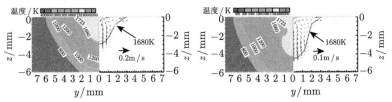

(a) 5s 时熔池前部 yOz 平面温度场和流场形貌　(b) 5s 时熔池中部 yOz 平面温度场和流场形貌

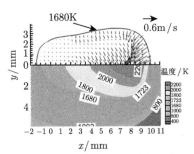 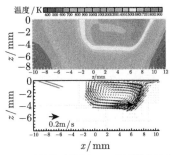

(c) 5s 时 xOy 平面温度场和流场形貌　(d) 5s 时熔池对称面 xOz 平面温度场和流场形貌

图 3.12　计算时间 5s 时的模拟结果 (彩图扫封底二维码)

2. 假设熔池内流动为湍流流动时的模拟结果

图 3.13 所示的是活性元素氧在液态熔池表面不均匀分布且辅助电弧中混合气体为 Ar-15.4%O$_2$ 时，熔池 yOz 平面、$z=0$ 平面与对称平面的温度场和流场。模拟时间为 5s 时，熔池流动为湍流流动。由图 3.13(a) 可知，熔池内部有两个涡流，小涡流存在于熔池边缘，大涡流为向内流动。整体的内向流动使得高温液态金属向熔池底部冲击，促进热量传输给母材，从而加速该区域的熔化，进而增加熔深。由图 3.13(b) 可知，当氧以较高含量非均匀分布于熔池表面时，熔池的流动方式由复杂的流动状态趋于较为统一的向中心流动。

通过对图 3.13(c) 与图 3.9 进行对比可知，熔池前部的流动更加向着熔池底部流动，这种直接冲击熔池底部的流动更加有利于热量向母材传输，因而熔深相比增加。除此之外，通过对图 3.13(c) 与图 3.9 即湍流和层流的结果进行对比，可以发现，湍流下的流动更加复杂导致在某一方向上的流动不会不断地被促进，而是会遭到来自其他流动的干扰，所以熔池上表面的速度相比之下也有所减小。同时，也正是由于层流速度增加导致了层流下的熔池熔深更深。

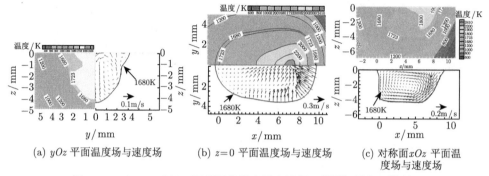

(a) yOz 平面温度场与速度场   (b) $z=0$ 平面温度场与速度场   (c) 对称面 xOz 平面温度场与速度场

图 3.13　Ar-15.4%O_2 下各面的温度场和流场 (彩图扫封底二维码)

对比 3.2.2 节和 3.2.3 节的计算结果可知，在一定的范围内，随着熔池上表面不均匀分布的氧含量整体增加，熔池上表面的流动状态由复杂的涡流流动变成了单一的向中心流动，熔深有所增加。活性元素氧的含量及其不均匀分布状态直接影响了熔池的传输行为，改变熔池上表面的流动模式，解释了分离 AA-TIG 焊熔池增加的机制以及熔池上表面流动行为的影响因素。

图 3.14 所示的是焊接时间为 5s 时，实验结果和湍流模型下的模拟结果对比示意图。由此图可以看出，模拟结果和实验结果较为吻合。

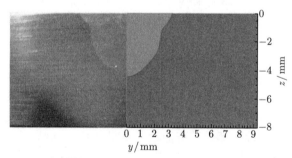

图 3.14　Ar-15.4%O_2 下模拟结果 (右) 和实验结果 (左) 对比 (彩图扫封底二维码)

参 考 文 献

樊丁, 陈剑虹, 1998. TIG 电弧传热传质过程的数值模拟 [J]. 机械工程学报, 34(4): 39-45.

樊丁, 郝珍妮, 黄勇, 等, 2013. 氧含量对 TIG 焊瞬态熔池行为影响的数值分析 [J]. 兰州理工大学学报, 39(03): 18-21.

盛文文, 樊丁, 黄健康, 等, 2016. 考虑自由表面的定点 A-TIG 焊数值分析 [J]. 焊接学报, 37(01): 41-45, 131.

陶文铨, 2001. 数值传热学 [M]. 西安: 西安交通大学出版社.

王献孚, 熊鳌魁, 2003. 高等流体力学 [M]. 武汉: 华中科技大学出版社.

Bennon W D, Incropera F P, 1987. A continuum model for momentum, heat and species transport in binary solid-liqued phase change system-1 model formulation[J]. Int. J. Heat Mass Transfer., 30(10): 2161-2170.

Huang J, Pan W, Sun T, et al, 2019. Flow behavior of stainless steel/carbon steel TIG welding pool surface[J]. Hanjie Xuebao/Transactions of the China Welding Institution, 40(8): 18-25.

Kim S D, Na S J, 1991. Study on the three-dimensional analysis of heat and fluid flow in gas metal arc welding using boundary-fitted coordinates[J]. Welding and Joining Processes, 51(2): 159-173.

Ohring S, Lugt H J, 1999. Numerical simulation of a time-dependent 3-D GMA weld pool due to a moving arc[J]. Welding Research Supplement, (12): 416-424.

Tsai N S, Eagar T W, 1985. Distribution of heat and current fiuxes in gas tungsten arcs[J]. Met. Trans. B. 16B: 841.

Voller V R, 1987. A fixed grid numerical modelling methodology for convection-diffusion mushy region phase-change problems[J]. Int. J. Heat Mass Transfer, 30(8): 1709-1719.

Wang X, Luo Y, Wu G, et al, 2018. Numerical Simulation of Metal Vapour Behavior in Double Electrodes TIG Welding[J]. Plasma Chemistry and Plasma Processing, 38(5).

Wang X X, Huang J K, Huang Y, et al, 2017. Investigation of heat transfer and fluid flow in activating TIG welding by numerical modeling[J]. Applied Thermal Engineering, 113.

Zacharia T, David S A, Vitek J M, 1991. Effect of evaporation and temperature-dependent material properties on weld pool development[J]. Metallur- gical Transaction B, 22B: 233-241.

第 4 章 AA-TIG 焊接过程建模分析

4.1 AA-TIG 焊耦合电弧与熔池行为研究

4.1.1 AA-TIG 焊简介

AA-TIG 焊, 即电弧辅助活性 TIG 焊 (arc assisted activating TIG), 它避免了传统 A-TIG 焊活性剂的涂覆, 采用混合一定量氧气的保护气体, 利用辅助电弧预熔母材表面, 形成氧化层, 而后进行 TIG 焊, 可明显增加熔深, 提高了焊接效率, 并且活性剂不用涂覆, 有利于实现自动化。AA-TIG 焊示意图如图 4.1 所示。

图 4.1 AA-TIG 焊示意图 (彩图扫封底二维码)

此方法可以将焊枪分开一定距离同时焊接, 后经过发展, 使产生辅助电弧的焊枪与主弧 TIG 焊枪相互靠近形成耦合电弧, 即所谓的双焊枪耦合电弧 AA-TIG 焊, 不但明显提高了焊接热输入, 而且能够在较大电流和较高焊接速度下获得表面成形良好且熔深明显增加的焊缝。为了焊接参数调节方便并使焊接过程更易于控制, 改进了这种方法, 提出单焊枪耦合电弧 AA-TIG 焊。相对于耦合电弧, 可将这种 AA-TIG 称为分离电弧 AA-TIG 焊。

耦合电弧的形貌如图 4.2 所示。图 4.2 (a) 为双焊枪耦合电弧的形貌, 焊接电流 (120 + 80)A, 弧长 3mm, 钨极间距 3mm 主弧氩气 15L/min; 辅助电弧氩气 10L/min, 氧气 1L/min。可以看到电弧耦合良好, 由于电流的不同造成电磁力不对称, 耦合电弧稍有偏斜。图 4.2 (b) 为单焊枪耦合电弧形貌, 焊接电流 (100 + 60)A, 弧长 2mm, 钨极间距 2mm。可以看到电弧耦合良好, 成为一个整体, 电弧同样稍有偏斜。为了钨极间距可以在较小范围内调节使得电弧良好的耦合, 采用了偏钨极。

从表 4.1 可以看到, 与传统的 TIG 焊相比, 相同工艺参数下, AA-TIG 焊熔深成倍增加, 而耦合电弧 AA-TIG 焊比分离电弧 AA-TIG 焊的熔深更大, 表面有少量氧化渣生成, 焊缝成形良好。为深入理解耦合电弧 AA-TIG 焊电弧和熔池行为，先从实验开始研究耦合电弧阳极的电弧压力和电流密度分布，再建立耦合电弧数学模型，逐步建立 AA-TIG 焊电弧熔池统一的数学模型。

(a) 双焊枪耦合电弧 (b) 单焊枪耦合电弧

图 4.2 耦合电弧形貌 (彩图扫封底二维码)

表 4.1 焊缝成形对比

焊接方法	截面形貌	表面形貌
传统 TIG 焊 $I = 240\mathrm{A}$ $\nu = 90\mathrm{mm/min}$	2mm	
分离电弧 AA-TIG 焊 $I = (160 + 70)\mathrm{A}$ $\nu = 90\mathrm{mm/min}$	2mm	
耦合电弧 AA-TIG 焊 $I = (160 + 70)\mathrm{A}$ $\nu = 90\mathrm{mm/min}$	2mm	

4.1.2 耦合电弧行为的数值模拟研究

对于耦合电弧 AA-TIG 焊接法，双钨极产生的耦合电弧是一种新型的热源，其特性与传统的 TIG 电弧不同。因此，耦合电弧作用下的熔池行为也会有别于传统的 TIG 焊熔池，活性元素和耦合电弧共同作用下的熔池行为还有待于深入研究，钨极间距和电流对电弧行为会有明显的影响，由此导致耦合电弧向熔池的传热特性与 TIG 焊有所不同，造成的熔池温度分布和剪切力分布也会产生相应的变化，进而影响熔池的传热和流动，最后形成完全不同于 TIG 焊和分离电弧 AA-TIG 焊的熔池形貌。因此建立耦合电弧–熔池的数学物理模型，研究耦合电弧行为和活性元素共同作用下的熔池行为。

1. 数学物理模型

关于耦合电弧–熔池的控制方程如下。

控制方程中的基本方程为：连续性方程、动量守恒方程以及能量守恒方程。

从麦克斯韦方程出发，结合法拉第定律、广义欧姆定律和安培定律等，可以得到求解电磁场的第一个方程：

$$\nabla \cdot (-\sigma_e \nabla \Phi) = 0 \tag{4.1}$$

根据高斯定律和泊松方程，可得到计算电磁场的第二个方程：

$$\nabla^2 A = -\mu_0 j \tag{4.2}$$

根据有限元体积法 (FVM) 的思想，这些守恒方程可以写成统一的形式 (4.3)，FLUENT 求解器正是将这些方程统一离散并求解的。

$$\frac{\partial (\rho \varphi)}{\partial t} + \nabla \cdot (\rho \vec{v} \varphi) = \nabla \cdot (\Gamma \nabla \varphi) + S \tag{4.3}$$

式中，ρ 为密度，t 为时间，φ 为通用变量，可代表速度、温度等求解变量，$\vec{v}$ 为速度矢量，Γ 为广义扩散系数，S 为广义源项，当这几个参数取不同的对应变量时，就可以得到相应的守恒方程。如表 4.2 所示。

表 4.2　方程与对应变量的意义

方程	φ	Γ	S
连续性方程	1	0	0
动量守恒方程	$\vec{v}$	μ	$-\nabla P + \rho g + \vec{j} \times \vec{B}$
能量守恒方程	$T(H)$	$k/c_P + \mu_t/Pr_t$	式 (2.2)
电流连续性方程	Φ	σ_e	0
泊松方程	$\boldsymbol{A}$	-1	$-\mu_0 j$

2. 求解域和边界条件

1) 外部边界

求解域和边界条件如图 4.3 所示，钨极直径 2.4mm，钨极尖端角度 60°，顶端凸台半径 0.3mm，弧长 3mm，母材厚度 8mm，求解域直径 20mm，高度 13.6mm。A 区域为气体入口，给出速度和温度分布，B 区域为气体出口，C 和 D 区域为母材外表面，给定与外界的热交换条件，即

$$q_{\text{mix}} = q_{\text{conv}} + q_{\text{rad}} = -h_{\text{c}}\left(T - T_{\infty}\right) - \varepsilon_{\text{r}}\sigma\left(T^4 - T_{\infty}^4\right) \tag{4.4}$$

上式表示外表面与外界的热交换由对流 q_{conv} 和辐射 q_{rad} 组成，其中 h_{c} 为对流换热系数，ε_{r} 为发射率，σ 为斯特藩-玻尔兹曼常量。E 区域为钨极截面，给定电流密度和温度，根据对 TIG 焊钨极温度的测量结果，设定温度为 1800K。虽然这个值对于耦合电弧 AA-TIG 焊不是非常准确，但是数值实验的结果表明计算结果对这个值并不敏感。具体的边界条件如表 4.3 所示。其中，$\vec{n}$ 为单位外法向量，r_{c} 为钨极半径。

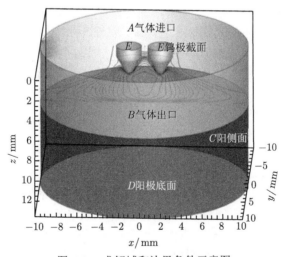

图 4.3 求解域和边界条件示意图

表 4.3 边界条件

区域	$v/(\text{m/s})$	T/K	Φ/V	$A/(\text{Wb/m})$
A	$v_z = v(x, y)$	$T = T(x, y)$	$\partial\Phi/\partial\vec{n} = 0$	$\partial A/\partial\vec{n} = 0$
B	$\partial(\rho v)/\partial\vec{n} = 0$	$\partial T/\partial\vec{n} = 0$	$\partial\Phi/\partial\vec{n} = 0$	$A = 0$
C	—	式 (4.4)	$\partial\Phi/\partial\vec{n} = 0$	$A = 0$
D	—	式 (4.4)	0	$\partial A/\partial\vec{n} = 0$
E	—	1800	$-\sigma_e(\partial\Phi/\partial z) = I/\pi r_{\text{c}}^2$	$\partial A/\partial\vec{n} = 0$

2) 内部边界

在钨极和电弧界面上，边界条件基于 LTE 近似做简化处理。电磁变量采用耦合边界，以保证在这一界面上变量及其通量的连续性。这里对于电弧和阴极之间的热作用做简化处理，不考虑热阴极区热电子发射对阴极的冷却作用和离子对阴极的加热作用，将电弧对阴极的加热完全归结于电弧和阴极之间的热传导，仍然采用耦合边界条件，即在这一界面上，电弧和阴极温度相等，且电弧向阴极的热通量等于阴极向阳极热通量的负值。

通过调整网格尺寸和主要的热物理参数 (电导率和热导率) 以获得和实验较为接近的温度。实际上，决定电弧温度的主要是其电流密度，电流密度与网格尺寸以及电导率密切相关。这里在紧邻电极的网格，采用电极和电弧电导率的算数平均值。而且，通过数值实验发现较适宜的尺寸在 0.15mm 左右，可以获得和实验较为一致的结果。网格太密会使得电流密度变大而温度明显升高，当阴极附近最小网格尺寸在 0.06mm 时，电弧最高温度远超过 17000K，与实验结果不符；当网格尺寸较大时则会使温度低于 15000K。针对自由燃烧的大气氩弧，设置紧邻电极网格的电导率为电弧和电极电导率的调和平均值的一半，可以获得和实验较为一致的结果。通过采用类似的方法处理，计算得到电弧的最高温度比采用算术平均值时高大约 100K，而温度分布几乎不变。此外，研究人员也采用了类似的方法处理双 TIG 电弧电极和电弧界面的电导率值，得到和实验吻合的结果。同样地，热导率也采用计算算术平均值的方法得到。阳极与电弧界面上，电弧向阳极传热的热流密度为

$$q_{\mathrm{a}} = q_{\mathrm{c}} + q_{\mathrm{e}} + q_{\mathrm{r}} = -k_{\mathrm{eff}} \frac{T_{\mathrm{aw}} - T_{\mathrm{ap}}}{\delta} + |j_z| \Phi_a - \varepsilon_{\mathrm{r}} \sigma T^4 \qquad (4.5)$$

表示阳极热输入，由温度梯度产生的传导热 q_{c}、电子进入阳极的凝固潜热 q_{e} 和表面的辐射损失 q_{r} 三部分构成。式中，j_z 为 z 方向电流密度，Φ_a 为阳极功函数，取 4.65V。k_{eff} 为紧邻阳极侧网格的有效热导率，取电弧热导率值。T_{aw} 和 T_{ap} 分别为阳极表面温度和紧邻阳极的电弧温度，δ 为阳极区厚度，取 0.15mm。然而，根据研究发现，当这个值一直增加到 0.5mm 时，电弧对阳极传热的变化也并不明显。这里也省略了电弧向阳极的辐射传热，通过研究也表明这一作用可以忽略。作为一种对阳极传热的简化处理，这里并不研究阳极区偏离非平衡状态的复杂传热过程，通过采用合适的网格和热物理参数以获得合理的结果，也不失为一种可行的数值模拟方法。

动量边界条件为

$$\tau_x = -\mu_p \frac{\partial v_x}{\partial z} + \frac{\partial \gamma}{\partial T} \frac{\partial T}{\partial x}, \quad \tau_y = -\mu_{\mathrm{p}} \frac{\partial v_y}{\partial z} + \frac{\partial \gamma}{\partial T} \frac{\partial T}{\partial y} \qquad (4.6)$$

式中，第一项为等离子流拉力，第二项表示表面张力梯度产生的剪切力，即 Marangoni 剪切力，μ_p 为等离子体黏度，γ 为表面张力。

这里最主要的是对表面张力的处理，通过热力学平衡条件下 Fe-O 二元系合金熔池氧活度和温度与表面张力的关系，得到一个半经验的关系式，这个结果被以往大多数的研究所采用，而且认为熔池中含氧量分布均匀，将实验所测的焊缝氧含量作为熔池氧含量进行计算。实际上，熔池冷却凝固形成焊缝，氧的溶解度会下降，熔池氧含量可能并不等于焊缝的氧含量，而作为表面活性元素，只有富集于表面的氧才对表面张力产生作用，而存在于熔池内部的氧对表面张力并没有作用。

通过对熔池骤冷，保留高温时氧在熔池中的存在状态后，测量了氧的分布。测量表明氧并不是均匀地分布于熔池中，而是富集在熔池表面，而且其分布极不均匀，在熔池中心区域含量相对较低，在边缘区域含量相对较高。因此采取简化的处理，对于耦合电弧 TIG 焊，即保护气体为纯 Ar 时，采用实验所得不锈钢焊接熔池的表面张力温度系数 $0.0143 \times 10^{-4} \mathrm{N/(m \cdot K)}$，在耦合电弧 AA-TIG 焊时，实验得到如下关系：

$$\gamma = -4.9004 + 3.64 \times 10^{-3}T \tag{4.7}$$

由此可求解表面张力温度系数，即 $\partial\gamma/\partial T = 3.46 \times 10^{-3}\mathrm{N/(m \cdot K)}$。

3. 网格划分与求解

采用 Gambit 软件，结构化和非结构化网格相结合，生成六面体网格，如图 4.4 所示，阴极和阳极附近加密网格。模型采用 FLUENT 软件求解，通过添加

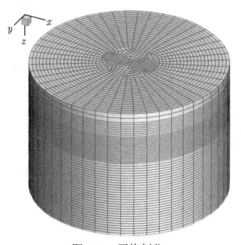

图 4.4　网格划分

UDS (user defined scalars) 方程求解电磁变量, 通过 UDF (user defined functions) 添加守恒方程的源项和边界条件。方程组求解采用 SIMPLEC 算法, 采用二阶迎风格式离散以保证计算精度。求解步骤为: 先求解稳态电弧, 当获得收敛解以后转入非稳态计算, 加入阳极热输入条件, 当阳极出现一定的熔化区域后加入动量条件, 迭代至设定时间。能量方程收敛标准为 10^{-6}, 其余方程为 10^{-4}。

4.1.3　求解结果与讨论

对于耦合电弧 AA-TIG 焊, 要求焊接时的电流不同, 氧的存在会改变表面张力, 而且钨极间距对电弧和熔池的流动和传热有显著的影响, 这里分别研究电流、氧的作用和钨极间距对电弧-熔池流动和传热的影响。模拟采用的焊接条件为: 总电流 200A, 氩气流量 25L/min, 弧长 4mm, 母材为 SUS404 不锈钢, 厚度 8mm, 定点焊接 2s。以下的论述中无氧作用时称为耦合电弧 TIG 焊, 而有氧作用时即为耦合电弧 AA-TIG 焊。

1. 对称电流 (100 + 100)A

1) 对称电流耦合电弧 TIG 焊

图 4.5～图 4.7 为耦合电弧 TIG 焊时不同钨极间距下定点焊接 2s 时电弧-熔池的温度场、流场和电弧形貌, 图 (a) 和 (b) 分别为 x-z 面和 y-z 面的温度场和流场。在以下的结果中, x-z 面流场由 x 方向和 z 方向速度分量 v_x 和 v_z 合成, y-z 面由 v_y 和 v_z 合成, 而 x-y 面则由 v_x 和 v_y 合成。可见, 在 4mm 钨极间距时, 电弧中心形成一个高温区域, 电弧耦合良好, 这从图 4.5(c) 的电弧形貌也可以看到。电弧中心出现一个白亮的高温区域。由图 4.6 和图 4.7 可知, 随着钨极间距的增加, 电弧高温区域逐渐分离。但是从等温线可以看到, 两束等离子流从阴极开始向内运动, 弧柱有明显扩展的趋势, 在阳极上方表现得尤为明显。图 4.5～图 4.7 的电弧形貌图 (c) 也反映出了这一点。其原因可以从电弧产热与传热方面分析。由于电弧产热集中在阴极附近, 随着钨极间距的增加, 高温区域被分离, 电弧热的扩散距离增加, 由两钨极产生的等离子的热量很难集中到一起。另外, 间距增加导致电磁力减小, 等离子流相向运动的趋势减小, 对电弧热向中心的传输作用减小, 即热在 x 方向的对流作用减小, 由于热对流的作用是主要的, 这两方面的共同作用导致电弧高温区域分离。

与 TIG 电弧明显不同, 双钨极电弧形状不再是旋转对称的, x-z 面和 y-z 面的形状完全不同。在较小间距时, 电弧高温区域沿 y 方向 (y-z 面) 相对扩展, 而随着钨极间距的增加, 沿 x 方向 (x-z 面) 逐渐扩展。这是由于在间距较小时, 等离子相向运动后沿着 y 方向运动, 在这个方向上流动充分发展, 因而电弧热沿着这一方向传输, 使得电弧在 y 方向较 x 方向扩展, 而在间距较大时, 电弧产热靠近于各自的钨极, 电磁作用力减弱, 对热的传输作用减小, 导致电弧在钨极排布方向拉长。电弧最高温度超过 15000K，最大等离子流速接近 100m/s。从 y-z 面的等离子流和温度分布可以看到，等离子流由于电磁力的吸引相互靠近，甚至在靠近钨极内侧向上运动，将部分热向这个方向传输，使得弧柱向上扩展。

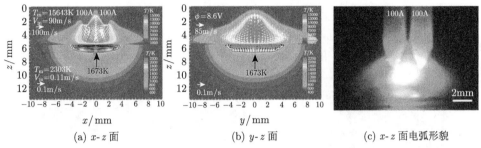

(a) x-z 面　　　　　　(b) y-z 面　　　　　　(c) x-z 面电弧形貌

图 4.5　钨极间距 3mm 时电弧–熔池的温度场、流场和电弧形貌 (彩图扫封底二维码)

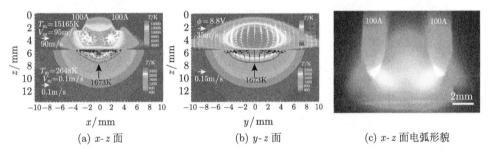

(a) x-z 面　　　　　　(b) y-z 面　　　　　　(c) x-z 面电弧形貌

图 4.6　钨极间距 6mm 时电弧–熔池的温度场、流场和电弧形貌 (彩图扫封底二维码)

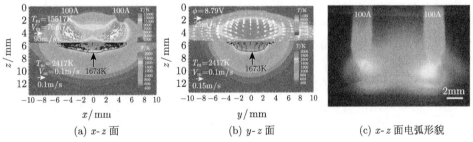

(a) x-z 面　　　　　　(b) y-z 面　　　　　　(c) x-z 面电弧形貌

图 4.7　钨极间距 9mm 时电弧–熔池的温度场、流场和电弧形貌 (彩图扫封底二维码)

　　与电弧的情形类似，熔池形貌也出现非轴对称的特点。熔池流动由外向内，形成宽而浅的熔池轮廓，熔池金属流动达到 0.1m/s 的量级。在钨极间距较小时，熔池轮廓在 y-z 面稍有扩展，y 方向的熔宽较大，随着钨极间距的增加，熔池轮廓在 x-z 面明显扩展，x 方向熔宽较大。

　　图 4.8 为阳极表面 0.15mm 处的电弧温度场和流场，与电弧弧柱区域相比，

这个位置电弧等离子流速很小，温度也明显下降，这是阳极表面电流密度相对发散所致。可以看到，温度分布近似于椭圆形，在钨极间距为 3mm 时，温度场沿着 y 方向延长，钨极间距为 6mm 时，中心高温区域沿着 x 方向延长，而外围低温区域仍然沿着 y 方向延长，钨极间距为 9mm 时，温度场明显地沿着 x 方向扩展。这种温度分布的变化主要是等离子流动的热对流所致。钨极间距较小时，等离子流动在垂直于钨极排布方向较充分发展，电弧热被沿着钨极排布方向传递，即表现为温度场沿着 y 方向扩展。

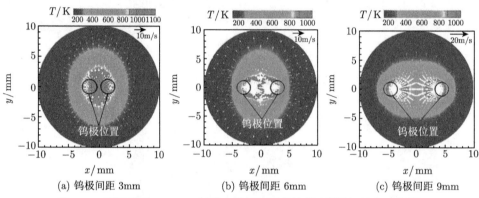

图 4.8　阳极表面 0.15mm 处的电弧温度场和流场 (彩图扫封底二维码)

间距增加时，等离子流更多地沿着 x 方向流动，在这个方向发展较充分，热对流则沿着 x 方向向中心传递，形成了沿着 x 方向拉长的温度场，这也从一个侧面反映了电弧形状随着钨极间距的变化。虽然这个位置距离熔池表面 0.15mm，其温度比电弧中心区域低很多，但是却远远超过不锈钢的熔点，这种极大的温度梯度会产生明显的电弧向阳极的传热。

图 4.9 为不同钨极间距下阳极表面 x 方向的电弧压力分布。x 方向如图 4.9(a) 所示，即钨极的排布方向。可见，随着钨极间距的增加，电弧压力逐渐降低，且其分布范围逐渐扩展。钨极间距为 3mm 时，峰值接近 250Pa，且呈现单峰分布。钨极间距 6mm 时出现微弱的双峰，到 9mm 时，出现明显的双峰分布。从图 4.5~图 4.7 的电弧温度分布和流场也可以看出，等离子流动在 3mm 间距时完全汇聚为一束流向阳极，而到 6mm 和 9mm 时已变成明显的两束，这种流动必然造成压力的双峰分布。

图 4.10 为不同钨极间距下 x-z 面的电流密度矢量图。可见，在两钨极尖端，电流线比较集中，电流密度最大，因此产生的焦耳热在阴极附近最大，但是高温区域并不是简单地靠近两阴极尖端，而是出现在弧柱中心区域，这要归功于等离子流对电弧热向中心的传输，即热对流作用。在阳极表面，电流线有轻微收缩，这是由于阳极附近温度降低导致电导率急剧下降，进而导电通道变窄。而在阳极，由

于电导率很大且随温度变化很小，电流比较发散。随着钨极间距的增加，阳极表面的电流密度出现分离，预示着会出现两个峰值。

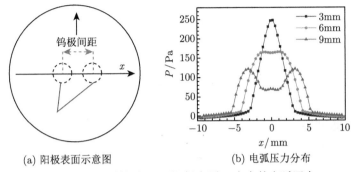

(a) 阳极表面示意图　　　　　(b) 电弧压力分布

图 4.9　不同钨极间距下阳极表面 x 方向的电弧压力

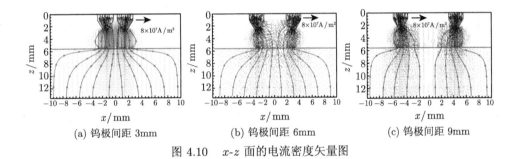

(a) 钨极间距 3mm　　　(b) 钨极间距 6mm　　　(c) 钨极间距 9mm

图 4.10　x-z 面的电流密度矢量图

图 4.11 为不同钨极间距下阳极表面 0.15mm 处 (x-y 面) 的磁场。圆圈标示钨极的位置。箭头在其附近较密是因为网格在这个区域附近加密。由图可见，磁场达到 0.01T 的量级，在钨极间距为 3mm 和 6mm 时，磁场为一个整体，随着钨极间距的增加，逐渐开始分离，从图 4.11(c) 结果中可以明显看到。

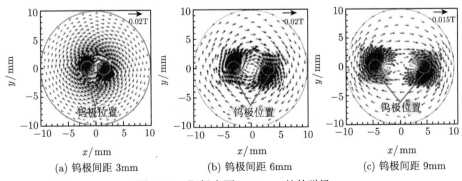

(a) 钨极间距 3mm　　　(b) 钨极间距 6mm　　　(c) 钨极间距 9mm

图 4.11　阳极表面 0.15mm 处的磁场

　　图 4.12 为不同钨极间距下阳极上方 0.15mm 处 (x-y 面) 的电磁力。可见，在这个面上，电磁力由外指向内侧。在钨极间距为 3mm 和 6mm 时，电磁力比较集中，指向中心，当钨极间距增加到 9mm 时，电磁力出现分离，电磁力明显作用于钨极正下方靠内侧。原因在于，钨极间距的增加导致电流密度减小，产生的自生磁场强度减小，最终使得电磁力减小。

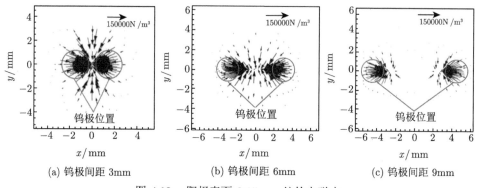

(a) 钨极间距 3mm　　　　　　(b) 钨极间距 6mm　　　　　　(c) 钨极间距 9mm

图 4.12　　阳极表面 0.15mm 处的电磁力

　　图 4.13、图 4.14 和图 4.15 为不同钨极间距下阳极表面的温度分布，图 (a) 为温度场，图 (b) 为 x 和 y 方向的温度分布。如图中 1673K 的等温线所示，在 3mm 的钨极间距时，熔池在 y 方向拉长，即熔宽在 y 方向较大，在 6mm 时，两个方向熔宽相当，而在钨极间距为 9mm 时，熔池轮廓在 x 方向明显扩展，而在 y 方向明显减小。这种特点在图 (b) 中反映得更加明显，而且，在 9mm 的间距下，熔池表面的温度出现双峰。可见，虽然钨极间距变化较大，使得熔池表面温度出现双峰分布，高温区域分离，但是在整体上仍然形成一个熔池。

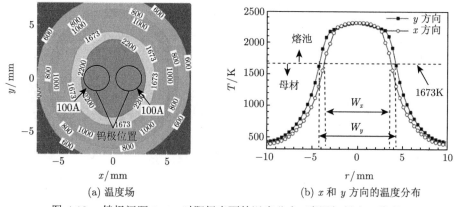

(a) 温度场　　　　　　　　　(b) x 和 y 方向的温度分布

图 4.13　　钨极间距 3mm 时阳极表面的温度分布 (彩图扫封底二维码)

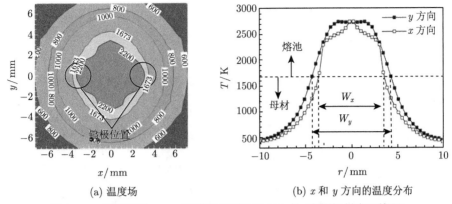

(a) 温度场　　　　　　　　　　　　(b) x 和 y 方向的温度分布

图 4.14　钨极间距 6mm 时阳极表面的温度分布 (彩图扫封底二维码)

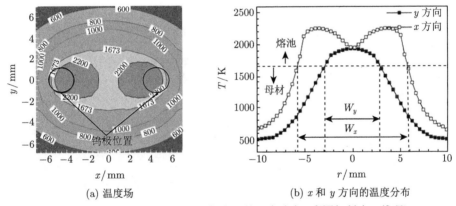

(a) 温度场　　　　　　　　　　　　(b) x 和 y 方向的温度分布

图 4.15　钨极间距 9mm 时阳极表面的温度分布 (彩图扫封底二维码)

上述的结果表明，钨极间距对电弧的温度和流动等有明显的影响，这种电弧作用下的熔池行为也发生明显的变化，熔池宽度在 x 和 y 方向并不相同，并随着钨极间距的增加，x 方向熔宽增加，y 方向熔宽减小。

2) 耦合电弧 AA-TIG 焊

图 4.16~ 图 4.18 为耦合电弧 AA-TIG 焊时不同钨极间距下电弧-熔池的温度场和流场。与耦合电弧 TIG 焊时相比，此时由于氧的存在改变了熔池金属的表面张力，熔池金属由边缘向中心区域流动，形成了深而窄的熔池。相比之下，熔宽收缩，熔深明显增加，熔池的最高温度有所上升，表明电弧热更多地向熔池中心传递，熔池金属流动最大速度增加，意味着熔池金属的流动更加剧烈。如图 4.16(a) 所示，3mm 钨极间距时，熔宽在 x 方向较小，在 y 方向较大，随着钨极间距的增加，x 方向熔宽逐渐增加，y 方向熔宽逐渐减小，熔深则逐渐减小，6mm 间距时 x 方向熔宽稍有扩展，如图 4.17 所示。以至于在 9mm 的钨极间距时，熔深由

V 形轮廓变为 W 形轮廓, 即有两处熔深最大, 以至于 y-z 截面的熔池区域很小, 如图 4.18(b) 所示。这预示着熔池即将发生分离, 如果钨极间距进一步增加, 将出现两个熔池。

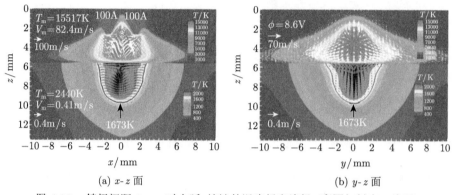

(a) x-z 面　　　　　　　　　　　　　　　　(b) y-z 面

图 4.16　钨极间距 3mm 时电弧–熔池的温度场和流场 (彩图扫封底二维码)

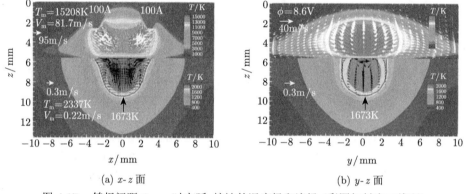

(a) x-z 面　　　　　　　　　　　　　　　　(b) y-z 面

图 4.17　钨极间距 6mm 时电弧–熔池的温度场和流场 (彩图扫封底二维码)

　　熔池表面温度的这种变化导致耦合电弧最高温度下降大约 200K, 而整体上, 对电弧弧柱区域的温度和流动并无明显的影响。其原因是熔池表面的温度上升导致阳极区域的电导率升高, 最后使得电弧焦耳热下降, 这点从电势的轻微下降可以看到。由此可见, 熔池的向内流动虽然使得熔池表面的温度场收缩, 但是这种收缩并没有引起电弧的收缩。因此, 不锈钢 A-TIG 焊时电压的升高和电弧的收缩并非熔池表面的流动所致, 而是另有其他原因, 初步分析认为与熔池表面的金属蒸气和活性剂蒸发进入电弧导致电弧阳极区特性的改变有关。另外, 实验观察到 A-TIG 焊时焊缝形成较深的自由表面变形, 其中存在等离子和金属蒸气等复杂组分的相互作用, 也可能是使得电弧收缩的重要原因之一。

　　图 4.19、图 4.20 和图 4.21 为不同钨极间距下熔池表面的温度分布。可见, 熔池

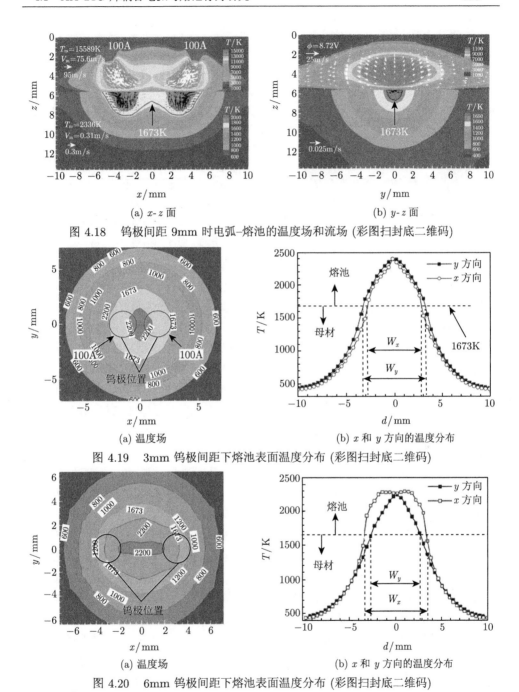

(a) x-z 面   (b) y-z 面

图 4.18   钨极间距 9mm 时电弧-熔池的温度场和流场 (彩图扫封底二维码)

(a) 温度场   (b) x 和 y 方向的温度分布

图 4.19   3mm 钨极间距下熔池表面温度分布 (彩图扫封底二维码)

(a) 温度场   (b) x 和 y 方向的温度分布

图 4.20   6mm 钨极间距下熔池表面温度分布 (彩图扫封底二维码)

表面的温度场在 3mm 钨极间距时沿着 y 方向扩展，在 6mm 钨极间距时中心高温区域在 x 方向扩展，而在钨极间距为 9mm 时，熔池表面的高温区域出现分离。

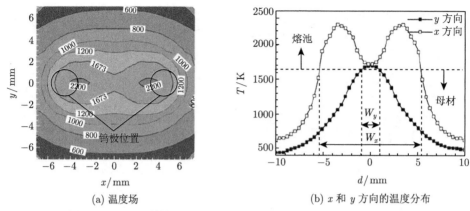

(a) 温度场　　　　　　　　　　(b) x 和 y 方向的温度分布

图 4.21　9mm 钨极间距下熔池表面温度分布 (彩图扫封底二维码)

从图 4.20 可以明显地看到，随着钨极间距的增加，x 方向的等温线逐渐扩展并超过 y 方向。在钨极间距为 6mm 时，熔池表面出现微弱的双峰，而在钨极间距为 9mm 时，出现明显的双峰，结合图 4.19 和图 4.20 可见，x 方向熔宽较大，而在 y 方向，熔宽最大处并不与 y 轴重合，而是大约在 $x = \pm4.5$mm 处，即经过温度峰值的位置，熔池上表面轮廓呈现 "∞" 型，而在耦合电弧 TIG 焊时，这种趋向于分离的等温线分布并不明显。而且，此时的温度分布更加集中，熔池表面的温度更高，6mm 时的温度已经出现微弱的双峰，而耦合电弧 TIG 焊时，温度则较平缓。另一方面，耦合电弧 AA-TIG 焊的熔宽有所减小，这是由于熔池由外向内的金属流动导致的。

耦合电弧 TIG 焊和耦合电弧 AA-TIG 焊熔池尺寸随钨极间距的变化如图 4.22 所示。可见，对于耦合电弧 TIG 焊，随着钨极间距的增加，x 方向熔宽 W_x 先增加后减小，y 方向熔宽 W_y 持续减小，在钨极间距大约为 7mm 时，两者相等。当钨极间距小于 7mm 时，y 方向熔宽大于 x 方向熔宽，即熔池沿着垂直于钨极排布的方向拉长，当钨极间距超过 7mm 后，x 方向熔宽大于 y 方向熔宽，即此时熔池沿着钨极排布的方向拉长。对于耦合电弧 AA-TIG 焊，钨极间距的值约为 4.2mm 时，两个方向熔宽相等。相比之下，耦合电弧 AA-TIG 焊时熔深明显增加，熔宽略有收缩，这是由于熔池强烈地向内热对流导致的。对于耦合电弧 TIG 焊时的熔深，在 6mm 的钨极间距附近存在最大值，而对于耦合电弧 AA-TIG 焊，熔深随着钨极间距增加而减小，这种变化由熔池表面剪切力导致。熔池尺寸的这些变化对于工艺参数的优化和方法的改进具有重要的参考价值，同时也说明利用数值模拟方法进行工艺优化的可行性。

表 4.4 为耦合电弧 TIG 焊和耦合电弧 AA-TIG 焊时熔池和电弧的最高温度对比。可以看到，钨极间距为 3mm 时，耦合电弧 AA-TIG 焊熔池温度比耦合电

弧 TIG 焊略有升高, 这是由于熔池流动由外向内, 将更多的电弧热传递到熔池中心, 所以熔池温度升高。与此不同, 熔池温度在 6mm 和 9mm 间距时略有下降, 虽然在耦合电弧 TIG 焊时熔池也出现向内的流动, 但是相比之下, AA-TIG 焊时熔池的向内流动更加强烈, 因此电弧热较快地向熔池内部传递, 以致在表面的积累较少, 因此温度较低。对于电弧, 降低的熔池温度反而导致电弧温度略有升高, 即阳极表面温度降低会产生收缩的电弧。这是容易理解的, 熔池表面温度升高导致阳极附近电弧的电导率增加, 因此导电通道扩展, 因而电流密度减小, 产生的焦耳热减小, 温度反而下降。反之, 则温度升高。

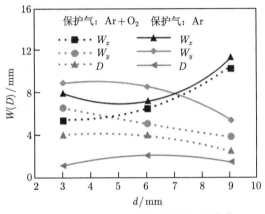

图 4.22　熔宽和熔深随钨极间距的变化

表 4.4　熔池表面和电弧的最高温度

	钨极间距 3mm		钨极间距 6mm		钨极间距 9mm	
	电弧温度 T_{mp}/K	熔池温度 T_{ms}/K	电弧温度 T_{mp}/K	熔池温度 T_{ms}/K	电弧温度 T_{mp}/K	熔池温度 T_{ms}/K
耦合电弧 TIG	5644	2440	15165	2648	15547	2417
耦合电弧 AA-TIG	15517	2440	15208	2447	15589	2446

由于熔池温度和流动的改变对电弧和熔池的电磁特性影响极小, 分析可以发现, 电导率是影响电流密度和磁矢势的关键物性参数, 熔池向内的流动使得熔池金属的温度有所改变, 而不锈钢的电导率随温度的变化很小, 因而这种变化并没有对电磁场产生明显的影响, 也不会影响电弧熔池的电流密度、磁场和电磁力等结果, 对阳极上方的电弧区域的温度和流动也没有明显的影响, 因而这里这些计算结果将不再给出。

3) 熔池表面热流密度和剪切力

图 4.23~ 图 4.25 为对称电流耦合电弧 AA-TIG 焊接 2s 时熔池表面的电流

密度和热流密度分布, 图 (a) 和 (b) 分别为沿着 x 方向和 y 方向的分布。在熔池表面, 电弧电流密度几乎全部由 z 向分量构成, 因此 x 和 y 方向的分量可以忽略。可以看到, 在钨极间距为 3mm 时, 电流密度和热流密度在 y 方向比在 x 方向稍有扩展, 且出现一个峰值, 这是由于在熔池表面附近, 沿着 y 方向电弧温度比较高, 这个从图 4.10(a) 可以明显看到, 因而电导率较大, 导电通道沿着这个方向扩展, 电流会更多地通过这个区域, 使得电流密度分布沿着 y 方向拉长, 电子吸收热较大, 又因为在 y 方向温度较高, 因而温度梯度较大, 传导热也较大, 总体上导致热流密度分布沿这个方向扩展。随着钨极间距的增加, 熔池表面的电弧等离子温度分布逐渐沿着 x 方向延展, 如图 4.10(b) 和图 4.10(c) 所示。在 6mm 时, x 方向的电流密度和热流密度均出现微弱的双峰, 这种热流密度分布导致了如图 4.23(b) 所示的熔池表面温度的微弱双峰分布。当钨极间距为 9mm 时, 电流密度和热流密度在 x 方向均出现明显的双峰, 而沿 y 方向的热流密度和电流密度均比 x 方向小。

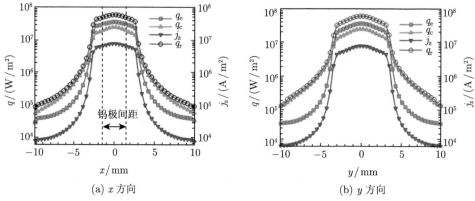

(a) x 方向　　　　　　　　　　　(b) y 方向

图 4.23　钨极间距 3mm 时熔池表面的电流密度和热流密度分布 (彩图扫封底二维码)

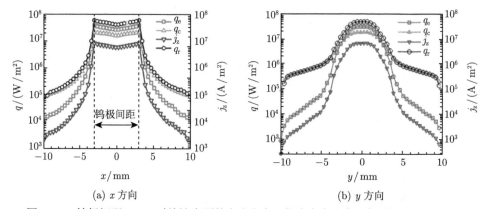

(a) x 方向　　　　　　　　　　　(b) y 方向

图 4.24　钨极间距 6mm 时熔池表面的电流密度和热流密度分布 (彩图扫封底二维码)

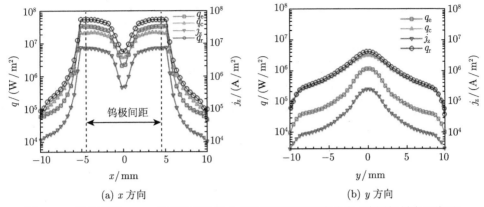

(a) x 方向   (b) y 方向

图 4.25   钨极间距 9mm 时熔池表面的电流密度和热流密度分布 (彩图扫封底二维码)

如图 4.23~ 图 4.25 所示, 热流密度由电子吸收热 q_e、传导热 q_c 和辐射 q_r 三部分构成。由图可知, 在阳极中心区域, 电子吸收热 q_e 较大, 而在边缘区域, 电子吸收热迅速降低, 传导热 q_c 由于下降较慢, 逐渐大于电子吸收热。以图 4.23 为例, 电流密度最大值为 $7.85 \times 10^6 \mathrm{A/m^2}$, q_e 峰值为 $2.54 \times 10^7 \mathrm{W/m^2}$, q_c 峰值为 $4.65 \times 10^7 \mathrm{W/m^2}$, q_a 峰值为 $6.12 \times 10^7 \mathrm{W/m^2}$。$q_e$ 在中心区域大于 q_c, 而在边缘区域小于 q_c, 即中心区域电子吸收导致的传热占主导地位, 而在边缘区域传导热起主要作用。这是由于在边缘区域电弧温度急剧下降, 所以电导率迅速减小, 由此导致电流密度明显减小, 因此 q_e 也明显减小, 但是电弧和熔池之间的温度梯度仍然较大, 热传导仍然有很大的作用。将热流密度各组成部分在阳极表面积分可以得到

$$Q_a = Q_e + Q_c + Q_r = \int_\Omega q_e \mathrm{d}s + \int_\Omega q_c \mathrm{d}s + \int_\Omega q_r \mathrm{d}s = 930\mathrm{W} + 653\mathrm{W} - 23\mathrm{W} = 1560\mathrm{W} \tag{4.8}$$

式中, Ω 为积分边界。可见, 阳极总热输入中电子吸收热占 58.7%, 是热输入的主要部分, 而传导热占 41.3%, 居于次要地位。结合计算的电弧电压 8.6V 和 200A 的总电流, 可以计算得到电弧的热效率为 90.7%。这个值与实际的热效率相比偏高, 原因是模型对两极区域做了简化处理, 尤其对于阴极区, 这种处理忽略了阴极压降, 使得计算的电弧电压偏低, 导致计算的热效率偏大。同样地, 可以得到在 6mm 和 9mm 间距下的热输入功率分别为 1524W 和 1579W。可见, 随着钨极间距的增加, 焊接热输入功率并无明显的变化, 对双 TIG 电弧的热源特性进行模拟研究, 结果表明在钨极间距从 4mm 逐渐增加到 14mm 的过程中, 阳极热输入先增加后减小, 但是总体上变化幅度很小, 热输入基本不变。

针对耦合电弧 TIG 焊和耦合电弧 AA-TIG 焊, 计算出不同钨极间距下母材

总热输入的变化，如图 4.26 所示。可见，钨极间距的变化对母材热输入几乎没有影响，对于 200A 总电流，基本维持在 1500W 左右，而耦合电弧 TIG 焊的热输入比耦合电弧 AA-TIG 焊时略低，这是由于耦合电弧 TIG 焊时较多的热辐射损失导致的。虽然在 3mm 间距时耦合电弧 AA-TIG 焊熔池表面温度较高，但是由于耦合电弧 AA-TIG 焊母材的温度场收缩，所以高温区域面积比耦合电弧 TIG 焊小，因此其辐射损失也较多。在 6mm 和 9mm 间距时，不仅熔池表面温度较高，而且高温区域面积也较大，因此热损失较多。熔池高温区域的变化从图 4.19 和图 4.25 可以明显看到。

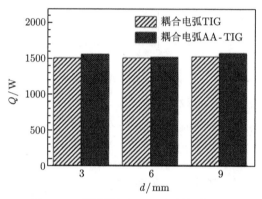

图 4.26　不同钨极间距下母材的热输入

　　图 4.27～图 4.32 为不同钨极间距下耦合电弧 TIG 焊和耦合电弧 AA-TIG 焊熔池表面的剪切力分布。如式 (4.6) 和式 (4.7) 所示，熔池表面的剪切力由等离子流拉力 τ 和表面张力梯度引起的 Marangoni 剪切力 τ_M 两部分构成，图中 τ_p 为等离子流拉力，$\tau_M + \tau_p$ 为两部分之和。可见，无论是耦合电弧 TIG 焊还是耦合电弧 AA-TIG 焊，等离子流拉力的方向不变，而且在 x 和 y 两个方向并不完全一致。另外，耦合电弧产生的等离子流拉力峰值最大不超过 20Pa，与 TIG 焊电弧的 60Pa 左右的峰值相比明显要小，这与双焊枪耦合电弧的特性类似，由于剪切力总是引起由内向外的熔池流动，因此耦合电弧等离子剪切力的这种变化对熔深增加是有利的。

　　图 4.27 和图 4.28 为 3mm 钨极间距下耦合电弧 TIG 焊和耦合电弧 AA-TIG 焊时熔池表面的剪切力分布。由图 4.27(a) 和图 4.28(a) 可见，由于表面张力随着温度升高而减小，此时 x 和 y 两个方向的 Marangoni 剪切力和等离子流拉力方向一致，共同驱动熔池流动由内向外。但是由于表面张力温度系数 $(\partial \gamma / \partial T)$ 很小，且由图 4.27(a) 可见熔池表面温度变化平缓，即其温度梯度较小，因而产生的 τ_M 很小，所以 $\tau_M + \tau_p$ 比 τ_M 大的不多。而在耦合电弧 AA-TIG 焊时，如图

4.27(b) 和图 4.28(b) 所示，氧的存在改变了表面张力随温度的变化关系，使之随
着温度的升高而增加，由此导致 τ_M 的方向与耦合电弧 TIG 焊时相反，而且可以
很明显地看到，总切应力超过 100Pa，由于此时 $(\partial\gamma/\partial T)$ 和表面温度梯度都较大，
这表明 τ_M 的作用将远大于 τ_p 的作用，因此熔池表面的总剪切力由 Marangoni
剪切力决定，由此导致了熔池内部截然不同的流动形式。另外，比较图 4.5(a) 和
图 4.15(a) 可以看到，耦合电弧 AA-TIG 焊时的熔池流速更大，即此时的熔池流
动更加强烈，因此，产生的热对流也更强，使得熔深增加很显著，也表明表面张
力随温度变化关系的改变是 AA-TIG 焊熔深增加的根本原因。

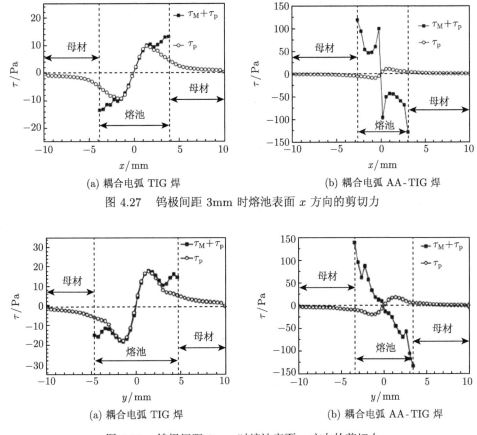

(a) 耦合电弧 TIG 焊   (b) 耦合电弧 AA-TIG 焊

图 4.27   钨极间距 3mm 时熔池表面 x 方向的剪切力

(a) 耦合电弧 TIG 焊   (b) 耦合电弧 AA-TIG 焊

图 4.28   钨极间距 3mm 时熔池表面 y 方向的剪切力

　　由于等离子流遍布于阳极表面，因此其剪切力分布于整个表面，而表面张力
只在熔池区域产生，因而 $\tau_M + \tau_p$ 只存在于熔化形成熔池的部分，而剪切力的分
布范围与熔池的尺寸密切相关。由图 4.29 和图 4.30 可以看到，当钨极间距增加

到 6mm 时，熔池剪切力的分布在 x 方向扩展，而在 y 方向变窄。对于此时的耦合电弧 TIG 焊，剪切力与 3mm 钨极间距下的不同，可以看到，沿着 x 方向的总剪切力小于等离子流拉力，且与 y 方向的总剪切力方向相反，正是这种剪切力分布导致了图 4.5(a) 中熔池在 x-z 面 (沿 x 方向) 的向内流动和图 4.5(b) 中 y-z 面 (沿 y 方向) 的向外流动。x 方向这种反常的剪切力分布源于阳极表面附近反常于 TIG 焊的等离子流动，如图 4.8(b) 所示，即此时的等离子流在中心区域出现了向内的运动，由此必然产生驱动熔池向内流动的等离子流拉力。

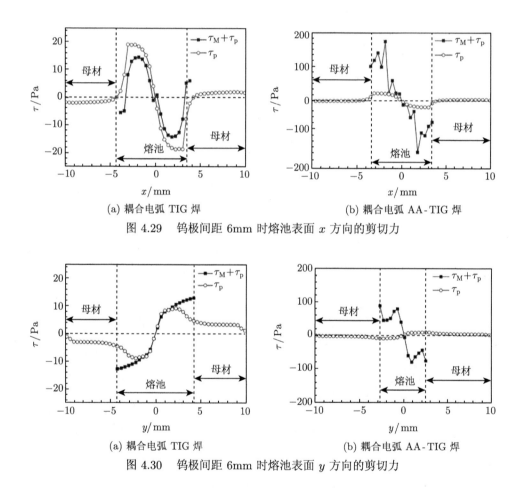

(a) 耦合电弧 TIG 焊　　　　　　　　　　　(b) 耦合电弧 AA-TIG 焊

图 4.29　钨极间距 6mm 时熔池表面 x 方向的剪切力

(a) 耦合电弧 TIG 焊　　　　　　　　　　　(b) 耦合电弧 AA-TIG 焊

图 4.30　钨极间距 6mm 时熔池表面 y 方向的剪切力

虽然 τ_{M} 的作用与 τ_{p} 相反，但是由于平缓的温度分布 (较小的温度梯度) 和较小的 $\partial\gamma/\partial T$，所以其值很小，最终导致 $\tau_{\mathrm{M}} + \tau_{\mathrm{p}}$ 沿着等离子拉力的方向。然而在 y 方向，等离子流动仍然向外，因此总剪切力与 x 方向的相反。对于耦合电弧 AA-TIG 焊，τ_{M} 远大于 τ_{p}，x 方向 τ_{p} 的作用已不能明显表现出来，总剪切力完

全决定 τ_M, 在 x 方向大于 100Pa, 而在 y 方向接近 100Pa。在 x 方向会出现多个峰值, 这可能是由微小温度双峰分布和不均匀的网格所导致的。

图 4.31 和 4.32 分别为钨极间距 9mm 时的熔池表面 x 和 y 方向的剪切力。对于耦合电弧 TIG 焊, 情形与 6mm 时耦合电弧 TIG 焊的类似, 即在 x 方向总剪切力由等离子流拉力决定, 驱动熔池向内流动, 而在 y 方向则相反。但是仔细观察发现, 与 6mm 间距时略有不同, $\tau_M + \tau_p$ 三次经过 x 轴, 即三次变为零, 零点即流动方向转变的位置, 由此可以判断, 在熔池边缘, 有小部分向外流动, 而在中心大部分区域则出现向内流动。对于耦合电弧 AA-TIG 焊, 由图 4.29(b) 可见, $\tau_M + \tau_p$ 在 x 方向三次过零点, 即三处流动发生转变, 即图 4.18(a) 所示的熔池边缘向内流动, 中心区域向外流动, 而在 y 方向, 则是单调变化的剪切力, 驱动熔池流动向内。

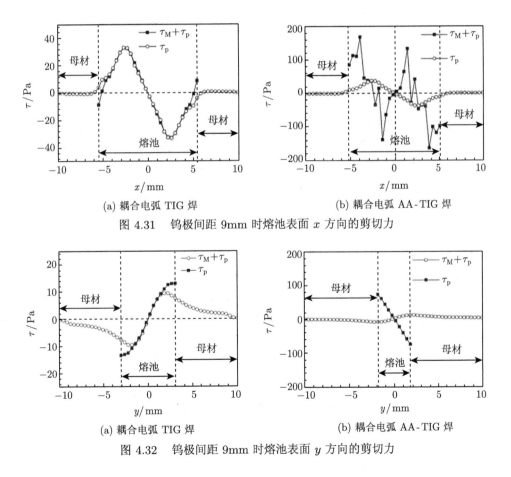

(a) 耦合电弧 TIG 焊　　　　　　(b) 耦合电弧 AA-TIG 焊

图 4.31　钨极间距 9mm 时熔池表面 x 方向的剪切力

(a) 耦合电弧 TIG 焊　　　　　　(b) 耦合电弧 AA-TIG 焊

图 4.32　钨极间距 9mm 时熔池表面 y 方向的剪切力

上述这种反常的剪切力分布是由熔池表面温度的双峰分布造成的。现将 9mm

钨极间距下耦合电弧 TIG 焊和耦合电弧 AA-TIG 焊的表面温度分布、剪切力变化和熔池流动的关系在图 4.33 中表示。可见,对于耦合电弧 TIG 焊,双峰的温度分布使得 τ_M 在三处变为零,加上等离子流拉力的作用,总剪切力会有三处为零,两处在温度峰值附近,一处在温度谷值处。温度峰值附近处流动向外,谷值处流动向外,由此流动如图 4.33(a) 所示。对于耦合电弧 AA-TIG 焊,三个零点处的流动刚好相反,温度峰值附近处流动向内,谷值处流动向外。然而,由于耦合电弧 TIG 焊时的总剪切力小,因而向内的流动并没有产生像耦合电弧 AA-TIG 焊那样较深的熔深,只比间距 4mm 时略有增加。纵观图 4.30~ 图 4.32 也可以发现,虽然耦合电弧 TIG 焊时等离子流拉力峰值随着钨极间距的增加而增加,使得总剪切力同样增加,但是由于钨极间距增加,所以电弧热输入比较分散,因此耦合电弧 TIG 焊的熔深并没有持续增加。

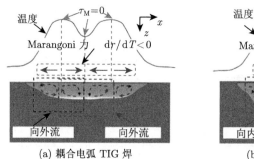

(a) 耦合电弧 TIG 焊   (b) 耦合电弧 AA-TIG 焊

图 4.33   钨极间距 9mm 时熔池表面温度分布和流动的关系图解 (彩图扫封底二维码)

等离子流拉力和 Marangoni 剪切力是驱动熔池流动的表面力,其中 Marangoni 剪切力的作用尤其重要,氧的作用改变表面张力与温度的相关关系是明显的,这个相关关系即为表面张力温度系数,进而改变了作用于熔池的剪切力,虽然表面张力温度系数在 $10^{-4}\mathrm{N/(m\cdot K)}$ 的数量级,但是熔池表面温度的切向梯度却超过 $10^5\mathrm{K/m}$,由此产生了几百帕的剪切力。

4) 熔池流动与传热

为分析浮力、电磁力、等离子流拉力和表面张力对耦合电弧 AA-TIG 焊熔池的作用,在 3mm 钨极间距下各驱动力单独作用 2s,得到图 4.34 所示的熔池流动状态。可以看到,在 3mm 的钨极间距下,无论哪个力单独作用,形成的熔池熔宽 y 方向较大,x 方向较小,这是由熔池上表面沿 y 方向拉长的热流密度分布造成的。在浮力和等离子流拉力单独作用时,熔池金属向外流动,且熔深较小,但是等离子流驱动的流动明显比浮力驱动的强,形成的熔池更宽,如图 4.34(a) 和图 4.34(c) 所示;在电磁力单独作用时,熔池向内流动,熔深较大。对于表面张力,若其随着温度升高而减小,即 $\partial\gamma/\partial T < 0$ 时,熔池金属由内向外流动,形成宽而

浅的熔池轮廓，此时即为耦合电弧 TIG 焊的情形。当 $\partial\gamma/\partial T > 0$ 时，熔池流动为由外向内，熔深明显增加，熔宽明显减小。

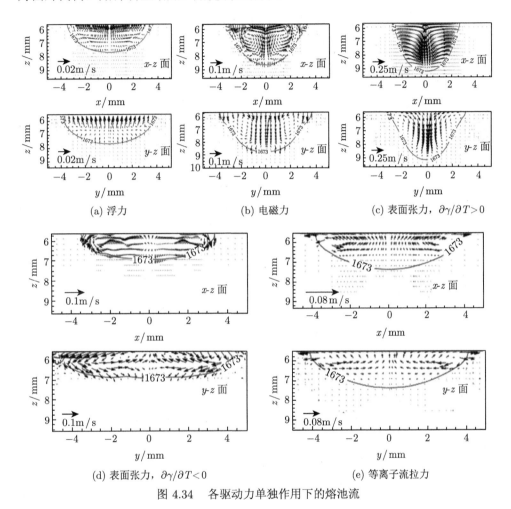

图 4.34 各驱动力单独作用下的熔池流

各驱动力单独作用下熔池尺寸和最大流速如表 4.5 所示。可见，表面张力作用下熔池流速最大，在 $\partial\gamma/\partial T < 0$ 时和 $\partial\gamma/\partial T > 0$ 时分别达到 0.29m/s 和 0.26m/s，电磁力和等离子流拉力的作用次之，最大流速分别达到 0.088m/s 和 0.085m/s，可见两者作用相当，浮力作用最小，最大流速为 0.042m/s。Tanaka 等计算 TIG 焊 20s 时，等离子流拉力驱动的熔池最大流速为 0.47m/s，之前计算得到 TIG 焊接 2s 时为 0.15m/s，与之相比，耦合电弧 AA-TIG 焊时，等离子拉力驱动的流动明显减小，流速下降一个数量级，以致和电磁力的作用相当。由此可以认为，耦合电弧 AA-TIG 焊时熔池流动的驱动力大小依次为表面张力、电磁力、等离子流拉力和浮力。尽管如此，在数毫米左右的熔池内部产生几百毫米每秒的流动，可见熔池内部的对流运动非常剧烈。

表 4.5　熔池驱动力单独作用下的熔池尺寸和流速

驱动力		浮力	电磁力	等离子流拉力	表面张力 $\partial\gamma/\partial T < 0$	表面张力 $\partial\gamma/\partial T > 0$
熔深 D/mm		2.0	4.1	1.2	0.6	4.5
熔宽 W/mm	W_x	5.8	6.2	7.9	8.8	5.2
	W_y	8.0	7.2	9.4	10.5	6.0
最大流速 v/(m/s)		0.042	0.088	0.085	0.29	0.26

虽然熔池金属的强烈流动将导致热对流，但是熔池还存在相当大的热传导作用，熔池的热对流和热传导作用的相对大小可以用无量纲数 Pe 判断，其表达式如下：

$$Pe = \frac{热对流}{热传导} = \frac{u\rho c_{\mathrm{p}}\Delta T}{k\Delta T/L_{\mathrm{R}}} = \frac{u\rho c_{\mathrm{p}}L_{\mathrm{R}}}{k} \tag{4.9}$$

其中，u 为速度，ρ 为密度，c_{p} 为比热，L_{R} 为特征熔池长度。取熔池上表面半径为热导率，结合计算结果，取这些值分别为 $u = 0.1\mathrm{m/s}$，$\rho = 7000\mathrm{kg/m^3}$，$c_{\mathrm{p}} = 600\mathrm{J/kg}$，$L_{\mathrm{R}} = 0.003\mathrm{m}$，$k = 20\mathrm{W/(m \cdot K)}$，可求得 Pe 为 63。可见，熔池的热对流起主导作用。另外从 Pe 的表达式可以发现，随着焊接时间的延长，熔池的上表面尺寸不断增加，因此热对流会愈加明显。在表面张力的主导作用下，熔池金属向内流动，由于熔池流动引起的热对流的主导作用，大部分电弧热被传递到熔池中心熔化母材，形成深而窄的熔池形貌。

图 4.35 为 3mm 钨极间距时 AA-TIG 焊熔池尺寸和熔池热输入随时间的变化。由图可知，随着焊接时间延长，熔深和熔宽逐渐增加，而熔深增加较快，这是电弧热向熔池中心传输的结果。由图 4.35(b) 可知，熔池表面热流密度和电流

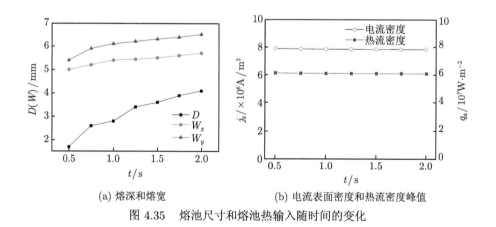

(a) 熔深和熔宽　　　　　　　　(b) 电流表面密度和热流密度峰值

图 4.35　熔池尺寸和熔池热输入随时间的变化

密度峰值均随着时间有微小下降，电流密度峰值下降 $5.8\times10^4\mathrm{A/m^2}$，热流密度峰值下降 $4\times10^4\mathrm{W/m^2}$。一方面，熔池温度不断升高，所以阳极表面电导率增加，从而使得阳极表面电流通道扩展，电流密度峰值下降。另一方面，熔池表面的温度升高导致电弧和熔池区域的温度梯度减小，传导热减小，以上两者综合作用使得热流密度减小。在计算中，电弧阳极温度随时间逐渐升高，这种变化对电弧温度和流动的影响极小，仅仅使电弧温度峰值减小 7K，而等离子流速、电弧电压等几乎不变。

5) 与实验结果的对比

图 4.36 和图 4.37 分别是耦合电弧 AA-TIG 焊电弧照片和熔池形貌对比。从电弧的照片可以看到耦合电弧在 y-z 面相对扩展，与模拟的结果一致。

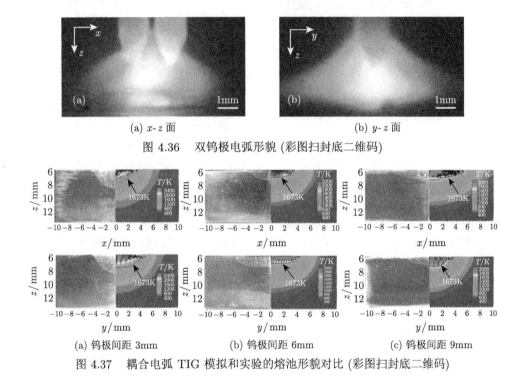

(a) x-z 面   (b) y-z 面

图 4.36 双钨极电弧形貌 (彩图扫封底二维码)

(a) 钨极间距 3mm   (b) 钨极间距 6mm   (c) 钨极间距 9mm

图 4.37 耦合电弧 TIG 模拟和实验的熔池形貌对比 (彩图扫封底二维码)

从焊缝的截面可以看到，计算的结果与实验结果基本吻合。虽然计算的熔池尺寸略小于实验值，但总体上两者的规律一致。如图 4.37(a) 所示，当钨极间距为 3mm 时，熔池明显沿着 y 方向扩展，即 $W_x<W_y$ 且这个特点在实验结果中表现得尤为明显。如图 4.37(b) 和图 4.37(c) 所示，随着钨极间距的增加，熔池逐渐向着沿 y 方向扩展转变，6mm 间距时 W_x 和 W_y 相差很不明显。间距为 9mm 时，熔宽的扩展方向已沿着 y 方向，即为平行于钨极的排布方向。另外，可以明显地

看到，随着钨极间距的增加，熔深先增加后减小，钨极间距 6mm 时熔深较深。模拟结果都较准确地反映了实际情况。

图 4.38(a) 和图 4.38(b) 为不同钨极间距下耦合电弧 AA-TIG 焊熔池形貌的模拟结果与实验结果对比。可见，与耦合电弧 TIG 焊相比，此时的主要特点是熔深明显增加。钨极间距为 3mm 时，模拟和实验的熔深吻合较好，模拟结果得到的熔宽的轻微收缩在实验中也有明显的体现。

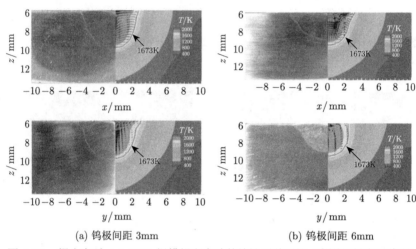

(a) 钨极间距 3mm   (b) 钨极间距 6mm

图 4.38   耦合电弧 AA-TIG 焊模拟和实验的熔池形貌对比 (彩图扫封底二维码)

从熔池轮廓来看，计算得到的阳极热输入和热流密度的分布半径偏小，这主要是对阳极区域的简化处理所导致。这里只考虑了阳极传热的主要部分，实际上电弧阴极和阳极鞘层区偏离了 LTE 状态，阳极金属蒸气的产生对电弧也会产生较明显的影响。此外还有熔池自由表面的微小变形会影响电弧，所采用的物理参数与实际用材料的差别等都会对结果产生影响。

2. 非对称电流 $(80 + 120)$A

1) 非对称电流耦合电弧 TIG 焊

一般地，耦合电弧 AA-TIG 焊在焊接中为了使氧在电弧中过渡到熔池前部区域，要求辅助电弧小于主电弧的焊接电流。下面在总电流不变的情况下，研究电流为 (80+120)A 时的电弧和熔池行为。

图 4.39～图 4.41 为不同钨极间距下耦合电弧 TIG 焊 2s 时 x-z 面和 y-z 面电弧和熔池的温度场和流场。可以看到，与 $(100 + 100)$A 电流时的情形不同，此时 x-z 面耦合电弧的温度场和流场并不对称，小电流侧的等离子流明显被吸引，向大电流钨极侧运动，使得高温区域和等离子流速较大的区域靠近大电流钨极，图 (c)

的电弧形貌也出现类似的特征。另外，电弧电压有轻微的升高，电弧最高温度有所上升，达到 15894K，这是由于大电流钨极附近电流密度增加导致焦耳热增加。模拟得到的 $x\text{-}z$ 面电弧形貌与实验所得一致。温度升高导致黏度下降，电流密度变大使得电磁力增加，因而靠近大电流钨极的等离子流速相应地增加，这种流速增加的等离子流向着另一束等离子流运动，使整个电弧偏移。电弧电压为 8.76V，略有升高。熔池最大流速达到 0.1m/s，最高温度为 2464K，且呈现向外流动，形成浅而宽的形貌，熔深约 1.5mm，x 方向熔宽 W_x 为 7.4mm，y 方向为 9.2mm，与 (100 + 100)A 电流时相比，熔池形貌在 $x\text{-}z$ 面略有不同，在小电流钨极下方熔深略深。

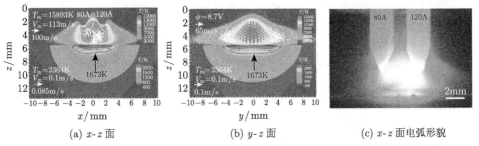

(a) $x\text{-}z$ 面   (b) $y\text{-}z$ 面   (c) $x\text{-}z$ 面电弧形貌

图 4.39   钨极间距 3mm 时电弧–熔池的温度场、流场和电弧形貌 (彩图扫封底二维码)

图 4.40 所示为钨极间距 6mm 时的电弧–熔池的温度场、流场和电弧形貌。可见，随着钨极间距的增加，两钨极产生的等离子流相互吸引作用减弱，电弧轮廓沿着 x 轴逐渐拉长，电弧高温度区域分离，即耦合作用减小，电弧最高温度达到 15625K，最大流速 92.8m/s。这从 $y\text{-}z$ 面降低的电弧温度也可以反映出来。由于电流不同，小电流钨极侧的等离子流被抬升，最高温度出现的区域靠近大电流钨极侧，图 4.40(c) 所示的电弧形貌中心白亮区域也明显地表现出这一特点。且两钨极的电弧电压不相等，大电流侧达到 8.9V，小电流侧为 8.1V。然而，由于等离子的相向运动，所以中心区域的等离子向上流动，电弧沿着 z 方向膨胀，如图 4.40(b) 所示。如图 4.40(a) 所示，$x\text{-}z$ 面熔池流动与 3mm 间距时不同，在中心区域偏向 x 负半轴出现向内的流动，因而熔深也较大。熔池最大流速为 0.096m/s，最高温度为 2587K，这是熔池向内的流动使得热积累所致。在 $y\text{-}z$ 面熔池则为向外的流动。如图中 1673K 等温线所示，熔深达到 2.0mm。x 方向熔宽 W_x 为 7.5mm，y 方向 W_y 为 9.1mm。

图 4.41 为钨极间距 9mm 时耦合电弧 AA-TIG 焊电弧–熔池的温度场、流场和电弧形貌。从图 4.41(a) 可以看到，由于两束等离子流电磁力的相互吸引，它们在向阳极流动的途中相互靠近，但是由于弧长较短，还没来得及汇聚到一处便

已到达阳极，即它们已不能产生强烈的相互作用，这种相对减弱的吸引作用使得 y-z 面的电弧温度更低，中心等离子区域向上流动，如图 4.41(b) 所示。类似地，最高温度为 16265K，最大等离子流速为 88.9m/s，且出现峰值的区域靠近大电流钨极侧。这一特点从图 4.41(c) 的电弧形貌中也可以看出来。电弧电压为 8.98V 和 8.01V，与钨极间距为 3mm 和 6mm 时相比变化很小。

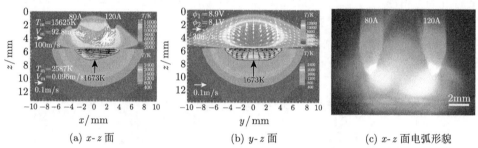

(a) x-z 面　　　　　　　　(b) y-z 面　　　　　　　(c) x-z 面电弧形貌

图 4.40　钨极间距 6mm 时电弧–熔池的温度场、流场和电弧形貌 (彩图扫封底二维码)

对于熔池，则出现微弱的向内流动，如图 4.41(a) x-z 面所示，而在 y-z 面则为向外的流动。熔池最高温度为 2444K，最大流速为 0.12m/s。可以明显地看到，熔池沿着钨极排布方向延长，x 方向熔宽 W_x 为 11.2mm，W_y 则为 5.6mm，熔深达到 1.5mm。

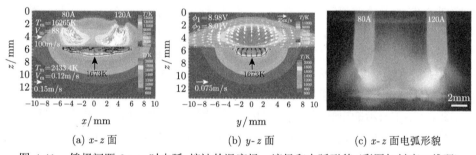

(a) x-z 面　　　　　　　　(b) y-z 面　　　　　　　(c) x-z 面电弧形貌

图 4.41　钨极间距 9mm 时电弧–熔池的温度场、流场和电弧形貌 (彩图扫封底二维码)

图 4.42 为不同钨极间距下阳极表面 0.15mm 处电弧的温度场和流场。可以看到，等离子温度和流速与弧柱区域相比小很多，温度场形状不再是椭圆形，而接近于双椭圆。高温区域更偏向于大电流钨极下方，等离子流速在这一区域也较大。随着钨极间距的增加，温度场从沿着 y 轴扩展变为沿着 x 轴扩展。3mm 间距时等离子流动由中心向外，而在 6mm 和 9mm 间距时，中心区域出现相向的流动。而且，电弧温度较高区域偏向于大电流钨极下方，相应地，等离子流速也在这个区域较大。

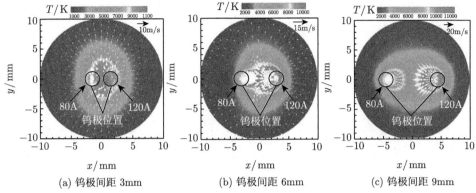

(a) 钨极间距 3mm (b) 钨极间距 6mm (c) 钨极间距 9mm

图 4.42　不同钨极间距下阳极表面 0.15mm 处电弧的温度场和流场 (彩图扫封底二维码)

图 4.43 为不同钨极间距下 x-z 面的电流密度矢量图, 同时用流线标示出电流的流向。可见, 电流由母材流向阴极, 且在母材区域比较发散, 在电弧区域靠近钨极和母材的区域出现收缩, 在钨极尖端附近, 电流密度最大, 整体上电流密度达到 10^7A/m^2 的数量级, 这是由这一区域电极和电弧的电导率的巨大差异造成的。由于两钨极承载的电流不同, 电流密度在大电流钨极一侧比较集中, 即更多的电流从这里通过, 电通道跟着偏移, 产生的焦耳热更多地偏向于这一侧, 使得电弧的高温区域相应地靠近大电流钨极。

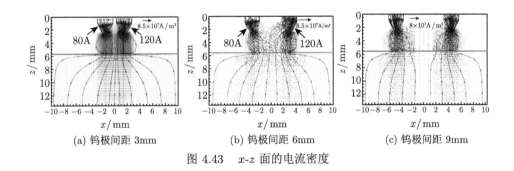

(a) 钨极间距 3mm (b) 钨极间距 6mm (c) 钨极间距 9mm

图 4.43　x-z 面的电流密度

图 4.44 和图 4.45 分别为阳极表面 0.15mm 处的自生磁场和电磁力。可见, 当钨极间距为 3mm 和 6mm 时, 磁场为一个整体, 到 9mm 时则出现分离的趋势, 虽然两钨极的电流不同, 但是对阳极表面的磁场没有造成明显的影响, 几乎与电流为 100A + 100A 时的情形一样。这是由于在阳极表面附近电流都比较发散, 如图 4.43 所示, 导致自生磁场的强度变化不大。由于电流密度、磁场和电磁力三个量相互正交, 如图 4.45 所示, 阳极上方 0.15mm 处的电磁力整体上由边缘指向内侧, 随着钨极间距的增加, 到 9mm 时, 相互作用力逐渐减弱, 且集中作用的区

域逐渐分离，与 100A + 100A 的情形相比，此平面的电磁力略偏向于承载 120A 电流的钨极即较大电流钨极的下方。

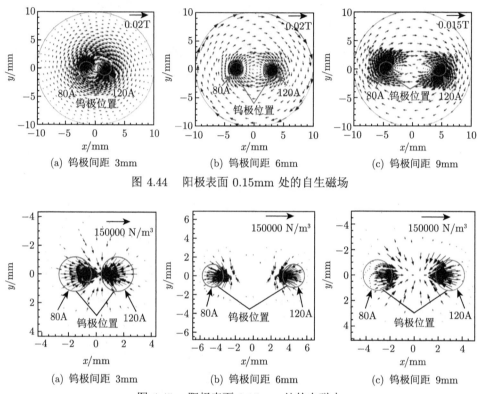

(a) 钨极间距 3mm　　　　(b) 钨极间距 6mm　　　　(c) 钨极间距 9mm

图 4.44　阳极表面 0.15mm 处的自生磁场

(a) 钨极间距 3mm　　　　(b) 钨极间距 6mm　　　　(c) 钨极间距 9mm

图 4.45　阳极表面 0.15mm 处的电磁力

　　图 4.46、图 4.47 和图 4.48 为熔池表面温度场分布随着钨极间距的变化。可见，随着钨极间距的增加，熔池表面温度场逐渐从沿着 y 方向拉长变为沿着 x 方向拉长，且高温区域分离，温度场整体偏向于大电流钨极下方，这种变化从图 4.46 可以更明显地看到。如图 4.47 所示，当钨极间距为 6mm 时，x 方向的温度分布出现微弱的双峰。当钨极间距为 9mm 时，温度分布出现明显的双峰，但是峰值偏向于小电流钨极的下方，如图 4.48 所示。产生这一变化的原因是熔池表面向着 x 负方向的流动较强，电弧热沿着这一方向传递所致，这也与熔深最大处出现在 x 负半轴侧相对应。另外，熔池尺寸也发生明显的改变，x 方向的熔宽逐渐增加，y 方向的熔宽逐渐减小，以致熔宽在 x 方向大于 y 方向。

　　虽然焊接电流不同使得耦合电弧的温度场、流场和电流密度等发生明显改变，但是对熔池的形貌影响很小，这样就可以通过控制电流来改变氧从电弧氛围到熔池的过渡，有利于氧对熔池流动的作用。

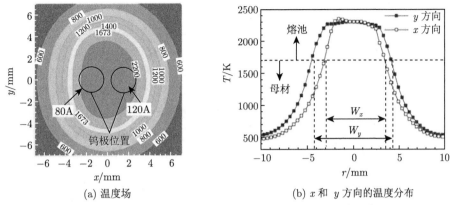

(a) 温度场   (b) x 和 y 方向的温度分布

图 4.46   钨极间距 3mm 时熔池表面温度场 (彩图扫封底二维码)

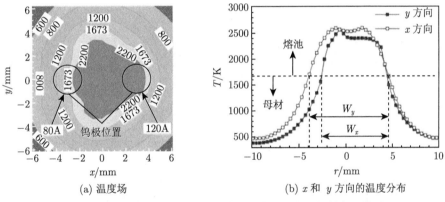

(a) 温度场   (b) x 和 y 方向的温度分布

图 4.47   钨极间距 6mm 时熔池表面温度场 (彩图扫封底二维码)

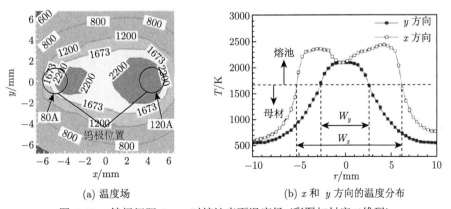

(a) 温度场   (b) x 和 y 方向的温度分布

图 4.48   钨极间距 9mm 时熔池表面温度场 (彩图扫封底二维码)

2) 耦合电弧 AA-TIG 焊

图 4.49~ 图 4.51 为不同钨极间距下耦合电弧 AA-TIG 焊接 2s 时的计算结果。与 (120+80)A 的耦合电弧 TIG 焊相比，电弧温度和流动并无明显改变，电弧最高温度和流速有轻微的波动。熔池流动则与电流为 (100 + 100)A 时的耦合电弧 AA-TIG 焊类似。如图 4.49 所示，当钨极间距为 3mm 时，与耦合电弧 TIG 焊相比，熔池出现强烈的向内流动，最大流速达到 0.41m/s，熔池表面温度略有升高，达到 2521.5K，熔深明显增加，熔宽有所减小。W_x 为 5.5mm，W_y 达到 6.0mm，熔深 D 达到 4.4mm。另外，x-z 面的熔池流动和轮廓不是很对称，熔深最深的位置稍偏向于 x 负半轴。

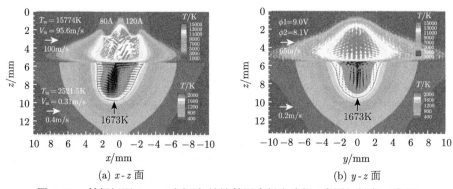

　　(a) x-z 面　　　　　　　　　　　　　　(b) y-z 面

图 4.49　钨极间距 3mm 时电弧–熔池的温度场和流场 (彩图扫封底二维码)

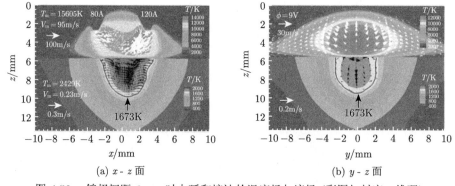

　　(a) x-z 面　　　　　　　　　　　　　　(b) y-z 面

图 4.50　钨极间距 6mm 时电弧和熔池的温度场与流场 (彩图扫封底二维码)

如图 4.50 所示，当钨极间距为 6mm 时，熔池在 x 方向比在 y 方向更宽。熔池流动向内，且熔池轮廓在 x-z 面不对称。与 3mm 间距时不同，熔池最深的位置稍偏向于 x 正半轴。如图 4.51 所示，当钨极间距为 9mm 时，熔池流动与 (100 + 100)A 时的 AA-TIG 焊类似，熔池 x-z 面中心区域出现向外对流，边缘出现向内的流动, 熔池轮廓形成 W 形, 但是在大电流钨极下方较深, 原因是大电流侧的热输入更大。

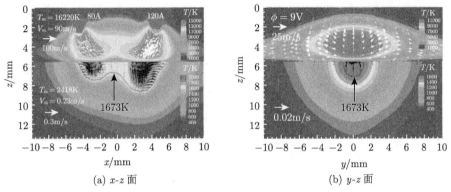

(a) x-z 面

(b) y-z 面

图 4.51 钨极间距 9mm 时电弧熔池的温度场和流场 (彩图扫封底二维码)

图 4.52、图 4.53 和图 4.54 为不同钨极间距下熔池上表面的温度分布。可见, 当钨极间距为 3mm 时, x 方向熔宽小于 y 方向熔宽。当钨极间距为 6mm 时, y 方向熔宽略大于 x 方向熔宽, 而且在大电流钨极下方温度场较扩展, 当钨极间距为 9mm 时, x 方向明显较长, 熔池表面的温度场偏向于大电流钨极下方。随着钨极间距的增加, 熔池表面的温度出现双峰分布, 且峰值出现在大电流钨极下方。这与耦合电弧 TIG 焊时不同。而且, 如 1673K 固相线所示, 熔宽略有减小。

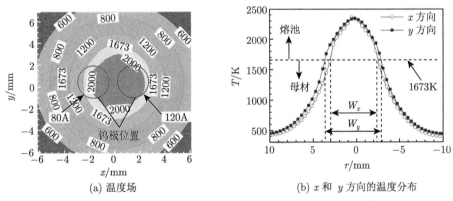

(a) 温度场

(b) x 和 y 方向的温度分布

图 4.52 钨极间距 3mm 时熔池表面温度场 (彩图扫封底二维码)

表 4.6 为 (120 + 80) A 时耦合电弧 TIG 焊和耦合电弧 AA-TIG 焊熔池表面和电弧的最高温度变化。可见, 当钨极间距为 3mm 时, 耦合电弧 AA-TIG 焊的熔池温度略有升高, 而当钨极间距为 6mm 和 9mm 时, 熔池温度降低, 原因如前

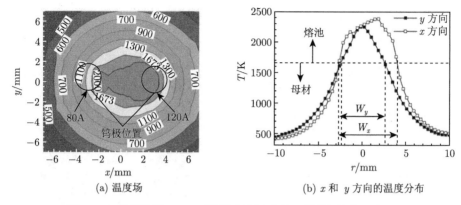

(a) 温度场　　　　　　　　　　(b) x 和 y 方向的温度分布

图 4.53　钨极间距 6mm 时熔池表面温度场 (彩图扫封底二维码)

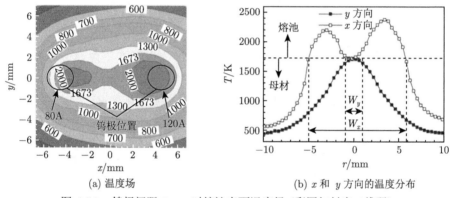

(a) 温度场　　　　　　　　　　(b) x 和 y 方向的温度分布

图 4.54　钨极间距 9mm 时熔池表面温度场 (彩图扫封底二维码)

所述, 即由更强烈的向内对流所致。电弧温度在 3mm 间距下略有降低, 其原因如 4.1.3 节的分析, 由熔池流动导致的熔池表面温度变化和阳极附近电弧的电导率变化所致。而在 6mm 和 9mm 间距下电弧温度几乎不变。

表 4.6　熔池和电弧最高温度变化

	钨极间距 3mm		钨极间距 6mm		钨极间距 9mm	
	电弧温度 T_{mp}/K	熔池温度 T_{ms}/K	电弧温度 T_{mp}/K	熔池温度 T_{ms}/K	电弧温度 T_{mp}/K	熔池温度 T_{ms}/K
耦合电弧 TIG	15894	2464	15625	2587	16265	2444
耦合电弧 AA-TIG	15774	2521	15605	2429	16220	2418

3) 熔池表面热流密度和剪切力

图 4.55～图 4.57 分别为非对称电流耦合电弧 AA-TIG 焊接 2s 时熔池表面的电流密度和热流密度分布, 图 (a) 和 (b) 分别为沿着 x 方向和 y 方向的分布。

可见, 当钨极间距为 3mm 时, 热流密度分布在 x 和 y 方向并不完全重合, 而是在 y 方向相对扩展, 这与电流为 100A + 100A 时的情形相似。而且, 电弧电流的变化对电流密度和热流密度的影响很不明显, 只使它们沿着 x 轴正方向稍有偏移, 如图 4.55(a) 所示。

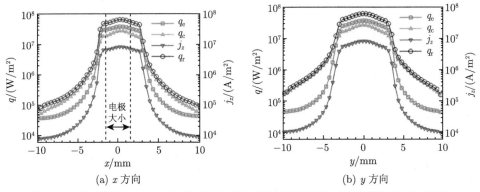

图 4.55 钨极间距 3mm 时熔池表面电流密度和热流密度分布 (彩图扫封底二维码)

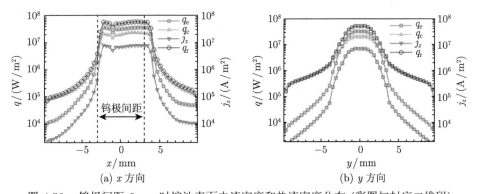

图 4.56 钨极间距 6mm 时熔池表面电流密度和热流密度分布 (彩图扫封底二维码)

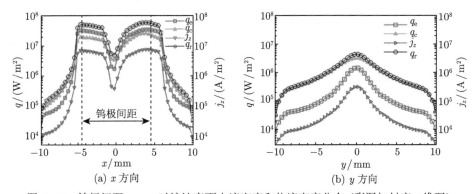

图 4.57 钨极间距 9mm 时熔池表面电流密度和热流密度分布 (彩图扫封底二维码)

当钨极间距为 6mm 时，热流密度和电流密度均出现微弱的双峰，峰值向 x 正方向偏移，且分布不对称。当钨极间距为 9mm 时，热流密度出现明显的双峰，且明显偏向于 x 正半轴。这是由于电流更多地从这一区域通过，所以电流密度较大，温度较高，因而热流密度较大。当钨极间距为 9mm 时，电流密度和热流密度出现明显的双峰分布，由此导致表面温度的双峰分布。热流密度的各组成部分的特点和 100A + 100A 的情形类似。

采用类似的方法可得到阳极总热输入，如图 4.58 所示。可以看到，耦合电弧 TIG 焊和耦合电弧 AA-TIG 焊时的阳极热输入基本不变，同样维持在 1500W 附近，且耦合电弧 AA-TIG 焊时的热输入稍大于耦合电弧 TIG 焊，原因如 4.1.3 节所述，热输入的轻微波动主要是传导热和辐射损失所致，因为对于相同的总电流来说，电子吸收热不变。

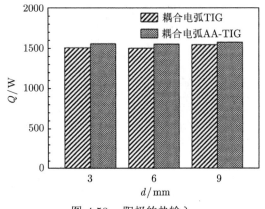

图 4.58   阳极的热输入

图 4.59~ 图 4.64 为 (120 + 80) A 耦合电弧 TIG 焊和耦合电弧 AA-TIG 焊时熔池表面剪切力的变化。与 (100 + 100) A 时的情形类似，耦合电弧 TIG 焊时等离子流拉力 τ_p 的作用比较明显，而耦合电弧 AA-TIG 焊时总剪切力由 τ_M 决定。由熔池轮廓可以看到，它在 x-z 面不对称，而在 y-z 面与 (100 + 100) A 类似，呈现对称的轮廓。因此，这里重点描述剪切力沿 x 方向的分布。

如图 4.59 所示，在钨极间距为 3mm 时，耦合电弧 TIG 焊的 τ_p 和 τ_M 方向一致，总剪切力 $\tau_{M}+\tau_{p}$ 略大于 τ_p。然而，$\tau_{M}+\tau_{p}$ 在 x 正半轴峰值接近 30Pa，而在负半轴不足 20Pa，即正半轴剪切力明显大于负半轴剪切力，因此，x 正半轴的流动比负半轴更强，电弧热被更多地向负半轴方向传递，因此熔深较大处位于这一侧，这就揭示了图 4.39(a) 中熔池轮廓的成因。对于耦合电弧 AA-TIG 焊，剪切力分布出现类似的规律，即 x 正半轴的剪切力稍大于负半轴，因此 x 正半轴的熔池表面流动更强，使得电弧热向着 x 负半轴传输，导致熔深最大处位于 x 负半轴。如图 4.60 所示，y 方向正负半轴的剪切力呈现对称分布，因此最终形成对称的熔池轮廓。同样地，比较图 4.59(a) 和图 4.59(b)，耦合电弧 AA-TIG 焊时，$\tau_{M+\tau_p}$ 比耦合电弧 TIG 焊时大很多，且方向相反，因此造成了熔池内向内的金属对流以及由此引起的热对流，最终形成了明显增加的熔深。

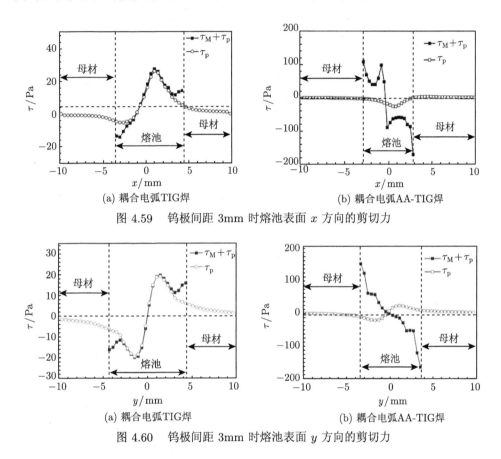

(a) 耦合电弧TIG焊   (b) 耦合电弧AA-TIG焊

图 4.59 钨极间距 3mm 时熔池表面 x 方向的剪切力

(a) 耦合电弧TIG焊   (b) 耦合电弧AA-TIG焊

图 4.60 钨极间距 3mm 时熔池表面 y 方向的剪切力

图 4.61 和图 4.62 为钨极间距为 6mm 时的剪切力分布。在 x 方向，x 正半轴的剪切力大于负半轴，因此由剪切力主导的熔池流动将更多的电弧热向负半轴传递，由此导致图 4.40(a) 中的熔深最大处在 x 负半轴侧。另外，$\tau_{M+\tau_p}$ 在 $x = 3\text{mm}$ 处为零，这意味着在这个位置熔池流动改变，由图 4.40(a) 可见，当 $x > 3\text{mm}$ 时，熔池有微弱的向外流动，而 $x < 3\text{mm}$ 的位置，则出现向内的流动。与 $(100 + 100)$ A 电流时的情形类似，这时的总剪切力由等离子拉力主导。对于耦合电弧 AA-TIG 焊，x 方向 τ_M 接近 200Pa，决定了总剪切力，最终导致了向内的流动和较大的熔深。在 y 方向，耦合电弧 TIG 焊总剪切力与 x 方向的相反，因此 $y\text{-}z$ 面熔池流动向外，如图 4.40(b) 所示。而耦合电弧 AA-TIG 焊的 τ_M 接

近 100Pa，由此使得 y-z 面熔池流动向内，如图 4.54(b) 所示。

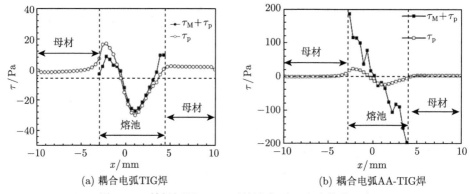

图 4.61　钨极间距 6mm 时熔池表面 x 方向的剪切力

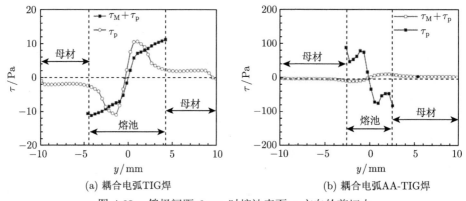

图 4.62　钨极间距 6mm 时熔池表面 y 方向的剪切力

　　图 4.63 和图 4.64 为钨极间距为 9mm 时的剪切力分布。在 x 方向，耦合电弧 TIG 焊剪切力分布与钨极间距为 6mm 时类似，x 正半轴接近 60Pa，明显大于负半轴的 29Pa，但是由于此时间距较大，热输入较分散，熔池轮廓较浅，x-z 面的熔池轮廓没有表现出明显的不对称性。而耦合电弧 AA-TIG 焊的 $\tau_{M+\tau_p}$ 在三个位置过零，因此对应的三个位置熔池流动发生转变，这与 100A + 100A 时的情形类似。不同之处在于 x 正半轴的剪切力稍大，因此熔深最深处位于这一侧，如图 4.56(a) 所示。在 y 方向，剪切力分布与 100A + 100A 时的没有明显的不同。

　　可以看到，在阳极热输入不变的情况下，正是熔池表面这种热流密度和不同于 TIG 焊的剪切力变化导致了熔池截然不同的流动，加上熔池热对流在传热中的主导作用，最终改变了熔池的形貌。

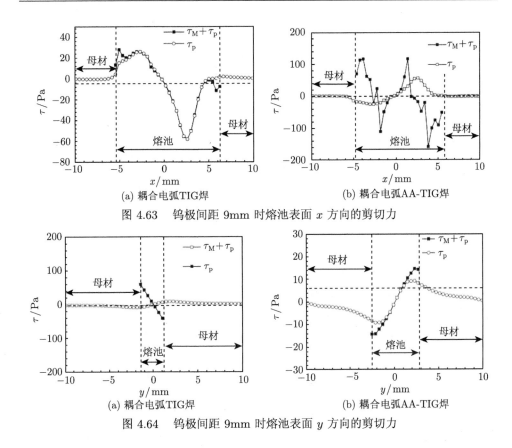

图 4.63　钨极间距 9mm 时熔池表面 x 方向的剪切力

图 4.64　钨极间距 9mm 时熔池表面 y 方向的剪切力

4.2　分离电弧 AA-TIG 焊熔池流动与传热

通过一定的实验, 我们能够得出传统 TIG 焊和 AA-TIG 焊熔深和熔宽随时间的变化如图 4.65 所示。从图中我们能够看出, 在 TIG 焊接的时候, 焊接的熔宽从 1.0 s 时的 6 mm 变为 4.0 s 时的 8.4 mm, 在这个过程中的变化是比较明显的, 但是相对于焊接熔深从 0.5 mm 变为 0.65 mm, 变化却是很小的, 不足 1 mm。但是在进行 AA-TIG 焊时, 熔宽是从 4.7 mm 变为 5.4 mm, 而熔深是从 2.5 mm 变为 4.4 mm。与 TIG 焊相比, 可以清楚地发现, 对于焊接的熔深增加较快, 而对于焊接的熔宽增加较慢。

图 4.66 为焊接的熔池表面电流的密度和热流的密度分布。从图中的曲线分布容易分析出, 当进行 TIG 焊和 AA-TIG 焊时, 熔池表面上的电流密度和热流密度没有明显不同。在 z 方向上的电流密度峰值接近 1×10^7 A/m^2。z 方向电流密度可以导致电子在阳极表面上的吸收热, 即 q_e 的产生过程, z 方向电流密度和电弧与阳极之间的传导热 q_c 以及阳极表面的热辐射 q_r 三部分共同组成了阳极的

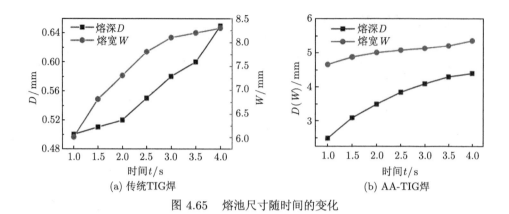

图 4.65　熔池尺寸随时间的变化

热流密度 q_a。通过实验知道 TIG 焊时热流密度峰值可以达到 8.51×10^7 W/m²，AA-TIG 焊时热流密度峰值达到 8.18×10^7 W/m²。如图 4.66 所示，并且在阳极中心区域，电子吸收热 q_e 明显大于传导热 q_c，但是随着焊接熔池半径的增加，会使 q_e 迅速减小，最终导致 q_c 明显大于 q_e。为了能够得到每部分热流的输入功率大小的具体数值，分别对电子吸收热、传导热和辐射热损失在阳极表面上进行积分：

$$Q_a = Q_e + Q_c + Q_r = \int_\Omega q_e ds + \int_\Omega q_c ds + \int_\Omega q_r ds$$

$$= 697.5\text{W} + 450.5\text{W} - 16.6\text{W} = 1131.4\text{W} \tag{4.10}$$

即可以得到总热输入 Q_a 为 1131.4W，在这之中，由于电子吸收所产生的热输入 Q_e 为 697.5 W，同时由热传导产生的热输入 Q_c 为 450.5 W，对于辐射导致的热损失 Q_r 很小，仅仅为 16.6 W。从这些数据可以初步得出，在这其中电子吸收热可作为阳极热输入的主要组成部分，传导热次之，对于焊接电弧向熔池传热过程的这种特点，也可以从大多数的研究中得出。结合计算从而得到的电弧电压为 8.74 V，计算得在 150 A 电流和 3 mm 弧长的焊接条件下，TIG 焊的热输入效率可以达到 86.4‰。

同样方法可得到 AA-TIG 焊时熔池表面的焊接热输入为

$$Q_a = Q_e + Q_c + Q_r = \int_\Omega q_e ds + \int_\Omega q_c ds + \int_\Omega q_r ds$$

$$= 697.5\text{W} + 462\text{W} - 18.5\text{W} = 1141\text{W} \tag{4.11}$$

从计算结果可知，当进行 AA-TIG 焊时，阳极 (母材) 热输入可达到 1141 W，因为温度的升高，辐射所造成的损失会有微小增加，结合电弧的电压 8.71 V，从而可得出焊接热效率达到 87.4‰。结果与 TIG 焊进行对比发现，焊接的热输入和

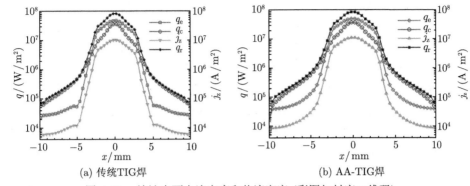

图 4.66 熔池表面电流密度和热流密度 (彩图扫封底二维码)

热效率几乎是保持不变，然而对于焊接熔深却有着显著变化，其根本原因在于熔池的对流产生了相对的改变。在这里需要特别指出的是，这里的研究并没有考虑到阴极和阳极鞘层区，因此计算出来的电压是不包括阴极和阳极所产生的压降的，尤其是阴极的压降，一般会达到 10 V 的数量级，而对于阳极的压降可以认为不会超过 1 V 或者甚至会是微小的负值，因此计算的热输入会偏高。然而对于 TIG 焊和 AA-TIG 焊的阳极热输入数值对比，仍然具有很大的参考价值。

图 4.67 为当 TIG 焊和 AA-TIG 焊在 3 s 时，熔池上表面的剪切力以及温度的分布。可以看到，TIG 焊的熔宽为 8.4 mm，AA-TIG 焊的熔宽为 5.4 mm，从中可以看出熔宽产生了明显的缩小。并且对于 Marangoni 切应力只会在液相区中产生，因而对于总剪切力分布是在这个范围内，两者会处于同一数量级并且其方向是一致的。

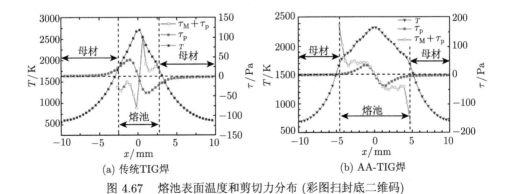

图 4.67 熔池表面温度和剪切力分布 (彩图扫封底二维码)

与 TIG 焊相比，AA-TIG 焊时的熔池表面温度会产生明显的升高，会从 2424 K 上升到 2720 K，熔池表面的温度梯度也会变大，但是对于等离子流拉力却没有明显变化，峰值可达到 42 Pa。而对于总的剪切力即等离子流拉力和 Marangoni 剪切力之和会发生一定的逆转，达到 100 Pa 的数量级，其产生这一现象的原因是表面张力梯度所引起的 Marangoni 剪切力的变化。

　　浮力、电磁力、等离子流拉力以及表面张力单独作用在 3 s 时的熔池流场如图 4.68 所示，从图中可以分析出，浮力驱动流会表现为熔池向外流动的现象，而且流速处于 0.01 m/s 量级，与电弧的电磁力类似，熔池的电磁力的作用同样是向内向下，使熔池的流动会由外向内。等离子流拉力和负表面张力梯度驱动着熔池进行由外向内的流动。但是相比于浮力的作用，其他三种驱动力的作用会较大，以致流速会达到 0.1 m/s 量级。然而，最终导致熔池的流动是由等离子流拉力和表面张力这两种表面力共同决定的，而对于非浮力和电磁力这两种体积力，表面张力的作用往往是大于等离子流拉力。比较图 4.68(c) 和图 4.68(d) 可以发现，流动的区域会变得更宽更浅，这些现象表明表面张力所导致的向外流动作用更加强烈，因为等离子剪切力从总体上看小于 Marangoni 剪切力，如图 4.68(b) 所示。结合这几种驱动力的单独作用下的熔池流速情况，可以得到它们的作用力的大小排序依次为：表面张力、等离子流拉力、电磁力、浮力。

　　浮力、电磁力和表面张力的相对作用的大小，可以用无量纲数 Gr、Rm 和 Ma，即格拉晓夫数、磁雷诺数和表面张力雷诺数来进行描述。浮力和黏性力的相对大小由下式进行定义：

$$Gr = \frac{g\beta L_B^3 \Delta T \rho^2}{\mu^2} \tag{4.12}$$

式中，g 为重力加速度，β 为热膨胀系数，L_B 为熔池浮力特征的长度，一般取熔池半径的 1/8，ΔT 为熔池最高温度和固相温度的差值，ρ 为熔池密度大小，μ 为黏度。对于不锈钢 TIG 焊的焊接熔池，根据模型的计算结果，可取值为 $\rho = 7000$kg/m^3，$\beta = 10^{-4}$K^{-1}，$L_B = 6.25 \times 10^{-4}$m，$\mu = 5.5 \times 10^{-4}$kg/(m·s)，$\Delta T = 650$ K。由这些给出的数值可以求得，在进行传统的 TIG 焊时，$Gr = 252$。在进行 AA-TIG 焊时，$\Delta T = 1047$ K，$L_B = 4.4 \times 10^{-4}$m，$Gr = 65$。

　　磁雷诺数可定义为电磁力和黏性力的比值，即：

$$Rm = \frac{\rho \mu_{\mathrm{m}} I^2}{4\pi^2 \mu^2} \tag{4.13}$$

　　表面张力的雷诺数则可由下式计算得出

$$Ma = \frac{\rho L_{\mathrm{R}} \Delta T \left| \dfrac{\mathrm{d}\gamma}{\mathrm{d}T} \right|}{\mu^2} \tag{4.14}$$

式中，μ_{m} 为材料的磁导率，L_{R} 为特征长度，取熔池上表面半径，$\mathrm{d}\gamma/\mathrm{d}T$ 为表面张力温度系数。可见 Rm 并不会产生变化，代入计算可得出 $Rm = 1.66\times10^{-5}$。在进行 TIG 焊时，$Ma = 4.44\times10^{5}$，进行 AA-TIG 焊时，$Ma = 4.17\times10^{5}$。从这些数据可以判断出这三个力之间的相对作用大小。比如对于 Rm 和 Gr 之比表示的是电磁力和浮力的相对作用大小，即：

$$R_{\mathrm{M/B}} = \frac{Rm}{Gr} \tag{4.15}$$

可以求得这个比值的大小为 659。表面张力与浮力的相对大小则可由 Ma 和 Gr 之比给出

$$R_{\mathrm{S/B}} = \frac{Ma}{Gr} \tag{4.16}$$

从这个公式可求得在 TIG 焊时，$R_{\mathrm{S/B}}$ 为 1465，AA-TIG 焊时大小为 6415。由此，这三个力的作用大小排列依次为表面张力、电磁力和浮力。再结合图 4.68(b) 内容，可以确定熔池流动的最主要驱动力是由于表面张力的作用，即表面张力梯度产生的 Marangoni 切应力导致熔池产生由内向外的流动。由图 4.68(c) 和图 4.68(d) 可以看到，等离子流拉力的作用与表面张力作用基本一致，同样导致熔池产生由内向外的流动。

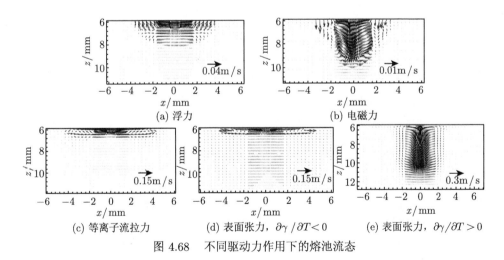

图 4.68　不同驱动力作用下的熔池流态

虽然一直以来对于不锈钢 A-TIG 焊熔深增加的机制早已经被广泛地研究并基本阐明，但是其重点基本上都偏向于强调熔池金属在熔池中的流动的改变，较少或者很少提及这种流动所导致的熔池热传导与热对流效应的改变。在这里应当

指出的是，作为两种主要的传热模式，热传导和热对流的相对强弱大小对于不同的材料而言不尽相同。因此，简单地从流动的改变就得出熔深增加的结论就会显得并不严谨。对于不锈钢的焊接熔池，同时存在着热传导和热对流两种主要的热传递过程，为了区分是这两种传递过程中哪种过程起着主要的作用，用无量纲数 Pe 即 Peclet 数来做一估计。

$$Pe = \frac{u\rho c_{\mathrm{p}} L_{\mathrm{r}}}{k} \tag{4.17}$$

式中，u 为速度，ρ 为密度，c_{p} 为比热，L_R 为特征熔池长度，取熔池上表面半径，k 为热导率。结合本书的计算结果，TIG 焊时，取这些值分别为 $u = 0.1$ m/s，7000 kg/m^4，$c_{\mathrm{p}} = 600$ J/kg，$L_R = 0.005$ m，$k = 20$ W/(m·K)，可求得 Pe 为 105。AA-TIG 焊时，$L_R = 0.0027$ m，u 相应的大一点，取 0.15 m/s，可得 Pe 为 85。由此，当熔池在不断变大时，其传热过程是由热对流主导的，热传导居于次要地位，然而在固相区域，只有热传导作用，因此母材的尺寸大小对熔池的形成以及尺寸都会有很明显的影响。TIG 焊与 AA-TIG 焊中熔池流动的无量纲数见表 4.7。

表 4.7　　熔池流动的无量纲数比较

无量纲数	Gr	Rm	Ma	$R_{\mathrm{M/B}}$	$R_{\mathrm{S/B}}$	Pe
TIG	252	1.66×10^5	4.44×10^5	659	1465	105
AA-TIG	65	1.66×10^5	4.17×10^5	2554	6415	85

　　结合前面的分析，可得到如图 4.69 所示的 TIG 焊和 AA-TIG 焊熔池对流和传热过程，其中辐射损失很小。TIG 焊时，在 Marangoni 切应力的主导作用下，熔池金属由内向外流动，这种流动会将电弧输入的大部分热量从熔池中心传递到熔池边缘，使得熔池向外扩展，而只有小部分的热量经热传导作用直接由熔池上表面向下传递，最终会导致形成浅而且宽的熔池形貌和焊缝成形。AA-TIG 焊时，熔池流动由边缘向中心，大部分电弧热量随着液态金属的流动直接被传递到熔池中心，并向熔池底部传递，而热传导的作用几乎不变，最终形成了深而窄的熔池形貌。换句话说，负表面张力温度系数的改变导致的熔池金属流动形式的改变是形成 TIG 焊和 AA-TIG 焊截然不同的熔池形貌的根本原因，而热对流的主导作用则是直接原因。因此，添加活性元素改变表面张力温度系数使之为正就可以使熔深增加，这也是不锈钢活性 TIG 焊 (A-TIG) 熔深增加机制的主要结论。

　　模拟与实验的结果比较如图 4.70 所示。尽量保证实验条件与模拟的一致，包括焊接电流、弧长、焊接时间、气流量、母材材料和尺寸等。可以看到熔宽吻合良好，熔深有 0.5 mm 的差别，模拟计算的比实际的窄且深，但总体上都形成了宽而浅的熔池形貌，模拟计算的深宽比为 0.078，实验所得为 0.092。AA-TIG 焊时形成深而窄的熔池形貌，相比之下，计算的熔深较深，而熔宽较浅，可见模型中阳极热流密度分布半径比实际的窄，这主要是由于对阳极区传热的简化处理造成的。

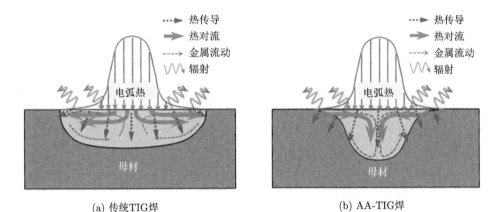

(a) 传统TIG焊　　　　　　　　　　　　　(b) AA-TIG焊

图 4.69　熔池对流与传热示意图 (彩图扫封底二维码)

由图 4.70 可以看出，AA-TIG 焊时，熔深明显增加，熔宽略有收缩，数值模拟显示的收缩程度更加明显。虽然没有电弧的收缩作用，但是不锈钢 AA-TIG 焊时熔宽仍有收缩，这主要由于熔池金属的流动改变所致。TIG 焊与 AA-TIG 焊的焊缝尺寸见表 4.8。

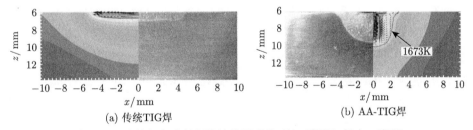

(a) 传统TIG焊　　　　　　　　　　　　　(b) AA-TIG焊

图 4.70　计算与实验所得熔池截面形貌对比 (彩图扫封底二维码)

表 4.8　焊缝尺寸对比

	熔宽 W/mm		熔深 D/mm	
	实验值	计算值	实验值	计算值
TIG	8.2	8.4	0.85	0.65
AA-TIG	8.4	5.4	4.9	4.4

　　实际上，阳极和阴极区偏离了 LTE，阳极金属蒸气也会对电弧行为产生影响，这些都会导致阳极热输入与实际有些许差别。材料的热物性参数，包括电弧等离子和不锈钢等，大多来自实验测定，也不一定与实验所用材料的属性完全一致。由于电弧压力的存在，熔池自由表面会产生变形，这种变形会对阳极电流密度、热流密度和等离子流拉力产生影响，进而影响熔池形貌。虽然在本章的条件下，这个变形的影响很小，但是也会引入细微的误差，而在大电流条件下则是不可忽视的。

<h1 style="text-align:center">参 考 文 献</h1>

董文超, 陆善平, 李殿中, 等, 2008. 微量活性组元氧对焊接熔池 Marangoni 对流和熔池形貌影响的数值模拟 [J]. 金属学报, 44(2): 249-256.

樊丁, 陈剑虹, 牛尾诚夫, 1998. TIG 电弧传热传质过程的数值分析 [J]. 机械工程学报, (2): 40-46.

樊丁, 黄自成, 黄健康, 等, 2016. O 元素分布模式与 AA-TIG 焊熔池形貌的数值模拟 [J]. 焊接学报, 37(02): 38-42, 131.

樊丁, 黄自成, 黄健康, 等, 2016. 活性元素氧对 AA-TIG 焊熔池传输行为影响的数值模拟 [J]. 焊接学报, 37(03): 62-66, 131-132.

张建晓, 樊丁, 黄勇, 2017. 单枪耦合电弧 AA-TIG 焊 [J]. 焊接学报, 38(10): 47-50, 131.

赵玉珍, 雷永平, 史耀武, 2004. A-TIG 焊中氧含量对熔池流动方式影响的数值模拟 [J]. 金属学报. 40(10): 1085-1092.

Choo R T C , Szekely J, Westhoff R C, 1990. Modeling of high-aurrent arcs with emphasis on free surface phenomena in the weld pool[J]. Welding Journal, 69(9): 346-361.

DebRoy T, David S A, 1995. Physical processes in fusion welding[J]. Reviews of Modern Physics, 67(1): 85-112.

Hong K, Weckman D C, Strong A B, et al, 2002. Modelling turbulent thermo-fluid flow in stationary gas tungsten arc weld pools[J]. Science and Technology of Welding and Joining, 7(3): 125-136.

Kim W H, Fan H G, Na S J, 1997. Mathematical model of gas tungsten arc welding considering the cathode and the free surface of the weld pool[J]. Metallurgical and Materials Transactions B, 28(4): 679-686.

Matsuda F, Ushio M, Kumagai T, 1986. Study on gas-tungsten-arc electrode (Report 1): Comparative study of characteristics of oxide-tungsten cathode[J]. Tranactions of JWRI, 15(1): 13-19.

Patankar S V, 1984. 传热和流体流动的数值计算 [M]. 张政译. 北京: 科学出版社, 6.

Sansonnens L, Haidar J, Lowke J J, 2000. Prediction of properties of free burning arcs including effects of ambipolar diffusion[J]. Journal of Physics D: Applied Physics, 33(2): 148–157.

Tanaka M, Lowke J J, 2017. Predictions of weld pool profiles using plasma physics[J]. Journal of Physics D: Applied Physics, 40(1): R1–R23.

Tanaka M, Terasaki H, Ushio M, et al, 2002. A unified numerical modeling of stationary tungsten-inert-gas welding process[J]. Metallurgical and Materials Transactions A, 33(7): 2043-2052.

Zhang W, Roy G G, Elmer J W. et al, 2003. Modeling of heat transfer and fluid flow during gas tungsten arc spot welding of low carbon steel[J]. Journal of Applied Physics, 93(5): 3022-3034.

第 5 章　外加磁场与金属蒸气作用下焊接电弧行为数值模拟研究

5.1　外加磁场下弧焊研究与发展

最早外加磁场在焊接领域的研究与应用主要利用其电磁搅拌作用细化焊缝晶粒，提高焊缝质量。随着磁控焊接技术研究的深入以及磁场装置的不断改进，通过外加不同形式的磁场获得不同分布特征的焊接电弧以及稳定的熔滴过渡过程成为焊接研究人员关注的焦点。

5.1.1　磁控焊接电弧行为

横向磁场与电弧的轴向电流作用产生的电磁力方向与磁场和电流作用平面垂直，使电弧发生偏移。相关研究人员对外加交变横向磁场作用下的焊接电弧偏吹现象进行了研究，建立了电弧传感器的动特性分析模型，发现外加交变横向磁场控制的电弧振动效应将改变电弧长度，并引起电弧电压信号呈周期性波动，当振荡频率超过 15Hz 时，由于电磁线圈感抗增大，实验测量和模拟计算的焊接电压振幅均发生一定程度的衰减，这一问题可以通过增大励磁电流来解决。部分研究采用数值模拟方法对外加直流横向磁场作用下的电弧行为进行分析，用这种偏移电弧行为近似代替移动焊接过程中的电弧行为。对外加交变横向磁场对焊接电弧的影响也进行了进一步研究，发现随着外加磁场频率增大，电弧收缩程度增加，但对于磁控电弧收缩机制没有作深入研究。

轴向磁场 (与横向磁场相对应，也称为纵向磁场) 作用在电弧上，与径向电流相作用，产生环向电磁力令电弧旋转。通过研究外加直流轴向磁场作用下直流 TIG (tungsten inert gas) 焊电弧行为得到，外加直流轴向磁场后电弧旋转，母材表面电流密度及压力分布呈双峰分布，且外加磁场会导致焊接电压升高。研究人员经过实践，使用拍摄磁控钨极氩弧焊电弧单色图像的方法，并利用 Flowler-Milne 法计算得到了外加直流轴向磁场作用下的电弧温度场，研究了磁感应强度、焊接电流和弧长对电弧温度场的影响。结果表明：在外加直流轴向磁场作用下，电弧下端出现低温腔，随着磁感应强度不断增大，在洛伦兹力与电磁收缩力的共同作用下电弧出现"先扩张后收缩"的现象，外加磁场作用下的 TIG 焊电弧温度场单色图片如图 5.1 所示。

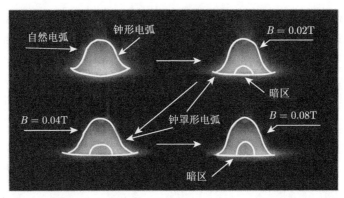

图 5.1 外加直流轴向磁场磁感应强度逐渐增大时 TIG 焊电弧形态演变过程

结合相关实验结果,通过数值模拟方法研究发现,电弧低温腔的出现主要是外加直流轴向磁场引起的电弧旋转导致的,TIG 焊电弧流场数值模拟结果如图 5.2 所示。从已有的磁控焊接技术研究现状可以看出,要想清楚地认识磁控作用机制,最为有效的办法是将实验和模拟手段相结合。

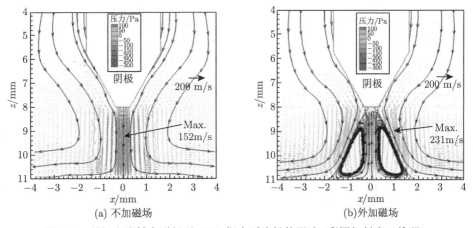

图 5.2 外加直流轴向磁场对 TIG 焊电弧流场的影响 (彩图扫封底二维码)

外加交变轴向磁场对常用的直流正接 TIG 焊电弧的影响主要表现在低频时电弧在阳极扩展以及高频时电弧在阳极收缩。研究发现:外加直流或低频磁场作用下 TIG 焊电弧形态由锥形变为钟罩形,电弧压力分布由正态分布变为环形双峰分布,随着磁场频率的提高,环形双峰逐渐消失。外加高频磁场作用下的焊接电弧产生了磁压缩现象,但是关于收缩机制的解释还需要更深入的研究,低频和高频轴向磁场作用下的 TIG 焊电弧特性如图 5.3 所示。

大多数对于外加磁场作用下焊接电弧行为的研究都是选择弧长稳定的 TIG

焊电弧作为研究对象。通过研究外加低频交变轴向磁场作用下的熔化极惰性气体保护焊 (MIG) 电弧行为, 发现在外加磁场作用下电弧偏离轴线, 当磁场频率为 10Hz, 励磁电流为 30A, 送丝速度为 12m/min (电流约 200A) 时, 最大偏转角能够达到 45°。在 MIG 焊接过程中加入 10Hz 低频交变轴向磁场, 发现磁场的作用会导致焊接电流下降, 与磁控 TIG 焊接过程不同, 这是由焊接电源外特性不同导致的。

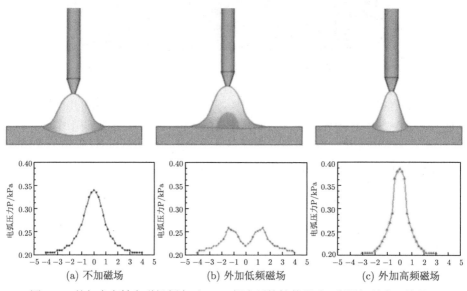

图 5.3　外加交变轴向磁场频率对 TIG 焊电弧特性的影响 (彩图扫封底二维码)

　　双尖角磁场自 1971 年在 IIW (international institute of welding) 年会上被提出以来, 由于其控制下的焊接电弧具有椭圆形态, 受到部分学者关注。外加双尖角磁场控制电弧机制如图 5.4 所示, 外加磁场改变了焊接电流的自感应电磁收缩力, 使其在一个方向收缩力加强, 在垂直的另一个方向收缩力减弱, 电弧形态变为椭圆形。相关科研人员利用外加双尖角磁场对等离子弧进行压缩形成的椭圆形电弧, 在穿孔等离子弧焊接中得到较好的应用。经实践验证, 利用高速摄像拍摄了不同平面内双尖角磁场作用下的 TIG 焊电弧形态, 同时用数值模拟方法分析了磁铁摆放位置对磁控电弧形态的影响, 发现垂直放置磁铁具有更好的电弧收缩效果。

　　所应用的旋转磁场发生装置原理图如图 5.5 所示。电弧处于三对电磁铁的正中心, 电磁铁交替导通, 形成旋转的横向磁场, 电弧在旋转磁场的作用下做相同频率的旋转运动, 旋转频率可达到 50~600Hz。通过控制电弧旋转频率及旋转角度达到改善焊缝成形及焊接质量的目的。

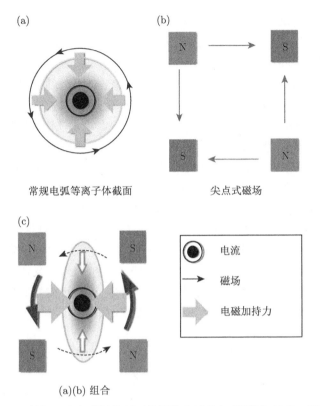

图 5.4 外加双尖角磁场控制下的焊接电弧形态 (彩图扫封底二维码)

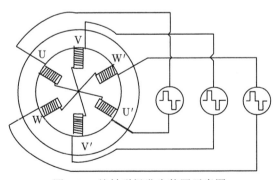

图 5.5 旋转磁场发生装置示意图

5.1.2 磁控熔滴过渡行为

国内研究团队研究了不同励磁电流下 10Hz 交变轴向磁场作用下 MIG 焊熔滴过渡行为, 发现熔滴做顺时针和逆时针交替的旋转运动, 过渡频率增大, 但是当励磁电流超过 20A 时，熔滴将无法过渡到焊缝中，形成较大飞溅。在激光 MIG (laser-MIG) 复合焊中，电弧和熔滴区域利用永久性磁铁引入直流轴向磁场，可以增强电弧挺度，提高抗激光干扰能力。

　　除了熔滴形态，焊接过程中由于熔滴过渡不稳定形成的焊接飞溅直接决定了焊接质量的好坏。GMAW 中，CO_2 气体保护焊是非常容易产生焊接飞溅的一种焊接方法。外加直流轴向磁场控制 CO_2 气体保护焊接方法，认为外加轴向磁场可以改善熔滴过渡和焊缝成形，同时形成的熔池搅拌作用使得焊缝晶粒细化。研究发现，当外加直流轴向磁场的大小为 0.03T 且磁场极性为上 N 极下 S 极时，CO_2 气体保护焊的飞溅率被降至最低。研究人员针对低碳钢 Q235 的 CO_2 气体保护焊过程，测量了不同磁感应强度下的焊接飞溅率，结果表明，当磁感应强度低于 0.005T 时，外加直流轴向磁场能有效地控制 CO_2 气体保护焊短路过渡中的焊接飞溅，当磁感应强度进一步增大时，控制效果降低，飞溅甚至加重。交变轴向磁场同样对焊接飞溅具有较好的控制效果，通过对磁控 CO_2 气体保护焊短路过渡行为的研究发现，随着磁场频率的增加，磁场对焊接飞溅的控制效果变好，磁场频率对 CO_2 气体保护焊短路过渡飞溅率的影响如图 5.6 所示。

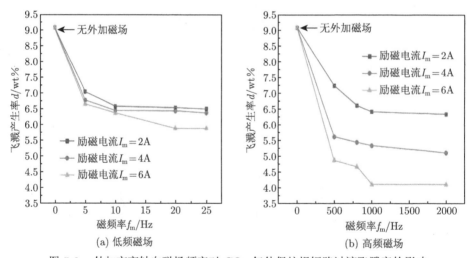

图 5.6　外加交变轴向磁场频率对 CO_2 气体保护焊短路过渡飞溅率的影响

　　借助高速摄像，对外加交变轴向磁场作用下 MIG 焊熔滴过渡行为进行研究，分析认为可以通过调整合适的励磁电流和励磁频率从而改变熔滴过渡频率与熔滴尺寸，并获得成形良好的焊缝。

　　除了短路过渡和滴状过渡，为了完善磁控大电流 GMAW 工艺，可以对轴向磁场作用下熔滴旋转射流过渡过程进行研究。从增强工程实用性、磁控效果、冷却效果和气体保护效果等角度出发，研究人员设计了两种新型的磁场发生装置，并进行了磁控大电流 MAG 平板堆焊和角焊缝焊接工艺实验。实验结果表明，当采用所设计的磁场发生装置进行焊接时，焊接飞溅小，焊缝成形良好，且加入铁芯后，明显优于采用空心线圈作为磁头的焊接效果，在达到相同磁感应强度的情况下，线圈匝数由此前的上千匝缩减到之后的 50 匝，大大降低了磁头的安装难度。研究了不同励磁电流对 MAG 焊射流过渡过程中的电弧行为、焊丝熔化特性、熔滴过渡机制和焊缝成形的影响规律,不同励磁电流下电弧和熔滴过渡形态如图 5.7 所示，当外加直流轴向磁场磁感应强度越大时，电弧被压缩得越明显，且液流束旋转半径越大。

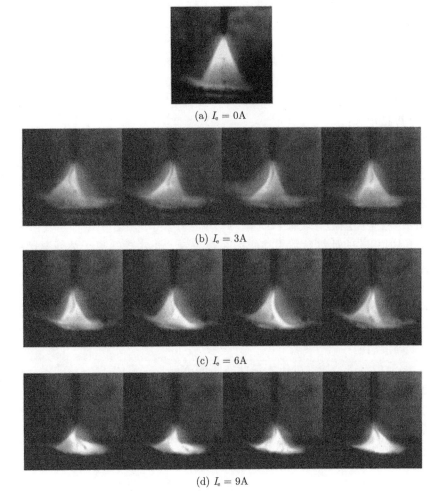

(a) $I_e = 0A$

(b) $I_e = 3A$

(c) $I_e = 6A$

(d) $I_e = 9A$

图 5.7　外加直流轴向磁场对大电流 MAG 焊电弧形态的影响

5.2   外加磁场对 GTAW 焊影响的数值模拟

气体保护钨极电弧焊 (GTAW) 电弧因为弧长稳定，是研究外加磁场对焊接电弧影响的最好选择。在建立 GTAW 电弧–熔池耦合数学物理模型时，考虑到外加磁场对电弧和阴极 (钨极) 边界处电场耦合的影响，计算区域也包括了阴极。在此基础上研究了外加直流轴向磁场作用下的 GTAW 过程，特别地，还研究了外加直流横向磁场作用下的非轴对称焊接电弧行为，可以近似表征移动焊时的三维 GTAW 电弧特性。已有研究结果表明，少量的金属蒸气就会对焊接电弧产生巨大影响，特别是对电弧等离子体电导率和净辐射系数产生显著的影响，因此在数学物理模型中还考虑了金属蒸气行为。

5.2.1   数学建模

为了更好地分析 GTAW 焊接的成形与电弧特性，我们对电弧行为进行进一步的数值模拟与分析，考虑到整个等离子体燃烧过程的复杂性，为了能够使计算可行，做出如下假设。

对于焊接电弧：

(1) 计算中考虑的焊接电弧始终是处于层流状态下的 Newton 流体，且处于标准大气压下。由于考虑了时间项计算液态金属流动，焊接电弧与熔池一样，采用非稳态计算。

(2) 基于局部热力学平衡状态假设，即不考虑电子温度和重离子温度的差异性，用同一粒子温度进行表征。

(3) 辐射相关的计算参数用净辐射系数表示，不考虑等离子体低温部分对辐射能量的吸收。

(4) 忽略电弧黏性效应导致的热损失。

(5) 等离子体物理属性如密度、电导率、热导率等仅为温度和铁蒸气浓度的函数，采用基于质量分数或摩尔分数的二元线性插值方式进行描述。

对于焊接熔池：

(1) 熔池中液态金属是处于层流状态下的 Newton 流体；

(2) 采用 Boussinesq 近似处理熔池中的浮力；

(3) 熔池的自由表面为平面，且忽略其质量损失，同时认为由熔池表面蒸发的金属蒸气仅包括铁蒸气 (母材为 SUS304 不锈钢)。

对于电弧等离子体和液态金属，各物理量如表 5.1 所示。

表 5.1 方程与对应变量的意义

控制方程	Φ	Γ_Φ	S_Φ
质量	1	0	0
动量	v	μ	$-\nabla P + \boldsymbol{j} \times \boldsymbol{B} + \rho \boldsymbol{g} + \boldsymbol{S}_{\mathrm{u}}$
能量	H	k/c_{p}	S
金属蒸气质量分数	C_0	D	0
电场	V	σ	0
磁场	A	1	$\mu_0 \boldsymbol{j}$

其中，$\boldsymbol{S}_{\mathrm{u}}$ 为动量源项，根据多孔介质 Carman-Kozeny 方程，获得描述相变的动量源项 $\boldsymbol{S}_{\mathrm{u}}$，即

$$\boldsymbol{S}_{\mathrm{u}} = -C \frac{(1-f_1)^2}{f_1^3 + B} \boldsymbol{v} \tag{5.1}$$

C 和 B 都是常数，f_1 为液相体积分数，假设它随温度线性变化，如下所示：

$$f_1 = \begin{cases} 0, & T \leqslant T_{\mathrm{s}} \\ \dfrac{T - T_{\mathrm{s}}}{T_1 - T_{\mathrm{s}}}, & T_{\mathrm{s}} < T \leqslant T_1 \\ 1, & T > T_1 \end{cases} \tag{5.2}$$

在电弧区域，由于不存在相变过程，S_{u} 为 0。H 为焓，k 为热导率，C_{p} 为比热，S 为能量源项，在电弧区域中表示为

$$S = \frac{j^2}{\sigma} + \frac{5k_{\mathrm{B}}}{2e} \boldsymbol{j} \cdot \nabla T - 4\pi\varepsilon_n \tag{5.3}$$

方程的右边包括焦耳热、电子输运焓和电弧辐射损失；k_{B} 为玻尔兹曼常量；e 为元电荷；ε_n 为考虑 Ar-Fe 混合的净辐射系数。在近阴极区和近阳极区温度梯度很大，因此电子输运焓项会影响耦合计算的收敛。本章采用的是 Lowke 简化阴极模型，该简化模型忽略了电子焓输运项，并在研究中发现忽略这一项后能够获得与实验结果吻合良好的计算结果。另外，关于 GMAW 电弧行为的许多研究也都没有考虑电子焓输运项。熔池区域中考虑了熔化潜热的作用，公式如下

$$S = \frac{\partial \rho f_1 L}{\partial t} + \nabla \cdot (\rho \boldsymbol{v} f_1 L) \tag{5.4}$$

式中，L 为钢的熔化潜热。

C_0 为铁蒸气质量分数，D 为铁蒸气质量分数守恒方程扩散项中的二元扩散系数，通过下面的公式计算得到

$$D = \frac{2\sqrt{2}\left(1/M_1 + 1/M_2\right)^{0.5}}{\left\{\left(\rho_1^2/\beta_1^2\mu_1^2 M_1\right)^{0.25} + \left(\rho_2^2/\beta_2^2\mu_2^2 M_2\right)^{0.25}\right\}^2} \tag{5.5}$$

式中，M_1 和 M_2 是铁和氩原子的摩尔质量；ρ_1、μ_1 和 ρ_2、μ_2 分别是铁蒸气和氩气的密度及黏度；β_1、β_2 是无量纲常数。

此外还包括欧姆定律和磁感应强度 B 的亥姆霍兹分解方程。本章涉及的外加磁场包括直流轴向磁场和直流横向磁场，其中直流轴向磁场是磁感应强度为 0.02T 的匀强磁场，方向竖直向下，该磁感应强度也是实验中励磁线圈在焊接电弧区域感应产生的外加磁场所能达到的最大磁感应强度。考虑到较大的外加直流横向磁场会导致 GTAW 引弧困难，甚至无法引弧，模型中选择的磁感应强度为相对较小的 0.001T，方向沿 y 方向的匀强磁场，两种不同磁场形式如图 5.8 所示，由此形成的外加电磁力源项如表 5.2 所示。

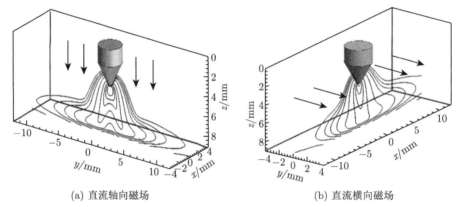

(a) 直流轴向磁场　　　　　　　　　　　(b) 直流横向磁场

图 5.8　外加磁场形式

表 5.2　外加电磁力源项

	直流轴向磁场	直流横向磁场
x 方向	$\left(\vec{B}_z + 0.02\right) \times \vec{j}_y - \vec{B}_y \times \vec{j}_z$	$\vec{B}_z \times \vec{j}_y - \left(\vec{B}_y + 0.001\right) \times \vec{j}_z$
y 方向	$\vec{B}_x \times \vec{j}_z - \left(\vec{B}_z + 0.02\right) \times \vec{j}_x$	$\vec{B}_x \times \vec{j}_z - \vec{B}_z \times \vec{j}_x$
z 方向	$\vec{B}_y \times \vec{j}_x - \vec{B}_x \times \vec{j}_y$	$\left(\vec{B}_y + 0.001\right) \times \vec{j}_x - \vec{B}_x \times \vec{j}_y$

5.2.2　几何模型与边界条件

几何模型与边界如图 5.9 所示，相关计算域及焊接参数如表 5.3 所示。需要指出的是，为了模拟真实焊接过程中钨极尖端会被少量烧损的情况，在钨极尖端设置了 0.5mm 直径的凸台，同时这样一来，整个计算域的网格划分均可以采用结构化网格，保证计算精度。

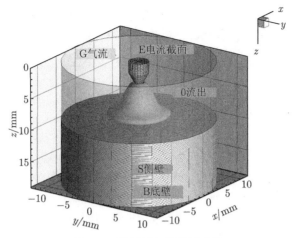

图 5.9　计算域与边界示意图

表 5.3　计算域及焊接参数

参数	值
钨极直径	3.2mm
钨极尖端角度	60°
钨极尖端凸台直径	0.5mm
弧长	5mm
母材厚度	10mm
计算域直径	24mm
Ar 气流量	10L/min
焊接电流	200A

板材侧面 (side wall) 和底面 (bottom wall) 的热边界条件为

$$-k\frac{\partial T}{\partial \vec{n}} = -h_c \left(T_w - T_0\right) - \varepsilon_0 \sigma_0 \left(T_w^4 - T_0^4\right) \tag{5.6}$$

式中，k 为热导率；$\vec{n}$ 为边界外向法向量；h_c 为对流换热系数；T_w 为壁面温度；T_0 为室温；ε_0 为壁面辐射散热系数 (与净辐射系数 ε_n 相区别)；σ_0 为斯特藩–玻尔兹曼常数。阳极母材上表面传热按如下公式计算：

$$q_a = -k_{\text{eff}} \left(\frac{T_{\text{aw}} - T_{\text{ap}}}{\delta_a}\right) + |j_z| \Phi_a - \varepsilon_0 \sigma_0 T_a^4 \tag{5.7}$$

式子的右侧三项分别为：电弧对母材上表面即阳极表面的热传导、电子带入阳极的热量以及壁面辐射散热项。k_{eff} 为靠近阳极侧电弧等离子体的热导率，j_z 为 z 方向的电流密度，Φ_a 为阳极功函数对应的电压，对于 SUS304 不锈钢材料而言，取 4.65V。T_{aw} 和 T_{ap} 分别为阳极表面的温度和紧邻阳极的第一层网格中的电弧温度；δ_a 为靠近阳极上表面电弧区域第一层网格厚度的一半，依据几何模型网格划分，取 0.1mm。阴极边界热流满足

$$q_c = -k_{\text{eff}} \left(\frac{T_{cw} - T_{cp}}{\delta_c} \right) + |j_i| V_i - |j_e| \Phi_c - \varepsilon_0 \sigma_0 T_c^4 \tag{5.8}$$

等式右边包括热传导、离子热效应、电子发射冷却效应和壁面辐射散热。T_{cw} 和 T_{cp} 分别是阴极壁面温度和紧邻壁面的第一层电弧网格温度，δ_c 为第一层网格厚度的一半，与 δ_a 一样，也等于 0.1mm，j_i 是离子电流密度，V_i 是保护气体的电离能，j_e 是电子电流密度，Φ_c 是阴极材料功函数对应的电压，对于钨极而言通常取 4.52V，T_c 是阴极表面温度。为了计算 j_e 和 j_i，根据 Richardson-Dushman 定律，阴极热电子发射形成的电流密度 j_e 为

$$j_e = A T_c^2 \exp \left(\frac{e\Phi_c}{k_B T_c} \right) \tag{5.9}$$

其中，A 是 Richardson 常数，取 $3 \times 10^4 \text{A}/(\text{m}^2 \cdot \text{K}^2)$，总电流 j 满足 $|j| = |j_e| + |j_i|$。

熔池上表面的动量边界条件为

x 方向：

$$\tau_x = \tau_{Px} + \tau_{Mx} = -\mu_P \frac{\partial \vec{v}_x}{\partial z} + \frac{\partial \gamma}{\partial T} \frac{\partial T}{\partial x} \tag{5.10}$$

y 方向：

$$\tau_y = \tau_{Py} + \tau_{My} = -\mu_P \frac{\partial \vec{v}_y}{\partial z} + \frac{\partial \gamma}{\partial T} \frac{\partial T}{\partial y} \tag{5.11}$$

式中，τ_P 表示等离子体流剪切力，τ_M 表示 Marangoni 力，μ_p 为阳极表面上方的等离子体的黏度，T 为熔池表面温度，γ 为表面张力，$\partial \gamma / \partial T$ 为表面张力温度系数，对于 SUS304 不锈钢材料而言取 −0.0002N/(m·K)。

在阳极表面温度高于熔点的区域中，金属蒸气质量分数 C_0 采用饱和蒸气压公式进行计算：

$$C_0 = \frac{P_v M_1}{P_v M_1 + (P_0 - P_v) M_2} \tag{5.12}$$

式中，P_0 是标准大气压，P_v 是金属蒸气分压，具体表达式为

$$P_v(T) = P_0 \exp \left(13.8 - \frac{4.33 \times 10^4}{T} \right) \tag{5.13}$$

金属蒸气扩散方程在对称轴边界上取对称边界条件 $\partial C_0 / \partial y = 0$，其他边界设置值为 $C_0 = 0$。动量、能量和电磁方程的边界条件如表 5.4 所示。

表 5.4 边界条件

边界	$v/(m/s)$	P/Pa	T/K	V/V	$A/(Wb/m)$
G	$v_z = v_{giv}$	101325	1000	$\partial V/\partial n = 0$	$\partial A_i/\partial n = 0$
O	$\partial(\rho v_i)/\partial n = 0$	—	$\partial T/\partial n = 0$	$\partial V/\partial n = 0$	$A = 0$
S	无滑移	—	(5.6)	$\partial V/\partial n = 0$	$A = 0$
B	无滑移	—	(5.6)	0	$\partial A_i/\partial n = 0$
E	—	101325	2000	$-\sigma \partial V/\partial n = j$	$\partial A_i/\partial n = 0$

整个计算域采用六面体结构化网格进行划分。电极表面最小网格厚度为 0.2mm。在用户自定义变量 (user-defined scalar, UDS) 中添加电磁变量,利用用户自定义函数 (user-defined function, UDF) 添加相应源项和边界条件。方程组求解使用 SIMPLEC 算法,采用二阶迎风格式离散以保证计算精度,能量方程收敛标准为 10^{-6},其他方程为 10^{-3}。求解步骤为:先求解稳态电弧,再计算收敛,电弧各物理场结果稳定以后转为非稳态计算,同时加入阳极电、磁、热边界条件,当阳极出现一定的熔化区域后,再继续加入阳极动量边界条件、动量源项及能量源项,迭代计算 4s 后停止。

图 5.10 显示的是 1%molFe+99%molAr 等离子体物性参数,金属蒸气能提

(a) 密度

(b) 热导率

(c) 黏度

(d) 电导率

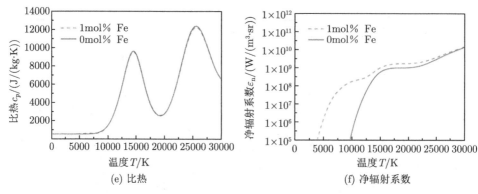

图 5.10　Ar-Fe 混合等离子体物性参数

高等离子体的电导率和净辐射系数。SUS304 不锈钢的比热、热导率、黏度和电导率如表 5.5 所示。

表 5.5　SUS304 不锈钢热物理性质和相关参数

属性参数	值
壁面辐射散热系数 ε_0	0.4
密度 $\rho/(\mathrm{kg/m^3})$	7200
电导率 $\sigma/(\mathrm{S/m})$	7.7×10^5
比热 $c_p/(\mathrm{J/(kg\cdot K)})$	753
Stefan-Boltzmann 常量 $\sigma_\mathrm{S}/(\mathrm{W/(m^2\cdot K^4)})$	5.67×10^{-8}
磁导率 $\mu_0/(\mathrm{H/m})$	$4\pi\times10^{-7}$
Boltzmann 常量 $k_\mathrm{B}/(\mathrm{J/K})$	1.38×10^{-23}
熔化潜热 $L/(\mathrm{J/K})$	2.47×10^5
环境温度 T_∞/K	300
固相线温度 T_s/K	1673
液相线温度 T_l/K	1723
热膨胀系数 β/K	10^{-4}
对流换热系数 $W/(\mathrm{m^2\cdot{}^\circ C})$	80

5.2.3　计算结果与分析

　　焊接电弧受钨极尖端和阳极表面尺寸差异的影响，呈现上窄下宽的发散式结构，所以焊接电流在轴向和径向方向均有分量。根据左手螺旋法则可以判断径向分量与外加直流轴向磁场作用产生附加电磁力的方向以及轴向分量与横向磁场产生附加电磁力的方向，也正是这种附加电磁力的出现使焊接过程变得复杂，特别是电弧温度场、流场等将发生巨大改变，同时熔池流动行为也会受到影响。

　　1. 轴向磁场

　　焊接电流的径向分量与沿 z 轴正方向的外加直流轴向磁场相作用，根据左手螺旋法则判断附加电磁力方向，由钨极上端向下观察，呈顺时针方向。整个焊接电弧在顺时针环向电磁力作用下高速旋转，等离子体做离心运动，靠近母材区域的电弧温度场呈现中空形态，热量更多经过电弧外围进行传递，与传统 GTAW 电弧差别明显，环向电磁力作用下的 GTAW 电弧温度场如图 5.11 所示。同时，除了温度场外，电弧的流场、压力场和电场等均发生改变，并且钨极温度场，熔池的温度场、流场以及受力同样受到影响。接下来将针对外加磁场前后的结果进行对比，充分认识外加直流轴向磁场作用下的焊接电弧特性以及电弧–熔池耦合作用行为，为磁控高效 GMAW 电弧–熔滴耦合模型建立作铺垫。

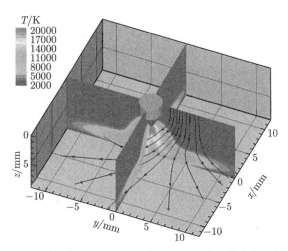

图 5.11　外加直流轴向磁场作用下 GTAW 电弧温度场和流线分布 (彩图扫封底二维码)

如图 5.12 所示，提取 y-z 截面上的流场和压力场结果，外加磁场后原本沿着轴线运动的等离子体在向母材移动的同时做旋转运动，沿着偏离电弧轴线的外围区域到达母材表面。电弧中心是一个低压腔体，在低压的作用下部分等离子体流动形成回流旋涡，且电弧压力在钨极表面以及母材表面取得最大值的位置均出现偏移，由原来在中心轴线附近分布变成在偏离轴线的圆环位置上分布。环向电磁力使得电弧环向速度瞬间从 0 变成 246m/s，与最大轴向速度 257m/s 接近。由于环向速度的增加，电弧的最大速度增大到 344m/s。阳极表面中心处的电弧压力由 562Pa 下降到 −70Pa，整个阳极表面的电弧压力分布由单峰分布变成双峰分布，阳极电弧压力最大值为 211Pa。根据描绘的流线还能发现，在外加直流轴向磁场的作用下，保护气体从气体入口处流入后无法进入电弧中心，而是在离心运动的影响下流向电弧外围。

图 5.13 显示的是电弧和电极的温度场，首先观察到的是外加磁场作用下的焊接电弧温度轮廓线在钨极附近产生显著收缩，这一收缩现象是电弧整体的轴向压缩。根据数值模拟结果能够明显判断出导致收缩最主要的原因是电弧速度增加。

前面提到由于外加磁场的作用电弧最大速度增加超过 30%, 电弧压力场与流场息息相关, 等离子体流速大的位置静压减小, 如图 5.13(b) 所示, 外加磁场作用下的 GTAW 阴极附近巨大的压力差形成指向轴线的压缩力, 导致电弧收缩。电弧等离子体越靠近母材, 偏离轴线越明显, 阳极表面附近的正压力梯度引起等离子体出现回流, 导致高温等离子体无法移动到阳极表面上方的轴线附近, 因此形成一个低温、低压腔体。根据熔池中固相线轮廓可以判断外加磁场后熔深也减小了, 这是因为电弧在阳极表面的发散导致电流密度以及热流密度均分散了。由于电弧在阴极附近收缩并在阳极表面扩展, 钨极的最高温度升高约 2%, 电弧最高温度升高约 6%, 熔池最高温度降低约 15%。

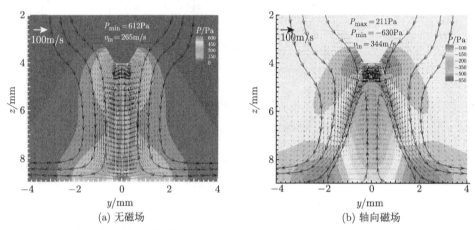

图 5.12　外加直流轴向磁场作用下 GTAW 电弧流场和压力场 (彩图扫封底二维码)

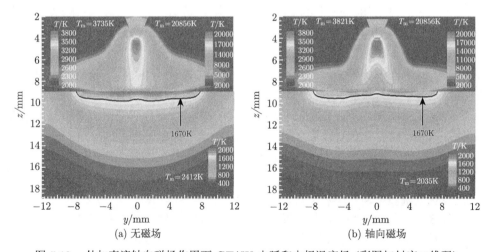

图 5.13　外加直流轴向磁场作用下 GTAW 电弧和电极温度场 (彩图扫封底二维码)

电流线分布是表征电弧收缩与否的最直接方式。以阳极表面为基础面,沿轴线向两侧分别取等间距、相同数量的电流密度流线,如图 5.14 所示。观察发现,外加磁场后流线被明显压缩,最大电流密度由 $1.55 \times 10^8 \text{A/m}^2$ 上升为 $1.74 \times 10^8 \text{A/m}^2$。在焦耳热的作用下,表现在模拟结果中是钨极附近电流密度最大处电弧最高温度上升。同时,根据钨极尖端获得热量的热流公式可知,热传导增大,离子电流产热增大,电子电流与钨极温度相关,变化很小,所以电子电流产热基本不变,同时阴极表面辐射散热很小,这里可以忽略,因此在外加直流轴向磁场作用下钨极最高温度升高。还可以观察到电弧电压升高,这主要是由于电弧收缩,电弧挺度增大,电场的场强增大;另一方面,由于电弧旋转,导电路径延长,同样会导致电弧电压升高。

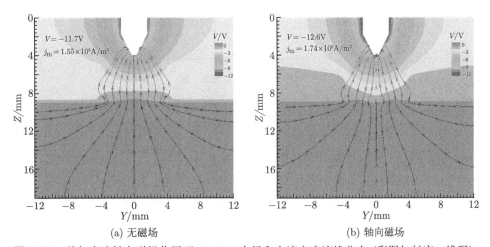

图 5.14　外加直流轴向磁场作用下 GTAW 电场和电流密度流线分布 (彩图扫封底二维码)

前面解释外加磁场后熔深减小的原因时提到过,由于焊接电弧在阳极表面上方发散,因此阳极表面的热流密度也发散。如图 5.15 所示,外加磁场前后阳极表面的热流密度由原来的单峰分布变成双峰分布,峰值从 $6.5 \times 10^7 \text{W/m}^2$ 降为 $4.1 \times 10^7 \text{W/m}^2$。热流密度的差异最直观的表现就是熔池上表面温度分布的变化以及熔深的变化。

外加磁场后熔池上表面温度分布变成双峰分布,与温度分布密切相关的 Marangoni 力也随之改变。如图 5.16 所示,当无外加磁场时,阳极表面的温度呈单峰分布,在负表面张力温度梯度系数 -0.0002N/(m·K) 下,Marangoni 力在 y 轴正方向始终为正,且在温度梯度最大处达到最大值。当外加磁场后,温度梯度在 y 轴正方向先正后负,Marangoni 力先负后正。等离子体流剪切力同样在外加磁场作用下发生变化,靠近熔池中心,剪切力向内,而靠近熔池边缘,剪切力向外，与 Marangoni 力方向保持一致。除了径向分量，等离子体流剪切力的环向分量同样能够影响熔池流动，如图 5.16(c) 所示，环向剪切力最大值达到 43Pa，和径向分量相当。在剪切力，Marangoni 力和电磁力的综合作用下，熔池金属与电弧一样发生旋转，旋转最大速度达到 0.44m/s，是不加磁场时 GTAW 熔池最大流速的 4 倍，外加磁场后熔池上表面金属流动速度矢量如图 5.17 所示。

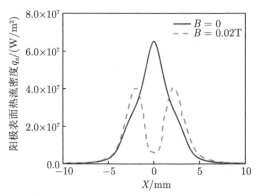

图 5.15　外加直流轴向磁场作用下 GTAW 阳极表面热流密度分布

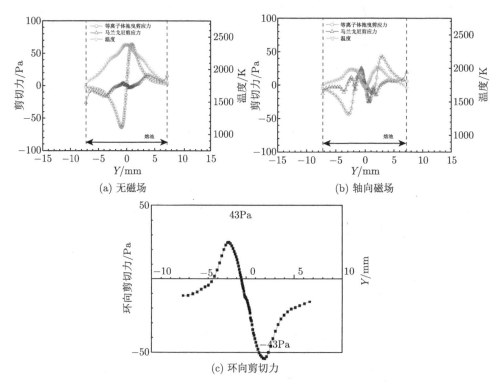

(a) 无磁场　　　　　　　　　　　(b) 轴向磁场

(c) 环向剪切力

图 5.16　外加直流轴向磁场作用下 GTAW 熔池表面受力 (彩图扫封底二维码)

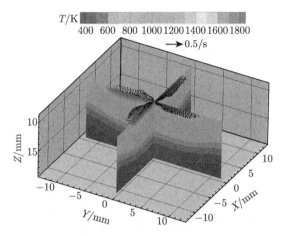

图 5.17 外加直流轴向磁场作用下 GTAW 熔池表面流动 (彩图扫封底二维码)

GTAW 熔池是电弧和金属蒸气的媒介, 之所以这么描述是因为电弧传递热量到熔池表面, 对熔池进行加热, 从而导致液态金属蒸发形成金属蒸气, 金属蒸气能影响电弧特性 (主要是电导率和净辐射系数), 电弧特性的改变会使熔池表面受热改变, 从而影响蒸发过程。由于外加直流轴向磁场的存在, 阳极表面温度分布呈双峰分布, 且电弧中心区存在回流区, 整个金属蒸气分布如同 "喷泉", 最大质量分数为 0.06%, 无外加磁场的 GTAW 阳极表面温度高, 金属蒸气最大质量分数达到 0.85%, 在高速等离子流作用下, 金属蒸气分布如同平躺的数字 "8"。外加直流轴向磁场作用下的金属蒸气分布如图 5.18 所示。

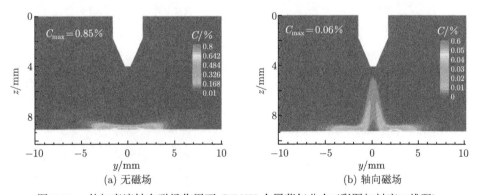

图 5.18 外加直流轴向磁场作用下 GTAW 金属蒸气分布 (彩图扫封底二维码)

2. 横向磁场

如图 5.19 所示, 电弧温度场、流场、电场, 包括电弧中金属蒸气的分布在外加直流横向磁场作用下发生偏移, 整个电弧外形类似移动焊时的电弧形态。除了焊接电弧, 整个熔池也偏向了 x 轴正方向 (外加电磁力的方向)。电弧中最大压力仍然处于钨极尖端, 为 656Pa, 由于电弧发生了偏移, 电弧弧长增加, 阳极表面最大压力较不加磁场时有所降低, 为 530Pa。

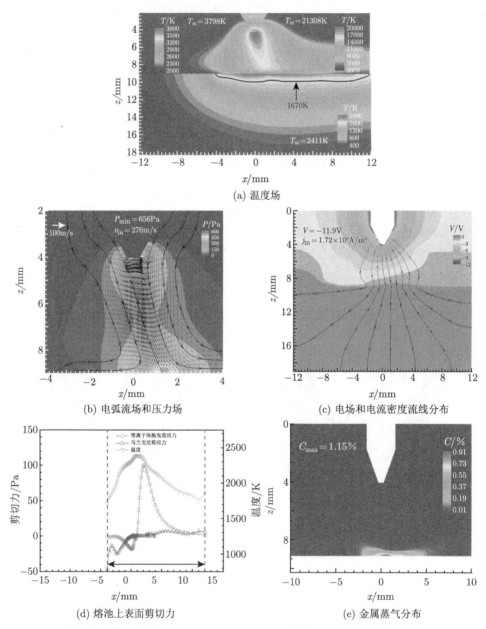

图 5.19　外加直流横向磁场作用下 GTAW 电弧–熔池耦合计算结果 (彩图扫封底二维码)

电弧的倾斜直接影响到熔池上表面等离子体流剪切力分布，x 轴正方向上的等离子体流剪切力较大，负方向上的等离子体流剪切力小，且由于 x 轴正方向上的温度梯度较平缓，因此 Marangoni 力较平缓，而 x 轴负方向上的温度梯度陡峭，因此 Marangoni 力较大，驱动熔池向外流动。由于负 x 轴熔池上方的等离子体流速慢且流线出现明显的弯曲，金属蒸气在该处聚集，最大金属蒸气质量分数达到 1.15‰。

与外加直流轴向磁场不同，外加直流横向磁场后，电弧中金属蒸气质量分数增大，最大值超过 1%，在电弧外围 10000K 以下的低温区，金属蒸气的混入能够显著提高该区域内电弧的电导率。

如图 5.20 和图 5.21 所示，对比考虑金属蒸气前后 GTAW 阳极表面的热流密度和电流密度分布可以看出，考虑金属蒸气后热流密度峰值从 $7.23 \times 10^7 \mathrm{W/m^2}$

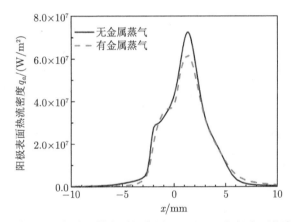

图 5.20　金属蒸气对外加直流横向磁场作用下 GTAW 阳极表面热流密度的影响

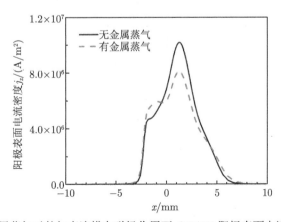

图 5.21　金属蒸气对外加直流横向磁场作用下 GTAW 阳极表面电流密度的影响

降低到 $6.16 \times 10^7 \mathrm{W/m^2}$，降低幅度为 14.8%，电流密度从 $1.01 \times 10^7 \mathrm{A/m^2}$ 降低到 $8.11 \times 10^6 \mathrm{W/m^2}$，降低幅度为 19.7%。在电弧外围低温区，热流密度和电流密度均有不同程度的升高，整体上电弧在阳极表面有扩展的趋势。对比无磁场、外加直流轴向磁场和横向磁场三种情况下的计算结果，将各特征值列于表 5.6 中。

表 5.6　外加磁场对 GTAW 各特征值的影响

名称 (单位)	无磁场	直流轴向磁场	直流横向磁场
等离子体流速 $v_{\max}/(\mathrm{m/s})$	265	334	276
电弧压力 $p_{\max}/\mathrm{Pa}$	612	212	656
电弧温度 $T_{\max}/\mathrm{K}$	20856	22045	21308
钨极温度 $T_{\max}/\mathrm{K}$	3735	3821	3798
电流密度 $j_{\max}/(\mathrm{A/m^2})$	1.55×10^8	1.74×10^8	1.72×10^8
熔池温度 $T_{\max}/\mathrm{K}$	2412	2035	2411
熔池金属流速 $v_{\max}/(\mathrm{m/s})$	0.14	0.44	0.16
阳极表面压力 $P_{\max}/\mathrm{Pa}$	562	211	530
电弧电压 U/V	11.7	12.6	11.9
金属蒸气质量分数 $C_{\max}/\%$	0.85	0.06	1.15

5.3　外加磁场对 GMAW 焊影响的数值模拟

5.3.1　控制方程的修正

1. 混合扩散模型

在 GTAW 电弧–熔池耦合计算模型中，金属蒸气质量分数守恒方程采用的是第二黏性近似方法，所采用的二元黏性系数中包含很多经验常数，计算得到的金属蒸气分布结果往往与实际过程有差异，只是对于焊接数学物理模型而言这种近似处理能够获得与实际过程相接近的结果。而混合扩散模型不同，对于铁蒸气而言，这一模型考虑了 Fe、$\mathrm{Fe^+}$、$\mathrm{Fe^{2+}}$、$\mathrm{Fe^{3+}}$、$\mathrm{Fe^{4+}}$、Ar、$\mathrm{Ar^+}$、$\mathrm{Ar^{2+}}$、$\mathrm{Ar^{3+}}$、$\mathrm{Ar^{4+}}$、$\mathrm{e^-}$，只不过是将同一种元素下的离子和电子看作一种成分用于计算不同组分间的扩散，相对于分别两两计算组分质量守恒方程而言大大缩小了计算量，并且两两计算组分质量守恒方程需要两个组分间的输运系数，这一系数的确认同样存在难度。修正后的组分质量守恒方程扩散系数为

$$D_f = \frac{m_{\mathrm{Fe}} m_{\mathrm{Ar}}}{M_{\mathrm{Fe}} M} D_{\mathrm{FeAr}} \tag{5.14}$$

其中，m_{Fe} 是金属蒸气中重粒子项的平均质量，m_{Ar} 是 Ar 气中重粒子项的平均质量，M_{Fe} 是金属蒸气包括所有粒子的平均质量，M 是混合气体平均质量，D_{FeAr} 是混合扩散系数。组分质量守恒方程的源项经过整理后为

$$S_{\mathrm{Fe}} = \nabla \cdot \left(\rho \frac{m_{\mathrm{Fe}} m_{\mathrm{Ar}}}{M^2} D_{\mathrm{FeAr}} C_0 \nabla \left(\frac{M}{M_{\mathrm{Fe}}} \right) \right) + \nabla \cdot \left(D_{\mathrm{FeAr}}^{\mathrm{T}} \nabla \ln T \right) \tag{5.15}$$

其中 $D_{\mathrm{FeAr}}^{\mathrm{T}}$ 是热扩散系数。由压力和电场引起的组分扩散效应对于结果的影响较小，这里没有考虑。

2. 电极产热

GMAW 直流焊钢，通常采用反接，与 GTAW 焊钢时电极接法相反，因此母材变成阴极，对应的热流密度为

$$q_{\mathrm{c}} = -k_{\mathrm{eff}} \left(\frac{T_{\mathrm{cw}} - T_{\mathrm{cp}}}{\delta} \right) - \varepsilon_0 \sigma_0 T_{\mathrm{c}}^4 - L_{\mathrm{v}} \Phi_{\mathrm{v}} + q_{\mathrm{drop}} \tag{5.16}$$

需要指出的是，此时的母材是冷阴极，电子产生主要靠场致发射，因此忽略了电子热发射散热和离子加热效应。L_{v} 是蒸发潜热，Φ_{v} 是金属蒸气质量蒸发速率，q_{drop} 是熔滴带入熔池的等效热流密度，按下面公式计算：

$$q_{\mathrm{drop}} = \begin{cases} \dfrac{v_{\mathrm{f}} \pi r_{\mathrm{w}}^2 \rho_{\mathrm{m}} \Delta H_{\mathrm{d}}}{S_{\mathrm{h}}}, & r \leqslant 0.0006\mathrm{m} \\ 0, & r > 0.0006\mathrm{m} \end{cases} \tag{5.17}$$

其中，v_{f} 是送丝速度，r_{w} 是焊丝半径，ρ_{m} 是金属密度，ΔH_{d} 是熔滴与熔池金属的焓差，S_{h} 是传热面积，取半径等于焊丝半径的半球面

$$S_{\mathrm{h}} = 2\pi r_{\mathrm{w}}^2 \tag{5.18}$$

阳极焊丝尖端热流密度为

$$q_{\mathrm{a}} = -k_{\mathrm{eff}} \left(\frac{T_{\mathrm{aw}} - T_{\mathrm{ap}}}{\delta} \right) + |j_{\mathrm{a}}| \Phi_{\mathrm{a}} - \varepsilon_0 \sigma_0 T_{\mathrm{a}}^4 - L_{\mathrm{v}} \Phi_{\mathrm{v}} - q_{\mathrm{drop}} \tag{5.19}$$

包括电弧热传导、电子对阳极加热、辐射散热、蒸发散热以及熔滴带走的等效热流密度。

5.3.2 几何模型与边界条件

选用 2D 旋转轴对称模型进行计算求解，整个计算域如图 5.22 所示，外加磁场为直流轴向磁场，方向向下，磁感应强度为 0.02T。采用结构化和非结构化网格相结合的混合网格划分整个计算域，网格数为 13172。采用的焊接参数如表 5.7 所示。

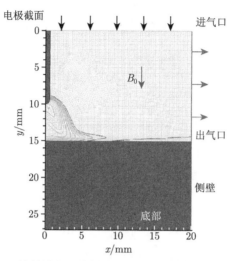

图 5.22   计算域与网格划分示意图 (彩图扫封底二维码)

表 5.7   焊接参数

焊接参数	数值
电流	150A
焊丝直径	1.2mm
焊丝干伸长	10mm
电弧长度	5mm
母材厚度	12mm
Ar 气流量	20L/min
磁感应强度	0.02T
焊接时间	1s

Ar-Fe 混合等离子体的热物理属性包括热力学性质 (密度、比热、比焓、体积焓)，传输性质 (热导率、电导率、黏度) 以及净辐射系数 (均由关于温度和金属蒸气质量分数的双线性插值获得)，等离子体低碳钢材料的物理性质如表 5.8 所示。

表 5.8   等离子体和低碳钢材料的物理性质

参数	符号	单位	低碳钢
密度	ρ	kg/m^3	7200
动力黏度	μ	kg/(m·s)	0.006
比热	c_p	J/(kg·K)	780
热导率	k	W/(m·K)	22
电导率	σ	S/m	7.7×10^5
净辐射系数	ε_n	W/(m^3·sr)	——
电离势	V_i	V	——
低碳钢功函数对应电压	Φ_m	V	4.5
固相线	T_s	K	1750

续表

参数	符号	单位	低碳钢
液相线	T_l	K	1800
沸点	T_v	K	3050
热膨胀系数	β	1/K	4.95×10^{-5}
热导率	h_c	W/(m²·K)	80
表面辐射系数	ε_0	—	0.4
表面张力温度梯度系数	$\partial\gamma/\partial T$	N/(m·K)	-0.0001
熔化潜热	L	J/kg	2.47×10^5
蒸发潜热	L_v	J/kg	7.34×10^6

5.3.3 计算结果与分析

1. 温度场

图 5.23 和图 5.24 分别是外加磁场前后电弧和电极的温度场结果，同时还对比了考虑金属蒸气前后的计算结果。结果表明，考虑金属蒸气后焊丝尖端最高温度低于低碳钢焊丝沸点，同时电弧中心高温区偏离轴线，更符合实际焊接过程，GMAW 电弧数值模型必须考虑金属蒸气行为的影响。

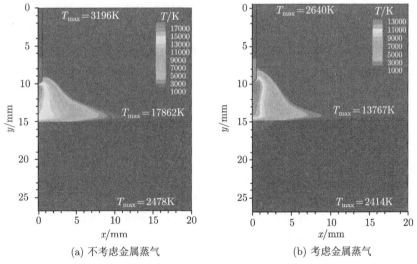

(a) 不考虑金属蒸气　　　　(b) 考虑金属蒸气

图 5.23　无磁场时 GMAW 电弧和电极的温度场 (彩图扫封底二维码)

外加直流轴向磁场后，母材上方的电弧温度场中心出现低温腔，同时焊丝和电弧最高温度有所上升，熔池最高温度变化不明显。对于 GTAW 来说，外加直流轴向磁场会使母材表面热流发散，熔池最高温度明显降低，但是 GMAW 不同，除了焊接电弧对熔池传热外，熔滴也会带入热量，熔滴带入的热量使得外加磁场后电弧形态的变化对熔池最高温度影响较小。

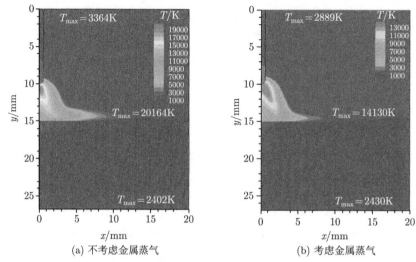

(a) 不考虑金属蒸气　　　　　　　　　　　(b) 考虑金属蒸气

图 5.24　外加直流轴向磁场作用下 GMAW 电弧和电极温度场 (彩图扫封底二维码)

　　为了清楚地观察电弧收缩现象, 将外加磁场前后的电弧温度轮廓线置于同一坐标系下, 如图 5.25 所示。观察发现, 所有的等温线均向 "9000K" 温度轮廓线靠拢, 电弧有明显收缩。外加磁场后引起电弧环向速度增大形成内外压力差是电弧收缩的主要原因, 这与外加直流磁场作用下的 GTAW 电弧数值计算结果一致。

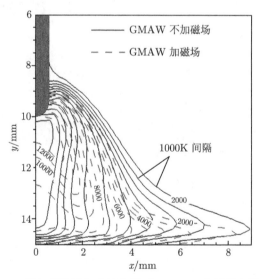

图 5.25　外加直流轴向磁场作用下 GMAW 电弧温度轮廓线

2. 压力场与流场

由于外加磁场的存在，电弧等离子体在环向电磁力的作用下开始旋转，做离心运动。如图 5.26(a) 所示，无磁场时，电弧压力最大值处于焊丝端部，位于轴线上，达到 373Pa，同时电弧温度最大值位于焊丝端部。如图 5.26(b) 所示，在外加磁场作用下，电弧旋转，其中心呈现负压，与外部气压共同形成压力差，阻碍离心作用。

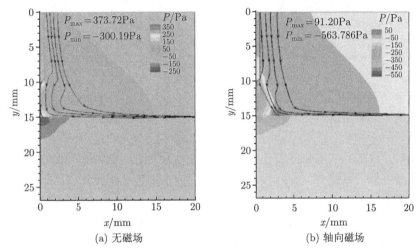

(a) 无磁场   (b) 轴向磁场

图 5.26 外加直流轴向磁场作用下 GMAW 压力场和流场分布 (彩图扫封底二维码)

如图 5.27 所示，发生偏移的电弧导致母材表面的电弧压力分布也发生了变化，由原先的单峰分布变成双峰分布，且峰值减小一半以上。如图 5.28 所示，不

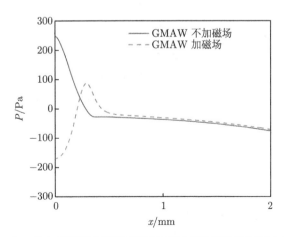

图 5.27 外加直流轴向磁场作用下 GMAW 熔池表面压力分布

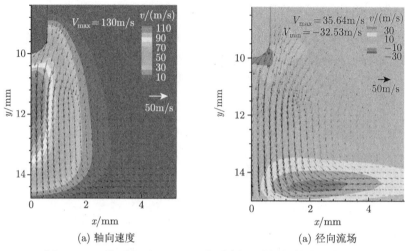

(a) 轴向速度　　　　　　　　(a) 径向流场

图 5.28　不加磁场时 GMAW 电弧流场 (彩图扫封底二维码)

加磁场时，GMAW 电弧等离子体沿着轴线向下流动，最大轴向速度为 130m/s，径向速度在焊丝端达到 −32m/s，负值代表方向指向 x 轴负方向，径向速度在母材上方变为正值，达到 35m/s。

如图 5.29 所示，在外加直流轴向磁场作用下，GMAW 电弧等离子体沿着轴线向下流动的同时也向外流动，最大轴向速度为 134m/s，在电弧中心存在回流区域，等离子体流速达到 −62m/s。径向速度在焊丝端部达到 −47m/s，径向速度在焊丝下方偏离轴线的位置达到最大值 60m/s。

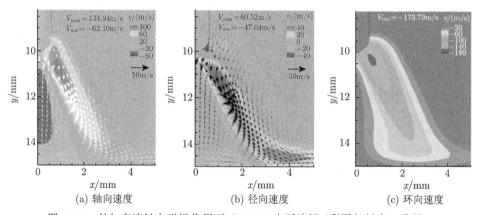

(a) 轴向速度　　　　　　(b) 径向速度　　　　　　(c) 环向速度

图 5.29　外加直流轴向磁场作用下 GMAW 电弧流场 (彩图扫封底二维码)

与不加磁场时的结果对比发现，轴向速度最大值不变，但是出现了中心回流区；径向速度整体提高，且离心运动使正方向径向速度最大值出现在电弧中心靠近焊丝的区域。另外，外加磁场作用下的 GMAW 电弧除了具有轴向和径向速度外，还有环向速度，达到 −173m/s。在环向速度的影响下，电弧等离子体的流速增大到 216m/s，较不加磁场时的流速 130m/s 提高了 66%。表现出等离子体流速越大，电弧收缩越明显。

3. 金属蒸气质量分数

图 5.30 是金属蒸气质量分数分布，无外加磁场时金属蒸气在等离子体流的对流作用下沿轴线分布。在外加直流轴向磁场作用下，金属蒸气分布偏离轴线，并且在扩散和对流作用下分布到电弧外围。结合前面电弧温度场结果发现，对于 GMAW 而言，金属蒸气能够显著提高电弧的辐射散热，使电弧温度降低。无论是外加磁场还是金属蒸气都能有效降低电弧中心温度。

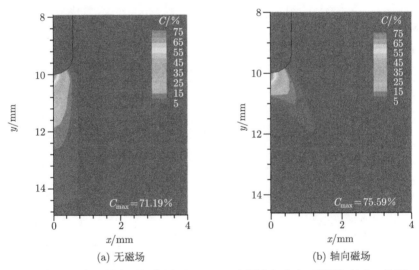

(a) 无磁场   (b) 轴向磁场

图 5.30　外加直流轴向磁场作用下 GMAW 金属蒸气分布 (彩图扫封底二维码)

4. 电场

根据图 5.31 所示的电场和电流密度流线分布结果看出，外加磁场的压缩作用使电弧电压升高约 9%，最大电流密度升高约 20%。外加磁场后电弧在母材表面发散，最大电流密度降低。

外加磁场前后的计算结果中的特征值如表 5.9 所示。验证实验中采用焊接电压 30V，送丝速度 3.5m/min，为了保护导电嘴，实验中使用的干伸长较模拟中使用的长度长 10mm，其他参数与表 5.7 一致。外加磁场前后的实验与模拟的对比结果如图 5.32 所示。

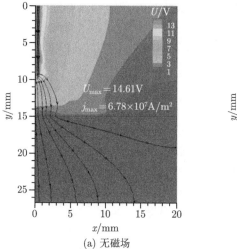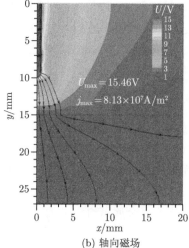

(a) 无磁场   (b) 轴向磁场

图 5.31   外加直流轴向磁场作用下 GMAW 电场和电流密度流线分布 (彩图扫封底二维码)

表 5.9   外加磁场对 GMAW 各特征值的影响

名称 (单位)	无磁场	直流轴向磁场
电弧速度 v_{max}/(m/s)	130	216
电弧压力 p_{max}/Pa	373	91
电弧温度 T_{max}/K	13767	14130
阳极温度 T_{max}/K	2640	2889
电流密度 j_{max}/(A/m²)	6.78×10^7	8.13×10^7
熔池温度 T_{max}/K	2414	2430
熔池速度 v_{max}/(m/s)	0.091	0.094
阴极表面压力 P_{max}/Pa	246	89
电弧电压 U/V	14	15
金属蒸气质量分数 C_{max}/%	71	75

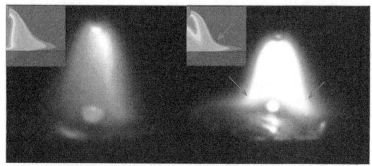

图 5.32   外加直流轴向磁场作用下 GMAW 电弧形态数值模拟与实验对比结果 (彩图扫封底二维码)

(左: 无磁场, 右: 外加磁场)

从对比结果中能够明显看出外加直流轴向磁场能够压缩焊接电弧,且在相同曝光参数下,电弧更明亮。实际焊接过程中还发现,轴向磁场会导致熔滴的旋转,且当熔滴偏离轴线时会被径向甩出,为了描述完整的磁控 GMAW 过程,熔滴过渡过程必须加以考虑。

5.4 考虑金属蒸气的 TIG 焊电弧数值模拟

本节针对 TIG 焊,以 SUS304 不锈钢为母材,采用 CFD 软件 FLUENT 6.3,通过自定义标量 (user defined scalar, UDS) 添加电磁场方程和组分输运方程,通过自定义函数 (user defined function, UDF) 添加源项和边界条件,建立了考虑金属蒸气的 TIG 焊电弧熔池交互作用的三维数学模型。为更接近于实际焊接情形,选用 3 mm 的短弧长。模型将钨极、电弧和熔池处理统一在数学模型中,实现了对所建模型的数值求解。计算得到了电弧的温度场和流场、熔池的温度场和流场,研究了当考虑金属蒸气时,电弧特性及其对熔池上表面受力的影响。数值计算结果与已有的实验结果和计算结果符合良好,为进一步更全面地研究 TIG 焊中复杂的物理现象提供参考。

5.4.1 数学建模

1. 基本假设

为便于建立数学模型,作如下基本假设:

(1) 电弧等离子为连续、层流的 Newtonian 流体,电弧等离子处于稳态且满足局部热平衡 (local thermody namic equilibrium, LTE) 假设;

(2) 电弧等离子满足光学薄性质,即等离子辐射的重吸收与整个波长的辐射相比可以忽略不计;

(3) 不考虑阴极区和阳极区的复杂物理状态;

(4) 熔池内部液态金属为层流、不可压缩 Newton 流体;

(5) 熔池上表面是平面;

(6) 考虑熔池表面向电弧传输的铁金属蒸气,而忽略金属蒸发对熔池质量的影响。

2. 控制方程

根据上述基本假设,建立了三维坐标下的控制方程 (质量、能量)。

组分输运方程

$$\frac{\partial}{\partial t}\left(\rho C_0\right) + \nabla \cdot \left(\rho v C_0\right) = \nabla \cdot \left(D \nabla C_0\right) \tau \tag{5.20}$$

其中，ρ 为压力，C_0 为铁金属蒸气在电弧等离子体中的浓度，D 为二元扩散系数。τ 为黏性应力张量，直角坐标系中的表示为

$$\tau_{ij} = \mu\left(2\frac{\partial \vec{v}_i}{\partial x_i} - \frac{2}{3}\nabla \cdot v\right), \quad i=j$$

$$\tau_{ij} = \mu\left(\frac{\partial \vec{v}_i}{\partial x_j} + \frac{\partial \vec{v}_j}{\partial x_i}\right), \quad i \neq j \tag{5.21}$$

式中，μ 为动力黏度，$\vec{v}_i$ 为 x_i 方向的速度分量。

使用 enthalpy-porosity technique (焓–孔隙法) 来处理板材的熔化过程和描述糊状区的流动，在动量方程中增加了动量源项 $\boldsymbol{S_u}$。

在电弧等离子区中 $\boldsymbol{S_u} = 0$。在电弧等离子区域中，能量方程源项 S 的表达式为

$$S = S_Q = \frac{j^2}{\sigma} + \frac{5k_B}{2e}j \cdot \nabla T - 4\pi\varepsilon_n \tag{5.22}$$

式中，k_B 为玻尔兹曼常量，e 为电子电量，ε_n 为净辐射系数。式右侧的三项分别代表了焦耳热、电子输运焓和电弧等离子体的净辐射散热项。在焊接熔池中，能量方程的源项中包括了非稳定项和对流项对相变潜热的影响，具体表达式为

$$S = S_h = \frac{\partial \rho f_l L}{\partial t} + \nabla \cdot (\rho \boldsymbol{v} f_l L) \tag{5.23}$$

式中，L 为熔化潜热；f_l 为液相体积分数。

5.4.2 几何模型与边界条件

如图 5.33 所示，计算区域中，面 $ABCE$ 是氩气入口，面 FED 是钨极截面，面 AIJ 是氩气出口，面 HIJ 是阳极表面，面 KLM 为板材底面，面 HLM 为板材侧面，面 $AKMC$ 为对称面。

n 表示边界单位向量。在钨极截面给定电流密度，电弧传递给阳极上表面的热量为

$$q_a = q_{cond} + q_e + q_r = -k_{eff}\left(\frac{T_{aw} - T_{ap}}{\delta}\right) + |j_z|\Phi_a - \varepsilon_0\sigma_0 T^4 \tag{5.24}$$

式子的右侧三项分别为：电弧对阳极面的热传导、电子流动引起的热量和辐射散热项。式中，k_{eff} 为靠近阳极侧电弧等离子体的有效热导率；j_z 为 z 项的电流密度；Φ_a 为阳极功函数，大约等于 4.7eV；T_{aw} 和 T_{ap} 分别为阳极表面的温度和紧邻阳极的电弧温度；δ 为阳极区厚度，取 0.15mm。根据相关研究，当阳极区厚度

从 0.1mm 增加到 0.5mm 时，电弧对阳极传热的变化并不明显。所以本章在考虑电弧向阳极的热传导时，选取的阳极区厚度为 0.15mm。在此忽略了电弧向阳极的辐射传热，根据研究人员所做的研究，这一作用可以忽略。在已有的关于阳极压降的研究中，有人认为阳极压降是正值，有人认为阳极压降为负值，并且当阳极压降为负时会使模拟计算中的电势计算出现不收敛。因此在此也忽略了阳极压降的影响。由蒸发而导致的热损失相比于电弧对阳极上表面的热传导热量来说比较小，所以忽略蒸发热损失的影响。

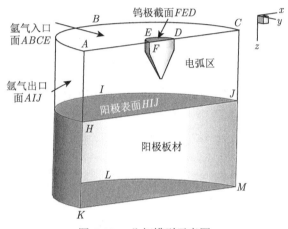

图 5.33　几何模型示意图

对电弧与熔池的边界处的鞘层微观传输机制作了合理的简化处理，这里并不研究阳极区偏离非平衡状态的复杂传输过程，通过采用适合的网格和热物理参数可以获得合理的电弧和熔池结果。在钨极和电弧界面上，温度采用耦合条件，保证电弧和阴极之间温度的连续性。在这里忽略阴极区复杂的物理状态，认为电弧和阴极之间的传热仅由热传导引起，虽然这种处理较为简单，但是如果采用合适的网格尺寸，仍然可以得到关于电弧和熔池的合理结果，具体边界条件见表 5.10。

表 5.10　边界条件

边界	V/(m/s)	P/Pa	T/K	Φ/V	A/(Wb/m)
面 $ABCE$	$V_z = V_{giv}$	—	T_{giv}	$\partial\phi/\partial n = 0$	$\partial A/\partial n = 0$
面 FED	—	101325	3000	$-\sigma\partial\phi/\partial n = I_1/\pi r_c^2$	$\partial A/\partial n = 0$
面 AIJ	$\partial(\rho v)/\partial n = 0$	—	1000	$\partial\phi/\partial n = 0$	$\partial A/\partial n = 0$
钨极表面	0	—	耦合	耦合	耦合
面 HIJ	0	—		$\partial\phi/\partial n = 0$	$\partial A/\partial n = 0$
面 $ACMK$	$\partial v/\partial n = 0$	—	$\partial T/\partial n = 0$	$\partial\phi/\partial n = 0$	$\partial A/\partial n = 0$
面 HLM	0	—		$\partial\phi/\partial n = 0$	$\partial A/\partial n = 0$
面 KLM	0	—		0	$\partial A/\partial n = 0$

板材的侧面和底面的热边界条件为

$$-k\frac{\partial T}{\partial n} = q_{\text{conv}} + q_{\text{rad}} = -h_{\text{c}}\left(T_{\text{w}} - T_0\right) - \varepsilon_0\sigma_0\left(T_{\text{w}}^4 - T_0^4\right) \tag{5.25}$$

式中，k 为热导率，$\vec{n}$ 为边界法向量，h_{c} 为对流散热系数，T_{w} 为壁面温度，T_0 为室温，ε_0 为辐射散热系数，σ 为斯特藩–玻尔兹曼常量。

熔池上表面的动量边界条件为

$$\tau_x = \tau_{\text{p}x} + \tau_{\text{M}x} = -\mu_{\text{p}}\frac{\partial \vec{v}_x}{\partial z} + \frac{\partial \gamma}{\partial T}\frac{\partial T}{\partial x} \tag{5.26}$$

$$\tau_y = \tau_{\text{p}y} + \tau_{\text{M}y} = -\mu_{\text{p}}\frac{\partial \vec{v}_y}{\partial z} + \frac{\partial \gamma}{\partial T}\frac{\partial T}{\partial y} \tag{5.27}$$

式中，$\boldsymbol{\tau}_{\text{p}}$ 表示等离子剪切力；$\boldsymbol{\tau}_{\text{M}}$ 表示 Marangoni 力；μ_{p} 为阳极表面上方的等离子体的黏度；$\vec{v}_x$ 和 $\vec{v}_y$ 分别为电弧等离子体在 x 和 y 两个方向上的速度；T 为熔池表面温度；γ 为表面张力。$\partial\gamma/\partial T$ 为表面张力温度系数，具体表达式如下：

$$\frac{\partial \gamma}{\partial T} = -A_\gamma - R\Gamma_{\text{s}}\ln\left(1 + K_{\text{seg}}a_i\right) - \frac{K_{\text{seg}}a_i\Gamma_{\text{s}}\Delta H^0}{\left(1 + K_{\text{seg}}a_i\right)T} \tag{5.28}$$

式中，A_γ 为表面张力常数，取 $0.00043\text{N}/(\text{m·K})$；$\Gamma_{\text{s}}$ 为饱和表面过剩，取 $2.03\times10^{-8}\text{J}/(\text{kg·mol·m}^2)$；$R$ 为气体常数，取 $8314.3\text{J}/(\text{kg·mol·K})$；$H^0$ 为标准吸附热，取 -1.46×10^8；a_i 为板材中的氧含量，取 0.0036，即 36ppm；K_{seg} 为活性元素平衡吸附系数，表达式为

$$K_{\text{seg}} = k_1\exp\left[-\frac{\Delta H^0}{RT}\right] \tag{5.29}$$

式中，k_1 为表面偏聚熵常数，取 0.0138。在处理表面张力温度系数 $\partial\gamma/\partial T$ 时，除了公式 (4.35) 进行计算外，也有些学者将表面张力温度系数当作常值进行计算。在本章中将分两种情况分别进行计算求解。其中，情形一是 $\partial\gamma/\partial T$ 为公式 (4.35) 的情况；情形二是 $\partial\gamma/\partial T$ 为常值 -0.0002，相当于不锈钢板材中氧含量为 36ppm 时的值。为了考虑来自熔池表面的金属蒸气对电弧的影响，在电弧区域增加了金属蒸气的组分输运方程，其表达式为公式 (4.23)。式中的金属蒸气的二元扩散系数 D 用第二黏度近似得到，其表达式为

$$D = \frac{4\sqrt{2}\left(1/M_1 + 1/M_2\right)^{0.5}}{\left[\left(\rho_1^2/\beta_1^2\eta_1^2 M_1\right)^{0.25} + \left(\rho_2^2/\beta_2^2\eta_2^2 M_2\right)^{0.25}\right]^2} \tag{5.30}$$

式中，M_1 和 M_2 是铁和氩原子的摩尔质量；ρ_1，η_1 和 ρ_2，η_2 分别是铁和氩气的密度及黏度；β_1，β_2 是无量纲常数，在大量不同气体中一般取 1.2~1.543，这里取 1.385。在阴极区和板材的固体区域，C_0 的边界条件为零。在阳极表面温度高于熔点的区域中，C_0 用以下的公式代入边界条件：

$$C_0 = \frac{P_v M_1}{P_v M_1 + (P_0 - P_v) M_2} \tag{5.31}$$

式中，P_0 是大气压；P_v 是金属蒸气分压，具体表达式为

$$P_v(T) = \exp\left(13.8 - \frac{4.33 \times 10^4}{T}\right) \tag{5.32}$$

根据式 (5.31) 可知，在上表面，C_0 的变化范围是 0~1.0；在对称面上为 $\partial C_0/\partial y = 0$，其他边界设置为 0。

5.4.3 数值处理

用 Gambit 前处理软件进行几何建模，选择钨极直径 3.2mm，尖角 60° 且带有直径 0.2mm 的凸台。求解域为半圆柱体，底面半径 10mm，钨极计算区域高 3.6mm，电弧计算区域高度 3mm，焊接板材高 8 mm。由于几何模型部分区域形状的不规则性，采用分区域划分网格的方法，在变形梯度较大的区域局部加密，结构化网格和非结构化网格相结合，生成六面体网格。网格划分如图 5.34 所示。焊接板材是 SUS304 不锈钢，计算所涉及的电弧等离子体的物性参数不仅与温度有关，还与铁蒸气的浓度有关。本章中所使用的等离子体的各个物性参数都是温度和铁金属蒸气浓度的函数，使用 Origin Pro 8.5 软件绘制的物性参数如图 5.35 所示。

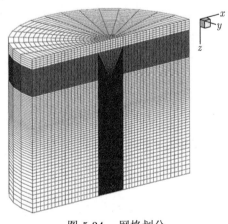

图 5.34　网格划分

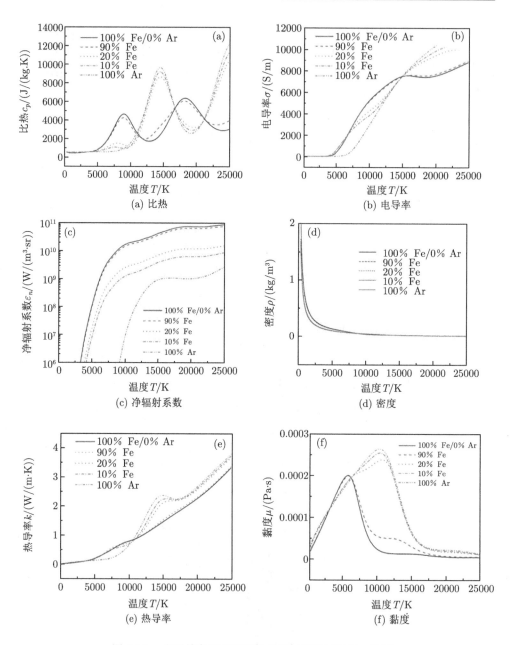

图 5.35　电弧等离子体的物性参数 (彩图扫封底二维码)

5.4.4　计算结果与分析

对于不锈钢, 表面张力对熔池流动和传热有着决定性的影响, 这里分别计算了表面张力为温度的复杂函数和表面张力为温度的线性函数两种情形下的结果,并对考虑有无金属蒸气得到的结果进行对比分析。焊接参数：钨极电流为 150A，弧长 3mm，气流量 12L/min，模拟时间 3.5s。图 5.36 是在该焊接参数下的模拟结果，给出电弧和熔池的温度场、流场以及电弧中金属蒸气浓度的三维分布。电弧温度场分布情况如图 5.36 所示，电弧最高温度约 17500K，电弧等离子体最大速度约 220m/s。由熔池流场可知，最大速度约为 35.2cm/s，熔池的流动形式为由中心向外流动，在熔池边缘形成了一个涡流。金属蒸气在 TIG 电弧中的分布情况如图 5.36 所示。这种分布主要是因为金属蒸气在电弧中传输时，受公式 (4.23) 中扩散项和对流项的影响较大。当金属蒸气从阳极表面蒸发进入电弧时，扩散项的作用使得金属蒸气由熔池表面向电弧区域有一定的延伸。但是电弧等离子体最大速度大于 200m/s，金属蒸气受到对流项的影响很大，导致金属蒸气在径向铺展，覆盖在熔池表面上方。金属蒸气的这种分布状态也与众多研究人员的模拟结果或者实验结论一致。金属蒸气的最大浓度出现在阳极表面中心处，具体数值为 1.17% 的质量分数或者 0.84% 的摩尔分数。

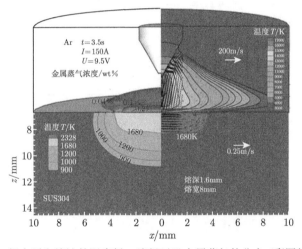

图 5.36 TIG 焊电弧和熔池的温度场、流场以及金属蒸气的分布 (彩图扫封底二维码)

图 5.37 为金属蒸气对电弧温度分布的影响。由图可知，电弧中存在的金属蒸气使得电弧等温线出现收缩。当电弧温度在 5000~20000K 时，金属蒸气的净辐射系数比 Ar 气的净辐射系数高 (由图 5.35(c) 中的净辐射系数图可知)，单位体积上的能量散失变大，导致电弧等温线出现收缩。这种收缩现象在已有的实验结果和模拟计算中都已经被发现。但是在他们的研究中，电弧弧长 5mm，电弧的收缩只是出现在电弧边缘区域，电弧中心区域的温度并没有变化。这种差异的主要原因为：由金属蒸气的二元扩散系数公式可知金属蒸气扩散能力不变，5mm 弧长下金属蒸气较远离阴极区域，所以在这些学者的研究中，阴极区域的温度几乎不

受影响。由图 5.37 可知,考虑金属蒸气时电弧等温线出现收缩,但电弧最高温度并没有变化,即电弧收缩并没有导致电弧温度升高。

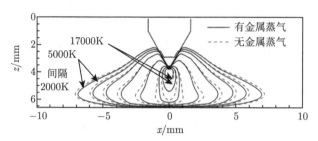

图 5.37　金属蒸气对电弧温度场的影响

图 5.38 为金属蒸气对阳极表面的电流密度分布的影响。由图可以看出,无金属蒸气时,阳极表面电流密度最大值为 920A/cm²;有金属蒸气时,阳极上表面电流密度最大值为 970A/cm²,电流密度相比增加 50A/cm²。有金属蒸气时,阳极上表面电流密度在中心区域增加,而边缘区域减少。这是因为金属蒸气存在时,中心区域电导率增加导致中心区域电流密度增加;在边缘区域由于温度降低和电弧收缩,使得边缘区域的电流密度降低。

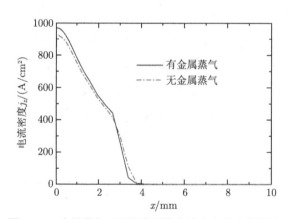

图 5.38　金属蒸气对阳极表面的电流密度分布的影响

图 5.39 和图 5.40 分别为金属蒸气对 z 轴向速度分布和电势分布的影响。由图 5.39 可知,有金属蒸气时,等离子流速比无金属蒸气时的速度略有减小。这是因为,有金属蒸气时,电弧等温线出现收缩,导致在同一区域位置中黏度增加 (由图 5.35(f) 电弧等离子体的黏度随温度的变化可以看出),所以电弧等离子体速度减小。由图 5.40 可知,考虑金属蒸气时电弧电压为 9.48V,不考虑金属蒸气时的电弧电压为 9.2V,两者相差 0.28V。电弧电压的增加是因为有金属蒸气时,电弧

等离子体的电导率增加 (由图 5.35(b) 电弧等离子体的电导率可知)。

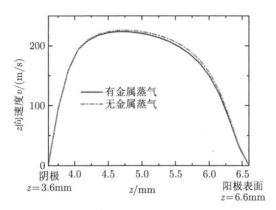

图 5.39   金属蒸气对 z 轴向速度分布的影响

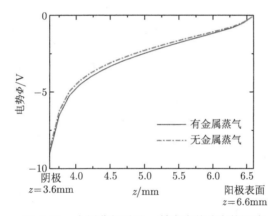

图 5.40   金属蒸气对沿 z 轴向电势分布的影响

参 考 文 献

樊丁, 黄自成, 黄健康, 等, 2015. 考虑金属蒸汽的钨极惰性气体保护焊电弧与熔池交互作用三维数值分析 [J]. 物理学报, 64(10): 304-314.

江淑园, 郑晓芳, 陈焕明, 等, 2004. 外加磁场对 CO_2 焊飞溅的控制机理 [J]. 焊接学报, 25(3): 65-67.

肖磊, 樊丁, 黄健康, 2018. 交变磁场作用下的 GTAW 非稳态电弧数值模拟 [J]. 机械工程学报, 54(16): 79-85.

肖磊, 樊丁, 黄健康, 等, 2017. 外加高频纵向磁场作用下的 TIG 焊电弧数值模拟 [J]. 焊接学报, 38(02): 66-70+4.

肖磊, 樊丁, 黄自成, 等, 2016. 考虑金属蒸汽的定点活性钨极惰性气体保护焊电弧与熔池交互作用三维数值分析 [J]. 机械工程学报, 52(16): 93-99.

赵彭生, 祝树燕, 王耀文, 等, 1989. 双尖角磁场再压缩等离子弧中板焊接 [J]. 焊接学报, 10(3): 148-155.

Arata Y, Maruo H, 1972. Magnetic control of plasma arc welding[J]. Transactions of JWRI, 1(1): 1-9.

Kang Y H, Na S J, 2002. A study on the modeling of magnetic arc deflection and dynamic analysis of arc sensor[J]. Welding Joumal, 81(1): 8-13.

Lowke J J, Morrow R, Haidar J, 1997. A simplified unified theory of arcs and their electrodes[J]. Journal of Physics D: Applied Physics, 30(14): 2033-2042.

Murphy A B, 1996. A comparison of treatments of diffusion in thermal plasmas[J]. Journal of Physics D: Applied Physics, 29(29): 1922-1932.

Nomura K, Morisaki K, Hirata Y, 2009. Magnetic control of arc plasma and its modelling[J]. Welding in the World, 53(7-8): R181-R187.

Wang X, Luo Y, Wu G, et al, 2018. Numerical simulation of metal vapour behavior in double electrodes TIG welding[J]. Plasma Chemistry and Plasma Processing, 38(5).

Xiao L, Fan D, Huang J K, 2018. Tungsten cathode-arc plasma-weld pool interaction in the magnetically rotated or deflected gas tungsten arc welding configuration[J]. Journal of Manufacturing Processes, 32.

Xiao L, Fan D, Huang J K. 2019. Numerical study on arc plasma behaviors in GMAW with applied axial magnetic field[J]. Journal of the Physical Society of Japan, 88(074502).

Xu G, Hu J, Tsai H L, 2008. Three-dimensional modeling of the plasma arc in arc welding[J]. Journal of Applied Physics, 104(10): 103301.

Yin X, Gou J, Zhang J, et al, 2012. Numerical study of arc plasmas and weld pools for GTAW with applied axial magnetic fields[J]. Journal of Physics D: Applied Physics, 45(28): 285203.

Zhu S, Wang Q W, Yin F L, et al, 2011. Research on droplet transfer of MIG welding with alternating longitudinal magnetic field[J]. Advanced Materials Research, 189-193: 993-996.

第 6 章　焊丝熔化及熔滴过渡的数值模拟

6.1　焊丝熔化及熔滴过渡研究与发展

6.1.1　熔滴过渡的分类

熔滴过渡是焊接过程中的一个重要环节,对焊缝表面质量和焊缝几何形状有着重要的影响。熔化极气体保护电弧焊 (GMAW) 中的熔滴过渡是指焊丝的材料以熔融液滴的形式转移到工件上的过程。熔滴过渡对工艺稳定性和焊接质量起着重要作用。国际焊接学会对熔滴过渡进行分类主要包括自由过渡、桥接过渡和渣保护过渡三大类,其中渣保护过渡主要应用于埋弧焊中,而在 GMAW 中熔滴过渡主要以自由过渡发生,根据焊接条件,可以以三种主要方式进行: 短路过渡、滴状过渡和射流过渡。滴状过渡通常在低电流下发生,液滴直径大于金属丝直径,由于它经常伴随着过多的飞溅,滴状过渡一般只用于焊接对飞溅没有要求的工件。对射流过渡来说,发生在中高电流下,液滴直径小于金属丝直径的喷射过渡。它是一种高度稳定和高效的工艺,广泛用于焊接厚钢板和铝零件。短路过渡是一种特殊的过渡方式,在这种方式下,焊丝末端的熔滴与焊池的焊道直接接触。其特点是反复、间歇起弧和重新起弧。它需要低热量输入,因此通常用于焊接薄板。熔滴过渡形式受焊接电流、电压影响较大,随着焊接电流增大,熔滴尺寸逐渐减小,最终形成不稳定的旋转射流过渡。除了这两个主要因素以外,保护气体成分、干伸长、焊丝直径和材料等也不同程度地影响着熔滴过渡形式。MIG 焊钢可能出现短路过渡、滴状过渡、射流过渡和旋转射流过渡,如图 6.1 所示。当加入活性气体如 CO_2 或 O_2 时,还可能出现射滴过渡和摆动射流过渡。

熔滴过渡之所以会受到各种因素的影响,是由于熔滴的受力状态在不同条件下不断发生改变。首先,液态金属具有较大的表面张力,通常能够达到室温下水表面张力的 10 倍以上,在熔滴未脱落时,表面张力合力向上,阻碍熔滴过渡,当颈缩形成后,表面张力辅助拉断缩颈,促进熔滴过渡。熔滴随时都会受到重力的影响,特别是小焊接电流、较大焊接电压条件下,电磁力较弱,熔滴能够充分长大,当熔滴长大到一定尺寸时,在重力的作用下,熔滴克服表面张力而脱落。通常将焊丝尖端的熔化部分 (包括自由过渡的金属) 统称为熔滴,对于悬挂在焊丝尖端的液流束而言,电流的自收缩效应形成轴向电磁力,方向由小导电截面指向大导电截面,这是由于小导电截面电流密度大,相应电磁力大,使局部压力增大,促使

液体向小压力处 (大导电截面) 流动，当液流束下方导电截面小于焊丝截面时，电磁力阻碍熔滴过渡，相反，促进熔滴过渡。随着焊接电流增大，熔滴过渡频率逐渐增大，正是上方导电截面不断缩小，下方导电截面不断增大的缘故。此外，还有高速等离子体流剪切熔滴形成的等离子流剪切力，以及由于材料剧烈蒸发，离子、电子撞击熔滴表面形成的斑点压力。

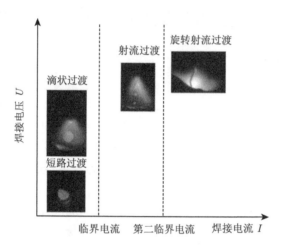

图 6.1　不同焊接参数下 MIG 焊熔滴过渡形式

6.1.2　熔滴过渡实验研究方法

由于焊接过程中弧光强烈，电弧和熔滴尺寸很小且通常温度分别能够达到10000K 和 2000K 以上，因此，准确测量电弧和熔滴的温度场、流场具有很大难度。通常可行的实验测量手段有：焊接电流、电压信号采集；光谱分析方法测量电弧温度、金属蒸气浓度分布；高速摄像系统拍摄熔滴过渡过程；比色测温法检测熔滴温度等。

1. 电信号采集

细丝 GMAW 过程中，为了最大限度地发挥电弧自身调节作用，通常选用恒压或缓降外特性的焊接电源。给定送丝速度，在焊丝与工件接触后，焊丝与工件间形成电弧，熔滴开始随着焊丝熔化而长大。整个熔滴长大过程中，电弧弧长不断变化，因此整个负载电阻也就发生了改变，根据欧姆定律，焊接电流也会随之变化。依据电弧静特性和电源外特性曲线可知，当电弧弧长增大时，负载等效电阻增大，焊接电流会减小，同时焊接电压会增大，反之，电弧弧长减小，则焊接电流增大，焊接电压减小。短路过渡是一种极端条件，在短路瞬间，焊接电流达到最大值，焊接电压为 0。因此可以通过采集焊接过程中的电信号来监测熔滴过渡频率等信息，同时根据电信号的频率密度分布 (probability density distribution, PDD) 曲线还能判断焊接过程的稳定性。

2. 电弧温度测量

焊接电弧等离子体温度高，通常都在 10000K 以上，对于电弧温度的测量，一般的传感器很难承受如此高的温度，最常用的方法是采用非接触式光谱分析法。电弧光辐射是电弧等离子体最显著的特征，利用这一特征，通过采集特定波长的辐射光谱强度再由热力学的关系式求得所需要的粒子数密度、温度以及浓度等热力学参数。常用的光谱诊断法有三种：① 谱线绝对强度法；② 谱线相对强度法；③ 标准温度法，又称为 Fowler-Milne 方法。由于前两种方法在计算过程中需要用到跃迁概率，而跃迁概率很难准确获得，因此不需要知道跃迁概率标准温度法在焊接电弧测量的研究中被广泛应用。

3. 高速摄像系统拍摄熔滴过渡

GMAW 过程中决定焊接质量好坏最关键的环节是熔滴过渡过程，所有的检测、控制手段往往都是围绕获得稳定熔滴过渡而展开的。由于熔滴过渡频率随着焊接电流的增大而加快，达到喷射过渡阶段时，过渡频率达到数百赫兹，这就决定了拍摄该过程必须使用高速摄像系统。同时，由于强烈的电弧光作用，适当的滤光手段也是必备的，而采用像声电同步高速摄影系统则可进一步提高分析的精确性。

4. 比色法测熔滴温度

所谓比色法测温，是指利用两个相邻窄带波段内辐射强度的比值进行温度测量。根据维恩位移定律，当温度增高时，绝对黑体的最大单色辐射强度向波长减小的方向移动，使两个固定波长的亮度比随温度变化，因此测量其亮度比值即可知相应温度。同时，辐射能量的衰减在两个相邻波长下几乎相同，因此不会影响它们之间的比值。将液态熔滴表面假定为灰体，根据不同温度下两个相邻波长的比值，通过对比数据库便能够知道其表面温度。电弧温度测量需要在焊接过程中进行，因为采集的是电弧光的辐射强度。与之截然相反，熔滴温度的测量必须在刚刚熄弧以后，因为采集的是熔滴的黑体辐射强度。

如前所述，实验测量手段在电弧–熔滴耦合行为研究中能力十分有限，无法单纯通过实验手段深入了解焊接过程中质量、动量、能量的传递过程，以及电极与电弧间的耦合作用行为。由于熔滴的存在，也很难采用探针法测量电流密度以及小孔法测量电弧压力。电弧对电极的加热和力的作用引起电极的熔化、变形、蒸发，同时电极的这些变化反过来对电弧形态的影响也十分显著。基于一定的基本假设，将现有的实验研究与数值模拟方法相结合，建立电弧–熔滴耦合数值模型，是研究 GMAW 熔滴过渡行为最有效的方法。

6.1.3　有关熔滴过渡的研究理论

GMAW 熔滴过渡行为的研究理论不断发展并完善。最早关于 GMAW 熔滴过渡的研究集中在对滴状过渡过程的研究，由于滴状过渡时焊接电流小于第一临界电流，金属蒸气对熔滴过渡行为的影响较小，同时等离子体流速低引起的剪切力也能够忽略。静力平衡理论、收缩不稳定模型、"弹簧-质量" 模型以及基于能量最小原理的数值模型分别被提出，用以研究熔滴过渡频率、尺寸与焊接电流的关系。

1. 静力平衡理论

静力平衡理论，是根据下垂液滴的轴向受力情况，包括重力、表面张力、电磁力、等离子体曳力，认为当合力向下时熔滴脱落，合力向上时熔滴悬挂，其平衡条件即为熔滴过渡的判断依据。为了能够进行理论计算求解，该理论认为熔滴几何形状为理想的球体，并假设熔滴中的电流密度均匀一致，且忽略了电流的径向分量。

2. 收缩不稳定模型

该模型由液柱不稳定理论 (pinch instability theory，PIT) 发展而来。由于球体具有比液柱更低的表面能，所以液柱具有收缩成小液滴的趋势，引起圆柱体表面发生波动。当波动引起的圆柱体某一横截面上压力差达到一定值时，液柱便会断开，如果将焊丝端部熔化金属形成的液流束比作该 "圆柱体"，液柱断开便代表着熔滴过渡。

3. "弹簧–质量" 模型

该模型将焊丝端部熔滴看作一个质量–弹簧系统，假想弹簧一端连着固体焊丝，一端连着液态熔滴，熔滴受到的表面张力作为弹簧力处理。该理论将熔滴长大过程用阻尼系数恒定、质量及弹簧系数变化的线性二阶方程表示。该模型未考虑熔滴所受的径向电磁力，而且阻尼系数也难以确定，需要通过大量实验进行标定。

4. 能量最小原理

一个系统总是要调整自己，使其总能量达到最低，以处于稳定的平衡状态，这就是能量最小原理。熔滴过渡过程不仅仅存在力的作用，同样也存在能量变化过程。研究人员根据能量最小原理，提出了适合于熔滴形态计算及其稳定性分析的数值模型，得到了熔滴完成过渡时所需的临界条件。

5. 流体动力学理论

近年来，基于流体动力学 (fluid dynamics) 理论，利用数值模拟方法研究熔滴过渡行为获得了广泛关注。流体力学理论是研究流体的力学运动规律及其应用的学科，主要研究在各种力的作用下流体本身的运动状态，以及流体和流体间、流体和固体壁面、流体与其他运动形态之间的相互作用和流动规律。所有流体的运动都是建立在流体力学基本控制方程——连续性方程和动量守恒方程的基础之上，对于焊接系统，由于流体中电流的存在，控制方程应该是包括麦克斯韦方程组在内的磁流体动力学基本控制方程，又因为有热作用，还需要包括能量守恒方程。同时，针对 GMAW 方法不可避免地会出现熔滴表面变形、脱离焊丝的过程，需要借助 VOF (volume of fluid) 方法，根据混合相中第二相在计算网格中所占比例来近似表征熔滴外形尺寸变化。不但考虑了流体速度矢量，同时还加入了时间这一重要的参数，因此基于流体动力学理论的数值模拟方法具有更为广泛的应用空间。各熔滴过渡研究理论对时间、速度、温度的描述情况的对比结果如表 6.1所示。

表 6.1　不同熔滴过渡研究理论对比

研究理论	时间	速度	温度
静力平衡理论	×	×	×
收缩不稳定模型	×	×	×
"弹簧–质量" 模型	√	×	×
能量最小原理	×	×	×
流体动力学理论	√	√	√

6.1.4　电弧–熔滴耦合行为数值模拟研究现状

焊接过程中电弧–熔滴–熔池耦合行为数值模拟研究的难点在于电弧等离子体与熔融金属的物理属性相差巨大，特别是密度和电导率的巨大差异，导致气液混合边界的动量以及电场耦合计算容易发散。另外，由于高温状态下的熔滴与熔池表面会蒸发产生金属蒸气，金属蒸气与保护气体混合后会改变电弧等离子体的热物理和传输性质，整个 GMAW 电弧–熔滴–熔池的耦合关系如图 6.2 所示。

研究人员建立了二维电弧–熔滴–熔池耦合模型，考虑了重力、表面张力，还有电磁收缩力，研究了临界电流附近熔滴形状随时间的变化关系和不同焊丝直径对熔滴形状的影响。在这一耦合模型基础上，国外研究团队作了进一步完善，发现影响第一临界电流的作用力是电磁力的径向分量，还考虑了电极鞘层区对计算结果的影响，在模型中考虑了表面张力随温度的变化，结合了焊接烟尘模型。

研究人员对熄弧后熔池的凝固过程也进行了数学物理建模与求解，计算结果与实验结果吻合良好。借助编程语言 FORTRAN，先固定焊丝与熔池边界进行焊接电弧求解，然后将电弧计算结果作为边界条件加载于焊丝边界，计算焊丝熔化、变形，如此反复，也可获得电弧–熔滴–熔池中温度、速度、压力和电势随时间变化的结果。研究人员在原有模型基础上考虑不同混合比例的 Ar-He 混合气体对熔滴过渡行为的影响，由于 Ar，He 等离子体电导率和热导率等物理性质的差异，所以 He 的引入使电弧形状由铃形收缩为锥形，且熔滴尺寸明显增大。

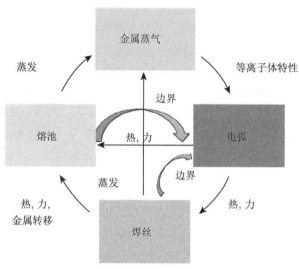

图 6.2　GMAW 电弧–熔滴–熔池耦合示意图

在钢的 GMAW 光谱检测实验研究中发现，纯 Ar 保护气氛下，电弧中心轴线附近电子温度低，与上述数值模拟结果截然不同，这正是不考虑金属蒸气行为导致计算结果出现偏差的主要原因。值得注意的是，当保护气体中 CO_2 含量达到 20% 时，电弧中心电子温度低的现象消失。

而需要进一步完善的是，在之前对钢焊丝 GMAW 中金属蒸气行为的研究过程中并没有考虑金属蒸气的辐射效应，能量守恒方程中辐射系数只是采用 Ar 等离子体的辐射系数近似代替。经过研究认为导致电弧中心出现低温腔的主要原因是较冷的金属蒸气对流进入电弧时的混合作用。在之后对此的进一步研究中发现，金属蒸气与保护气体混合，对等离子热传输性质的影响巨大，此时的电弧中心出现低温腔，电流集中从电弧边缘通过，主要原因有两点：① 金属蒸气较强的辐射散热作用；② 金属蒸气对流作用使电弧冷却。通过对比焦耳热和辐射散热结果发现，对于铝焊丝而言，对流作用占主导，对于钢焊丝而言，由于铁蒸气净辐射系数大，此时以辐射散热作用为主，对流为辅。借助流体力学软件 CFX，研究脉冲 MIG 焊接过程中金属蒸气和保护气体的混合扩散作用，研究人员获得了更接近实验结果的金属蒸气分布和熔滴过渡过程。有部分研究人员将关注点放在焊接烟尘分布的数值模拟中，在耦合电弧–熔滴模型的基础上考虑金属蒸发和冷凝，分析了 GMAW 焊接过程中烟尘的形成过程。

研究人员建立了纯氩保护气氛下 GMAW 三维电弧–熔滴耦合数学物理模型，由于熔滴与电弧物理属性和流速差异较大，耦合过程中分别计算熔滴流动与电弧流动，整个过程如图 6.3 所示。在一个时间步长内，先计算电弧等离子体物理特征，包括温度、速度以及压力等，其间熔滴作为固定边界，然后通过计算得到的电弧特性获得熔滴的边界条件，开始计算熔滴变形。到了第二个时间步长后如此反复，得到整个电弧–熔滴耦合熔滴过渡过程。利用这一方法预测了熔滴尺寸随焊接电流的变化，同时还分析了熔滴中表面张力、电磁力、电弧压力以及等离子体流剪切力的相对作用强度，该模型适用较宽的焊接电流范围 (150~350A)。利用这一模型，他们还研究了 Ar+18%CO_2 保护气氛下 GMAW 电弧收缩和熔滴尺寸增大的原因，以及脉冲 MIG 焊熔滴过渡行为。

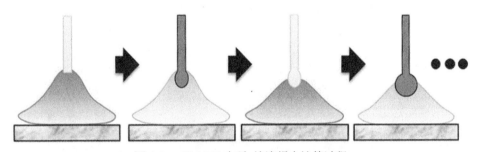

图 6.3　GMAW 电弧–熔滴耦合计算过程

前面的研究都是利用 VOF 方法追踪熔滴自由表面，另一种方法是采用相场法，利用有限元软件 COMSAL 分别建立了变极性 (variable polarity, VP) 和脉冲 (pulsed, P) 条件下的 GMAW 电弧–熔滴耦合数值模型，对熔滴尺寸、温度以及电弧–熔滴耦合作用过程进行了详细描述，特别是结合熔滴受力分析了熔滴中液态金属流动特征。分析 VP-GMAW 不同极性时的电极产热发现，正接周期时的热输入高出反接周期，超过 60%，其中鞘层区产热增加 148%，电弧传导热增加 17%。研究 P-GMAW 熔滴过渡行为时，分别将脉冲电流设置为如图 6.4 所示的方波、指数和梯形三种不同的脉冲波形，结果表明：由于响应时间变慢，熔滴的悬挂时间会延长，但是对于焊丝热输入的影响很小。

由于该模型没有考虑金属蒸气行为，所以计算得到的电弧高温区聚集在熔化金属尖端下方，如图 6.5 所示，与光谱检测结果存在一定差异。在忽略熔滴温度变化的情况下利用 FLUENT 软件建模计算了 GMAW 熔滴过渡过程。在模型中，对焊接电流和表面张力系数的关系进行了回归分析，由此得到的计算结果与实验结果吻合良好。之所以没有采用表面张力系数与温度的关系函数进行模型优化，是由于该模型没有考虑熔滴温度，因此金属蒸气行为也没有得到表达。

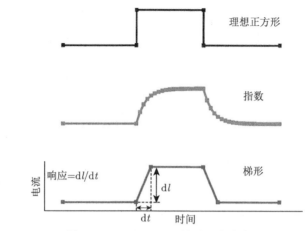

图 6.4　P-GMAW 三种不同脉冲波形

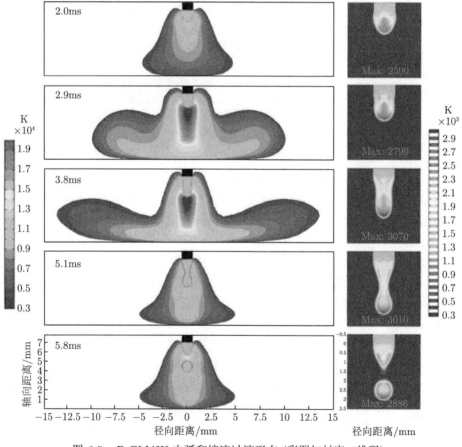

图 6.5　P-GMAW 电弧和熔滴过渡形态 (彩图扫封底二维码)

6.2 大电流 GMAW 熔滴过渡行为数值模拟研究

6.2.1 数学物理模型

1. 基本假设

由于实际焊接物理过程非常复杂，包括热、质和动量的传递，同时电弧等离子体和材料物理属性随温度、压力等参数变化，数值计算中很难全面考虑所有的物理过程和参数的变化，往往需要作一些基本假设，保证结果准确的前提下尽可能简化需要考虑的物理过程。在建立模型之前作如下基本假设：

(1) 焊丝熔化部分以及熔滴均为非稳态处于层流状态的牛顿流体；

(2) 该模型仅考虑质量和动量传递过程，没有考虑能量守恒方程，等离子体物理属性选择固定温度下氩弧等离子体的物性；

(3) 气相等离子体流剪切力在电流较小情况下可忽略不计。

2. 控制方程

所有的控制方程写成统一的形式如下所示

$$\frac{\partial}{\partial t}(\rho \Phi) + \nabla \cdot (\rho \vec{v} \Phi) = \nabla \cdot (\Gamma_\Phi \nabla \Phi) + S_\Phi \tag{6.1}$$

其中，t 是时间，ρ 是密度，Φ 是通用变量，$\vec{v}$ 是速度矢量，Γ_Φ 是扩散系数，S_Φ 是源项。通用变量、扩散系数以及源项在各控制方程中所代表的物理量如表 6.2 所示。

表 6.2 控制方程组所代表的物理量

控制方程	Φ	Γ_Φ	S_Φ
质量	1	0	0
动量	$\vec{v}$	μ	$-\nabla P + \vec{j} \times \vec{B} + \rho \vec{g}$
电场	V	σ	0
磁场	$\vec{A}$	1	$\mu_0 \vec{j}$
VOF	F_{mp}	0	0

其中，μ 是动力黏度，P 是静压力，$\vec{j}$ 是电流密度，$\vec{B}$ 是磁流密度，$\vec{g}$ 是重力加速度，V 是电势，σ 是电导率，$\vec{A}$ 是磁矢量势，μ_0 是真空磁导率 $(4\pi \times 10^{-7} \mathrm{H/m})$，$F_{\mathrm{mp}}$ 是金属相体积分数，气相体积分数 F_{gp} 则为

$$F_{\mathrm{gp}} = 1 - F_{\mathrm{mp}} \tag{6.2}$$

由于金属相 (熔滴) 和气相 (电弧) 的物理性质差异较大，模型中针对金属相和气相分别采用两套独立的质量和动量守恒方程来计算金属相和气相中的质量和

动量守恒方程。界面附近混合相密度 ρ_{mix}、动力黏度 μ_{mix} 和电导率 σ_{mix} 分别为

$$\rho_{\mathrm{mix}} = F_{\mathrm{gp}}\rho_{\mathrm{g}} + F_{\mathrm{mp}}\rho_{\mathrm{m}} \tag{6.3}$$

$$\mu_{\mathrm{mix}} = F_{\mathrm{gp}}\mu_g + F_{\mathrm{mp}}\mu_{\mathrm{m}} \tag{6.4}$$

$$\sigma_{\mathrm{mix}} = F_{\mathrm{gp}}\sigma_{\mathrm{g}} + F_{\mathrm{mp}}\sigma_{\mathrm{m}} \tag{6.5}$$

关于电流密度和磁流密度的辅助方程如下所示

$$\vec{j} = -\sigma(\nabla V) = \sigma\vec{E} \tag{6.6}$$

$$\vec{B} = \nabla \times \vec{A} \tag{6.7}$$

3. 计算域与边界条件

整个计算几何区域如图 6.6 所示。当焊接电流较小时，熔滴过渡形式为滴状过渡或射流过渡，呈轴对称分布，可以采用 2D 轴对称模型，如图 6.6(a) 所示。

当焊接电流增大，熔滴过渡形式变为不稳定的旋转射流过渡时，2D 轴对称模型则不再适用，只能采用网格数量更多、计算量更大的 3D 模型，如图 6.6(b) 所示。固体焊丝在模型中也被假定为液态流体，焊丝直径 1.2mm，且焊丝截面处存在一速度入口，取送丝速度，近似表征送丝过程。根据保护气体流量和入口尺寸计算保护气体入口速度。图 6.6(c) 中存在一个焊接电弧扩展角度 θ，也是这一熔滴过渡数值模型得以建立的关键参数之一，另一个关键参数是这一假定电弧导电区域的电导率 σ：大滴过渡时，由于焊接电流小，电弧温度相对较低，电弧扩展角度较小，本研究中取 $\theta = 10°$，电导率选择 10000K 时 Ar 气电导率；GMAW 熔滴过渡为射流过渡或者旋转射流过渡时，由于焊接电流增大，电弧温度相对较高，电弧扩展角度增大，近似取 $\theta = 20°$，电导率选择 15000K 时的 Ar 气电导率。

为了获得准确的数值模拟结果，射流过渡还必须考虑金属蒸气的辐射散热作用，由于金属蒸气的存在，纯氩保护气氛下的 MIG 焊接过程中，电弧中心区域为低温腔体，电导率较低，大部分焊接电流从电弧外围通过。为了考虑金属蒸气行为，本模型尝试将图 6.5(c) 中 Area 3 设定为金属蒸气区域，给定较低的电导率 (1000S/m) 用于近似处理金属蒸气的辐射散热效应。

详细的外部边界条件如表 6.3 所示。电弧等离子体剪切力需要转化为体积力加载到动量守恒方程源项中，如下所示

$$\vec{\tau}_{\mathrm{ps}} = \mu_g \frac{\partial \vec{v}}{\partial s} \cdot |\nabla F_{\mathrm{mp}}| \tag{6.8}$$

$\vec{s}$ 是自由表面上的切向单位向量。由于本模型中没有求解能量守恒方程，因此模型未能考虑基于温度的 Marangoni 剪切力，但是自由表面上的表面张力根据连续表面张力 (CSF) 模型进行计算，表面张力被添加到动量守恒方程源项中，如下所示

$$\vec{F}_{\mathrm{st}} = \gamma k_{\mathrm{cur}} \nabla F_{\mathrm{mp}} \tag{6.9}$$

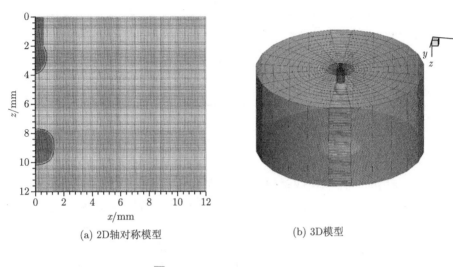

(a) 2D轴对称模型   (b) 3D模型

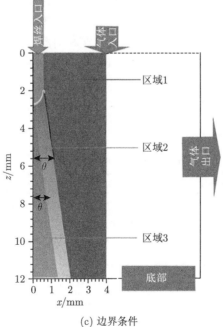

(c) 边界条件

图 6.6   计算域与边界示意图 (彩图扫封底二维码)

其中，γ 是表面张力系数，k_{cur} 是自由表面曲率，根据曲率定义可以按如下公式
计算

$$k_{cur} = -\nabla \cdot \frac{\nabla F_{mp}}{|\nabla F_{mp}|} \tag{6.10}$$

表 6.3　外部边界条件

边界	$v/(\text{m/s})$	P/Pa	V/V	$A/(\text{Wb/m})$
气体入口	v_g	101325	$\partial V/\partial \vec{n} = 0$	$\partial A_i/\partial \vec{n} = 0$
金属入口	v_m	101325	$-\sigma \partial V/\partial \vec{n} = j$	$\partial A_i/\partial \vec{n} = 0$
气体出口	$\partial(\rho v_i)/\partial n = 0$	—	$\partial V/\partial \vec{n} = 0$	$A = 0$
接地壁面	无滑移	—	0	$\partial A_i/\partial \vec{n} = 0$

注：$\vec{n}$ 为单位向量。

4. 数值处理与求解

本研究使用的软件 ANSYS FLUENT 是一款基于有限体积法思想的大型通用 CFD 求解软件。为了便于计算收敛和达到更高的计算精度，网格划分只采用结构化网格。选用 Multi-Fluid VOF 方法，分别单独计算气相和液相的质量和动量守恒方程。采用压力基求解器和相耦合 SIMPLE 算法，离散方式采用二阶迎风格式，进一步保证计算结果的精度。气相电导率取决于所处区域的电弧温度和金属蒸气质量分数，前面已经提到，由于该数学物理模型并没有计算电弧温度和金属蒸气质量分数，本研究根据已有的滴状过渡和射流过渡电弧温度的实验和模拟研究结果，将不同区域 (Area 1，2，3) 处的电导率设为不同数值，近似表征真实电弧导电过程。对于不导电区 Area 1，为了保证计算过程的稳定，不能设定电导率为 0，选择一个相对较小的数值 10S/m 用以阻止电流通过。近似处理后所使用的材料属性如表 6.4 所示。

表 6.4　气相和液相的物理属性

性质	符号	单位	气相	液相
密度	ρ	kg/m^3	0.02	7200
动力黏度	μ	kg/(m·s)	0.0001	0.006
电导率	σ	S/m	$x\% \sigma_m$	7.7×10^5
表面张力	γ	N/m	—	1.2

6.2.2　计算结果

影响熔滴过渡的主要作用力有重力、表面张力、电磁力、电弧压力、电弧等离子体流剪切力等。熔滴和液流束的受力示意图如图 6.7 所示。合力向上或者受

力平衡时, 熔滴能够持续长大, 形成滴状过渡; 当合力向下时, 熔滴加速向母材过渡, 形成射滴、射流过渡; 当合力偏离轴线, 例如电磁力变为非轴对称, 液流束开始旋转或者摆动, 形成旋转射流或摆动射流过渡。小电流时, 重力和表面张力是熔滴过渡的主要驱动力, 当颈缩形成后, 电磁力迅速增大, 加速熔滴脱离焊丝。当焊接电流增大, 电弧扩展角增大, 电磁力沿轴线梯度绝对值增大, 使液流束上部压力远远大于下部压力, 熔滴来不及长大便在 "压力差" 作用下迅速喷射过渡到熔池中去。借助本章提出的熔滴过渡数学物理模型以及简化电弧导电 "机制", 分别计算得到了焊接电流为 200A、350A 和 500A 时的熔滴流动和受力结果。对不同电流密度条件下的熔滴受力情况进行了详细分析, 揭示了大电流熔滴旋转射流过渡机制。

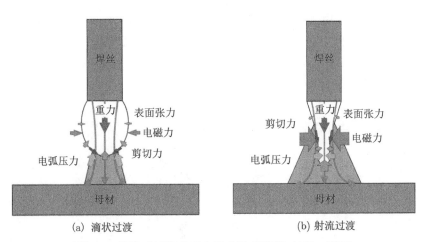

(a) 滴状过渡   (b) 射流过渡

图 6.7   熔滴或液流束受力示意图 (彩图扫封底二维码)

1. 滴状过渡

在焊接电流 200A, 送丝速度 0.1m/s, 给定电弧扩展角 $\theta = 10°$ 时, 熔滴过渡为滴状过渡, 整个熔滴过渡过程如图 6.8 所示。在实际焊接过程中, 纯氩保护气氛下, 对于直径为 1.2mm 的钢焊丝而言, 射流过渡的临界电流大约为 180A, 加入少量多原子保护气体如 CO_2 或 O_2 后临界电流会提高到大约 220A。

从图 6.8 中可以看出整个熔滴过渡过程持续约 95ms, 过渡频率为 10Hz。从 0ms 到 90ms, 随着焊丝的不断送进, 熔滴长大, 同时重力、表面张力还有电磁力的综合作用使熔滴处于平衡状态, 这也是可以采用 "静力平衡理论" 研究大滴过渡的主要原因。重力按照动量守恒方程源项体积力的形式表示为 $\rho \vec{g}$, 取焊丝金属材料密度 7200kg/m^3, 且不考虑密度随温度的变化, 可以计算得到重力恒为 7.05×10^4N/m^3。表面张力系数为常数 1.2N/m, 但由于液滴表面曲率随时间时刻变化，所以表面张力也不是定值。

如图 6.9(a) 所示，观察颈缩形成时 (95ms) 的熔滴发现，熔滴底部以及颈缩点下方是熔滴表面曲率最大的位置，最大曲率接近 8000m^{-1}，求得最大表面张力约为 $2\times10^7\text{N/m}^3$，方向指向熔滴内部，上下两部分表面张力都会促使熔滴保持球形，上方的表面张力促进熔滴过渡，下方表面张力抑制熔滴过渡。观察发现，在颈缩点附近，部分区域曲率为负值 (-6000m^{-1})，因此存在方向向外的表面张力，约为 $1.6\times10^7\text{N/m}^3$，该处的表面张力会抑制熔滴过渡。颈缩形成之前，由于熔滴中电流密度小，电磁力最大值始终小于 $1\times10^7\text{N/m}^3$，对熔滴的影响较小。随着焊丝的不断送进，熔滴在重力、表面张力和电磁力作用下不断长大，当熔滴长到足够大时，重力作用的体积增大，焊丝与熔滴接触部分出现颈缩，颈缩的出现直接导致细颈处电流密度由前一时刻的约 $2\times10^8\text{A/m}^2$ 提高到约 $6.3\times10^8\text{A/m}^2$，由此产生的磁感应强度和电磁力分别达到 0.11T 和 $6.96\times10^8\text{N/m}^3$，如图 6.9(b)、(c) 所示，缩颈处巨大的电磁收缩力将会加速熔滴脱离。根据图 6.10 可以看出，熔滴中的最大速度最开始出现在熔滴中心靠近焊丝截面处，结合前面提到的三种主要作用力，这主要是重力和电磁力的作用导致的。

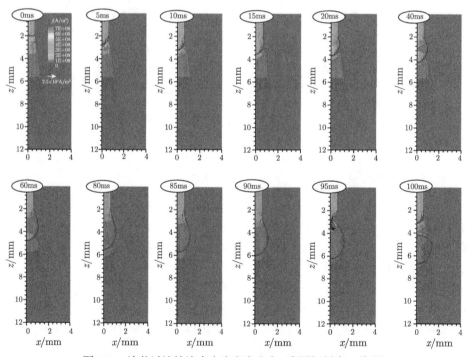

图 6.8   滴状过渡熔滴中电流密度分布 (彩图扫封底二维码)

随着作用时间变长，熔滴中心处金属最大流速不断增大，在颈缩时达到最大值 0.7m/s。同时观察熔滴底部会发现，由于电磁力和表面张力的作用，该区域液态金属存在明显的减速。颈缩形成后，电磁力提高为颈缩前的 4~5 倍，强大的收缩力使液态金属向上下两个方向排开，下方液态金属加速，上方液态金属减速，因此电磁力在颈缩形成后成为熔滴过渡的主要促进力。当熔滴脱离焊丝后，由于电磁力迅速减小，金属最大流速有所下降，但之后在重力的作用下，熔滴中液态金属在轴线方向仍然被加速，整个变化过程如图 6.11 所示。

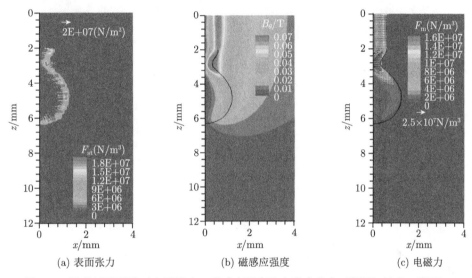

(a) 表面张力   (b) 磁感应强度   (c) 电磁力

图 6.9   滴状过渡颈缩时表面张力、磁感应强度和电磁力分布 (彩图扫封底二维码)

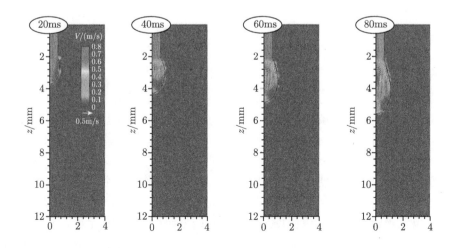

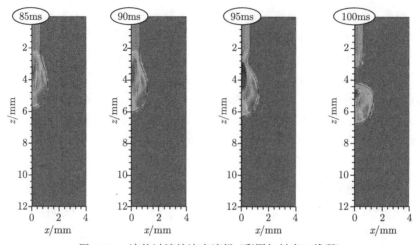

图 6.10　滴状过渡熔滴中流场 (彩图扫封底二维码)

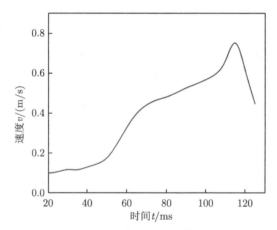

图 6.11　滴状过渡熔滴中流速最大值随时间变化曲线

2. 射流过渡

在焊接电流 350A，送丝速度 0.2m/s，给定电弧扩展角 $\theta = 20°$ 且考虑金属蒸气低电导率区存在的条件下，熔滴过渡为射流过渡，整个熔滴过渡过程，包括电磁力分布如图 6.12 所示。整个熔滴被笼罩在电弧中，部分电流由电弧区域流过，任意时刻电磁收缩力在 $z = 3\text{mm}$ 处始终大于 $4×10^7\text{N/m}^3$，因此熔滴无法持续长大，在达到一定尺寸后便在重力、电磁力、表面张力作用下脱离焊丝，熔滴过渡频率较滴状过渡大幅提高，达到数百 Hz，同时熔滴直径明显小于焊丝直径，约为 1mm。观察液流束和熔滴中流场发现，在轴线方向 $z = 3\text{mm}$ 上方，存在一反向回流区，这是在电磁收缩力作用下形成的，由于这一涡流存在，焊丝尖端能够一直保持锥形，形成稳定的射流过渡。

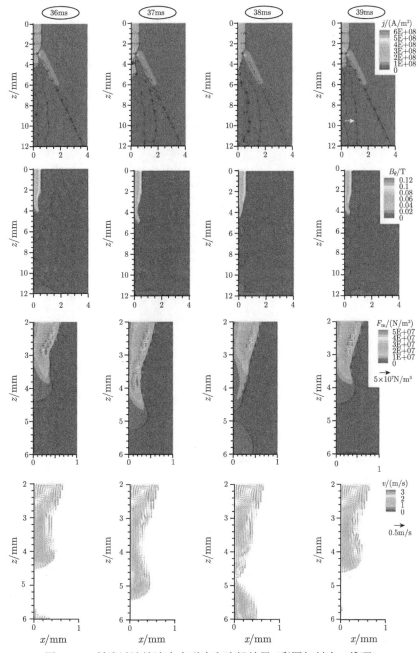

图 6.12　射流过渡熔滴中电磁力和流场结果 (彩图扫封底二维码)

　　图 6.13 显示的是熔滴和液流束中表面张力分布, 由于液流束和熔滴形状尺寸的影响, 表面曲率绝对值增大, 能够达到 $20000 \sim 30000 \mathrm{m}^{-1}$, 表面张力最大值在液流束尖端能够达到 $2 \times 10^8 \mathrm{N/m}^3$, 方向向上。由于熔滴越细小, 表面张力越大, 熔滴在脱离焊丝后越能迅速变成球形。在颈缩形成后表面张力最大值超过电磁力最大值, 表面张力起到拉断液流束的作用, 对熔滴过渡频率增大有显著效果。但由于表面张力始终是表面力, 对于具有一定体积的熔滴和液流束而言, 电磁力的作用仍然是最主要的。

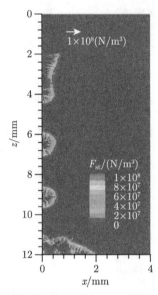

图 6.13　射流过渡熔滴表面张力分布 (彩图扫封底二维码)

　　为了更准确地判断电磁力、表面张力的相对大小, 可以通过对比各自相对黏性力的无量纲数 R_{m} 和 R_{s}, 公式如下所示

$$R_{\mathrm{m}} = \frac{\rho \mu_{\mathrm{m}} I^2}{4\pi^2 \mu^2} \tag{6.11}$$

$$R_{\mathrm{s}} = \frac{\rho L_{\mathrm{s}} \gamma}{\mu^2} \tag{6.12}$$

其中, 公式 (6.12) 中存在特征长度 L_{s}, 大滴过渡时取熔滴半径 0.0015m, 射流过渡时取焊丝半径 0.0006m。滴状过渡时表面张力雷诺数为 3.60×10^5, 射流过渡时表面张力雷诺数为 1.44×10^5; 焊接电流为 200A 时磁雷诺数为 2.54×10^5, 350A 时磁雷诺数为 7.80×10^5, 500A 时达到 1.59×10^6。可以发现大滴过渡时, 表面张力起主要作用, 当焊接电流增大, 熔滴尺寸减小后电磁力成为主要作用力并且通

过相似准则判断，电磁力的作用远远大于表面张力，因此弄清液流束中电磁力的作用特点毫无疑问是研究大电流 GMAW 熔滴过渡行为的关键。

3. 旋转射流过渡

CO_2 具有较高的比热和热导率，能够使电弧收缩到液流束尖端，使液流束中电流密度增大。为了在数值模型中描述这一过程，可以将假定的 Ar 气电导率降低，此时更多焊接电流通过液流束，近似表征混入 CO_2 后 MAG 焊的熔滴过渡行为。后面的结果中将用 MIG 和 MAG 焊区分电导率改变前后的结果，并进行比较。在前面滴状过渡和射流过渡的基础上继续增大焊接电流到 500A，送丝速度提高到 0.5m/s，给定电弧扩展角 $\theta = 20°$，此时，不同的电弧电导率作用下熔滴过渡形式分别为旋转射流过渡和摆动射流过渡，如图 6.14(a)，(b) 所示。

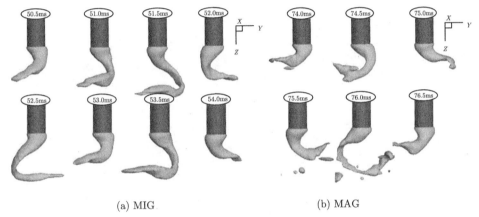

(a) MIG   (b) MAG

图 6.14　MIG 焊熔滴旋转射流过渡和 MAG 焊熔滴摆动射流过渡

MIG 焊中液流束较长，且做周期性旋转运动，旋转频率达到 500Hz，液流束尖端金属被高速甩出。MAG 焊中液流束长度较短，做周期性摆动运动，摆动频率较旋转频率低，约 400Hz，液流束尖端金属同样被高速甩出，且存在大量细小飞溅。计算中还发现，液流束的旋转方向是随机的，与前期计算迭代误差导致的电磁力不平衡有关，一旦形成一定方向的旋转，将会一直保持这一方向旋转下去，即旋转运动与液流束受力应该是正反馈关系，旋转运动会促进液流束继续受力旋转，后面将会结合液流束受力进行说明。实验中旋转方向同样是随机产生的，但经常受到外部焊枪和接地线回路的影响，液流束大概率朝某一个固定方向旋转。

如图 6.15 所示，观察液流束中金属的速度矢量图可以发现，无论是 MIG 焊熔滴旋转射流过渡还是 MAG 焊熔滴摆动射流过渡，最大流速均出现在液流束弯曲处。熔化金属从焊丝端部流出后在电磁力的作用下加速，速度迅速增大直到脱落前处于液流束弯曲处凹面侧达到最大，之后被高速甩出。

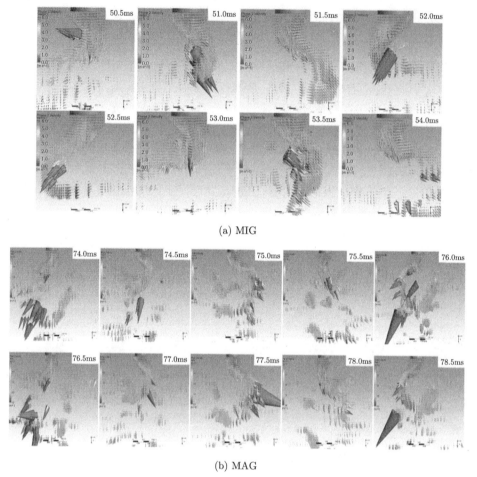

(a) MIG

(b) MAG

图 6.15　大电流 MIG/MAG 焊液流束中液态金属流场 (彩图扫封底二维码)

由于 MAG 焊液流束中电磁力更大, 所以熔滴摆动射流过渡中会产生更多更细小的飞溅。通过调整滤光和背光, 采用高速摄像拍摄得到了大电流 MAG 焊中由于液流束大幅度摆动形成大量细小飞溅的整个过程, 与采用数值模拟方法计算得到的焊接飞溅形态和分布相吻合, 均是随着液流束弯曲角度增大, 在整个液流束摆动拉断的瞬间产生大量小球状飞溅。

对于 500A 大电流 GMAW 熔滴过渡而言, 导致液流束旋转的最主要的驱动力是电磁力。MIG/MAG 焊中 y 方向磁感应强度为 ± 0.06T 的等势面以及 y 方向电磁力为 $\pm 2 \times 10^7$N/m^3 的等势面如图 6.16 所示。由于电磁力是一种体积收缩力, 沿着 y 方向必定分别存在正负两个方向的力。一旦存在外部扰动, 例如, 局部电流密度过大或保护气体解离等导致液流束爆断使液流束发生偏斜, 导致正负两个方向的力不平衡，这种失稳在电磁力较大时难以恢复，便会产生不稳定的过渡形式。在图 6.16(a) 的 50.5ms 时刻，最大的正方向作用力为 $1.16\times10^8\mathrm{N/m^3}$，最大的负方向作用力为 $6.25\times10^7\mathrm{N/m^3}$，并在一个周期内，合力绕轴旋转，液流束做周期性旋转运动。如图 6.16(b) 74ms 时的结果所示，最大的正方向作用力为 $2.52\times10^8\mathrm{N/m^3}$，最大的负方向作用力为 $1.03\times10^8\mathrm{N/m^3}$，在一个周期内，合力穿过轴线往复摆动，液流束做周期性摆动运动。

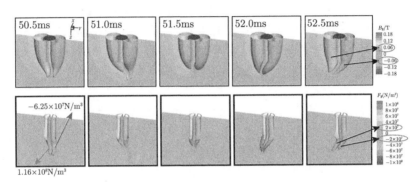

(a) MIG

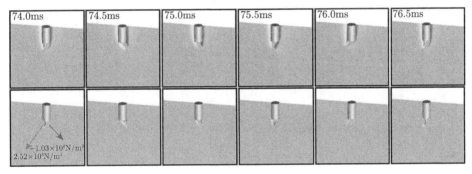

(b) MAG

图 6.16　大电流 MIG/MAG 焊液流束中在 y 方向上的磁感应强度和电磁力分布 (彩图扫封底二维码)

　　MIG 和 MAG 焊的主要区别在于液流束中电流密度的不同，这也是液流束运动形式不同的主要原因。液流束中最大电流密度在一个周期中的变化如图 6.17 所示，MAG 焊中电流密度最大值相比 MIG 焊而言波动大，最大值接近 $2\times10^9\mathrm{A/m^2}$。

　　在外部干扰作用下液流束发生非轴对称偏斜，由于扰动因素众多，总是有机会形成如图 6.18 左侧所示的螺旋状形态。由于焊接电流沿着螺旋状液流束流动，电流路径也同样呈螺旋状分布。根据右手螺旋法则判断，该电流除了感应产生环向磁场外还会感应产生轴向磁场，且无论环向磁场还是轴向磁场都具有"内部强，外部弱"的特点，这是液流束弯曲导致的结果。正是由于磁感应强度和电流密度都是靠近轴线弯曲处强，远离轴线的外部弱，因此环向磁场与电流作用产生的径向电磁力使液流束能够保持螺旋状态，合力沿径向向外。轴向磁场与电流作用产生的环向电磁力使液流束旋转，且通过左手法则判断受力，发现该力的方向与初始状态液流束的旋转方向是一致的。这是电磁力较弱时 MIG 焊的结果，而对于MAG，当液流束中电流密度更大时，液流束同样会在干扰作用下形成图 6.18 左侧的螺旋状结构，但是由于电磁力较大，前面已经分析过，y 方向电磁力正负方向电磁力差值的最大值能够达到 $1.49\times10^8\mathrm{N/m}^3$。较大的电磁力会破坏螺旋结构，形成平面弯曲的摆动结构，如图 6.18 右图所示。这种平面弯曲结构中电流密度仅能感应出环向磁场，同样弯曲液流束内侧的磁场磁感应强度较外侧大，电磁力合力周期性变换方向，形成熔滴摆动射流过渡。

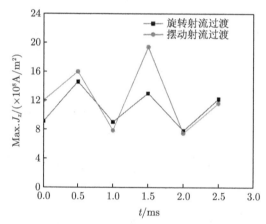

图 6.17　大电流 MIG/MAG 焊液流束中最大电流密度随时间的变化

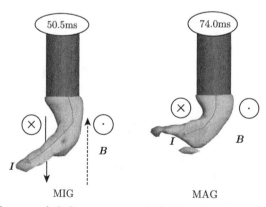

图 6.18　大电流 MIG/MAG 焊自感应磁场分布示意图

除了电磁力之外, 作用在液流束表面的电弧压力 (模型中处理为源项) 也对液流束的运动产生影响, 且根据动量守恒方程可知, 本模型中电磁力是电弧静压升高的主要原因。作用在液流束表面的电弧压力分布如图 6.19 所示。

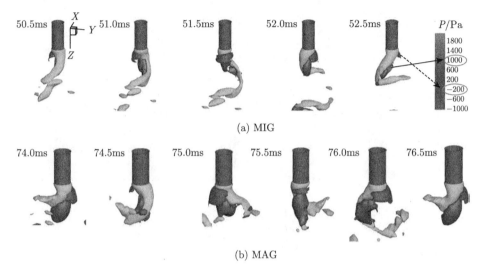

(a) MIG

(b) MAG

图 6.19　大电流 MIG/MAG 焊电弧压力分布 (彩图扫封底二维码)

6.2.3　实验结果

为了验证模拟结果的准确性, 还对比了不同焊接电流下熔滴过渡过程的高速摄像结果。大滴过渡和射流过渡均采用 $2000s^{-1}$ 的采集频率, 过渡频率较高的射流过渡采用 $5000s^{-1}$ 的采集频率。已有实验和数值模拟研究表明, 当采用纯氩保护, 焊接电流小于 230A 时, 熔滴自由过渡形式为滴状过渡。图 6.20(a) 是一定干伸长下焊接电流 200A 时滴状过渡高速摄像结果, 熔滴过渡频率约为 10Hz, 熔滴直径约 3.48mm, 与数值模拟得到的熔滴过渡频率 10Hz 及熔滴直径 3mm 接近。增大送丝速度使焊接电流提高到 350A, 计算和实验结果中熔滴过渡频率均达到数百 Hz。熔滴过渡达到旋转射流过渡后, 熔滴过渡过程不再容易观察, 只能通过测量、统计液流束旋转偏角和摆动频率。

如图 6.20(c) 所示, 大电流 MIG 焊时液流束旋转频率约为 500Hz, 模拟结果与之吻合, 同时 0.2ms 时刻液流束旋转偏角约 34°, 与图 6.20(a) 中 52.5ms 时刻计算得到的液流束偏角 35° 同样十分接近。大电流 MAG 焊摆动频率约 450Hz, 当发生剧烈摆动射流过渡时, 液流束摆动角度接近 90°。前面计算得到的大电流 MAG 焊摆动频率约 400Hz, 摆动最大偏角同样接近 90°, 与实验结果吻合。由于本模型中忽略了温度、干伸长等对熔滴过渡的影响, 同时电弧和金属蒸气模型的简化处理都会导致过渡频率 (旋转/摆动频率) 和熔滴尺寸与实验结果存在一些差异。

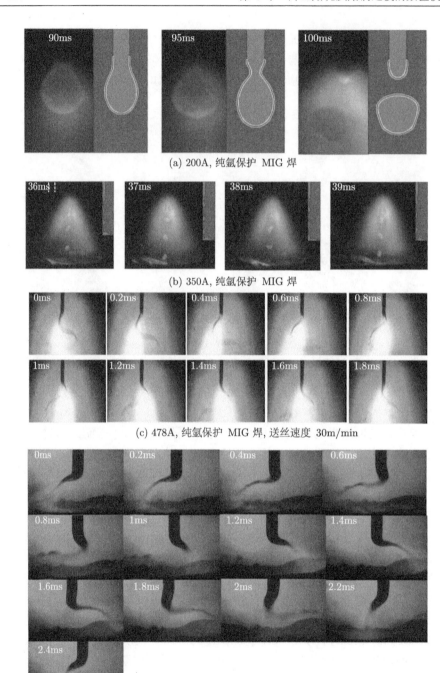

(a) 200A, 纯氩保护 MIG 焊

(b) 350A, 纯氩保护 MIG 焊

(c) 478A, 纯氩保护 MIG 焊, 送丝速度 30m/min

(d) 424A, 80%Ar+10%CO$_2$保护 MAG 焊, 送丝速度 30m/min

图 6.20   不同焊接电流下 GMAW 熔滴过渡高速摄像结果 (彩图扫封底二维码)

6.3 外加磁场对 GMAW 熔滴过渡作用的数值模拟

6.3.1 数学建模

1. 控制方程

基于之前对于电弧等离子体、焊丝及母材熔化金属、外加磁场的基本假设，除了对于气相和液相连续性方程以及动量守恒方程采用独立方程求解外，能量方程同样采用独立方程单独求解，具体细节如下所示。

气相质量守恒方程：

$$\frac{\partial \rho_{\mathrm{g}}}{\partial t} + \nabla \cdot (\rho_{\mathrm{g}} \vec{v}_{\mathrm{g}}) = 0 \tag{6.13}$$

液相质量守恒方程：

$$\frac{\partial \rho_{\mathrm{m}}}{\partial t} + \nabla \cdot (\rho_{\mathrm{m}} \vec{v}_{\mathrm{m}}) = 0 \tag{6.14}$$

气相动量守恒方程：

$$\frac{\partial (\rho_{\mathrm{g}} \vec{v}_{\mathrm{g}})}{\partial t} + \nabla \cdot (\rho_{\mathrm{g}} \vec{v}_{\mathrm{g}} \vec{v}_{\mathrm{g}}) = -\nabla P + \nabla \cdot \vec{\tau} + \vec{j} \times \vec{B} \tag{6.15}$$

液相动量守恒方程：

$$\frac{\partial (\rho_{\mathrm{m}} \vec{v}_{\mathrm{m}})}{\partial t} + \nabla \cdot (\rho_{\mathrm{m}} \vec{v}_{\mathrm{m}} \vec{v}_{\mathrm{m}}) = -\nabla P + \nabla \cdot \vec{\tau} + \vec{j} \times \vec{B} + \rho_{\mathrm{m}} \vec{g} + \mu_g \frac{\partial v_g}{\partial s} \cdot |\nabla F_{\mathrm{m}}| + \gamma k_{\mathrm{cur}} \nabla F_{\mathrm{m}} \tag{6.16}$$

气相能量守恒方程

$$\frac{\partial (\rho_{\mathrm{g}} h_{\mathrm{g}} F_{\mathrm{g}})}{\partial t} + \nabla \cdot (\rho_{\mathrm{g}} v_{\mathrm{g}} h_{\mathrm{g}} F_{\mathrm{g}}) = \nabla \cdot (k_{\mathrm{g}} \nabla T_{\mathrm{g}}) + \frac{j^2}{\sigma_{\mathrm{g}}} F_{\mathrm{g}} + M_{\mathrm{vap}} h_{\mathrm{m}} - \int_{T_{\mathrm{m}}}^{T_{\mathrm{g}}} k_{\mathrm{g}} \mathrm{d} T_{\mathrm{g}} / \delta_{\mathrm{gm}} |\nabla F_{\mathrm{m}}| \tag{6.17}$$

液相能量守恒方程

$$\frac{\partial (\rho_{\mathrm{m}} h_{\mathrm{m}} F_{\mathrm{m}})}{\partial t} + \nabla \cdot (\rho_{\mathrm{m}} \vec{v}_{\mathrm{m}} h_{\mathrm{m}} F_{\mathrm{m}})$$

$$= \nabla \cdot (k_{\mathrm{m}} \nabla T_{\mathrm{m}}) + \frac{j^2}{\sigma_{\mathrm{m}}} F_{\mathrm{m}} - M_{\mathrm{vap}} (h_{\mathrm{m}} + L_{\mathrm{v}})$$

$$+ \int_{T_{\mathrm{m}}}^{T_{\mathrm{g}}} k_{\mathrm{g}} \mathrm{d} T_{\mathrm{g}} / \delta_{\mathrm{gm}} |\nabla F_{\mathrm{m}}| + \left| \vec{j} \cdot \nabla F_{\mathrm{m}} \right| \Phi_{\mathrm{a}} \tag{6.18}$$

液相动量守恒方程源项除了压力梯度和电磁力外还包括重力、等离子体流剪切力和表面张力。气相能量守恒方程源项包括焦耳热、金属蒸发带入的热量以及电弧热传导带走的热量。液相能量守恒方程包括焦耳热、金属蒸发带走的热量及蒸发潜热、电弧热传导带入的热量、阳极吸收电子产热。

金属蒸气质量分数守恒方程:

$$\frac{\partial \left(\rho_g C_0 F_g\right)}{\partial t} + \nabla \cdot \left(\rho_g C_0 \vec{v}_g F_g\right) = \nabla \cdot \left(D \nabla C_0 F_g\right) + M_{vap} \tag{6.19}$$

M_{vap} 作为守恒方程的源项, 表示为

$$M_{vap} = m_{vap} \left|\nabla F_m\right| \tag{6.20}$$

金属蒸气质量流量 m_{vap} 采用 Hertz-Knudsen-Langmuir 方程来计算,

$$m_{vap} = \sqrt{\frac{M_1}{2\pi R}} \left(\frac{P_{vap}}{\sqrt{T_m}} - \frac{X_0 P_0}{\sqrt{T_g}}\right) \tag{6.21}$$

其中, 金属蒸气分压 P_{vap} 满足

$$P_{vap} = P_0 \exp\left[\frac{-H_{vap}M_1}{R}\left(\frac{1}{T_m} - \frac{1}{T_v}\right)\right] \tag{6.22}$$

X_0 是铁蒸气的摩尔分数, 根据铁蒸汽的质量分数 C_0 转换得到, T_v 是焊丝材料沸点。

$$X_0 = \frac{C_0}{M_1}\left(\frac{C_0}{M_1} + \frac{1-C_0}{M_2}\right)^{-1} \tag{6.23}$$

流体体积分数守恒方程:

$$\frac{\partial F_m}{\partial t} + \nabla \cdot \left(F_m \vec{v}_m\right) = 0 \tag{6.24}$$

外加磁场包括直流轴向磁场和交变轴向磁场,交变磁场波形按方波简化处理,频率为 100Hz,峰值为 0.02T 的外加交变轴向磁场波形如图 6.21 所示。

2. 计算域与边界条件

对于小电流条件下的滴状过渡过程,选择 2D 旋转轴对称坐标系建立几何模型并划分网格如图 6.22 所示。边界条件如表 6.5 所示。

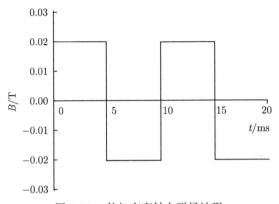

图 6.21 外加交变轴向磁场波形

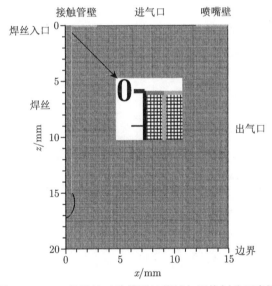

图 6.22 2D 旋转轴对称模型计算域与网格划分示意图

表 6.5 边界条件

边界	$v/(m/s)$	P/Pa	T/K	V/V	$A/(Wb/m)$
气体入口	v_g	101325	300	$\partial V/\partial n = 0$	$\partial A_i/\partial n = 0$
焊丝入口	v_m	101325	300	$-\sigma \partial V/\partial n = j$	$\partial A_i/\partial n = 0$
气体出口	$\partial(\rho v_i)/\partial n = 0$	—	$\partial T/\partial n = 0$	$\partial V/\partial n = 0$	$A = 0$
焊丝壁面	无滑移	—	耦合	耦合	耦合
接地壁面	无滑移	—	3000	0	$\partial A_i/\partial n = 0$
其他壁面	无滑移	—	300	$\partial V/\partial n = 0$	$A = 0$

3. 数值模拟与求解

使计算容易收敛，网格划分均采用结构化网格，且最小网格长度为 0.1mm。计算步长的选择对这种全耦合计算可行性和结果准确性的保证很重要，在计算初期采用 1×10^{-6}s，待电弧形态稳定后改为 1×10^{-5}s。选择压力基求解器，数值计算采用相耦合压力耦合方程的半隐式 (SIMPLE) 方法，采用二阶迎风格式进行离散，以保证计算结果的精度。

6.3.2　外加磁场对熔滴滴状过渡的影响

本节熔滴滴状过渡对应的焊接参数：焊接电流 180A，送丝速度 0.1m/s，保护气体流量 15L/min。初始化对于 GMAW 电弧–熔滴耦合数值模拟计算至关重要，焊丝 $z=0$mm 到 $z=15$mm 的初始温度设定为 300K 到 1750K 线性增加。为了使整个计算域内电流能够导通，初始气相温度设定为 10000K。这一初始化后 "不准确" 的电弧温度场在数百步计算后会变 "准确"。考虑到较强的外加直流轴向磁场会导致熔滴偏离焊丝轴线，甚至使电弧熄灭，本节中作用于熔滴滴状过渡过程中的外加直流轴向磁场的磁感应强度为 0.002T，这一强度也是实验测试发现熔滴不发生离轴偏移的临界磁感应强度。

1. 无外加磁场

对于滴状过渡来说，最重要的环节是熔滴脱离焊丝的过程，图 6.23 显示了整个焊接过程中电弧和熔滴温度场的变化，同一图片中三个不同时刻的相隔时间为 1ms。脱落后的自由熔滴体积为 14mm^3，熔滴过渡频率为 8.1Hz。熔滴脱落瞬间，电弧温度由 10700K 上升到 15500K，这是因为熔滴脱落后新的焊丝尖端表面积小，电流在焊丝尖端集中，大量的焦耳热使电弧温度迅速上升。熔滴的最高温度处于熔滴的底部，大约 2400K。

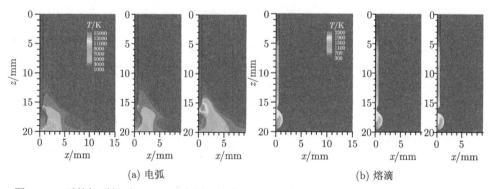

(a) 电弧　　　　　　　　　　　　　　(b) 熔滴

图 6.23　无外加磁场时 GMAW 电弧、熔滴温度场 (时间间隔：1ms) (彩图扫封底二维码)

熔滴轴线上的温度分布如图 6.24 所示，当颈缩形成后，缩颈处的温度在焦耳热作用下迅速上升，而在熔滴底部，随着时间的推移，高温区被不断压缩，熔滴中的金属流动模式是高温区向底部压缩的直接原因。

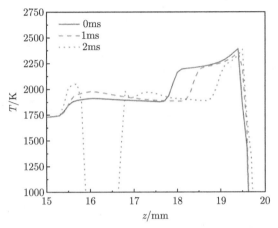

图 6.24 无外加磁场时 GMAW 熔滴轴线上的温度分布

在熔滴脱离前，由于蒸发产生金属蒸气受液态金属的温度影响较大，而熔滴的高温区位于其底部，因此金属蒸气主要分布在熔滴下方。计算得到的金属蒸气质量分数分布如图 6.25 所示，在电弧上跳之前，金属蒸气质量分数最大值约为 40%，当电弧离开熔滴底部上移到新的焊丝尖端后，金属蒸气在焊丝尖端附近聚集，质量分数最大值迅速上升到 95%。

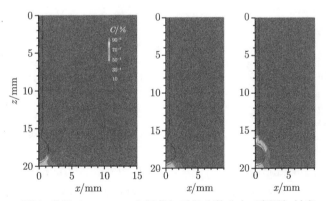

图 6.25 无外加磁场时 GMAW 金属蒸气质量分数分布 (彩图扫封底二维码)

前面已经提到，无论是电弧温度还是金属蒸气质量分数在熔滴脱落前后都发生了巨大变化，这主要是电流密度的巨大变化导致的。根据图 6.26 所示的电流密度与电场分布结果可知，在熔滴脱落前 (0ms)，最大电流密度在熔滴缩颈处达到

$9×10^8 \mathrm{A/m^2}$，导致最大自感应磁感应强度达到 0.11T，最大电磁收缩力更是达到 $6.72×10^7 \mathrm{N/m^3}$。

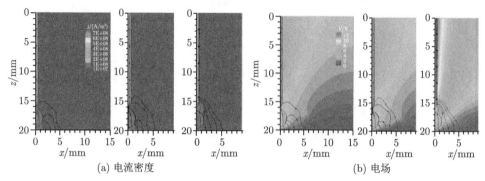

图 6.26　无外加磁场时 GMAW 电流密度和电场分布 (彩图扫封底二维码)

在熔滴下表面电流相对发散，最大电流密度仅为 $2.6×10^7 \mathrm{A/m^2}$，因此电磁收缩力较缩颈处小，熔滴在电磁力、重力的共同促进下开始脱离焊丝。模型中没有考虑鞘层区的导电过程，计算得到的电弧电压主要是指弧柱电压降，在恒流条件下熔滴脱离后电弧电压由 8V 上升到 13.2V，这主要是由于弧长增加了。虽然电弧温度提高，等离子体电导率有所增加，但电弧长度的增加对电弧电压的影响更显著。

在电磁力以及压力梯度、黏性剪切力作用下，电弧流场如图 6.27(a) 所示，在熔滴脱离前后存在明显不同。

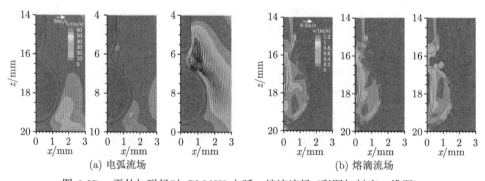

图 6.27　无外加磁场时 GMAW 电弧、熔滴流场 (彩图扫封底二维码)

熔滴脱离前，最大流速只有 16m/s，在熔滴脱离后迅速上升到 90m/s。前面提到了，在熔滴底部电流发散，电流密度最大值仅 $2.6×10^7 \mathrm{A/m^2}$。一旦熔滴脱离，电流在焊丝尖端聚集，电弧区最大电流密度达到 $6.1×10^7 \mathrm{A/m^2}$，巨大的电磁收缩力使得电弧等离子体迅速向下流动。对于熔滴而言，驱动力包括重力、等离子体流剪切力和电磁力,此外还有阻碍熔滴过渡的表面张力。在熔滴形成初期,由于熔滴中电磁力较小,熔滴主要在重力和表面张力的作用下缓慢长大,等到缩颈形成后,电磁力迅速增大,成为最主要的作用力。熔滴轴线上最大速度迅速由 1.26m/s 增大到 1.77m/s。由于缩颈处电磁收缩力大,除了使缩颈下方的液态金属向下加速外,也使上方液态金属减速并反向加速,导致反向流动。与流场相对应的是压力场,如图 6.28 所示,最大的电弧压力在熔滴脱离瞬间达到 1.5kPa,最大的熔滴液态金属压力在颈缩处达到最大值 17.5kPa。

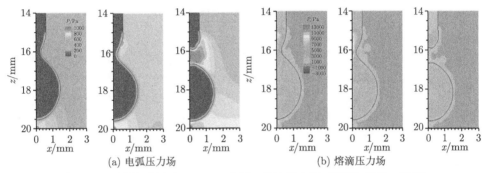

(a) 电弧压力场   (b) 熔滴压力场

图 6.28 无外加磁场时 GMAW 电弧、熔滴压力场 (彩图扫封底二维码)

2. 外加直流轴向磁场

如图 6.29 所示,外加磁感应强度为 0.002T 的直流轴向磁场后,脱落后的自由熔滴体积由原来的 14mm³ 增大到 34mm³,过渡频率由 8.1Hz 降为 3.3Hz。熔滴脱离前后,电弧温度最大值均较不加磁场时降低约 2000K,这是由于外加磁场后熔滴尺寸增大,所以电弧电压降低,因此电弧温度有所降低。熔滴温度最大值

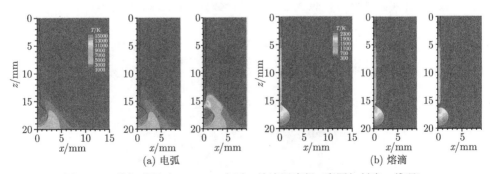

(a) 电弧   (b) 熔滴

图 6.29 外加磁场时 GMAW 电弧、熔滴温度场 (彩图扫封底二维码)

2500K 较不加磁场时略微升高，这是熔滴过渡频率降低，熔滴被加热时间延长导致的。同时，熔滴中的温度分布与不加磁场时差别较大，三个不同时刻，熔滴中的高温区均被压缩在熔滴底部，并在径向上均匀扩展。

　　观察图 6.30 中熔滴轴线上的温度分布发现，缩颈处液态金属温度较不加磁场时高，这是由于外加磁场后熔滴的过渡频率降低，导致颈缩时间也相对增加，较大的电阻热使缩颈处的液态金属温度较高。靠近熔滴底部，不同时刻轴线上液态金属温度变化不明显，与不加磁场时的结果不同，主要是外加磁场后熔滴中液态金属流动模式改变导致的，后面将结合熔滴流场对这一点进行说明。

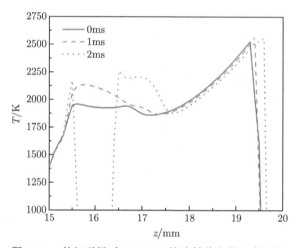

图 6.30　外加磁场时 GMAW 熔滴轴线上的温度分布

　　受熔滴温度场影响，最大金属蒸气质量分数在熔滴脱离前后分别达到 63% 和 100%。由于熔滴过渡频率慢，熔滴被加热时间更长，因此熔滴底部温度最大值升高，蒸发的金属蒸气更多，金属蒸气质量分数分布如图 6.31 所示。

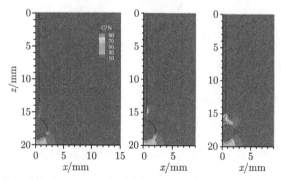

图 6.31　外加磁场时 GMAW 金属蒸气质量分数分布 (彩图扫封底二维码)

如图 6.32 所示，在熔滴缩颈处的最大电流密度和磁感应强度分别达到 $6 \times 10^8 \mathrm{A/m^2}$ 和 0.09T，最大的电磁收缩力达到 $6.4 \times 10^7 \mathrm{N/m^3}$。熔滴脱离使得电弧电压从 7.1V 上升到 12.9V。对比不加磁场时的结果发现，熔滴脱离前后的电弧电压均有不同程度的减小。熔滴脱落前电弧电压较小的原因是外加磁场后熔滴尺寸增大，弧长相对减小，导致电弧电压下降。熔滴脱落后电弧电压相对较小同样是熔滴尺寸较大导致的。

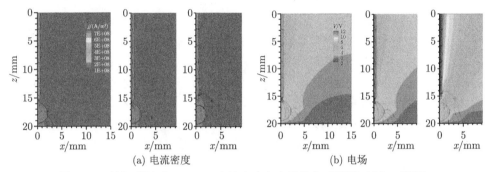

(a) 电流密度 (b) 电场

图 6.32 外加磁场时 GMAW 电流密度和电场分布 (彩图扫封底二维码)

取自由熔滴 $z = 19\mathrm{mm}$ 截面，不加磁场时流经这一截面的电流是 80A，占总电流的 40%，外加磁场后熔滴尺寸增大，相同位置的截面面积增大，流经的电流达到 110A，占总电流的 60% 以上，熔滴金属的电导率远远大于电弧等离子体的电导率，当流经熔滴金属的电流增加时，电弧电压相对应会减小，这就是熔滴脱落后外加直流轴向磁场时电弧电压较无磁场时低的主要原因。

如图 6.33 所示，$z\text{-}x$ 截面上的速度最大值在熔滴脱离前后从 5m/s 增大到 60m/s，环向速度从 5m/s 增大到 10m/s。对于熔滴而言，最大流速位于轴线上，2ms 内从 0.67m/s 增大到 1.52m/s。熔滴中环向速度存在两个高速流动区域，分别位于缩颈下方偏离轴线位置和熔滴外围。0ms 时,环向速度最大值在两个区域均

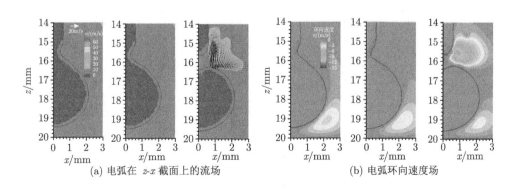

(a) 电弧在 $z\text{-}x$ 截面上的流场 (b) 电弧环向速度场

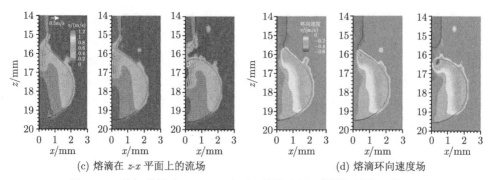

(c) 熔滴在 z-x 平面上的流场　　　　　　(d) 熔滴环向速度场

图 6.33　外加磁场时 GMAW 电弧、熔滴流场 (彩图扫封底二维码)

为 0.5m/s，到 2ms 时，处于上方的高速流动区域中金属流动速度增大到 0.6m/s，而此时熔滴外围的高速流动区域中金属流动速度最大值变化不大。

此现象的出现主要是因为在颈缩的瞬间，缩颈下方电流的径向分量迅速增大，所以环向附加电磁力也迅速增大，使金属流速在颈缩过程中进一步加速。图 6.34 显示的是压力场，最大电弧压力为 2.1kPa，位于液态金属拉断后的电弧区域中。液态金属中的最大压力为 10kPa，位于缩颈处，熔滴脱落后焊丝尖端液态金属中压力也达到 8kPa。1ms 时外加磁场前后熔滴轴线上的轴向速度分布如图 6.35 所示。

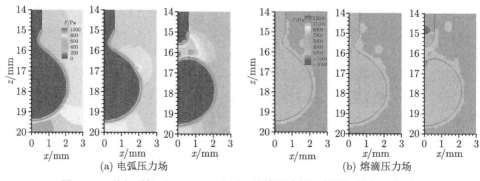

(a) 电弧压力场　　　　　　　　　　　(b) 熔滴压力场

图 6.34　外加磁场时 GMAW 电弧、熔滴压力场 (彩图扫封底二维码)

对比图 6.29(b) 和图 6.33(c) 中的液态金属流场可以看出，外加磁场能够阻碍熔滴金属的向下流动，无外加磁场时的 GMAW 熔滴中存在两个回流区域，一个位于缩颈上方，另一个位于熔滴底部，分别是由电磁收缩力和表面张力引起的。当加入外加磁场时，附加的环向力使熔滴发生旋转，颈缩点下方的液态金属不再向下流动，改为做旋转运动并向熔滴外围流去。与此同时，缩颈上方的液态金属的向上流动也会被熔滴金属的旋转运动削弱。

对于熔滴而言，主要的热传递过程包括热传导和热对流，为了明确各自的作用强度，同样可以采用量纲分析的方法来比较，通常采用的准数是 Peclet 数：

$$Pe = \frac{v\rho c_{\mathrm{p}} L_{\mathrm{e}}}{k} \tag{6.25}$$

其中 v 为金属流速，ρ 为密度，c_{p} 为比热，L_{e} 为特征长度，k 为热导率。不加磁场时，三个不同时刻金属最大流速分别为 1.26m/s、1.38m/s 和 1.77m/s，特征长度取熔滴半径 0.0018m；外加磁场后，最大流速分别为 0.67m/s、1.1m/s 和 1.52m/s，特征长度为 0.0024m。根据公式 (6.25) 可知，流速、特征长度越大则对流作用越明显，而热传导仅跟热导率的大小有关，Peclet 数越大则代表对流作用越显著。不同时刻计算得到的 Peclet 数如图 6.36 所示，可以发现，随着时间推移，对流作用越来越显著，这与熔滴金属流速密切相关，流速越大，对流效果越明显。

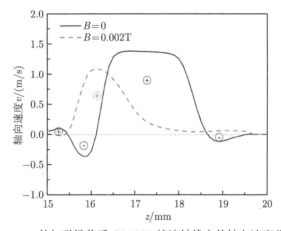

图 6.35　外加磁场前后 GMAW 熔滴轴线上的轴向速度分布

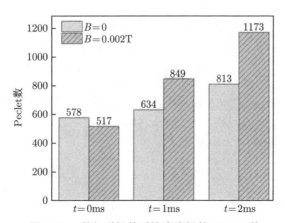

图 6.36　外加磁场前后熔滴流场的 Peclet 数

对比外加磁场前后的结果发现，由于外加磁场后熔滴尺寸增大，所以整个流动区域变大，促进了对流传热作用，另一方面，外加磁场后流体的流速整体小于不加磁场时的结果，但随着熔滴脱落，流速差距变小，考虑到熔滴半径较不加磁场时大 1/3，反映在 Peclet 数上的特点就是，随着时间推移，外加磁场前后的 Peclet 数差距越来越大，熔滴脱落前不加磁场时熔滴中的热对流作用较外加磁场时熔滴中的热对流作用强，熔滴脱落后由于二者熔滴中流速差异缩小，外加磁场时熔滴中的热对流作用更显著。

高速摄像验证实验中采用的焊接参数如表 6.6 所示，焊接电压 30V，焊接电流 150～200A，其他参数与模拟中使用的参数保持一致。

表 6.6　焊接参数

参数	单位	值
电压	V	30
干伸长	mm	15
Ar 气流量	L/min	15
外加磁场磁感应强度	T	0.002

外加磁场前后的实验与模拟的熔滴过渡对比结果如图 6.37 所示，从对比结果中能够明显看出外加 0.002T 轴向磁场后电弧扩展，熔滴直径明显增大。外加磁场前后熔滴直径的测量结果如图 6.38 所示，外加磁场前后实际测量的熔滴直径分别为 3.92mm 和 4.57mm，而对应的计算结果为 3.69mm 和 4.89mm，误差在 10% 以内。由于模型中采用的是点焊形式，与实验中所用的移动焊方式的阴极边界条件存在一定差异，这也是计算结果与实验结果存在差别的主要原因。为了进一步验证数值模拟结果的准确性，还利用比色测温法对电弧刚熄灭后的熔滴表面温度进行了测量。

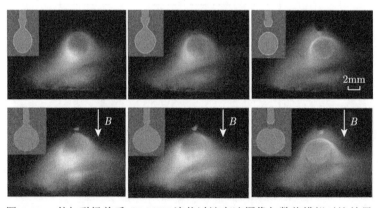

图 6.37　外加磁场前后 GMAW 滴状过渡高速摄像与数值模拟对比结果

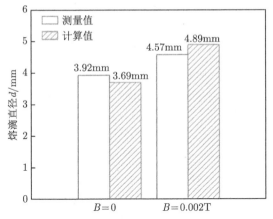

图 6.38　外加磁场对 GMAW 熔滴直径的影响

如图 6.39 所示，外加磁场前后熔滴表面温度最大值均达到约 2300K，略微小于采用数值模拟方法计算得到的 2400K (无磁场) 和 2500K (外加磁场)。

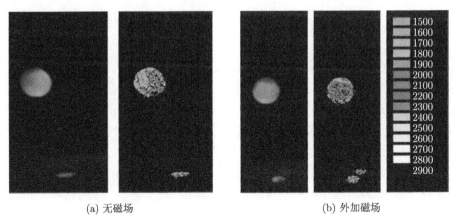

(a) 无磁场　　　　　　　　　　　(b) 外加磁场

图 6.39　外加磁场前后 GMAW 熔滴表面温度分布比色测温结果 (彩图扫封底二维码)

实验和模拟结果存在差异的主要原因是：一方面，数学物理模型中没有考虑移动焊过程，移动焊过程中电弧的偏斜对熔滴表面传热具有一定影响；另一方面，实验中为了避开电弧光，必须选择电弧熄灭后 1~2ms 内熔滴表面的高速摄像彩色照片，而熔滴表面温度在这段时间内会略微降低。除了熔滴表面温度最大值外，不加磁场时由于移动焊过程中电弧和熔滴向后方偏斜，所以整个熔滴温度场分布呈非轴对称，当外加磁场后由于液态熔滴金属做旋转运动，整个熔滴不再向后方偏斜，而温度场也改为呈轴对称分布。

6.3.3 外加磁场对熔滴旋转射流过渡的影响

1. 熔滴旋转射流过渡临界电流现象

通过建立一种不考虑能量守恒方程的 GMAW 熔滴过渡受力模型, 分别计算了不同焊接电流下三种熔滴过渡形式, 分别是小电流条件下的滴状过渡, 电流增大后的射流过渡以及必须采用三维模型进行计算的大电流熔滴旋转射流过渡。然而, 由于没有电弧、熔滴温度场结果, 以及准确的电弧流场信息, 因此无法对熔滴旋转射流过渡临界电流进行合理估算。在本章中考虑了能量守恒方程以及金属蒸气行为的电弧-熔滴耦合二维旋转轴对称模型的基础上, 将该模型扩展到三维模型中, 能够对熔滴旋转射流过渡临界电流进行粗略估算。将 2D 模型的控制方程和边界条件转变成 3D 形式, 3D 模型中考虑的焊丝长度仅 2mm, 因此在表 6.5 的基础上将焊丝入口温度调整为接近焊丝熔点, 设为 1500K, 保护气体入口速度按 20L/min 流量计算得到。与实际焊接过程中测量临界电流一样, 不断增大焊接电流反复计算发现 MIG 焊在纯氩保护条件下, 当低碳钢焊丝直径为 1.2mm 时, 熔滴旋转射流过渡临界电流约为 400A, 对应电流密度为 $3.5×10^8 A/m^2$。为了分析转变前后的熔滴过渡行为, 分别选择临界电流之前 350A(送丝速度 0.2m/s) 和达到临界电流 400A(送丝速度 0.3m/s) 两种条件下的结果进行对比分析。

1) 射流过渡

如图 6.40 所示, 电弧高温区沿液流束两侧分布, 在液流束尖端达到最大值, 约 13000K, 在液流束上部同样存在高温区, 与焊丝尖端附近电弧最高温度相近。

随着熔滴过渡的进行, 整个电弧温度场变化平稳, 达到准稳态, 最主要的原因是: 与大滴过渡不同, 较小尺寸的熔滴脱离焊丝对电弧形态影响非常小, 仅液流束尖端较小范围内的电弧温度场存在周期性变化。

观察图 6.41 中的熔滴温度场可以发现, 液态金属从焊丝入口到母材表面, 温度逐渐升高, 最高温度能够达到沸点, 对应图 6.39(d) 中最下方的熔滴。

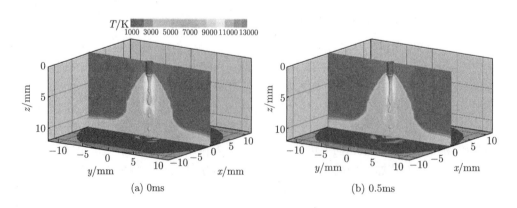

(a) 0ms　　　　　　　　　　　　　　　(b) 0.5ms

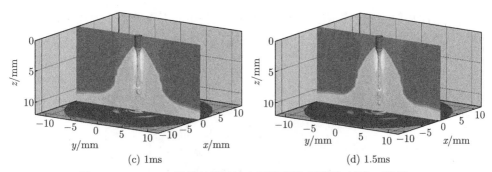

(c) 1ms   (d) 1.5ms

图 6.40 GMAW 熔滴射流过渡电弧温度场 (彩图扫封底二维码)

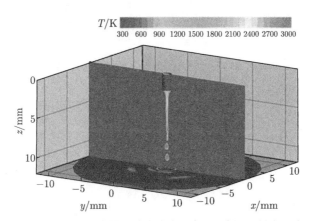

图 6.41 GMAW 熔滴射流过渡熔滴温度场 (彩图扫封底二维码)

液流束尖端熔滴金属最高温度达到 2800K, 随着熔滴脱落, 在电弧加热作用下, 熔滴温度继续上升, 且由于熔滴不再与其他流体金属接触, 传导和对流散热均减弱, 温度上升明显, 达到沸点。熔化的液态金属表面蒸发形成金属蒸气, 金属蒸气在等离子体流和自身扩散作用下向母材方向和四周扩散。

在 GTAW 焊接过程中, 金属蒸气在母材上表面产生并向电弧外围扩展, 位于电弧的低温区, 金属蒸气对低温区电导率的提升作用明显, 对辐射的影响相对较小, 因此阳极表面电流密度会扩展, 如图 6.42 所示。

GMAW 中金属蒸气分布在液流束两侧及下方, 质量分数最大值达到 100%, 该区域的电弧温度在 10000K 以上, 根据图 6.43(b) 可知, 金属蒸气对净辐射系数产生较大的影响, 当温度为 15000K 时, 100% 铁蒸气的辐射能量是纯氩等离子体辐射能量的数十倍, 这也正是射流过渡电弧温度场分布在液流束两侧的原因。可以判断, 没有金属蒸气的情况下, 电弧会集中在液流束尖端, 无论焊接电流多大。研究人员在焊丝边界给定不同金属蒸气质量流量 (单位: kg/(m²·s)), 同样发现金属蒸气对净辐射系数的影响是导致 GMAW 电弧中心温度低的主要原因, 低温金属蒸气混合时的冷却作用以及金属蒸气对电导率的影响相对较弱。

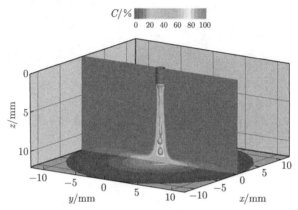

图 6.42　GMAW 熔滴射流过渡金属蒸气质量分数分布 (彩图扫封底二维码)

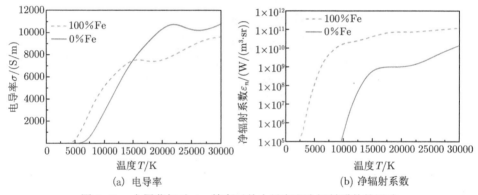

(a) 电导率　　　　　　　　　　　　　(b) 净辐射系数

图 6.43　金属蒸气对 Ar 等离子体电导率和净辐射系数的影响

　　液流束和电弧中电流密度分布如图 6.44 所示, 由于 Ar 等离子体良好的导电性, 焊接电流经 2mm 长的 "固体" 焊丝 (模型中处理为流体) 流入熔化液流束中的同时也分散从电弧中流过, 所以熔化液流束在最开始变细的同时, 电流密度与焊丝中的电流密度一样, 约为 $3.1 \times 10^8 \mathrm{A/m^2}$。

　　随着液流束直径慢慢变细, 液流束中电流密度达到 $2.4 \times 10^9 \mathrm{A/m^2}$。液流束两侧电弧中的最大电流密度约 $4.5 \times 10^7 \mathrm{A/m^2}$, 在电磁收缩力作用下, 等离子体流在液流束两侧流过, 最大速度达到 250m/s。液流束的颜色表示压力大小, 最大电弧压力达到 1000Pa, 液流束上部等离子体刚开始加速的位置、液流束尖端和母材表面凸起的位置压力较大, 相同位置的等离子体流速相对较小, 电弧流场如图 6.45 所示。

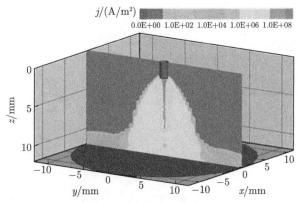

图 6.44 GMAW 熔滴射流过渡电流密度分布 (彩图扫封底二维码)

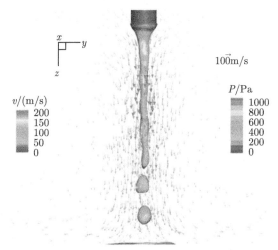

图 6.45 GMAW 熔滴射流过渡电弧速度和压力场 (彩图扫封底二维码)

液态金属中流场如图 6.46 所示，在金属相中，由上到下液态金属流速逐渐增大，最大流速能达到 5m/s，平均流速能达到 3m/s。在焊丝端部与液流束接口处，由于电磁收缩力的作用，存在回流区，流速约 1m/s，在液流束端部颈缩处。

同样发现，轴线附近液态金属流速明显降低，这是由表面张力以及电磁收缩力作用引起的，由于液态金属在达到焊丝端部之前已经加速到 3m/s，因此即使有表面张力和电磁收缩力的阻碍作用，依然能够向下过渡，不至于形成回流使熔滴长大。如图 6.47 所示，观察 y 方向正负方向电磁力发现，整个熔滴过渡周期内电磁力较均衡，因此液态金属流动和熔滴过渡较平稳，焊接电弧也很稳定。

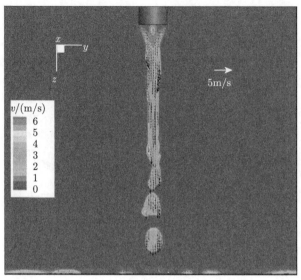

图 6.46　GMAW 熔滴射流过渡熔滴中液态金属流场 (彩图扫封底二维码)

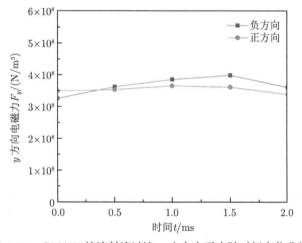

图 6.47　GMAW 熔滴射流过渡 y 方向电磁力随时间变化曲线

2) 旋转射流过渡

如图 6.48 所示,提高焊接电流至 400A,熔滴过渡形式变为旋转射流过渡,与 350A 时的射流过渡结果对比发现,电弧高温区同样沿液流束两侧分布,最高温度略微升高,约 14000K。导致电弧温度场沿液流束两侧分布而不是集中在液流束尖端的主要原因是金属蒸气的作用。金属蒸气沿液流束表面分布,同时向液流束尖端聚集,增强了这些区域的电弧辐射散热,导致焊接电弧 “上爬”,电弧随同液流束一起作周期旋转运动，频率接近 400Hz。

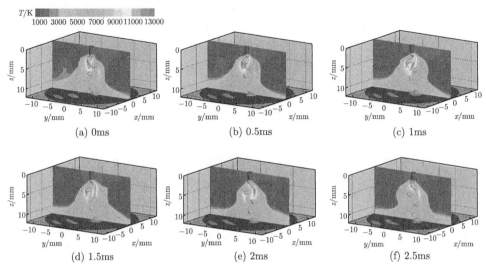

(a) 0ms　　　　　　　　　(b) 0.5ms　　　　　　　　(c) 1ms

(d) 1.5ms　　　　　　　　(e) 2ms　　　　　　　　(f) 2.5ms

图 6.48　GMAW 熔滴旋转射流过渡电弧温度场 (彩图扫封底二维码)

熔滴温度场如图 6.49 所示，熔滴温度最大值 2200K，液流束端部最高温度 2000K。随着焊接电流增大了 50A，熔滴的温度反而降低，这一反常现象与不同的熔滴过渡模式有关。为了弄清楚这一问题，最好的办法就是提取加热液流束的所有功率源项。整理发现，除了金属蒸气蒸发带走的热损失可以忽略外，主要的热源包括热传导、焦耳热和电子撞击阳极产热。

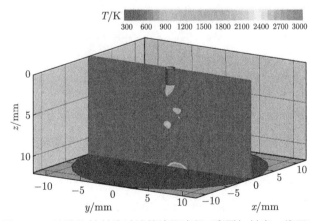

图 6.49　熔滴旋转射流过渡熔滴温度场 (彩图扫封底二维码)

如图 6.50 所示，熔滴旋转射流过渡时液流束的加热功率包括热传导 208W、焦耳热 688W、电子撞击阳极产热 523W，射流过渡时的结果分别为 157W、1169W、616W。对比发现当电流突破熔滴旋转射流过渡临界电流后，焦耳热明显降低，同时由于送丝速度由 350A 时的 0.2m/s 增大到 0.3m/s，需要加热的焊丝量也增加了，因此熔滴最高温度较射流过渡低，最大金属蒸气浓度为 92%，且在液流束和电弧旋转搅动作用下分布半径增大，如图 6.51 所示。

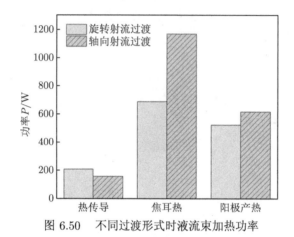

图 6.50　不同过渡形式时液流束加热功率

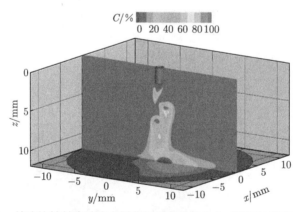

图 6.51　熔滴旋转射流过渡金属蒸气质量分数分布 (彩图扫封底二维码)

图 6.52 显示的是液流束和电弧 y-z 截面电流密度分布，液流束中的最大电流密度为 $1.1×10^9 A/m^2$，液流束两侧电弧中的最大电流密度约为 $4×10^7 A/m^2$。

图 6.53 显示的是电弧流场信息，电弧速度最大值达到 200m/s，位于液流束下方靠近轴线的位置，电弧等离子体流动过程中在液流束壁面和阴极表面产生压力，压力大小在 800Pa 左右。

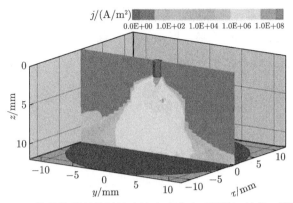

图 6.52 熔滴旋转射流过渡电流密度分布 (彩图扫封底二维码)

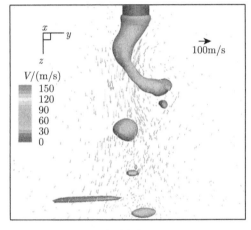

(a) 电弧速度场

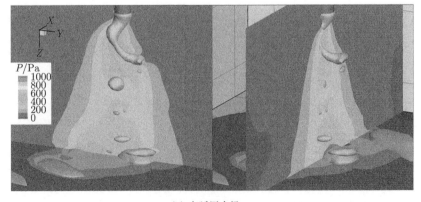

(b) 电弧压力场

图 6.53 熔滴旋转射流过渡电弧速度和压力场 (彩图扫封底二维码)

如图 6.54 所示，在液流束弯曲的地方，液态金属最大流速能达到 5m/s，且内侧金属流速大于外侧金属流速。脱离液流束的熔滴和飞溅在重力的作用下，速度方向向下，在表面张力作用下形状变成球形。

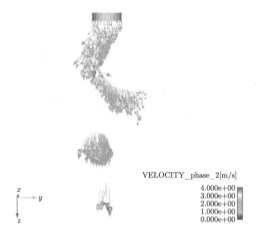

图 6.54　熔滴旋转射流过渡液流束和熔滴中液态金属流场 (彩图扫封底二维码)

如图 6.55 所示，观察 y 方向正负方向电磁力发现，整个过渡周期内，电磁力大小交替变化，在合力作用下，液流束旋转，同时，旋转运动会导致液流束扭曲形成螺旋结构，螺旋电流会感应产生轴向磁场，进一步促进液流束的旋转。

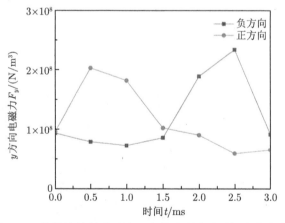

图 6.55　熔滴旋转射流过渡 y 方向电磁力随时间变化曲线

2. 外加磁场对大电流 MIG 焊熔滴旋转射流过渡的影响

针对上述熔滴旋转射流过渡，在数值模型中加入外加磁场，研究外加磁场对大电流 MIG 焊熔滴旋转射流过渡的影响，分析磁控作用机制。与实验中使用的磁场参数一样，外加磁场包括直流轴向磁场，100Hz、200Hz 和 500Hz 交变轴向磁场，磁场的磁感应强度设为实验中所能达到的最大磁感应强度 0.02T，计算得到的熔滴过渡过程如图 6.56 所示，图中的箭头方向表示从该时刻到下一时刻的磁场方向。

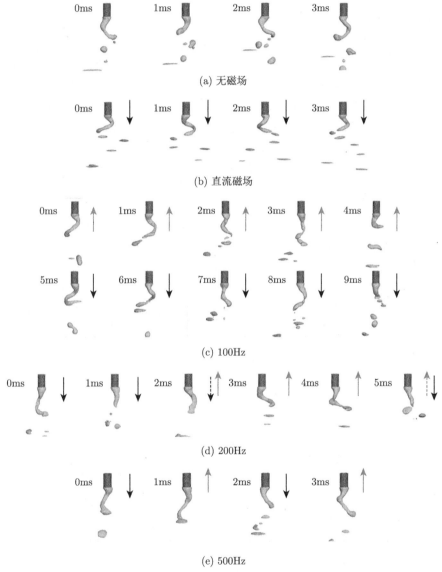

图 6.56　不同频率外加轴向磁场对大电流 MIG 焊熔滴旋转射流过渡的影响

　　无磁场时，液流束稳定地做周期性旋转运动，旋转频率接近 400Hz，熔滴沿一定角度甩出，液流束最大旋转偏角为 36.3°。外加直流轴向磁场后，液流束旋转角度增大，旋转频率变化不明显，液流束最大旋转偏角为 41°，液流束像弹簧一样呈轴向压缩，液流束尖端过渡金属更细小，且偏离轴线距离更大，向四周甩出。液流束在外加 100Hz 磁场作用下做往复旋转运动，整个交替频率与外加磁场频率保持一致，如图 6.56(c) 所示，0~5ms 磁场方向向上，5~10ms 磁场方向向下，液流束最大旋转偏角与不加磁场时相近，但在旋转方向改变时呈现小角度的摆动，脱落的液态熔滴沿轴线过渡到母材中。当外加磁场频率为 200Hz 时，如图 6.56(d) 所示，0~2.5ms 磁场方向向下，2.5~5ms 磁场方向向上，液流束旋转方向是逆时针，因此前半个周期内，外加电磁力方向与旋转方向相反，旋转被抑制，后半个周期内外加磁场方向与旋转方向相同，旋转被加强。同时还能看出，旋转被抑制的时候熔滴靠近轴线过渡，而旋转被加强时熔滴沿径向被甩出。外加 500Hz 磁场后，液流束旋转方向不再周期性变化，这是由于磁场频率提高之后，半个周期内的电磁力作用时间短，考虑到液流束的惯性，高频磁场无法使液流束的旋转方向改变，但液流束最大旋转偏角与不加磁场时相比有所减小，过渡金属颗粒细化明显。

　　上述外加磁场后的熔滴过渡频率、液流束旋转偏角的变化主要是由于外加电磁力改变了液态金属流动，从而整个液流束运动状态也发生了改变。外加磁场除了能够影响液流束的运动行为外，对电弧行为也有影响。如图 6.57 所示，大电流 MIG 焊电弧温度和速度最大值在一个周期内由于电弧不稳定，呈现一定波动性，将这种波动性用标准差表示，发现当外加低频 100Hz 磁场时，电弧最高温度、速度波动最明显。

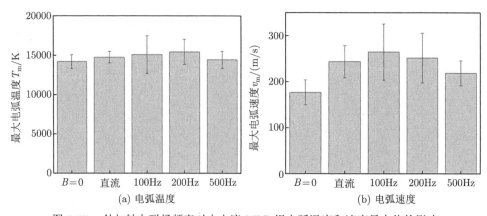

图 6.57　外加轴向磁场频率对大电流 MIG 焊电弧温度和速度最大值的影响

这是因为, 当外加磁场频率较低时, 液流束旋转方向会周期性变换, 当旋转方向改变时会出现小角度的熔滴摆动射流过渡, 如图 6.56(c) 中 3ms 和 8ms 时的结果, 焊接电弧偏转角度变小, 电弧温度和流速增大。从图 6.57(b) 中还能看出, 无论外加磁场频率多少, 电弧速度均是增大的, 这是因为焊接电弧与液流束不同, 电弧等离子体密度不到焊丝金属密度的 1/70000 (假设 Ar 等离子体温度 15000K), 惯性小, 当外加电磁力方向改变时, 电弧能瞬间改变其旋转方向, 即使外加磁场频率增大, 环向速度依然能够周期性变化。根据外加直流轴向磁场作用下 GMAW 电弧行为的研究结果可知, 电弧环向速度增大会导致电弧收缩, 进一步约束液流束旋转, 提高磁控效果。

图 6.58 显示的是不加磁场以及外加磁场后液流束受控时刻的大电流 MIG 焊电弧速度矢量图。无磁场时, 电弧在焊丝端部开始加速, 结合 x-y 平面电弧流场发现, 电弧速度没有环向分量, 电弧径直流向母材表面, 在液流束下端达到最大流速 200m/s, 电弧在贴近母材表面时流速迅速降低, 并向四周散开。

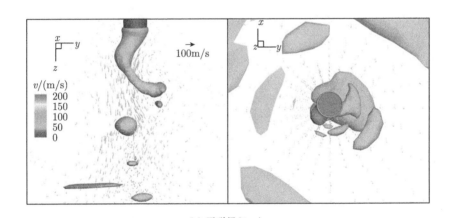

(a) 无磁场(0ms)

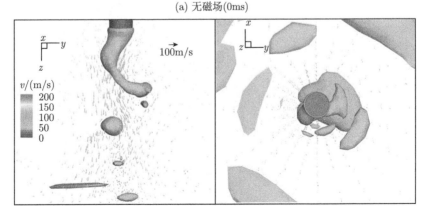

(b) 直流磁场(0ms)

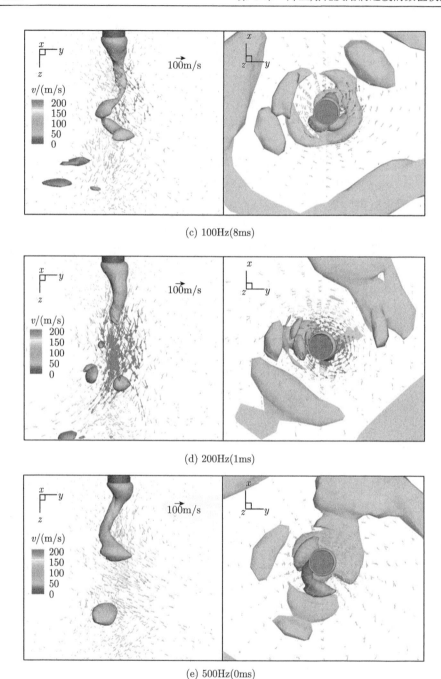

(c) 100Hz(8ms)

(d) 200Hz(1ms)

(e) 500Hz(0ms)

图 6.58　外加轴向磁场频率对大电流 MIG 焊电弧流场的影响 (彩图扫封底二维码)

外加直流轴向磁场后，电弧速度最大值能够达到 270m/s，同时在液流束下方高速旋转，电弧明显收缩；外加交变轴向磁场后，由于环向电磁力周期性换向，电弧旋转方向也周期性改变，且在液流束旋转偏角减小时电弧显著收缩，汇聚到液流束尖端，随后流向母材。外加磁场后的电弧收缩过程能够同时使电弧和液流束中焊接电流的径向分量减少，液流束中径向电流的减小能够有效降低自感应轴向磁场强度以及与之相关的自感应环向电磁力，有效抑制大电流 MIG 焊熔滴旋转射流过渡。当外加磁场频率增大时，在电弧收缩的同时外加磁场对液流束旋转运动的直接作用效果降低，因此高频磁场主要通过电弧收缩来改善大电流 MIG 焊熔滴旋转射流过渡。低频磁场除了依靠电弧收缩效应，还通过周期性改变液流束旋转方向或者旋转强度来抑制大电流 MIG 焊熔滴旋转射流过渡。大量的实验和计算结果表明，由于需要消耗的焊丝量非常大，且熔化的焊丝金属中的电流密度能够达到 $3\sim5\times10^8 A/m^2$，完全消除大电流 GMAW 熔滴旋转射流过渡是极其困难的，通过磁控的方式设法提高大电流 GMAW 电弧挺度、减小液流束旋转偏角、降低飞溅，从而改善焊缝成形是行之有效的办法。

外加磁场能够在液态金属和电弧中提供附加电磁力，在电磁力为主的各种作用力共同作用下，电弧和液态金属的流场均受到影响，不同的流动行为又会影响整个气相和液相的温度场，温度场作为电弧导电的重要媒介，一旦电弧温度场变化，整个电场以及电流密度分布也会发生改变，反过来又会影响电磁力对电弧和液态金属的驱动。这就是为何必须采用电弧–熔滴 (液流束) 耦合模型来研究磁控大电流 GMAW 熔滴过渡行为的原因。

参 考 文 献

陈茂爱, 武传松, 廉荣, 2004. GMAW 焊接熔滴过渡动态过程的数值分析 [J]. 金属学报, (11): 1227-1232.

樊丁, 杨文艳, 肖磊, 等, 2019. 高频交变磁场对大电流 GMAW 熔滴过渡和飞溅率的影响 [J]. 焊接学报, 40(7): 1-5, 161.

樊丁, 郑发磊, 肖磊, 等, 2019. 高效 MAG 焊接熔滴过渡行为及交变磁场控制实验分析 [J]. 焊接学报, 40(5): 1-5, 161.

王宗杰, 2007. 熔焊方法及设备 [M]. 北京：机械工业出版社.

武传松, 陈茂爱, 李士凯, 2006. GMAW 焊接熔滴长大和脱离动态过程的数学分析 [J]. 机械工程学报, 42(2): 76-81.

肖磊, 樊丁, 郑发磊, 等, 2019. 大电流 GMAW 的熔滴过渡行为及控制 [J]. 华南理工大学学报 (自然科学版), 47(4): 127-131, 137.

Chen J. H., Fan D., et al. 1989. A study of the mechanism for Globular metal Transfer from covered electrodes[J]. Welding Journal, 68(4): 145-150.

Haidar J, 1999. An analysis of heat transfer and fume production in gas metal arc welding. III[J]. Journal of Applied Physics, 85(7): 3448-3459.

Hertel M, Spille-Kohoff A, Füssel U, et al, 2013. Numerical simulation of droplet detachment in pulsed gas metal arc welding including the influence of metal vapour[J]. Journal of Physics D: Applied Physics, 46(22): 4003.

Lancaster J F, 1984. The Physics of Welding[M]. Oxford: Pergamon Press.

Li K, Wu Z, Zhu Y, et al, 2017. Metal transfer in submerged arc welding[J]. Journal of Materials Processing Technology, 244: 314-319.

Rao Z H, Hu J, Liao S M, et al, 2010. Modeling of the transport phenomena in GMAW using argon-helium mixtures, Part II——The metal[J]. International Journal of Heat & Mass Transfer, 53(25): 5722-5732.

Tanaka M, 2014. Plasma diagnostics of arc during MIG welding of aluminum[J]. Materials Science Forum, 783-786: 2828-2832.

Watkins A D, Smartt H B, Johnson J, 1992. A dynamic model of droplet growth and detachment in GMAW[C] // 3rd international conference on trends in welding research[A]. Gatlinburg: 1-5.

Xiao L, Fan D, Huang J K, et al, 2020. 3D Numerical Study of External Axial Magnetic Field-Controlled High-Current GMAW Metal Transfer Behavior[J]. Materials, 13(24).

Xiao L, Fan D, Huang J, et al, 2020. Numerical study on arc-droplet coupled behavior in magnetic field controlled GMAW process[J]. Journal of Physics D: Applied Physics, 53(11): 115202 (13pp).

第 7 章　焊接过程中熔池行为

7.1　弧焊过程熔池行为的研究现状

焊接过程是一个非常复杂并伴随物理反应和化学反应共同作用的过程,它牵涉到电弧物理、传热、冶金和力学等诸多因素。焊接熔池的最终状态取决于焊接过程中传热、传质和液态金属的流动特性,同时,焊接参数的改变对熔池的行为也有较大的影响。在焊接过程中,熔池的动态行为对焊接的缺陷和焊接接头的性能有很大的影响。

在焊接过程中最重要的部分就是熔池,它涉及其表面张力、液态金属的流动、相变和电磁力以及熔滴的撞击等,在此诸多因素的共同作用下,焊接熔池很容易被其影响。因此,研究焊接过程中的熔池行为对整个焊接过程及应用具有重要意义。

7.1.1　熔池行为的研究现状

随着计算机的发展,在焊接领域对焊接熔池的模拟计算得到了很好的发展,可以在实验的基础上用一些模拟软件对实验进行一定的数值模拟仿真,对焊接过程中熔池的行为进行模拟。一些学者通过建立三维焊接熔池的流体流动和传热模型对焊接过程中熔池的行为进行研究。在计算机技术和各种检测技术高速发展的条件下,对其的模拟也取得了较好的成果。在熔池中,熔融金属为不可压缩的层流流动的牛顿流体,以流体力学和 VOF 法 (volume of fluent method) 等建立焊接过程中熔池的动态模型,模拟不同的熔池位置的流动特征,研究不同的焊接参数等对熔池的流动特性、应力和温度场等的影响。早期国内学者通过建立在熔滴和电弧作用下的熔池变形系数定量计算熔池表面的变形。Fluent 可以模拟各种高度可压缩和不可压缩的流体,使用 Fluent 计算出熔池的特性参数和温度场的动态变化。通过研究发现,熔池中存在的微量氧含量可显著影响熔池的表面张力。利用有限元软件对液态熔池的自由表面进行数值分析,可以获得熔池表面的凹陷和温度分布的关系。

一些国内外学者在 TIG 焊方面熔池行为的研究已经取得了许多成果。通过建立固定 TIG 钨极的瞬态二维轴对称的熔池模型,以预设熔池表面来分析熔池行为。国内学者通过建立三维的 TIG 焊熔池数值模型,分析熔池行为,但都是定点 TIG 焊,采用变形公式对熔池自由表面进行处理不能真实反映熔池的表面变形规律。利用计算机的二次开发,分析预测全熔透的 GMAW 从起弧到准稳态过程中的熔池形貌和表面变形情况。利用 FLOW-3D 分析了活性剂对熔池表面行为的影响，发现添加活性剂可以使表面张力温度系数由负值变为正值，从而使熔池表面两边下凹，中心突起。因此，对于移动热源作用下瞬态熔池行为研究具有重要意义。

7.1.2   熔池表面行为的研究现状

1. 表面张力对熔池形貌的影响

在负表面张力温度系数下，熔池中的熔融金属由中心流向熔池的边缘，且表面的流动速度比较大，热量通过流动由中心传至四周，导致熔宽增加而熔深较小。当熔池的表面张力温度系数为正值时，熔池内形成向内的涡流，熔融金属由边缘流向中心，电弧热进入熔池的内部，使得熔深增加而熔宽减小。由图 7.1 可知，当表面张力温度系数为负时，熔池的熔深随表面张力温度系数的增大而增大，而熔宽的变化不明显，当表面张力温度系数由负变正时，熔池熔深急剧增加而熔宽急剧减小，随后熔深和熔宽随表面张力温度系数的增加而略有减小。

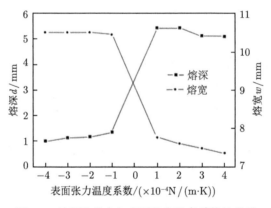

图 7.1   熔深和熔宽与表面张力温度系数的关系

根据研究发现，熔池中活性元素含量对熔池表面张力会产生一定的影响。在 AA-TIG 焊过程中，氧元素的作用会对熔池表面张力产生影响，进而影响焊缝的成形。在焊接过程中，没有引入氧气时，随着焊接温度的升高，熔池的表面张力降低，即熔池的表面张力温度系数为负值时，熔池的表面张力存在高温部位低于低温部位，其使得熔池中心液态金属流向熔池边缘，熔池的形貌为浅而宽。当在辅助电弧中加入氧气后，熔池表面存在活性氧元素，熔池表面张力温度系数变为正值，熔池中的高温部位的表面张力大于低温部位，熔池对流从外对流转变为以内对流为主，熔池液态金属从熔池边缘流向中心，最终熔池为深而窄的形貌。当继续增加氧气的含量时，随着温度的升高，熔池的表面张力反而降低，熔池的熔深变浅。图 7.2 中可以直观地看出，温度一定时，熔池表面张力随氧元素浓度的增加而减小，在氧元素浓度较低时，表面张力随温度升高而降低；而在氧元素浓度较高时，随着温度的升高，表面张力先升高后降低。

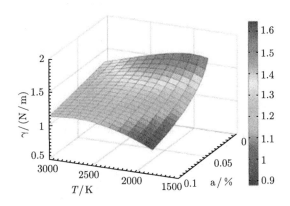

图 7.2 温度、氧活度和表面张力关系 (彩图扫封底二维码)

2. 电磁力作用下的熔池行为

电磁力是一种体积力，在电弧焊过程中，焊接电流通过斑点进入熔池后产生电流线的发散，在熔池内部的电流与其自身产生的磁场共同作用下产生电磁力，而电磁力对熔池液态金属的流动产生重要作用。电磁力在焊接过程中作用于整个熔池的熔融金属上，所以整个熔融金属都受其影响。在电磁力的作用下，熔融金属由熔池的四周流向熔池中心，热量通过流动进入熔池底部加快金属的熔化，导致熔深增加。焊接电流可以改变电磁力的大小，增大焊接电流，电磁力也随之增大。同时，增大焊接电流，也会提高熔池中由电磁力引起的向内对流，从而使得更多的电弧热进入熔池底部，因此熔深也随之增大，同时熔宽也会随之增大。

3. 电弧压力下的熔池行为

在焊接过程中，电弧力会直接作用于熔池的表面，且垂直作用部分表现为电弧压力，大电流高速 TIG 焊接过程中，由于焊接电流较大，因此产生的电弧压力也比较大，熔池的液态金属在较大的电弧压力作用下被推向熔池后方，所以熔池严重下凹，再加上焊接速度较快，熔池的冷却区域处于电弧加热的范围之外，阻止了熔池中的液态金属的回流，因此液态金属来不及回流就冷却形成驼峰或咬边。在大电流高速 TIG 焊接过程时，电弧下方的大部分熔池中的熔融金属被推到熔池后方或熔池边缘，熔池中形成液态薄层，此时主要为等离子剪切力驱动熔池的流动。较高的焊接速度使得液态薄层过早凝固导致形成各种缺陷。但在耦合电弧的作用下，电弧压力的减小会使得熔池的下凹减小，同时，对熔池中的液态金属的后推作用也会降低，在等离子剪切力主导下带来的作用也会明显变小，以至于其不是影响熔池的主要作用力。但 Marangoni 剪切力仍然作为主要驱动力来影响熔池的流动，使熔池中的液态金属由外向内流动，因此不会形成如 TIG 大电流高速焊接过程中那样几乎裸露于电弧气氛中的液态金属薄层，使得产生咬边和驼峰的状况减小。

7.1.3　熔池振荡的研究现状

熔池振荡是熔池在受到电流脉冲等外力激励情况下，熔池在其固有频率下的自由振动。在弧焊的焊接过程中，主要有表面张力、电弧力和重力等对熔池的塌陷有着重要的影响，这些力的作用可以使熔池中的液态金属发生谐振，熔池的振荡频率与熔透条件和熔池尺寸之间有着密切的关系。熔池的振荡存在三种模式，分别是晃动、对称和混合模式。由峰值电流产生的电弧压力远大于由基值电流产生的电弧压力。在电流的峰值阶段，电弧压力较大使得熔池严重变形，熔池表面下凹，而在电流基值阶段，电弧压力突然降低，施加在熔池上的电弧压力、表面张力和重力之间的平衡被打破，表面张力将池拉回到新的平衡位置，从而引起熔池的振荡。

1. 未熔透条件下的熔池振荡

通过研究发现，未熔透中的熔池振荡是关于熔池中心对称的，振荡模型可以用贝塞尔函数的一次谐波模式来描述。当焊接电流从峰值切换到基值时，电弧压力突然从熔池顶部释放，并以自然频率引起熔池振荡。表面张力将熔池拉回到平衡位置。由于惯性，熔池达到平衡点后继续向上扩展。当熔池向上膨胀到最高位置时，表面张力和重力将熔池拉回到平衡点，由于惯性，熔池继续向下凹陷。如图 7.3 所示，由于熔池底部有固体金属的支撑，当熔池中心的液态金属向下压时，熔池周围的液态金属被向上推，就形成了以熔池中心为对称点的振荡。

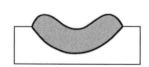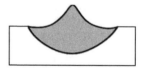

图 7.3　未熔透时熔池的对称振荡

2. 全熔透条件下的熔池振荡

在全熔透情况下，熔池底部的金属已被熔化，熔池底部液态金属失去了固体金属的支撑，需要熔池底部液态金属的表面张力来维持，因此在熔池上表面的电弧压力作用下，熔池表面就会下降到一个相对很低的位置形成凹形的熔池表面形状。当熔池表面的电弧压力突然减小时，熔池顶部和底部的表面张力将熔池拉回到其平衡位置。熔池中心先向上扩展，然后熔池边缘的液态金属跟随熔池中心运动。如图 7.4 所示，由于熔池底部缺乏固体金属的支撑，熔池表面就会被电弧压力推到一个相对较低的位置。

图 7.4　全熔透时熔池的对称振荡

因此，当熔池中心到达最高点时，熔池边缘的液态金属不容易被拖回形成凸面，也就形成了熔池中心区域的形状为凸形和边缘的形状为凹形的情况。

3. 临界熔透条件下的熔池振荡

临界熔透条件下的振荡与全熔透和未熔透时的振荡不同，如图 7.5 所示，其振荡中心并不总是在熔池的中心区域，振荡中心有可能在下一刻就转移到另一个位置。因此这种振荡模式被定义为晃动振荡。在临界熔透的情况下，熔池底部金属只有极小一部分被熔化，还有很大一部分固体金属仍然支撑着熔池液态金属。在电弧压力作用下，熔池的液态金属被向下推动，随着熔池尺寸的增加，熔池底部的固体金属被逐渐熔化，越来越少的固体金属支撑液态金属，越来越多的液态金属被向下推动。只有当熔池底部尺寸达到一定临界值后，才会成为全熔透时的振荡模式。当熔池增大时，工件的底部金属也逐渐熔化成液态，因为微观结构、晶体结构和缺陷的不同，金属的熔化不是均匀和连续的，所以最早熔化的点可能不完全在熔池的中心，这就导致熔池底部金属的熔化过程并不是完全均匀和对称的。因此，不对称的位置导致熔池中的力不平衡和不均匀，不平衡的力就会在熔池振荡中引起不对称的液态金属流动。

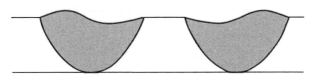

图 7.5　临界熔透时熔池的晃动振荡

7.1.4　熔池中金属蒸气的研究现状

1. 金属蒸气在电弧中的分布

随着 TIG 焊电弧的引弧，电弧开始向熔池传热，从而引起了焊接母材的熔化。此时熔池的温度超过了金属材料的蒸发温度，那么金属蒸气必然由熔池上表面扩散进入焊接电弧且对焊接电弧产生影响。金属蒸气由熔池上表面蒸发后进入电弧等离子体，从而改变纯氩弧等离子体的特性，形成了由氩弧等离子体和铁金属蒸气混合而成的混合等离子体。混合等离子体的所有物性参数如电导率、热导率、净辐射系数、比热、密度和黏度等都是由温度和金属蒸气浓度共同作用的函数。尽管金属蒸气浓度较低，但也会给电弧等离子体的物性参数造成很大的变化。在不考虑对流时，金属蒸气在电弧中的扩散表现为直接向电弧中心运动，呈扇形分布。金属蒸气的蒸发类似于由熔池表面的高浓度区域直接向电弧内部的低浓度区域不断地进行浓度扩散。这个过程并不会受到电弧等离子体的阻碍作用。考虑对流时，金属蒸气从熔池上表面蒸发进入电弧，在扩散作用下使得金属蒸气由熔池表面向电弧区域有一定的延伸。在金属蒸气向电弧弧柱区传输时，金属蒸气受到对流的影响很大，导致金属蒸气在电弧径向铺展，而在电弧轴向被压缩，从而形成了金属蒸气覆盖在熔池表面上方。

2. 电弧温度场分布

电弧中存在的金属蒸气使得电弧等温线出现收缩如图 7.6 所示。等温线出现这种收缩现象的原因是：当电弧温度在 5000~20000K 时，在相同的温度下金属蒸气的净辐射系数比 Ar 气的净辐射系数高，从而导致电弧等离子体单位体积上的能量散失变大。由此导致了在电弧等离子体的同一部位上考虑金属蒸气时的温度降低，即考虑金属蒸气的电弧等温线出现收缩。当考虑金属蒸气时，电弧等温线出现收缩，但电弧最高温度并没有变化，即电弧收缩并没有导致电弧最高温度的升高。

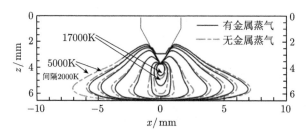

图 7.6　金属蒸气对电弧温度场的影响

3. 电流密度和电势分布

电流的流动路径是先通过阳极经过阳极表面后，进入电弧区域而后通过阴极界面进入阴极区域。由于电流流过阳极面上的径向分布半径要远大于阴极面，因此在阴极面上的电流密度远大于阳极电流密度。在实际焊接过程中，阳极斑点也大于阴极斑点，电流密度的最大值也是出现在了阴极斑点上。当有金属蒸气的存在时，阳极上表面电流密度在中心区域增加，而在边缘区域减少。这是因为当金属蒸气存在时, 在接近熔池上表面的电弧中, 金属蒸气会使得电弧中心的电导率增加, 由此导致电弧中心电流密度的增加, 那么接近电弧中心的阳极上表面中心区域电导率增加导致中心区域电流密度增加; 在边缘区域由于温度降低和电弧收缩, 所以边缘区域的电流密度降低。在定点 TIG 焊电弧熔池交互作用模型下, 采用直流正接, 板材接地给定零值边界条件时的电势值为负值。

4. 熔池在金属蒸气下的受力

由于 Marangoni 剪切应力只在液态熔池的上表面产生, 所以其与等离子切应力合成的总剪切应力对熔池的作用也只分布在这个范围内。等离子剪切应力分布于整个阳极表面。总的剪切应力分为正负两部分, 由这两部分分别于 $\tau=0$ 围成的面积可以看出, 正值围成的面积约为负值围成面积的 4 倍, 如图 7.7 所示。而每个面积代表的就是该区域所受的力 (力 = 切应力 × 面积)。由此可以知道, 液态熔池上表面仍然以使熔池向外流动的力为主, 从而使得熔池上表面形成了外向流, 最终也促使熔池形貌的形成。

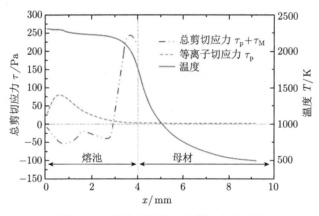

图 7.7 阳极表面的温度和剪切应力分布

7.2 移动热源下不同驱动力对熔池行为的影响

在焊接过程中, 焊缝的形状, 焊缝的温度场, 焊接效率和焊缝的力学性能均受焊缝中液态金属流动的影响。结果表明, 在 TIG 焊接条件下, 熔池中的熔融金属主要受浮力、电磁力、电弧力和表面张力四个不同的力的影响。电磁力和浮力主要作用于整个熔池, 属于体积力, 而电弧力和表面张力仅作用于表面, 属于表面力。电弧力主要导致熔池的自由表面因气压而下沉并变形, 从而影响熔池的流量。然而, 结果表明, 当电流较小时, 由电弧力引起的表面变形很小, 因此可以忽略电弧力。

焊接过程中熔池流动和温度分布的测量一直是一个棘手的问题。用实验方法很难确定，更不用说单独确定某一驱动力的行为和相对效应了。然而，数值模拟方法不仅可以分析多种驱动力的综合作用，而且可以对独立驱动力的影响进行定量分析。这将为研究熔池中各种力的作用以及各种力的相互作用和相互影响提供一种有效的研究手段。

7.2.1　纯导热时的熔池温度场

图 7.8(a)、(b)、(c) 分别为纯导热情况下电弧热流密度呈高斯分布时，熔池中 x-y、x-z、y-z 面上的温度场分布。从图中可以看出熔池呈现后拖现象，熔池前端的温度梯度比熔池后端的温度梯度要大，这主要是因为受热源的移动影响。因为熔池内部没有产生对流运动，仅仅依靠导热传递热量，所以熔池内部的温度较高，最高温度可达到 3936K。图 7.8(d)、(e)、(f) 分别为熔池中 x-y、x-z、y-z 面上的不同温度场分布，其电弧热流密度呈现为双椭圆分布 (热源分布参数 $a_\mathrm{f} = 3\mathrm{mm}$，

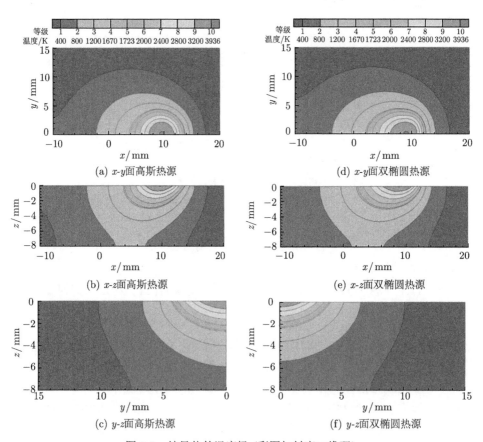

图 7.8　纯导热的温度场 (彩图扫封底二维码)

a_r =7mm，b_h=5mm)。与高斯分布热源相比较，在熔池中心的最高温度有所下降，降至 3856K，熔池后拖的现象更加明显。

7.2.2 熔池受力行为

1. 浮力作用下的熔池行为

熔池在浮力单独作用下的温度场和流场如图 7.9 所示。熔池内部的整体流动是由熔池的浮力引起的，浮力又称为体积力。在熔池加热面的上表面，由于液态金属逐渐由熔池中心流向边缘。结果，熔池中的最高温度略微下降至 3583K。在 x-z 和 y-z 的表面上，熔池的流动从底部到顶部。浮力引起的流动相对较弱，最大流体速度为 0.083m/s，熔池的体积与纯热传导下的相似，因此浮力驱动力对 TIG 焊接模拟影响很小，可以忽略。

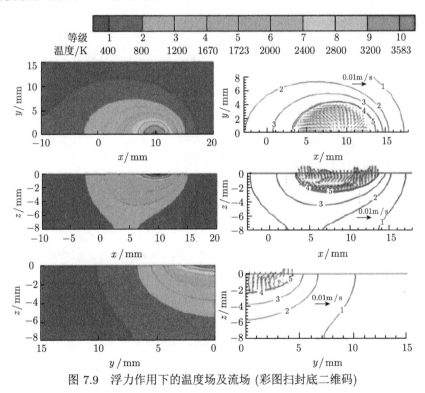

图 7.9　浮力作用下的温度场及流场 (彩图扫封底二维码)

2. 电磁力作用下的熔池行为

熔池在电磁力单独作用下温度场以及流场如图 7.10 所示。由于电磁力也是体积力，其作用于整个熔池的液态金属上，因此电磁力作用于整个流体内部。电磁力作用使得熔池中的流体由熔池边缘逐渐流向熔池中心，热量随着流体的流动，逐渐传输到熔池底部，进而引起熔深的增加。与纯导热和浮力相比，熔池表面的最高温度降低到 3068K。电磁力在熔池中产生的最大流体速度约为 0.54m/s。

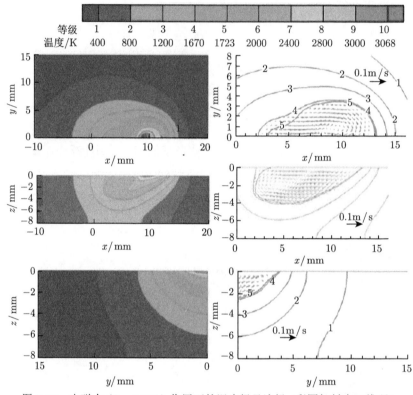

图 7.10   电磁力 ($I = 180$A) 作用下的温度场及流场 (彩图扫封底二维码)

为了研究电磁力对熔池行为的影响，首先保证电弧热输入为定值，分别计算了电流为 120A、180A、240A、300A 时的熔池形貌的变化。从图 7.11 可以发现，随着电流的增加，电磁力和熔深逐渐增加，而熔宽随电流的增加逐渐减小。图 7.12 为熔池中最高温度随着电流的增加逐渐变化的趋势。电流的增加使得熔池中由电磁力引起向内的对流增强，将更多的电弧热传输到熔池的底部促进底部金属熔化，进而使得最高温度随电流的增加而逐渐减小。

3. 表面张力作用下的熔池行为

1) 负表面张力的温度系数下的熔池行为

图 7.13 为负表面张力的温度系数下 ($\partial\gamma/\partial T = -0.0002N/($m $\cdot$ K$)$) 的温度场和流场。当表面张力的温度系数为负数时，熔池中的液态金属由熔池中心流向周边。熔池表面的最大流动速度可达到 0.812m/s。该速度是受电磁力熔池表面流动

最大流速的 4 倍，是受浮力引起的最大流速的 10 倍。熔池边缘的温度是由熔池表面中心处的热量通过流动传输所致，因此熔池的熔宽略有增加而熔深很小，并且熔池的最高温度要低得多，相比纯热传导低至 2636K。

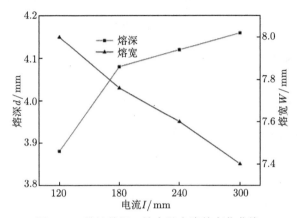

图 7.11 熔池熔深、熔宽随电流的变化曲线

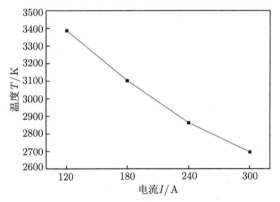

图 7.12 熔池最高温度随电流的变化曲线

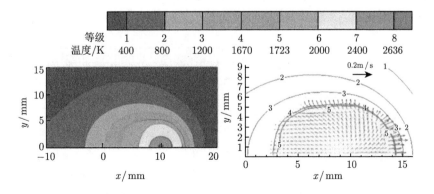

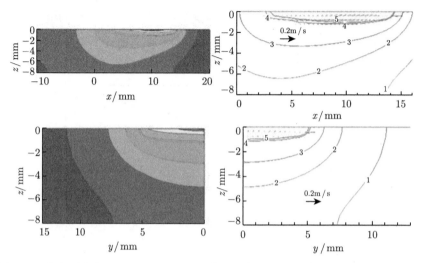

图 7.13　负表面张力 $(-0.0002\mathrm{N}/(\mathrm{m\cdot K}))$ 作用下的温度场及流场 (彩图扫封底二维码)

2) 正表面张力温度系数下的熔池行为

图 7.14 为正表面张力温度系数下 $(\gamma_T=0.0002\mathrm{N}/(\mathrm{m\cdot K}))$ 的温度场和流场。液态金属的流动方向和负表面张力温度系数下的流动方向相反。在正表面张力的温度系数的作用下，熔池四周的液态金属逐渐向熔池中心流动，在熔池的中心形成一个向内的涡流。涡流的形成，使得由焊接电弧产生的热量传递到熔池中心，熔池中心金属的加速熔化导致熔池的深度急剧增加，而熔池的宽度略有减小。熔池中产生的热量通过熔池中心传输到熔池内部，这导致与纯导热相比较，熔池中的最高温度下降幅度很大，温度的最高点仅为 2645K，而熔池中的最大速度为 0.226m/s。

图 7.15 显示了熔化深度和宽度随表面张力温度系数变化的曲线。从图中可以看出，在表面张力温度系数为负的情况下，随着表面张力温度系数的增加，熔深逐渐增加。在表面张力的温度系数从负变为正的情况下，熔池的熔深将急剧增加，然后随着表面张力的温度系数的增加，熔池的熔深将略有下降。图 7.16 显示了熔

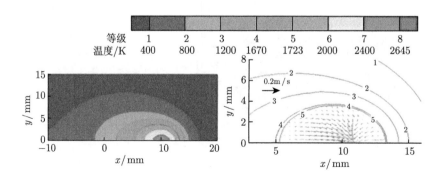

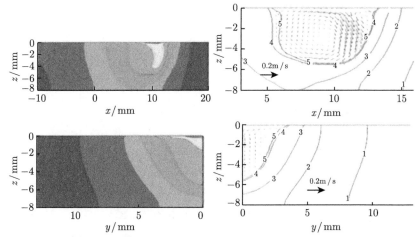

图 7.14 正表面张力 (0.0002N/(m·K)) 作用下的温度场及流场 (彩图扫封底二维码)

池最高温度随表面张力温度系数的变化曲线。从图中可以看出，随着表面张力温度系数的增大，熔池最高温度先升高后减小。

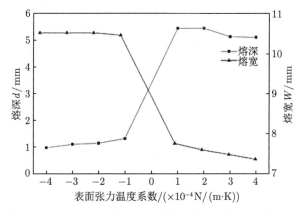

图 7.15 熔池熔深、熔宽随表面张力温度系数的变化曲线

当负表面张力的温度系数增大时，由于熔池向外的对流，随温度系数的增大，熔池的最高温度减弱，所以大部分电弧热都积聚在熔池中心的表面上。当正表面张力的温度系数增大时，熔池最高温度的降低是由于温度系数的增大使电弧传热更多地向熔池中心传递。

3) 表面张力温度系数与活性元素含量相关时的熔池行为

当活性元素存在于熔池中时，表面张力的温度系数将会随着活性元素的活度变化，其不再是一个常数，而是关于活性元素活度的一个函数。表面张力最大的位置将位于熔池表面的某一位置，不再位于熔池的边缘以及中心，这将使得流体的流动方式变得更为复杂。如图 7.17 所示，当活性元素氧元素含量为 240ppm 时，熔池中产生了多个涡流，不再是从边缘向中心或者是从中心向边缘的单一流动。

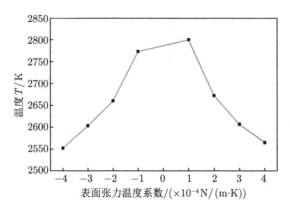

图 7.16   熔池最高温度随表面张力温度系数的变化曲线

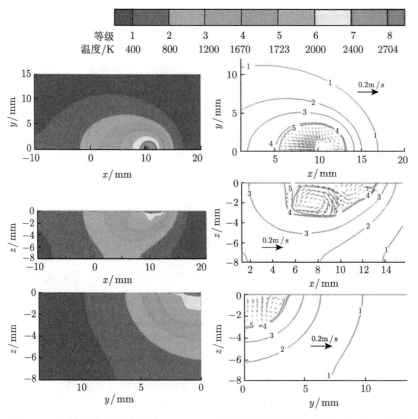

图 7.17   活性元素氧元素含量 240ppm 时的温度场及流场 (彩图扫封底二维码)

图 7.18 是焊接熔池熔深、熔宽随活性元素氧元素含量的变化曲线。由图可知，熔池的熔深随氧含量的增加而增大，熔宽则随氧含量的增加而减小。图 7.19 中显示了熔池的最高温度随氧含量的变化情况。从图中可以看出，随着氧含量的增加，熔池中的最高温度先升高至一定的值随后再降低。

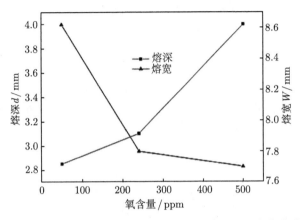

图 7.18 熔池熔深、熔宽随活性元素氧元素含量的变化曲线

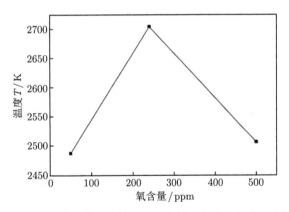

图 7.19 熔池最高温度随活性元素氧元素含量的变化曲线

7.3 旁路耦合微束等离子弧单滴堆垛流场分析

7.3.1 单滴堆垛过程中的流场特点

根据热传导理论，传热过程可分为三部分：第一部分是对流中液态金属在对流中的传热，第二部分是熔滴向熔池的热量输入，第三部分是熔池外热影响区的传热和基体的固体传热。这三个部分的热传导过程是相互关联的。焊接熔池的形态 (传热和传质过程，熔池形态和液态金属流体动力学) 是影响焊接质量和焊接形

态的主要因素之一。为了进一步研究单滴堆垛过程中熔池的形态,有必要充分了解熔池中过热液态金属的流场。在电弧焊过程中,熔池中的液态金属流主要受到以下力的影响:

(1) 熔滴冲击力是当熔滴进入熔池时对熔池的冲击。它仅在熔滴进入熔池的那一刻起作用,将大量热量带到熔池的底部,将液态金属从熔池的边缘移动到熔池表面的中心,并且从熔池的中心流到熔池的底部,导致熔池的形状狭窄而深 (图 7.21(a))。

(2) 对于大多数金属,表面张力是温度的函数。由于熔池表面上的温度梯度,表面张力分布不均匀,因此在熔池的自由表面上存在表面张力梯度。它是液态金属在熔池中流动的主要驱动力之一。它驱动液态金属从表面张力低的地方流向表面张力高的地方。对于液态钢,表面张力的温度系数 $\partial\gamma/\partial t$ 通常为负,也就是说,随着温度的升高,表面张力会降低。在焊接过程中,熔池的中心温度较高,表面张力较小,而熔池的边缘温度较低,表面张力较大。因此,在熔池的表面上存在表面张力梯度,使熔融金属从熔池的中心流向边缘 (图 7.21(b)),并从底部向顶部流动,导致熔池形态宽而浅。但是,在焊接基体中不可避免地会出现一些表面活性元素 (例如 S, O, Se 等),这将使液态钢的表面张力温度系数从负变为正。

此时,熔池的中心温度较高且表面张力较大,而熔池的边缘温度较低且表面张力较小。结果,表面张力梯度驱动液态金属从熔池表面的边缘向熔池表面的中心流动,并从熔池表面到熔池中心的底部流动 (图 7.20(b))。它导致狭窄和深层的熔池形态。换句话说,表面张力温度系数的大小和正负性会影响自由表面张力,从而影响熔池的温度和流场,最终影响熔池的形状,如图 7.20 所示。

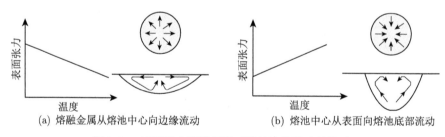

(a) 熔融金属从熔池中心向边缘流动   (b) 熔池中心从表面向熔池底部流动

图 7.20   表面张力温度系数对熔池流体流动的影响

(3) 当电流密度与其自身的磁场相互作用时会产生电磁力,这对液态金属的流动和熔池的形状具有非常重要的影响。在电弧焊过程中,当电流从点进入熔池时,会引起电流线发散。它带动熔池中的过热液态金属从自由表面上的边缘流到熔池的中心,然后向下流到熔池的底部中心,最后沿着熔合线返回熔池的表面,将大量的热量和动量带入熔池的底部,导致熔池的形态变窄和变深 (图 7.21(c))。

(4) 等离子流力,当等离子流撞击熔池表面时产生的剪切力。它主要以电弧压力的形式作用于熔池，这使熔池的表面变形并使中心凹陷。同时，液态金属被驱动从熔池表面上的熔池中心移到边缘 (图 7.21(d))。

(5) 浮力，金属的密度是温度的函数。由于熔池中的成分梯度和温度梯度，熔池中流体的密度发生变化并产生浮力。高温区域中液态金属的密度小于低温区域中液态金属的密度。在浮力的驱动下，熔池中的流体将上升到表面，而较冷的流体将被输送到底部。与熔滴冲击力、表面张力梯度和电磁力对流体流场的影响相比，浮力的作用较小 (图 7.21(e))。

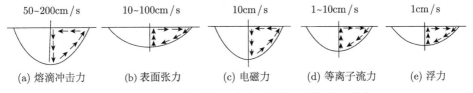

图 7.21　各种力单独作用时造成的熔池流体流动模式

模型的计算范围为 4mm×4mm×7mm。焊接参数：总电流 40A，旁路电流 5A，送丝速度 0.04m/s。图 7.22 为旁路耦合微束等离子弧焊 (DE-MPAW) 的单滴堆积温度场的模拟结果，显示了四个熔滴进入熔池时带入熔池中的热量以及对流稳定后的熔池温度场。图 7.23 显示了熔池中心的热循环曲线。当 $t = 0$s 时，等离子弧加热母材和焊丝，将大量热量输入到熔池中，同时熔化焊丝，并吸收一部分通过焊丝的电流。当 $t = 0.1$s 时，形成熔池并形成第一滴熔滴。熔滴在重力、电磁力和等离子流力的作用下加速向下运动。经过 0.033s 的时间后，熔滴将一定量的热量带入熔池，这使熔池的温度和体积增加。因为熔滴包含大量的热量，并且母材被电弧热通量加热，所以熔滴不会立即凝固。之后，随着堆焊时间的增加，熔池温度稳定在 1800~2000K。但是在熔池中的对流作用下，熔池中每个点的温度都不是恒定的。在图 7.23 中，提取了熔池中心点 $A(0,0,0.0029)$ 的温度随时间的变化。图 7.23 的云图为时间附近的热循环曲线局部放大，并标出云图的位置 B。当液态金属开始熔化时，熔滴较小，速度较慢，对流不明显，熔池温度波动较小，但仍在升高。当 $t = 0.106$s 时，温度升高到最高，然后当熔滴接触熔池时，温度下降到 1750K。这主要是因为熔滴吸收了部分等离子弧能量，从而减少了输入熔池的热量，含有大量能量的熔滴进入熔池使其温度升高。同时，随着熔池温度的升高，对流、辐射和蒸发的散热效果增强，输入熔池的能量和损失的能量达到动态平衡，熔池达到准稳态。从图 7.22 可以看出，随着焊接时间的增加，通过热传导进入熔池外部的母材的能量不断增加，使母材温度逐渐升高。

如图 7.24 所示，前三个熔滴的形态是叠加的。红线是由第一个熔滴进入熔池形成的形态，蓝线是第二个熔滴，黑线是第三个熔滴。与第一滴相比，当第二滴流入熔池时，焊缝宽度和余高将逐渐增加，而熔深会略有下降；与第二小滴相比，当第三小滴流入熔池时，熔深会减小，但焊缝宽度不会发生明显变化。从图中可以看出，熔滴的流入对渗透的影响很小，但对增强的影响更大。余高的增加主要是由于能量从熔滴过渡到熔池，第二次熔滴后焊缝宽度不再增加，主要是因为熔池已达到准稳态，而熔深略有下降是因为电弧作用于熔池的表面。

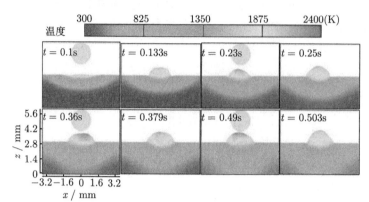

图 7.22　DE-MPAW 单滴堆积温度场模拟结果 (彩图扫封底二维码)

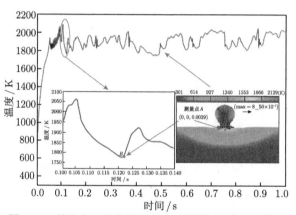

图 7.23　熔池中心的热循环曲线 (彩图扫封底二维码)

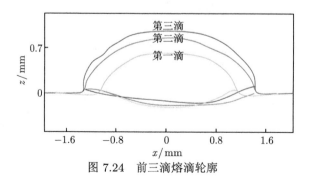

图 7.24　前三滴熔滴轮廓

第二滴熔滴的流场如图 7.25 所示。该图主要选取了熔滴形成时间、熔滴与熔池的接触时间、熔滴对熔池的冲击时间以及熔池达到稳定时的流场。从图中可以看出，从熔滴形成到熔池的稳定共用了 0.025s，在熔滴形成时，熔滴直径为 1mm，初始位置比母材高 2.5mm，熔滴初始速度为 0.01m/s，熔滴过渡频率为 7.7Hz。在熔池和熔滴组成的系统中，表面张力梯度对系统对流的影响最大，最大流速在池内。

在图 7.25(b) 中，当熔滴接触熔池时，出现毛细现象，熔滴被吸入熔池。此时，最大速度增加到 0.6m/s，出现在熔池和熔滴之间的接触部分。在图 7.25(c) 中，熔滴中的质量、能量和动量进入熔池。此时，熔滴冲击力对熔池内对流的影响最大，整个系统的速度提高到 1.35m/s，导致熔池大变形。在图 7.25(d) 中，熔池在各种力的作用下是稳定的，速度下降到 0.252m/s，此时熔池表面有两股相反方向的对流。在靠近熔池底部的表面上，液态金属沿表面向上移动；在靠近熔池顶部的表面上，液态金属沿表面向下移动。两股对流在图 7.25(d) 中的红点处汇合，并向熔池中心移动。这种运动使得自由表面垂直于基体金属附近，熔池顶部变得水平，有利于单道多层堆积。这种流动主要是由表面张力引起的。304 不锈钢表面张力随温度变化的关系如图 7.25(d) 所示。当熔池温度高于 T_m 时，这种关系将在熔池中形成两个不同的流动方向。然而，熔池的能量输入增加，大量的热量积聚在成形部位，使成形组织变粗糙。

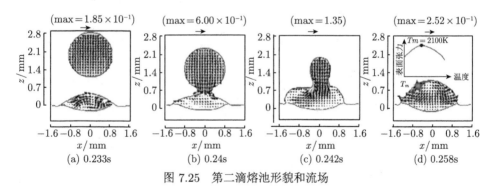

图 7.25 第二滴熔池形貌和流场

图 7.26 着重于熔滴冲击引起的熔池大变形。为了清晰地显示冲击过程，每张图片的时间间隔为 0.001s，从图 7.26(a) 可以看出高温熔滴已经接触到熔池，此时熔池熔滴的变形很小，流速为 0.24m/s，从图 7.26(b) 到图 7.26(d) 可以看出熔池熔滴已经变形了。这主要是毛细管现象和重力，使熔池的速度从 0.53m/s 增加到 0.769m/s，熔池中的最大速度从熔池与熔滴接触的地方转移到熔滴的上部。图 7.26(e)～(f) 显示了熔滴撞击熔池的过程。从图中可以看出，最大熔滴速度达到 2.06m/s，与熔滴速度相比熔池的速度是非常小的。在如此大的冲击力下，熔

池的变形很大，图 7.26(g)～(k) 显示了熔池的振荡过程。在图 7.26(g) 中，最大速度出现在靠近自由表面的熔池中心，方向指向中心。在图 7.26(h) 中，最大速度出现在熔池顶部，方向向上，最大速度为 1.43m/s，之后，图 7.26(i) 中的自由表面最高，速度下降。在图 7.26(l) 中，熔池的速度基本上下降到熔滴撞击前的速度，并且熔池的体积增大，熔深增加。

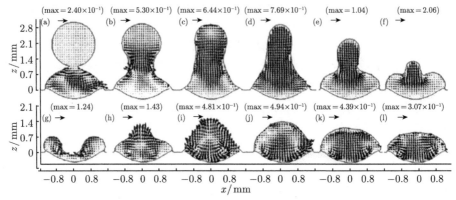

图 7.26　第七滴熔滴对熔池的冲击作用

图 7.27 显示了熔滴进入熔池的冲击速度与熔池温度之间的关系。从图中可以看出，随着熔池内熔滴数量的增加，熔池的冲击速度增大，熔池的最高温度降低。

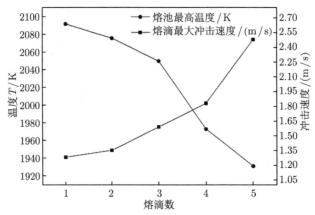

图 7.27　熔滴对熔池的冲击速度和熔池最高温度的影响

这主要是因为随着熔池中熔滴数量的增加，熔池中液态金属的体积增大，熔池的表面积增大，表面张力增大。表面张力沿自由表面指向熔池内部，对熔池的作用力增大，最后熔池内冲击速度增大。熔滴撞击速度的增加使熔池对流更强，降低熔池中的温度梯度，并降低熔池的最高温度。

7.3.2 旁路电流对熔池流场及其形貌的影响

本小节主要介绍单熔滴堆垛过程中旁路电流对热量、流场和焊缝形貌的影响。比较了 5A 和 25A 的旁路电流。图 7.28 显示了不同旁路电流下母材的热输入和温度分布。热循环曲线的测量点是熔池中心 (0,0,0.0029)，分别在 5A 和 25A 的旁路电流下提取的两幅 $t = 1$s 的云图。由图可见，当旁路电流为 5A 时，熔池中心的平均温度约为 1900K，而当旁路电流增大到 25A 时，熔池中心的平均温度下降到 1400K，由于对母材的热量输入较小，形成的熔池较小，池内对流不强。熔滴没有扩散到母材表面，大量的热能集中在熔滴中，没有传递到母材表面。从云图中也可以看出，当旁路电流为 25A 时，未熔化的母材的温度低于旁路电流为 5A 时的温度。

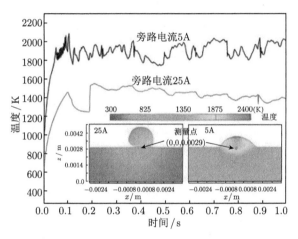

图 7.28 不同旁路电流下母材的热输入和温度分布 (彩图扫封底二维码)

图 7.29 显示了在不同旁路电流条件下，第一滴和第七滴熔滴进入熔池并达到稳定后的流场和形态比较。从图中可以看出，当旁路电流为 25A 时，由于对基体金属的热输入小，在基体金属上基本上没有形成熔池，熔滴与基体之间的界面处的流动速度小，余高较大，熔池流动不稳定，但最大流速变化不大。

7.3.3 冷却时间对固化形貌的影响

单滴堆垛的几何结构如图 7.30 所示，模型中共有 4 滴。每个熔滴进入熔池并达到稳定后，电弧熄灭，熔池冷却至 800K，电弧再次点燃。图 7.30 中的每一张图都表示熔池稳定并冷却至 800K 时的温度场和焊缝形态。橙色区域表示温度高于 SUS304 不锈钢液相线温度。

在图 7.31(a) 中，堆垛了四个熔滴进入熔池后堆积层的横截面轮廓，以说明成形轮廓的演变。图中清楚地显示，每层的顶部都有一个圆形轮廓，其半径随着层

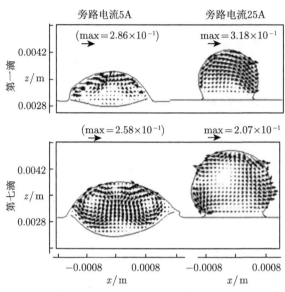

图 7.29　不同旁路电流下熔池流场

数的增加而减小。结果表明，前一层的表面形貌对下一层的表面形貌有显著影响。同时，还显示了各层沉积过程中熔池的叠加熔化边界。结果表明，随着堆高的增加，后续层堆积引起的各层重熔深度增加。这主要是由于熔覆层上表面 z 方向的温度梯度随着熔覆层高度的增加而减小。降低了上层熔覆过程中的传热系数。此外，在单通道多层堆垛过程中，随着堆垛层数的增加，传热模式由三维的 x、y、z 方向转变为更接近于 z 方向。

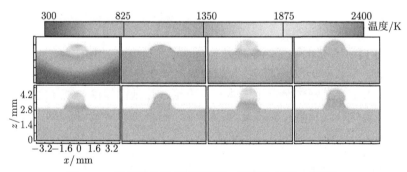

图 7.30　温度场及堆垛形貌演化 (彩图扫封底二维码)

图 7.31(b) 表示出了在图 7.31(a) 所示位置计算的随时间变化的温度。在焊接开始时，等离子束将热量传递给母材，从而使母材的温度迅速上升。同时，熔滴给熔池带来了大量的能量，第一个峰值出现在热循环曲线上。然后等离子弧熄灭，温度迅速下降。当第二滴累积时，第一层被重新加热，温度上升。因此，在第一

热循环曲线上有第二个峰值。这一过程在后续层的积累过程中重复，因此在第一层的热循环曲线上有四个峰值。一般情况下，随着堆垛层数的增加，堆垛层顶面到母材表面的传热逐渐减小。由于较窄的堆积宽度减小了用于热传导的面积，并且由于堆积层的平均温度增加，所以用于热传导的温度梯度减小，在成形件测量点冷却到相同温度的时间变长。

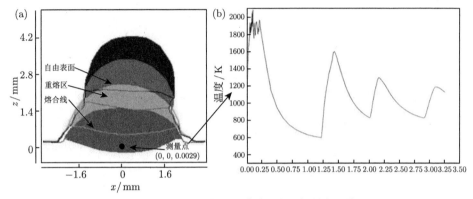

图 7.31 堆垛形貌与热循环曲线 (彩图扫封底二维码)

图 7.32 比较了四层堆积过程中每一层的熔池底部形状，获取每一个堆积层的中心横截面。在图 7.32 中定义自由表面边界和液相线所围成区域为熔池。对于第一个堆积层，熔合边界是凹的。但随着堆积层的增加，熔合边界趋于平坦。换言之，随着堆积层的增加，熔池的边缘变得更深。在激光增材制造中，熔池底部是凸形的，横向温度梯度的增大导致 Marangoni 流的流动增强。然而，从模拟结果可以清楚地看出，熔池底部变平部分原因也是熔融金属熔覆前层的顶面为凸形。

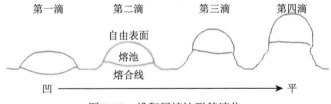

图 7.32 堆积层熔池形貌演化

平面边界的形成机制似乎更为复杂，因为热量和质量最初积聚在前一层的半球自由面上，流体沿曲面向上流动。图 7.33 显示了微等离子体焊接和 DE-MPAW 三维焊接的熔池流动情况。当金属表面张力梯度为正时，Marangoni 效应使液态金属从熔池边缘向中心流动。在 DE-MPAW 三维焊接中，Marangoni 流沿弯曲的流体表面向上流动。因此，在 DE-MPAW 三维焊接中，当 Marangoni 流撞击并熔化先前沉积的层时，它是垂直向下的。在微等离子体焊接中，Marangoni 流冲击熔池底部。因此，两种不同的流动特性不仅影响熔池的流动形态，而且影响熔池边界的形状。

在 DE-MPAW 的单滴堆垛中，随着层数的增加，峰值温度升高，池面横向温度梯度增大。结果，熔池中心和侧边之间的 Marangoni 效应变得更强。由于 Marangoni 的剪切梯度在较高的层内增加，层间流动和传热明显改变了熔池的形状。

(a) DE-MPAW 三维焊接   (b) 熔池流动对比

图 7.33　微束等离子焊接和 DE-MPAW 三维焊接的熔池流动情况

熔池中的热传递通过传导和对流发生。佩克莱数 (Pe) 计算对流热传递与传导热传递的比率，并且可用于表示两个热传递机制在决定熔池形状中的相对影响。

$$Pe = \frac{Lv_{\max}\rho C}{\lambda} \tag{7.1}$$

式中，L 为熔池的特征尺寸 (通常为宽度)，$v_{\max}$ 为熔池中流体流动的最大速度，ρ 为密度，C 为比热容，λ 为热导率。

值得注意的是，在 DE-MPAW 三维焊接中，熔池的特征宽度不是一条直线 (自由表面是凸的)。因此，在本章中，每一层都是沿着一个凸自由面测量的。第一层和第三层的 Pe 值分别为 242.5 和 289.5。计算得到的各层 Pe 值均远大于 1，说明 DE-MPAW 三维熔池的主要传热机制是对流。当 Pe 从铝合金到钢和不锈钢远小于 1 时，熔合界面形状由凹向凸变化。然而，由于不含任何工艺参数，单用 Pe 数不能完全描述熔池对流对熔池形状的影响。影响熔化边界形状的流型取决于 Prandtl 数 Pr 和 Marangoni 数 Ma。

$$Pr = \frac{\mu C_P}{\lambda} \tag{7.2}$$

$$Ma = \frac{L\rho\gamma_T\left(T_{\mathrm{p}} - T_{\mathrm{m}}\right)C}{\mu\lambda} \tag{7.3}$$

式中，μ 是液态金属的黏度，$\gamma_T(\gamma_T = \mathrm{d}\gamma/\mathrm{d}T)$ 是表面张力温度系数，T_{p} 和 T_{m} 分别是峰值温度和熔化温度。

虽然 Pr 影响熔池的形状，材料中由温度变化引起的 Pr 变化不大，因此它本身不能决定熔池形状。在目前的工作中，$Pr \approx 0.213$，由于黏度随温度变化，其仅改变 0.023。

7.4 电弧辅助激光焊铝/钢对接焊润湿铺展研究

7.4.1 实验与数学建模

针对铝/钢异种金属对接焊，根据流体力学基本原理对其进行数值模拟，建立铝/钢焊接熔池的三维数学模型，采用 FLOW-3D 软件及其二次开发功能，加载激光和电弧辅助激光两种热源模型，同时用 VOF(volume of fluid) 方法来追踪熔池的自由表面，在单激光和电弧辅助激光两种热源模型作用下，获得了工件的熔池自由表面、温度场分布、铝/钢焊接界面的接触角和液态金属的铺展宽度。图 7.34 为铝/钢在单激光和电弧辅助激光两种热源下的对接焊方法，图 7.34(a) 为铝/钢单激光对接焊，图 7.34(b) 为铝/钢电弧辅助激光对接焊，铝/钢电弧辅助激光焊是在激光热源后方的一定距离处添加一个小功率的辅助电弧，激光与电弧处于分离状态并在焊接过程中同步沿焊接方向移动，利用辅助电弧来改变工件上的温度场分布，从而改善液态金属的润湿铺展性能。

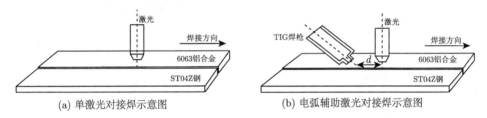

(a) 单激光对接焊示意图　　　　(b) 电弧辅助激光对接焊示意图

图 7.34　两种热源作用下的对接焊示意图

1. 基本假设

铝/钢异种金属单激光和电弧辅助激光焊接过程是一个复杂的传热传质过程，为简化计算，做出如下假设：

(1) 浮力驱动流假设为 Boussinesq 模型；

(2) 除黏度和表面张力系数之外，其余的材料热物理参数都不随温度变化，假设为常数。

2. 控制方程

在焊接过程中，流体流动遵循物理守恒定律，其中包括能量守恒定律、动量守恒定律和质量守恒定律。这三个守恒定律的数学表达式分别为能量守恒方程、动量守恒方程和质量守恒方程，利用这些表达式把流体速度、压力、密度和温度等物理量联系在一起，同时也是对传热、传质基本规律的一种数学描述。在焊接过程中由于复杂的传热、传质问题，一般给定初始条件和边界条件，再结合质量守恒方程、动量守恒方程、能量守恒方程这三个守恒方程以及介质的材料属性来一同求解。

3. 源项及自由表面的处理

1) 体积力的加载

在焊接过程中的熔池中，局部流体会因受热而会发生膨胀，流体在膨胀之后因浮力的作用而发生对流。在数值分析的过程中，采用 Boussinesq 近似模型来计算浮力项，假设除动量方程对流项中的密度之外，计算过程中的其余密度都为常数。根据近似模型，浮力可表示如下：

$$F_b = -\beta g\,(T - T_a) \tag{7.4}$$

$$\beta = -\frac{1}{\rho}\left(\frac{\partial \rho}{\partial T}\right)_P \tag{7.5}$$

式中，β 为流体的热膨胀系数；F_b 为浮力；T_a 为环境温度；ρ 为流体密度。

在焊接过程中，电流与其自感应磁场产生的电磁力作用于熔池中液态金属的各个质点，在熔池中，由于电流密度不均匀，所以其自感应磁场也不均匀，熔池中液态金属的各个质点的受力也不均匀，因此液态金属在熔池中发生流动，熔池中的电磁力可表示如下：

$$F_L = \vec{J} + \vec{B} \tag{7.6}$$

式中，F_L 为电磁力；$\vec{J}$ 为电流密度矢量；$\vec{B}$ 为磁通量矢量。

2) 熔化凝固的处理

在焊接过程中，金属的熔化和凝固过程中会发生合金的相变，能量守恒方程中的源项包括对流项和非稳态项引起的相变潜热变化，要处理对流、扩散和相变的问题可以采用多孔介质拖曳模型，合金的边界发生移动是合金相变所导致的，在多孔介质拖曳模型中，根据控制域内的焓平衡来处理合金相变所导致的合金边界发生变化的问题，多区域相变的问题可利用单相统一控制方程组来解决，合金相变的区域可分为：固相区、液相区和糊状区。其中固相和液相可以用温度与热焓的关系来区分，其关系式表达如下：

$$H = \begin{cases} \rho_s C_s T & (T \leqslant T_s) \\ H(T_s) + H_{sl}\dfrac{T - T_s}{T_l - T_s} & (T_s < T < T_l) \\ H(T_l) + \rho_l C_l (T - T_l) & (T_l \leqslant T) \end{cases} \tag{7.7}$$

式中，H 为热焓；ρ_l、ρ_s 分别为流体液相和固相的密度；C_l、C_s 分别为液相和固相的比热容；T_l、T_s 分别为液相线温度和固相线温度。

在某一计算网格内，如果金属的温度大于固相线温度而小于液相线温度，则认为是糊状区，糊状区被定义为多孔介质。在凝固过程中，液态金属的黏度逐渐降低，当糊状区的黏度变为 1 时，金属则开始凝固；当糊状区的黏度为 0 时，则金属已经完全凝固形成固态。完全凝固的金属不发生任何流动，其流动速度为 0。根据临界固体分数和局部固体分数，把糊状区分为三个子区域，而且每个子区域各不相同，同时流体的拖曳系数和局部黏度也各不相同。

当局部固体分数大于区域的固体分数时，则定义该区域为第一个子区域。其固体分数与局部黏度之间的关系可表示如下：

$$\mu = \mu_0 \left(1 - \frac{F_s}{F_{cr}}\right)^{-1.55} \tag{7.8}$$

式中，F_s 为局部固相分数；F_{cr} 为临界固相分数。

当区域的固体分数介于临界固体分数和局部固体分数之间时，则定义该区域为第二个子区域。在第二个子区域内，金属的微观结构符合多孔介质模型，该模型中的拖曳系数 K_a 满足的表达式如下：

$$K_a = C_0 \cdot \frac{F_s^2}{(1 - F_s)^3 + b} \tag{7.9}$$

式中，F_s 为局部固相分数；K_a 为拖曳系数；b 作为一个很小的数值来防止分母为 0；C_0 是拖曳系数常数。

当临界固体分数小于区域的固体分数时，则定义该区域为第三个子区域。在第三个子区域中，其微观结构完全变成了固体结构，液态金属的流动被阻碍。熔化凝固模型中的能量方程可以表示为如下表达式：

$$\frac{\partial}{\partial t}(\rho H) + \nabla \cdot (\rho \vec{v} H) = \nabla \cdot (K \nabla T) + S \tag{7.10}$$

式中，$\vec{v}$ 为速度；ρ 为密度；S 为能量源项；H 为热焓，H 表达式可以表示如下：

$$h = C_p \cdot T + f(T) \cdot L \tag{7.11}$$

式中，T 为温度；C_p 恒压比热；$f(T)$ 为液相分数函数，$f(T)$ 表达式可表示如下：

$$f(T) = \begin{cases} 0 & (T \leqslant T_s) \\ \dfrac{T - T_s}{T_l - T_s} & (T_s < T < T_l) \\ 1 & (T_l \leqslant T) \end{cases} \tag{7.12}$$

式中，T_l、T_s 分别为液相线温度和固相线温度。

温度的求解其实就是液体分数方程和能量方程之间的迭代。

3) 自由表面的处理

采用流体体积 (VOF) 方法来追踪熔池的自由表面，单位体积中流体所占比例用流体体积分数 $\varphi_L(x, y, z, t)$ 表示，流体体积分数 φ_L 满足如下关系：

$$\frac{\mathrm{d}\varphi_L}{\mathrm{d}t} = \frac{\partial \varphi_L}{\partial t} + (V \cdot \nabla) \varphi_L = 0 \tag{7.13}$$

式中，φ_L 为单元内流体所占体积分数，在计算网格单元内取平均值。当 $\varphi_L=1$ 时，则该单元格内的金属全部都为液态；当 $\varphi_L=0$ 时，则该单元格内的金属全部都为固态；而当 φ_L 介于 0 到 1 之间时，则表示金属的自由表面位于该单元格内。因此，可利用 φ_L 来计算自由表面及其法线方向单元，进一步确定熔池的自由表面的轮廓，有效追踪求解域中自由表面的位置。

4. 初始条件及边界条件

模拟的几何模型如图 7.35 所示，选用的铝合金 6063 尺寸为 0.15m×0.06m×0.002m，以及 ST04Z 钢尺寸为 0.15m×0.06m×0.001m。当单激光对接焊铝/钢时，激光的起始位置为 $x=0.016$m、$y=0.061$m；当电弧辅助激光对接焊铝/钢时，电弧的起始位置为 $x=0.001$m、$y=0.061$m，激光的起始位置为 $x=(0.001+d)$m、$y=0.061$m，其中 d 为激光和电弧之间的距离。

图 7.35　铝/钢对接焊示意图

1) 初始条件

工件上的初始温度 T_0 与环境温度相等，温度单位采用开尔文，则工件的初始温度满足以下关系：

$$T_0 = 293\mathrm{K} \tag{7.14}$$

熔池中的流体初始流速为零，则流体在 x、y、z 方向的速度分量 $\vec{u}$、$\vec{v}$、$\vec{w}$ 满足以下关系：

$$\vec{u} = \vec{v} = \vec{w} = 0 \tag{7.15}$$

2) 边界条件

(1) 单激光热源作用下工件的上表面边界条件

当工件上表面只受激光热源的作用时。工件上表面的热流密度分布表达式如下：

$$-\lambda \frac{\partial T}{\partial z} = q_1 - h_{\mathrm{c}}\left(T - T_0\right) - k_{\mathrm{B}}\varepsilon\left(T^4 - T_0^4\right) - \omega' H_{\mathrm{e}} \tag{7.16}$$

式中，h_{c} 为对流换热系数；q_1 为激光热流密度分布；λ 为热导率；k_{B} 为玻尔兹曼常量；ε 为表面辐射系数；H_{e} 为蒸发潜热；ω' 为蒸发率，q_1 满足以下关系：

当 $x - v_0 t \geqslant 0$ 时，$q_1 = \dfrac{a_{\mathrm{f2}}}{a_{\mathrm{f2}} + a_{\mathrm{r2}}} \dfrac{6\eta W_{\mathrm{L}}}{\pi a_{\mathrm{f2}} b_{\mathrm{h2}}} \exp\left(-\dfrac{3\left(x - v_0 t\right)^2}{a_{\mathrm{f2}}^2}\right) \exp\left(-\dfrac{3y^2}{b_{\mathrm{h2}}^2}\right)$

$$\tag{7.17}$$

当 $x - v_0 t < 0$ 时，$q_1 = \dfrac{a_{\mathrm{r2}}}{a_{\mathrm{f2}} + a_{\mathrm{r2}}} \dfrac{6\eta W_{\mathrm{L}}}{\pi a_{\mathrm{r2}} b_{\mathrm{h2}}} \exp\left(-\dfrac{3\left(x - v_0 t\right)^2}{a_{\mathrm{r2}}^2}\right) \exp\left(-\dfrac{3y^2}{b_{\mathrm{h2}}^2}\right)$

$$\tag{7.18}$$

式中，a_{f2}、a_{r2}、b_{h2} 为激光热源模型参数；W_{L} 为激光功率；η 为激光热效率；v_0 为热源的移动速度。

工件上表面的压力分布满足关系

$$P = \gamma \mathcal{K} \tag{7.19}$$

式中，P 为上表面所受的压力；γ 为表面张力；$\mathcal{K}$ 为表面曲率，$\mathcal{K}$ 满足以下关系：

$$\mathcal{K} = -\left[\nabla \cdot \left(\frac{\vec{n}}{|\vec{n}|}\right)\right] = \frac{1}{|\vec{n}|}\left[\left(\frac{\vec{n}}{|\vec{n}|} \cdot \nabla\right)|\vec{n}| - (\nabla \cdot \vec{n})\right] \tag{7.20}$$

式中，$\vec{n}$ 为自由表面的法向向量，表示为式 (7.13) 中体积分数 $\varphi_L\left(x, y, z, t\right)$ 的梯度：

$$\vec{n} = \nabla \varphi_L \tag{7.21}$$

表面张力γ 的表达式为

$$\gamma = 1.2 - \gamma_T\left(T - T_0\right) \tag{7.22}$$

式中，γ_T 为铝合金的表面张力温度系数；T_0 为铝合金的初始温度。

(2) 电弧辅助激光热源作用下工件的上表面边界条件

工件上表面热流密度分布满足以下关系

$$-\lambda \frac{\partial T}{\partial z} = q_{\mathrm{a}} + q_1 - h_{\mathrm{c}}\left(T - T_0\right) - k_{\mathrm{B}}\varepsilon\left(T^4 - T_0^4\right) - \omega' H_{\mathrm{e}} \tag{7.23}$$

式中，λ 为热导率；h_{c} 为对流换热系数；k_{B} 为玻尔兹曼常量；ε 为表面辐射系数；H_{e} 为蒸发潜热；ω' 为蒸发率；q_1、q_{a} 分别为激光热流密度分布和电弧热流密度分布，满足以下关系式。

当 $x - v_0 t \geqslant 0$ 时，

$$q_{\mathrm{a}} = \frac{a_{\mathrm{f1}}}{a_{\mathrm{f1}} + a_{\mathrm{r1}}} \frac{6\eta U I}{\pi a_{\mathrm{f1}} b_{\mathrm{h1}}} \exp\left(-\frac{3\left(x - v_0 t\right)^2}{a_{\mathrm{f1}}^2}\right) \exp\left(-\frac{3 y^2}{b_{\mathrm{h1}}^2}\right) \tag{7.24}$$

$$q_{\mathrm{l}} = \frac{a_{\mathrm{f2}}}{a_{\mathrm{f2}} + a_{\mathrm{r2}}} \frac{6\eta W_{\mathrm{L}}}{\pi a_{\mathrm{f2}} b_{\mathrm{h2}}} \exp\left(-\frac{3\left(x + d - v_0 t\right)^2}{a_{\mathrm{f2}}^2}\right) \exp\left(-\frac{3 y^2}{b_{\mathrm{h2}}^2}\right) \tag{7.25}$$

当 $x - v_0 t < 0$ 时，

$$q_{\mathrm{a}} = \frac{a_{\mathrm{r1}}}{a_{\mathrm{f1}} + a_{\mathrm{r1}}} \frac{6\eta U I}{\pi a_{\mathrm{r1}} b_{\mathrm{h1}}} \exp\left(-\frac{3\left(x - v_0 t\right)^2}{a_{\mathrm{r1}}^2}\right) \exp\left(-\frac{3 y^2}{b_{\mathrm{h1}}^2}\right) \tag{7.26}$$

$$q_{\mathrm{l}} = \frac{a_{\mathrm{r2}}}{a_{\mathrm{f2}} + a_{\mathrm{r2}}} \frac{6\eta W_{\mathrm{L}}}{\pi a_{\mathrm{r2}} b_{\mathrm{h2}}} \exp\left(-\frac{3\left(x + d - v_0 t\right)^2}{a_{\mathrm{r2}}^2}\right) \exp\left(-\frac{3 y^2}{b_{\mathrm{h2}}^2}\right) \tag{7.27}$$

式中，U 为电弧电压；I 为电弧电流；η 为电弧和激光热效率；W_{L} 为激光功率；a_{f1}、a_{r1}、b_{h1} 为电弧热源模型的参数；a_{f2}、a_{r2}、b_{h2} 为激光热源模型的参数；v_0 为热源的移动速度；d 为激光与电弧之间的距离。

工件上表面压力分布满足以下关系：

$$P = P_{\mathrm{arc}} + \gamma K \tag{7.28}$$

式中，P 为上表面所受总压力；P_{arc} 为电弧压力；γ 为表面张力；K 为表面曲率，K 满足公式 (7.20)。

电弧压力 P_{arc} 表示为以下关系式：

当 $x - v_0 t \geqslant 0$ 时，$P_{\mathrm{arc}} = P_{\max} \exp\left(-\frac{3\left(x - v_0 t\right)^2}{a_{\mathrm{f1}}^2}\right) \exp\left(-\frac{3 y^2}{b_{\mathrm{h1}}^2}\right) \tag{7.29}$

当 $x - v_0 t < 0$ 时，$P_{\mathrm{arc}} = P_{\max} \exp\left(-\frac{3\left(x - v_0 t\right)^2}{a_{\mathrm{r1}}^2}\right) \exp\left(-\frac{3 y^2}{b_{\mathrm{h1}}^2}\right) \tag{7.30}$

式中，$P_{\max}$ 是最大电弧压力，取值为 90Pa。

表面张力 γ 的表达式如下：

$$\gamma = 1.2 - \gamma_T \left(T - T_0\right) \tag{7.31}$$

式中，γ_T 为铝合金的表面张力温度系数；T_0 为铝合金的初始温度。

(3) 工件其他表面边界条件

工件在电弧辅助激光作用下的其他表面边界条件和单激光作用下相同，工件的侧表面和下表面所受压力均为空气压力，其热分布满足以下关系：

$$-\lambda \frac{\partial T}{\partial z} = h_{\mathrm{c}} \left(T - T_0 \right) + k_{\mathrm{B}} \varepsilon \left(T^4 - T_0^4 \right) \tag{7.32}$$

式中，λ 为热导率；h_{c} 为对流换热系数；k_{B} 为玻尔兹曼常量；ε 为表面辐射系数。

5. 相关参数

模拟所用的材料为 6063 铝合金和 ST04Z 钢，材料热物理参数如表 7.1 和表 7.2 所示。

表 7.1　6063 铝合金的热物理参数

参数	数值
固相密度 $\rho_{\mathrm{s}}/(\mathrm{kg/m^3})$	2690
液相密度 $\rho_{\mathrm{l}}/(\mathrm{kg/m^3})$	2690
液相线 $T_{\mathrm{l}}/\mathrm{K}$	898
固相线 $T_{\mathrm{s}}/\mathrm{K}$	813
固相比热 $C_{\mathrm{s}}/(\mathrm{J/(kg \cdot K)})$	1108
液相比热 $C_{\mathrm{l}}/(\mathrm{J/(kg \cdot K)})$	1153
热膨胀系数 $\beta/\mathrm{K^{-1}}$	2.3×10^{-5}
相变潜热 $h_{\mathrm{sl}}/(\mathrm{J/kg})$	2.9×10^5
蒸发潜热 $H_{\mathrm{v}}/(\mathrm{J/kg})$	6.0×10^6
热导率 $\lambda/(\mathrm{W/(m \cdot K)})$	201
表面辐射系数 $\varepsilon/\mathrm{K^{-1}}$	0.4
表面张力温度系数 $\gamma_{\mathrm{T}}/(\mathrm{N/(m \cdot K)})$	4.3×10^{-4}
对流换热系数 $h_{\mathrm{c}}/(\mathrm{W/(m \cdot K)})$	50

表 7.2　ST04Z 钢的热物理参数

参数	数值
固相密度 $\rho_{\mathrm{s}}/(\mathrm{kg/m^3})$	7200
液相密度 $\rho_{\mathrm{l}}/(\mathrm{kg/m^3})$	7200
液相线 $T_{\mathrm{l}}/\mathrm{K}$	1800
固相线 $T_{\mathrm{s}}/\mathrm{K}$	1750
固相比热 $C_{\mathrm{s}}/(\mathrm{J/(kg \cdot K)})$	700
液相比热 $C_{\mathrm{l}}/(\mathrm{J/(kg \cdot K)})$	780
相变潜热 $h_{\mathrm{sl}}/(\mathrm{J/kg})$	2.47×10^5
热导率 $\lambda/(\mathrm{W/(m \cdot K)})$	22

6. 模拟的实现

根据流体力学基本原理，对铝/钢异种金属焊接采用数值模拟的方法建立熔池的数值分析模型，同时用 VOF 方法追踪其熔池的自由表面，用 FLOW-3D 的二次开发功能 (用户自定义子程序来扩展和增强其现有的功能) 加载电弧压力、电磁力，建立电弧辅助激光和单激光热源两种热源模型，同时把黏度和表面张力设定为随温度变化而变化的函数，获得所需要的材料属性，在初始条件和边界条件的结合下进行求解。图 7.36 为具体的计算流程。

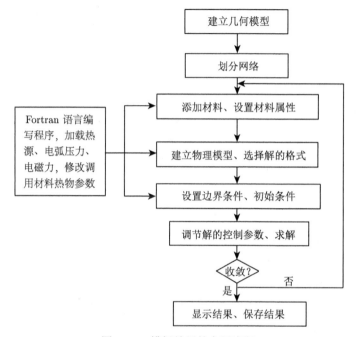

图 7.36　模拟结果的实现流程

7. 模拟结果的处理

利用建立的数值分析模型，在经过 FLOW-3D 软件的分析计算后，将计算结果进行后处理，可以获得工件的熔池自由表面变形、温度场分布、铝/钢焊接界面接触角和液态金属的铺展宽度。

为反映铝/钢焊接的润湿铺展行为，用铝/钢对接焊的自由表面变形和界面接触角 θ 以及液态金属的铺展宽度来描述润湿铺展程度。如图 7.37(a) 所示，在垂直于 x 轴的方向上对铝/钢对接焊缝进行切片，得到如图 7.37(b) 所示的 $y\text{-}z$ 面上的一截面，通过 $y\text{-}z$ 面的某一截面上的界面接触角 θ、自由表面变形和液态金属的铺展宽度来分析单激光焊接或电弧辅助激光焊接下的润湿铺展行为。利用 $y\text{-}z$ 面的某一个截面上的自由表面变形和多个截面上的界面接触角 θ 以及铺展宽度的平均值，分析焊接参数对铝/钢单激光焊接或电弧辅助激光焊接润湿铺展行为的影响。

7.4.2　接头润湿铺展行为

研究铝/钢异种金属的对接焊在电弧辅助激光热源下的润湿铺展行为，利用建立的数值模型，焊接过程的焊接参数如表 7.3 所示。研究在电弧辅助激光作用下,熔池的自由表面变形、焊件的温度场分布和焊接界面接触角及熔池液态金属的铺展宽度。图 7.38 为焊件在焊接过程中其温度场随时间的变化情况,图 7.39 为接焊过程中焊件 x-y 面的温度场随时间的变化 (激光的起始位置 $x=0.016$ m,电弧的起始位置 $x=0.001$m)。

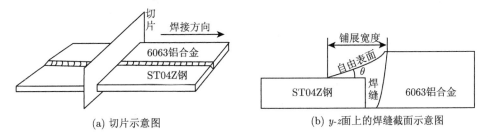

(a) 切片示意图　　　　　　　　(b) y-z面上的焊缝截面示意图

图 7.37　切片及 y-z 面上的焊缝截面示意图

表 7.3　焊接参数

参数	数值
电弧、激光热效率 η	0.65
电弧电流 I/A	15
电弧电压 U/V	14
激光功率 Q/W	1200
电弧热源分布参数 a_{f1}, a_{r1}, b_{h1}/mm	2, 5, 2
激光热源分布参数 a_{f2}, a_{r2}, b_{h2}/mm	1.4, 1.8, 1.4
热源间距 d/mm	15
热源移动速度 v_0/(mm/s)	10

图 7.38　焊件温度场随时间的变化过程 (彩图扫封底二维码)

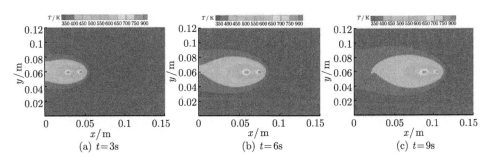

(a) $t=3$s　　　　　　(b) $t=6$s　　　　　　(c) $t=9$s

图 7.39　x-y 面温度场随时间的变化过程 (彩图扫封底二维码)

由图 7.38 和图 7.39 可以看出，随着焊接电弧和激光热源沿焊接方向移动，由于热量的累积，母材上的热输入慢慢上升，焊件温度场的范围也逐步扩大，所以母材熔化的金属量变多以及熔池的面积增大。

图 7.40 和图 7.41 分别为在 $x=0.077$m 处，y-z 面上的熔池自由表面的变形、焊接界面接触角和液态金属铺展宽度随时间的变化规律 (电弧的起始位置为 $x=0.001$m，激光的起始位置为 $x=0.016$m)。

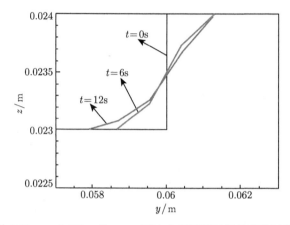

图 7.40　$x=0.077$m 处，y-z 面自由表面随时间的变化过程

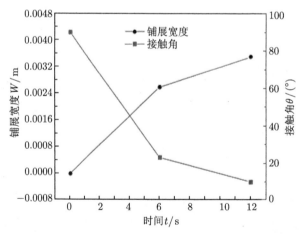

图 7.41　$x=0.077$m 处，y-z 面的接触角及铺展宽度随时间的变化过程

由图 7.40 和图 7.41 可知，当 $t=0$s 时，焊接还未开始，因此未形成熔池，自由表面没有变化；当 $t=6$s 时，电弧和激光的位置分别为 $x=0.061$m 和 $x=0.076$m，此时的激光热源已在靠近 $x=0.077$m 处，在激光热源的作用下，此处的金属开始熔化并且向钢的一侧流动，使得熔池的自由表面发生变化，此时的

铺展宽度为 0.0026m，界面接触角为 23°。当 $t=12\text{s}$ 时，电弧和激光的位置分别为 $x=0.121\text{m}$ 和 $x=0.136\text{m}$，此时的激光和电弧都已经过并远离 $x=0.077\text{m}$ 处，在激光和电弧分别经过 $x=0.077\text{m}$ 处时，此处的金属在激光和电弧共同加热的作用下被大量熔化，形成一个面积较大的熔池，同时熔池中的液态金属向钢的一侧流动，随着激光和电弧热源远离此处，液态金属开始凝固，当 $t=12\text{s}$ 时，$x=0.077\text{m}$ 处的金属已逐渐完全凝固成固态，自由表面不再发生任何变化。此处的界面接触角为 10°，铺展宽度为 0.0035m。

7.4.3 焊接参数对润湿铺展的影响

对焊接参数进行优化，提高在电弧辅助激光作用下的润湿铺展性，以提高焊缝的成形质量，研究不同的焊接参数对电弧辅助激光作用下的润湿铺展和焊缝成形的影响。

1. 激光功率对铝/钢对接焊润湿铺展的影响

在电弧辅助激光对接焊铝/钢的过程中，激光是母材上主要的热量来源，其次是电弧带入的热量，由于是薄板对接焊，在保证液态金属能充分润湿铺展的同时，尽量避免激光功率过大而导致产生焊接缺陷。因此，为了选取最佳的工艺参数和提高焊接质量，研究激光功率对润湿铺展的影响具有非常重要的意义。采用表 7.4 中的焊接参数，利用建立的数值模型，对在不同激光功率作用下工件的熔池自由表面变形、温度场、界面接触角和液态金属的铺展宽度进行数值分析，研究激光功率对在电弧辅助激光作用下的润湿铺展的影响。

表 7.4 焊接参数

参数	数值
电弧、激光热效率 η	0.65
电弧电流 I/A	15
电弧电压 U/V	14
激光功率 Q/W	1000~1400
电弧热源分布参数 $a_{f1}, a_{r1}, b_{h1}/\text{mm}$	2，5，2
激光热源分布参数 $a_{f2}, a_{r2}, b_{h2}/\text{mm}$	1.4，1.8，1.4
热源间距 d/mm	15
热源移动速度 $v_0/(\text{mm/s})$	10

图 7.42 为在焊接时间 $t=9\text{s}$ 时，激光功率分别为 $Q=1000\text{W}$、$Q=1200\text{W}$、$Q=1400\text{W}$ 下工件在 x-y 面的温度场分布。由图 7.42 可清楚地看出，激光功率越高，对母材的热输入就越大，使得母材上的温度场分布范围越大，则在母材上熔化形成的熔池的面积也就越大。当激光功率 $Q=1000\text{W}$ 时，前端通过激光形成的熔池面积小于后端通过电弧再加热形成的熔池面积。激光功率越大，则在激光作

用下所形成的熔池的面积也就越大。当激光功率 Q=1200W 时，前端通过激光形成的熔池面积和后端在通过电弧的再加热作用下形成的熔池面积相差不大，当激光功率 Q=1400W 时，前端在通过激光作用形成的熔池面积大于后端通过电弧再加热形成的熔池面积。

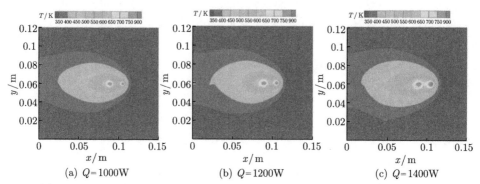

(a) Q=1000W　　　　　　(b) Q=1200W　　　　　　(c) Q=1400W

图 7.42　t=9s 时，不同激光功率下 x-y 面的温度场分布 (彩图扫封底二维码)

图 7.43 为在焊接时间 t=10s 时，x=0.077m 处在激光功率分别为 Q=1000W、Q=1200W、Q=1400W 下的 y-z 面上熔池自由表面的变形。图 7.44 为当焊接时间 t=10s 时，在激光功率分别为 Q=1000W、Q=1200W、Q=1400W 下的界面接触角及液态金属铺展宽度，其中取 x=0.02m、x=0.04m、x=0.06m、x=0.077m、x=0.08m 这五个位置处的截面的接触角和液态金属铺展宽度的平均值。

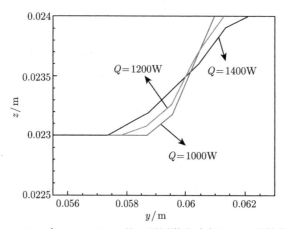

图 7.43　t=10s 时，x=0.077m 处，不同激光功率下 y-z 面的自由表面

由图 7.43 和图 7.44 可知，在激光功率分别为 Q = 1000W、Q = 1200W、Q = 1400W 下的界面接触角分别为 13°、8°、6.2°，液态金属铺展宽度分别为 0.0035m、0.00427m、0.0051m。当激光功率 Q = 1000W 时，激光功率较小，金

属的熔化量就比较少，使得流向钢一侧的液态金属也就比较少，导致界面接触角较大而且其铺展宽度较小，当激光功率 $Q=1400\mathrm{W}$ 时，有较多的金属熔化，使得流向钢一侧的液态金属也就比较多，同时界面接触角较小而且液态金属的铺展宽度较大。

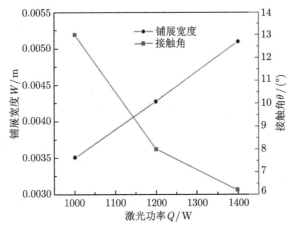

图 7.44 $t=10\,\mathrm{s}$ 时，不同激光功率下 y-z 面的接触角及铺展宽度

由此可知，激光功率越大，母材上的热输入也就越大，同时液态金属流向钢一侧的量也就越大，使得界面接触角就越小而且液态金属铺展宽度越大，润湿铺展效果也就更好。

2. 焊接速度对铝/钢对接焊润湿铺展的影响

利用建立的数值模型，采用表 7.5 中的焊接参数，对不同焊接速度下铝/钢对接焊工件的熔池自由表面、温度场、界面接触角和液态金属铺展宽度进行数值分析，研究不同焊接速度下电弧辅助激光对接焊的润湿铺展的影响。

表 7.5   焊接参数

参数	数值
电弧、激光热效率 η	0.65
电弧电流 I/A	15
电弧电压 U/V	14
激光功率 Q/W	1200
电弧热源分布参数 $a_{\mathrm{f1}}, a_{\mathrm{r1}}, b_{\mathrm{h1}}/\mathrm{mm}$	2，5，2
激光热源分布参数 $a_{\mathrm{f2}}, a_{\mathrm{r2}}, b_{\mathrm{h2}}/\mathrm{mm}$	1.4，1.8，1.4
热源间距 d/mm	15
热源移动速度 $v_0/(\mathrm{mm/s})$	8~12

图 7.45 为当 $t=9\mathrm{s}$ 时，在焊接速度分别为 $v=8\mathrm{mm/s}$、$v=10\mathrm{mm/s}$、$v=12\mathrm{mm/s}$ 下电弧辅助激光对接焊在 x-y 面上的温度场分布。焊接速度增大时，母材热输入减

小, 母材熔化形成的熔池面积较小, 温度场分布被拉长, 在 x 轴方向上的温度场分布增大, 而 y 轴方向上的温度场分布减小。当焊接速度分别为 8mm/s、10mm/s 和 12mm/s 时, 在前端激光和后端电弧作用下分别形成的熔池中心间距都为 0.015m, 当焊接速度为 8mm/s 时, 焊接速度较慢, 使得母材上的热输入较高同时散热较慢, 导致前后两个熔池的面积比较大而且熔池之间的固态金属比较少。当焊接速度为 12mm/s 时, 焊接速度较快, 使得母材上的热输入较低同时散热较快, 导致前后两个熔池的面积比较小而且熔池之间的固态金属比较多, 影响液态金属向钢一侧流动的润湿铺展效果。

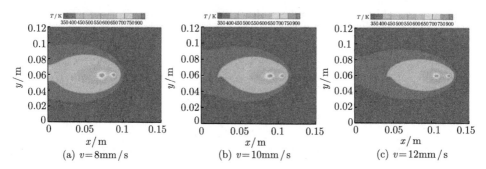

图 7.45　t=9s 时, 不同焊接速度下 x-y 面的温度场分布 (彩图扫封底二维码)

图 7.46 为当焊接时间 t=10s 时, x=0.077m 处, 在焊接速度分别为 v=8mm/s、v=10mm/s、v=12mm/s 下, y-z 面上熔池自由表面的变形。图 7.47 为当焊接时间 t=10s 时, 在焊接速度分别为 v=8mm/s、v=10mm/s、v=12mm/s 下的界面接触角和液态金属铺展宽度, 其中取 x=0.02m、x=0.04m、x=0.06m、x=0.077m、x=0.08m 这五个截面处的界面接触角和液态金属铺展宽度的平均值。由图 7.46 和图 7.47 可知, 当焊接时间 t = 10s 时, 在焊接速度分别为 v=8mm/s、v=10mm/s、v=12mm/s 下的界面接触角分别为 6°、8°、13.7°, 铺展宽度分别为 0.0052m、0.00427m、0.00332m。当焊接速度 v=8mm/s 时, 界面接触角比较小, 铺展宽度比较大。当焊接速度 v=12mm/s 时, 界面接触角比较大, 铺展宽度比较小。可知, 焊接速度增大, 母材上的热输入比较低, 同时散热比较快, 前后的两个熔池面积较小, 两个熔池之间的固态金属比较多, 使得流向钢一侧的液态金属比较少, 从而导致界面接触角比较大而且液态金属铺展宽度比较小, 影响液态金属流向钢一侧的润湿铺展效果。在铝/钢电弧辅助激光对接焊的过程中, 应合理地选择焊接速度, 防止焊接速度过小而导致焊穿现象的产生。

3. 电弧电流对铝/钢对接焊润湿铺展的影响

在焊接过程中, 电弧电流是影响母材热输入的重要因素, 同时对焊缝成形和液态金属润湿铺展性也至关重要。采用表 7.6 中的焊接参数, 对在不同电弧电流作用下工件的熔池自由表面变形、温度场、界面接触角和液态金属铺展宽度进行数值分析，研究不同的电弧电流对铝/钢电弧辅助激光对接焊润湿铺展行为和焊缝成形的影响。

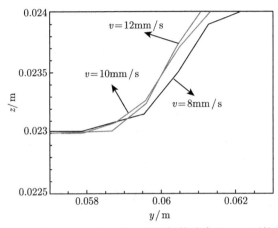

图 7.46 $t=10\text{s}$ 时，$x=0.077\text{m}$ 处，不同焊接速度下 $y\text{-}z$ 面的自由表面

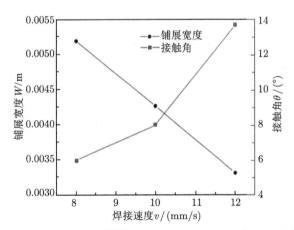

图 7.47 $t=10\text{s}$ 时，不同焊接速度下 $y\text{-}z$ 面的接触角及铺展宽度

表 7.6 焊接参数

参数	数值
电弧、激光热效率 η	0.65
电弧电流 I/A	12~18
电弧电压 U/V	14
激光功率 Q/W	1200
电弧热源分布参数 $a_{\text{f1}}, a_{\text{r1}}, b_{\text{h1}}/\text{mm}$	2, 5, 2
激光热源分布参数 $a_{\text{f2}}, a_{\text{r2}}, b_{\text{h2}}/\text{mm}$	1.4, 1.8, 1.4
热源间距 d/mm	15
热源移动速度 $v_0/(\text{mm/s})$	10

　　图 7.48 为当焊接时间 $t=9\mathrm{s}$ 时，在焊接电流分别为 $I=12\mathrm{A}$、$I=15\mathrm{A}$、$I=18\mathrm{A}$ 下，x-y 面上的温度场分布。由图 7.48 可知，当焊接电流 $I=12\mathrm{A}$ 时，电流太小，电弧作用的区域也就比较小，使得形成的熔池面积较小。焊接电流越大，母材上的热输入也就越大，温度场的分布范围也越大，使得被前端激光加热后的金属被后端电弧再加热所熔化形成的熔池面积也就越大。当焊接电流大于 15A 时，母材上的热输入较大，在电弧作用下的金属被熔化形成较大的熔池，增加了液态金属的流动量，促进液态金属流向钢一侧的润湿铺展效果。

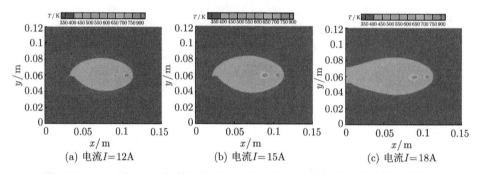

(a) 电流I=12A　　　　　　(b) 电流I=15A　　　　　　(c) 电流I=18A

图 7.48　$t=9\mathrm{s}$ 时，不同焊接电流下 x-y 面的温度场分布 (彩图扫封底二维码)

　　图 7.49 为焊接时间 $t=10\mathrm{s}$ 时，在 $x=0.077\mathrm{m}$ 处，焊接电流分别为 $I=12\mathrm{A}$、$I=15\mathrm{A}$、$I=18\mathrm{A}$ 下，y-z 面上的熔池自由表面变形。图 7.50 为在焊接时间 $t=10\mathrm{s}$ 时，焊接电流分别为 $I=12\mathrm{A}$、$I=15\mathrm{A}$、$I=18\mathrm{A}$ 下的界面接触角和液态金属铺展宽度，其中取 $x=0.02\mathrm{m}$、$x=0.04\mathrm{m}$、$x=0.06\mathrm{m}$、$x=0.077\mathrm{m}$、$x=0.08\mathrm{m}$ 这五个截面处的界面接触角和液态金属铺展宽度的平均值。

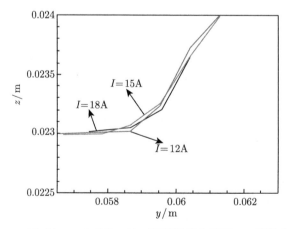

图 7.49　$t=10\mathrm{s}$ 时，$x=0.077\mathrm{m}$ 处，不同焊接电流下 y-z 面的自由表面

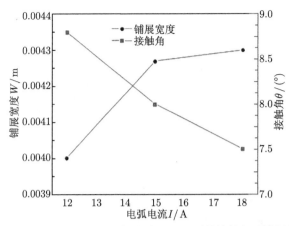

图 7.50 $t=10$s 时，不同焊接电流下 y-z 面的接触角及铺展宽度

由图 7.49 和图 7.50 可知，在焊接电流为 $I=12$A、$I=15$A、$I=18$A 下的界面接触角分别为 8.8°、8°、7.5°，铺展宽度分别为 0.004m、0.00427m、0.0043m。当焊接电流 $I=12$A 时，界面接触角较大同时液态金属的铺展宽度较小，其润湿铺展效果较差。当焊接电流为 $I=18$A 时，母材上的热输入较大，被熔化的金属也就较多，使得界面接触角较小同时液态金属铺展宽度较大，其润湿铺展效果就越好。可知，焊接电流对润湿铺展的影响和激光功率相似，焊接电流越大，电弧作用区域下方的母材热输入就越大，液态金属流向钢一侧的量也就越大，使得界面接触角越小同时液态金属铺展宽度越大，液态金属的润湿铺展效果越好。

4. 热源间距对铝/钢对接焊润湿铺展的影响

在电弧辅助激光对接焊过程中，激光和电弧两个热源之间的间距是影响母材上温度场分布的关键因素，同时也是影响焊缝成形和润湿铺展的重要因素。采用表 7.7 中的焊接参数，对不同热源间距下工件的熔池自由表面变形、温度场、界面接触角和液态金属的铺展宽度进行数值分析，研究不同的热源间距对铝/钢电弧辅助激光对接焊焊缝成形和润湿铺展的影响。

表 7.7 焊接参数

参数	数值
电弧、激光热效率 η	0.65
电弧电流 I/A	15
电弧电压 U/V	14
激光功率 Q/W	1200
电弧热源分布参数 a_{f1}, a_{r1}, b_{h1}/mm	2，5，2
激光热源分布参数 a_{f2}, a_{r2}, b_{h2}/mm	1.4，1.8，1.4
热源间距 d/mm	10～12
热源移动速度 v_0/(mm/s)	10

图 7.51 为焊接时间 $t=9s$ 时, 热源的间距分别为 $d=10mm$、$d=15mm$、$d=20mm$ 下, x-y 面上的温度场分布。由图 7.51 可以看出, 当热源间距为 10mm 时, 两热源间距过小, 热源产生的热量分布过于集中, 母材熔化形成的熔池面积较大。当热源间距增大时, 母材的受热也就越分散, 母材熔化形成的熔池面积越小。后端电弧热源可以减缓液态金属降温和凝固速度, 当两个热源之间的间距较大时, 在前端激光加热熔化的金属距离后端的电弧热源较远, 因此液态金属降温速度较快, 熔池的温度降低, 同时熔池的面积减小。

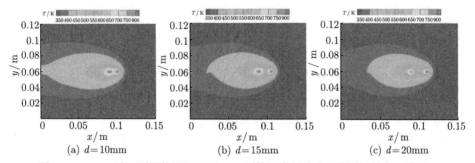

图 7.51　$t=9s$ 时, 不同热源间距下 x-y 面的温度场分布 (彩图扫封底二维码)

图 7.52 为焊接时间 $t=10s$ 时, 在 $x=0.077m$ 处, 热源间距分别为 $d=10mm$、$d=15mm$、$d=20mm$ 下, y-z 面上的熔池自由表面变形。图 7.53 为焊接时间 $t=10s$ 时, 热源间距分别为 $d=10mm$、$d=15mm$、$d=20mm$ 下的界面接触角和液态金属铺展宽度, 其中取 $x=0.02m$、$x=0.04m$、$x=0.06m$、$x=0.077m$、$x=0.08m$ 这五个截面处的界面接触角和液态金属铺展宽度的平均值。

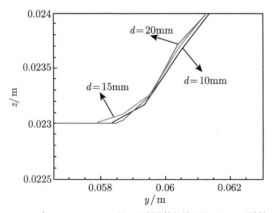

图 7.52　$t=10s$ 时, $x=0.077m$ 处, 不同热源间距下 y-z 面的自由表面

由图 7.52 和图 7.53 可以看出, 当热源间距分别为 $d=10mm$、$d=15mm$、$d=$

20mm 时，界面接触角分别为 $8.3°$、$8°$、$11°$，铺展宽度分别为 0.00415m、0.00427m、0.00388m。当热源间距 d=15mm 时，界面接触角最小同时液态金属铺展宽度最大，表明液态金属在钢的表面上的润湿铺展效果最好。当热源间距 d=20mm 时，由于热源间距过大，经激光加热的金属温度降至较低，所以被电弧再次加热熔化所形成的金属量少，液态金属的润湿铺展受限。当热源间距 d=10mm 时，经激光加热的液态金属在未充分润湿铺展的情况下被电弧再次加热，反而使液态金属的润湿铺展时间减小，导致接触角较大且铺展宽度较小，最终使液态金属在钢表面的润湿铺展效果较差。

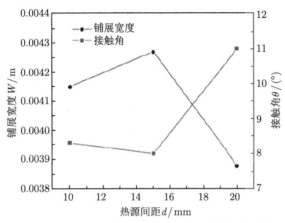

图 7.53 t=10s 时，不同热源间距下 y-z 面的接触角及铺展宽度

参 考 文 献

董文超, 陆善平, 李殿中, 等, 2008. 微量活性组元氧对焊接熔池 Marangoni 对流和熔池形貌影响的数值模拟 [J]. 金属学报, (02): 249-256.

黄健康, 杨茂鸿, 余淑荣, 等, 2018. 旁路耦合微束等离子弧堆垛与熔池动态行为数值模拟 [J]. 机械工程学报, 54(02): 70-76.

肖磊, 樊丁, 黄自成, 等, 2016. 考虑金属蒸汽的定点活性钨极惰性气体保护焊电弧与熔池交互作用三维数值分析 [J]. 机械工程学报, 52(16): 93-99.

赵玉珍, 雷永平, 史耀武, 2004. A-TIG 焊中氧含量对熔池流动方式影响的数值模拟 [J]. 金属学报, (10): 1085-1092.

Ancona A, Lugarà P M, Ottonelli F, et al, 2004. A sensing torch for on-line monitoring of the gas tungsten arc welding process of steel pipes[J]. Measurement Science & Technology, 15(12): 2412.

Higuchi M, Nakagawa A, Iida K, et al, 1998. Experimental Study on Fatigue Strength of Small-Diameter Socket-Welded Pipe Joints[J]. Journal of Pressure Vessel Technology, 120(2): 149-156.

Kim S D, Na S J, 1992. Effect of weld pool surface deformation on weld penetration in stationary gas tungsten arc welding[J]. British Journal of Cancer, 55(1): 21-28.

Lin Q L, Qiu F, Sui R, 2014. Characteristics of precursor film in the wetting of Zr-based alloys on ZrC substrate at 1253K[J]. Thin Solid Films, 558: 231-236.

Nomura K, Kishi T, Shirai K, et al, 2013. 3D temperature measurement of tandem TIG arc plasma[J]. Welding in the World, 57(5): 649-656.

Parvez S, Abid M, Nash D H, et al, 2013. Effect of Torch Angle on Arc Properties and Weld Pool Shape in Stationary GTAW[J]. Journal of Engineering Mechanics, 139(9): 1268-1277.

Tanaka M, Yamamoto K, Tashiro S, et al, 2010. Time-dependent calculations of molten pool formation and thermal plasma with metal vapour in gas tungsten arc welding[J]. Journal of Physics D: Applied Physics, 43(43): 434009.

Wang X, Fan D, Huang J, et al, 2014. A unified model of coupled arc plasma and weld pool for double electrodes TIG welding[J]. Journal of Physics D Applied Physics, 47(27): 275202.

Zhang R. H. and Fan D. 2007. Numerical simulation of effects of activating flux on flow patterns and weld penetration in ATIG welding[J]. Science and Technology of Welding and Joining, 12(1): 15-23.

第 8 章   熔池与表面行为

钨极气体保护焊，焊接过程中，电弧被施加到零件表面，通过熔化焊丝来连接零件，焊接熔池中包含物理状态变化的信息，对焊接结果起着重要作用。熔池的大小直接影响焊缝的外观和内部质量。焊接过程中熔池尺寸的稳定性对焊缝质量至关重要。最近许多研究都集中在它上面。重建熔池表面的三维形状不仅可以为焊接热过程的数值模拟提供实验验证手段，还可以为焊接过程的智能控制奠定坚实的基础，具有重要的理论意义和工程应用价值。但在焊接过程中，由于熔池表面变化快、喷溅、电弧强度等不利因素，GTAW 熔池表面的三维形貌很难观察到。同时，焊接中存在电磁干扰、高温等离子体等问题。在焊接过程中，不适合通过机械和电磁方法获取三维信息。由于需要实时测量熔池高度，所以不能使用红外传感和 X 光方法。对于 GTAW 熔池表面的传感器测量，国内外学者通过多种方法进行了研究。在实际焊接过程中，主要采用光学测量技术，如结构光三维视觉测量方法，SFS(从阴影到形状)，双目立体视觉方法。在数值模拟中，主要采用有限元分析方法和其他数值模拟软件。

其中，结构化激光光学测量主要采用光学原理、视觉测量技术和图像处理相结合的方法获取物体的三维数据。由于其非接触、高精度、高分辨率和便携性，成为国内外研究的热点。

8.1   基于示踪粒子的摆动 TIG 填丝焊熔池行为的数值分析

8.1.1   实验与数学建模

如图 8.1 示意图，以尺寸为 20 mm×20 mm ×6 mm 的 SUS304 不锈钢作为基材，焊丝成分与基材相同。为提高熔池中电磁力作用效果，特采用峰值为 320 A、基值电流为 120A 的脉冲电流，占空比为 25%，平均电流为 170 A。施焊过程如图 8.1 所示，把普通 TIG 焊钨极尖端固定，焊枪绕其在 x-z 平面内以 40Hz 的频率进行角度约为 15° 的往复摆动，来改变熔池中电磁力和电弧压力的作用点和作用方向，使熔池中的流场发生变化，进而影响熔池中的温度分布。

控制方程针对摆动 TIG 焊建立数值模型，特做出如下假设。

(1) 焊枪摆动过程中，热源在熔池表面沿 x 方向做正弦函数运动，热源模型采用半椭球热源模型。电弧压力同样也在熔池表面沿 x 方向做正弦函数运动，电弧压力为高斯分布，方向沿焊枪方向。

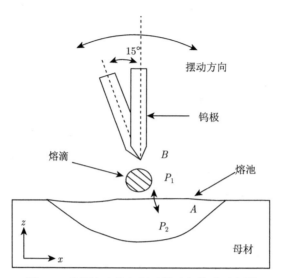

图 8.1　绕固定点往复摆动的几何关系示意图

(2) 电磁收缩力在熔池表面沿 x 方向做正弦函数运动, 方向沿 z 轴负方向。

(3) 填丝焊液态熔滴以无初速状态垂直熔池表面进入熔池。

采用流体体积 (VOF) 方法用于跟踪自由表面。根据定义, 在模型中当 $F = 0$ 时, 相应的模拟单元完全处于空隙区域, 并且在单元中没有流体, 而 $F = 1$ 表示单元完全被流体占据。熔池自由表面位于流体和空隙区域之间的单元中, 其 F 值介于 0 和 1 之间。

有关热力分析, 图 8.2 表示 TIG 焊熔池所受到的力, 其中电弧压力、表面张力和等离子流力为表面力, 电磁收缩力和浮力为体积力, 在熔池流动过程中, 表面等离子流力的作用较小, 所以在模型中没有考虑。

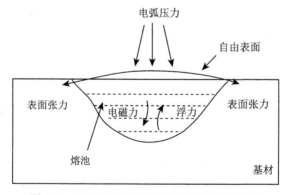

图 8.2　TIG 焊熔池表面及内部的受力示意图

在熔池所受的作用力中,电弧压力和电磁收缩力的大小与焊接电流相关,表面张力和浮力与熔池温度分布有关。传热模型和受力模型通过熔池对流相联系,表面张力和浮力为熔池中温度梯度的函数,熔池受力引起熔池对流同时也影响熔池温度分布。焊枪摆动主要改变了熔池中电磁力的强度分布和力的方向,影响熔池对流。通过摆动电弧,使得电磁力范围扩大,从而导致流场行为的改变。其示意图如图 8.3 所示。

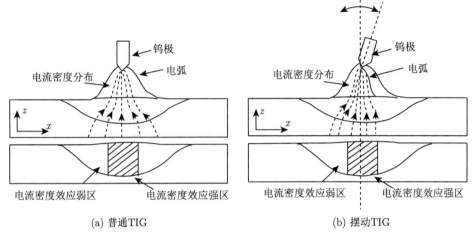

(a) 普通TIG   (b) 摆动TIG

图 8.3 焊接过程中的电流密度分布及电磁力主要作用范围

电弧压力: 设置热源的初始坐标为 (x_0, y_0, z_0),A 点坐标 $(x_0 + 0.001 \times \sin(2\pi \times 40 \times t),\ 0,\ 0.008)$,$B$ 点坐标 $(0,\ 0,\ 0.012)$,则

$$\overrightarrow{BA} = (x_0 + 0.001 \times \sin(2\pi \times 40 \times t), 0, -0.004) \qquad (8.1)$$

对 $\overrightarrow{BA}$ 进行单位化得到 $\vec{P}_2$,再由软件获取 A 点自由表面法向量 $\vec{P}_1$。

由假设 1,A 点的电弧压力方向为 $\vec{P}_2$,但是电弧压力的作用方向应该为该点的法向量,因此将电弧压力投影到表面法向方向 $\vec{P}_1$。A 点电弧压力为

$$\vec{F}_A = \vec{F}_{\max} \times \cos(\vec{P}_1, \vec{P}_2) \qquad (8.2)$$

电磁力以分量形式表示,其中中心坐标为 $(x_0 + 0.001 \times \sin(2\pi \times 40 \times t), 0, 0.008)$,在 x,y,z 方向上的力分别为

$$f_x = -\frac{\mu_m I^2}{4\pi^2 \sigma_j^2 \sqrt{x^2 + y^2 + z^2}} \exp\left(-\frac{x^2 + y^2 + z^2}{2\sigma_j^2}\right)$$

$$\left[1 - \exp\left(-\frac{x^2 + y^2 + z^2}{2\sigma_j^2}\right)\right]\left(1 - \frac{z}{H}\right)^2 \frac{x}{\sqrt{x^2 + y^2 + z^2}}$$

$$\left[1 - \exp\left(-\frac{x^2 + y^2 + z^2}{2\sigma_j^2}\right)\right]\left(1 - \frac{z}{H}\right)^2 \frac{x}{\sqrt{x^2 + y^2 + z^2}}$$

$$f_z = -\frac{\mu_m I^2}{4\pi^2 \sigma_j^2 \sqrt{x^2 + y^2 + z^2}} \exp\left(-\frac{x^2 + y^2 + z^2}{2\sigma_j^2}\right) \tag{8.3}$$

式中, μ_m 是真空中的磁导率; I 是焊接电流; H 是工件厚度; σ_j 是电流分布参数; x, y, z 是局部坐标系。

边界条件在计算几何模型中引入自由表面, 自由表面上部为无效计算区, 自由表面下部为流体区, 其中自由表面的热损失为对流损失、辐射损失和蒸发损失, 故作用在自由表面的热源条件为

$$-\lambda\frac{\partial T}{\partial z} = q_{arc} - q_c - q_r - q_e \tag{8.4}$$

式中, q_{arc} 为作用在自由表面上的热源; q_c 为对流损失; q_r 为辐射损失; q_e 为蒸发损失。为了模拟上表面和侧面上的半无限区域, 假设基部和顶部表面的侧边缘的边界条件是连续的。

基于三维笛卡儿坐标系, 该模型描述了传输现象。对于瞬态流动, 计算域具有 20mm 长度 (x 方向), 20mm 宽度 (y 方向) 和 8 mm 高度 (z 方向) 的尺寸。z 方向为 6 mm 的基板和 2 mm 的空隙区域。材料的初始温度为 300K, 设定环境温度为 300 K。基材为 SUS304 不锈钢。热物理性质随时间的变化如图 8.4 所示。

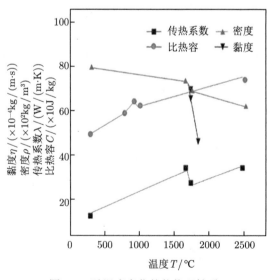

图 8.4　随温度变化的热物理性质

8.1.2 数值分析方法

文中所建的模型采用 FLOW-3D 软件求解，运用二次开发功能，通过编译及调用子程序，将高斯热源、电弧压力、电磁力等加载到相应边界中，并对材料物理性质 (热导率和黏度) 等进行设定调用，获得所需要材料属性。具体计算流程图如图 8.5 所示。

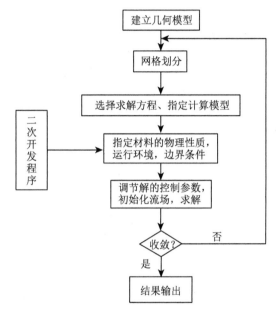

图 8.5　FLOW-3D 计算流程图

8.1.3 温度场与流场的对比分析

为分析普通 TIG 填丝焊与摆动 TIG 填丝焊的温度场及流场的差异，计算分析了这两种方法的焊接过程。图 8.6 为普通 TIG 填丝焊条件下所计算的 x-z 平面 (y-0 时) 熔池内的温度场与流场随时间的变化情况。熔池内流场在表面上由边缘向中心流动，熔池中心液态金属由表面向熔池底部流动，熔融金属流动速度为 0.2 m/s。在图 8.6(d) 中，熔滴由熔池正上方进入熔池，在与熔池接触的瞬间，熔池正中心处流速增加，流速最大处位于熔滴与熔池的接触位置，直至熔池表面趋于稳定。由图 8.6(a)～ 图 8.6(f) 可知，在焊枪固定的情况下熔池中的温度场与流场始终关于 $x = 0$ 对称。

图 8.7 为摆动 TIG 填丝焊条件下所计算的 x-z 平面 ($y = 0$ 时) 熔池内的温度场与流场随时间的变化情况。熔融金属流动速度为 0.2 m/s。焊枪摆动导致了熔池表面热流密度分布处于实时变化的状态，故熔池的温度场与流场并不是关于

$x = 0$ 对称。由图 8.7(d)，当熔滴进入熔池时，在 x-z 截面内熔池内流速最大处偏向于熔池左侧，说明此时焊枪偏向左侧。从图 8.7(a)～(f) 中可看出，摆动 TIG 条件下，热流密度分布的变化改变了液态金属的流动，故而改变了熔池温度场的分布，最终影响了熔池的成形。通过图 8.6 和图 8.7 可以看出，摆动的 TIG 焊熔池的最高温度低于普通 TIG 焊，且发现，相比于普通 TIG 焊，摆动 TIG 焊的温度更均匀。

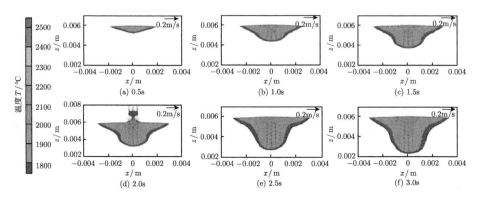

图 8.6　普通 TIG 填丝焊时 x，z，y=0mm 平面熔池的温度场与流场随时间的变化情况
(彩图扫封底二维码)

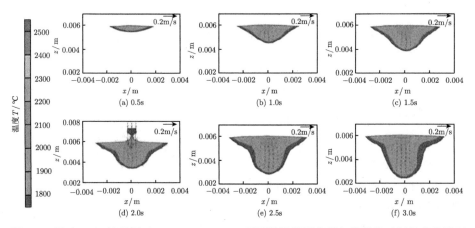

图 8.7　摆动 TIG 填丝焊时 x，z，$y = 0$mm 平面熔池的温度场与流场随时间的变化情况
(彩图扫封底二维码)

　　图 8.8 为普通 TIG 焊与摆动 TIG 焊熔池的熔宽与熔深的对比结果。熔池表面时刻发生动态变化，摆动 TIG 焊熔池的熔宽略大于普通 TIG 焊熔池的熔宽，而普通 TIG 焊熔池熔深要略大于摆动 TIG 焊熔池熔深。从总体来看，普通 TIG 焊与摆动 TIG 焊熔池的熔宽与熔深差别不明显。

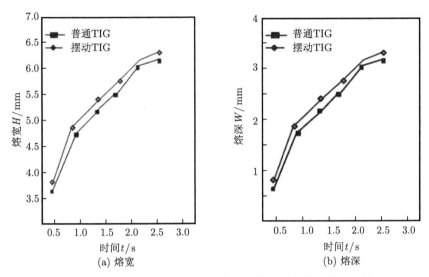

图 8.8 普通 TIG 焊与摆动 TIG 焊熔池的熔宽与熔深的对比情况

8.2 GTAW 熔池自由表面的瞬态行为

8.2.1 实验与数学模型

在脉冲 GTAW 焊接过程中，脉冲电流的峰值和基值以一定的频率交替出现，如图 8.9 所示。同时，电弧形状也是交替的。在电流峰值和基值期间，工件温度上升和下降，熔池的温度也会随之上升和冷却。图 8.10 说明了脉冲 GTAW 熔池的物理现象。特别是图 8.10(a) 显示了部分熔透池中的传热和受力模型，图 8.10(b) 显示了在脉冲 GTAW 焊接熔池中的物理现象。表明，在全熔透池的传热模型中，电弧产生的热通量使基体金属熔化，从而形成熔池。通过热传导，热通量可以向基体金属的各处进行扩散。熔池的主要热量损失是对流、辐射和蒸发。在力的模型中，电弧压力和表面张力都作为表面力，而电磁力和浮力作为体积力。

采用以下常用的简化模型的假设，假设如下。

(1) 熔池中的液态金属是黏性不可压缩的牛顿流体，说明其流动是层状的；

(2) 除表面张力、热导率、黏度和比热容外，其他热物理参数与温度无关；

(3) 重力项只在动量方程中考虑了密度的变化，遵循 Boussinesq 假说。

在 TIG 过程中，电弧携带热通量进入池内，同时池内受到电弧力的作用。因此，要对 TIG 进行合理的建模，应解决质量、能量和动量守恒三个重要的约束方程。这些守恒方程由商业软件求解。

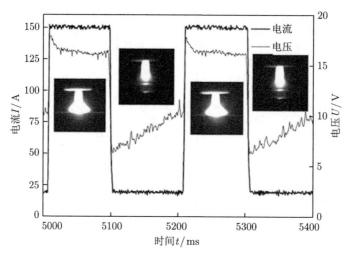

图 8.9　脉冲 GTAW 焊接电流波形及弧形

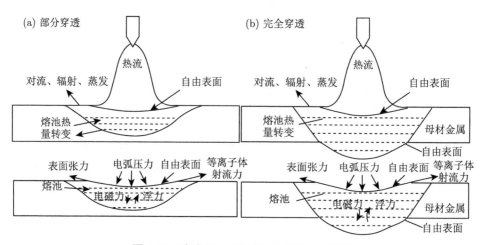

图 8.10　脉冲 GTAW 过程中熔池中的现象

采用 VOF 方法跟踪自由表面，并引入体积分数 $F(x, y, z, t)$ 来表示单位体积内流体的比例：

$$\frac{\mathrm{d}F}{\mathrm{d}t} = \frac{\partial F}{\partial t} + \nabla \cdot (\vec{v}F) = 0 \tag{8.5}$$

利用分段功能实现脉冲电流、电压、电弧压力和电磁力。其数学表达式如下所示。

$$\begin{cases} A_{\mathrm{p}}, & \mathrm{mod}(2 \times \pi \times f \times t, 2 \times \pi) \leqslant 2 \times \pi \times D \\ A_{\mathrm{b}}, & \mathrm{mod}(2 \times \pi \times f \times t, 2 \times \pi) > 2 \times \pi \times D \end{cases} \tag{8.6}$$

其中，A 表示实现脉冲电流、电压、电弧压力和电磁力，A_p 为其峰值，A_b 为其基值，mod() 为余数，f 为脉冲频率，t 为时间，D 为占空比。

偏微分方程将数字解决边界条件确定的焊接条件如下。

(1) 热输入，采用为标准的 GTAW 高斯热通量：

$$q(r) = \frac{\eta U(t) I(t)}{2\pi\sigma(I)_H^2} \exp\left(\frac{-r^2}{2\sigma(I)_H^2}\right) \tag{8.7}$$

其中，$U(t)$ 为焊接电压，$I(t)$ 为焊接电流，r 为电弧中心的径向距离，$\sigma(I)_H$ 是焊接电流的函数，为高斯分布参数，η 为热效率。

模拟中使用的材料是 304 不锈钢。材料的热导率、黏度、比热和密度如图 8.11 所示与温度有关。其他参数被认为是恒定的，并在表 8.1 中给出。

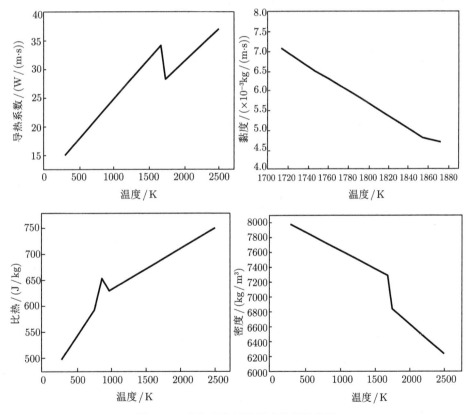

图 8.11　热物理特性随温度的变化关系

(2) 施加在熔池自由表面上的压力 P

$$P = P_{\text{arc}} + \gamma_T \kappa \tag{8.8}$$

这里 P_{arc} 为电弧压力，γ_{T} 为表面张力系数，κ 为表面曲率。

$$P_{\text{arc}}(r) = \frac{\mu_0 I(t)^2}{8\pi^2 \sigma(I)_p^2} \exp\left(-\frac{r^2}{2\sigma(I)_p^2}\right) \tag{8.9}$$

表 8.1 SUS304 不锈钢的材料特性

符号	参数	数值
k_{B}	玻尔兹曼常量/(W/(m^2·K^4))	5.67×10^8
ε	发射率	0.4
ΔH	蒸发潜热/(J/kg)	8.343×10^6
μ_{m}	真空熔透率/(T·m/A)	$4\pi\times10^7$
γ^0	纯铁在参考温度下的表面张力/(N/m)	1.943
R	气体常量	8.314
Γ_s	饱和状态下的表面过量/(mol/m^2)	1.3×10^5
K_{ent}	熵系数	1.38×10^2
ΔH^0	隔离焓/(J/(g·mol))	1.463×10^3
β	热膨胀系数/K^{-1}	10^4

在这里 μ_0 为真空熔透率，$\sigma(I)_p$ 是电流的函数，为弧压的分布参数。表面的曲率可以表示为

$$\kappa = -\left[\nabla\cdot\left(\frac{\vec{n}}{|\vec{n}|}\right)\right] = \frac{1}{|\vec{n}|}\left[\left(\frac{\vec{n}}{|\vec{n}|}\cdot\nabla\right)|\vec{n}| - (\nabla\cdot\vec{n})\right] \tag{8.10}$$

在这里 $\vec{n}$ 是一个自由曲面法向量，用下面的梯度表示体积分数

$$\vec{n} = \nabla\cdot F \tag{8.11}$$

由于表面张力随温度的变化，其表面熔池中心的张力与边缘的张力不同，表面张力的梯度促使熔池流动，更特殊的是，表面张力被定义为表面牵引力，表示为

$$F_{\lambda-i} = -\frac{\partial\gamma}{\partial T}\frac{\partial T}{\partial x_i} \tag{8.12}$$

在这里 $\frac{\partial\gamma}{\partial T}$ 是表面张力的温度变化率。

(3) 考虑由电磁力和由温度梯度引起的浮力所组成的体积力，它们是由以下公式给出的。

$$F_x = -\frac{\mu_{\text{m}}I^2}{4\pi^2\sigma_j^2 r}\exp\left(-\frac{r}{2\sigma_j^2}\right)\left[1-\exp\left(-\frac{r^2}{2\sigma_j^2}\right)\right]\left(1-\frac{z}{H}\right)^2\frac{x}{r}$$

$$F_y = -\frac{\mu_{\text{m}}I^2}{4\pi^2\sigma_j^2 r}\exp\left(-\frac{r}{2\sigma_j^2}\right)\left[1-\exp\left(-\frac{r^2}{2\sigma_j^2}\right)\right]\left(1-\frac{z}{H}\right)^2\frac{y}{r}$$

$$f_z = -\frac{\mu_{\mathrm{m}} I^2}{4\pi^2 \sigma_j^2 r^2} \left[1 - \exp\left(-\frac{r^2}{2\sigma_j^2}\right) \right]^2 \left(1 - \frac{z}{H}\right) - \rho g \beta (T - T_0) \qquad (8.13)$$

式中, H 为工件的厚度, σ_j 为电流的分布参数, ρ 为液态金属的密度, β 为液态金属的热膨胀系数。

(4) 工件的初始温度与环境中的温度是一样的, 熔融金属的初速度为 0, 即 $u=0$, $v=0$, $w=0$。认为热量损失包括辐射损失和辐射耗散, 工件的热边界上下表面情况

上表面:

$$\lambda \frac{\partial T}{\partial z} = q(r) - \alpha(T - T_0) - \sigma\varepsilon(T^4 - T_0^4) \qquad (8.14)$$

下表面:

$$-\lambda \frac{\partial T}{\partial z} = \alpha(T - T_0) + \sigma\varepsilon(T^4 - T_0^4) \qquad (8.15)$$

其中, α 为对流传热系数, λ 为流体的传热转变系数, σ 是玻尔兹曼常量, ε 是表面辐射系数。

边界在上下底面使用的条件包括对流和辐射。数值求解是在三维笛卡儿系统下, 计算域定义长度为 20mm, 宽度为 20mm, 高度 6mm 的瞬态流动, 环境和材料的温度定义为 300K。使用 Flow Sclence FLOW-3D 开发的数学模型进行计算。

8.2.2 GTAW 熔池熔透过程的特性研究

图 8.12 是熔池区域 x-z 截面上模拟动态演变的温度场。从图中可以清楚地看到, 随着焊接时间的推移, 工件中的温度逐渐升高, 温度场的范围越来越大, 熔透深度和熔化宽度都在增加。随着焊接时间的延长, 自由面变形较大。

图 8.13 为不同时刻熔池中的流场, 其中图 8.13(a) 为电流峰值时期自由面处于熔池最低点时的流场, 图 8.13 (b)~图 8.13(h) 为基流作用下熔池中心上升到最高点或下降到最低点时不同时刻的流场。从图中可以看出, 在基流作用下, 当自由面为凸面时, 熔池中的流向与自由面为凹面时的流向是不同的。当熔池为凸面时, 液态金属向上流动, 形成从焊池中心到外围的流动回路。另一方面, 当熔池为凹面时, 流动方向与自由面相反。

图 8.14 是自由面在不同时刻的凹凸变化。从图中可以看出, 熔池中心的变形最大, 远离熔池中心时变形较小。在表面张力、电弧压力、电磁力和浮力的共同作用下, 随着电流峰值时间的增加, 熔池中的变形程度也在增加, 在 0.497 s 时达到最大值 (3.851 mm), 即在工件表面以下 0.149mm。在基础电流下, 由于电磁力和电弧压力的降低, 熔池开始向上振荡。在 0.506 s 时, 中心达到最高, 为 4.086 mm, 即高于工件表面 0.086 mm; 在 0.513 s 时降到最低, 使中心成为

3.896 mm(低于工件表面 0.104 mm)。在 0.518 s，又上升到最高，高度降低到 4.041 mm(高于工件表面 0.041 mm)。

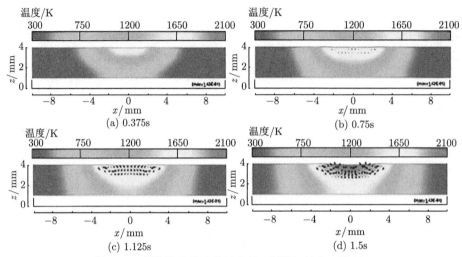

图 8.12　焊接池中的计算温度场 (彩图扫封底二维码)

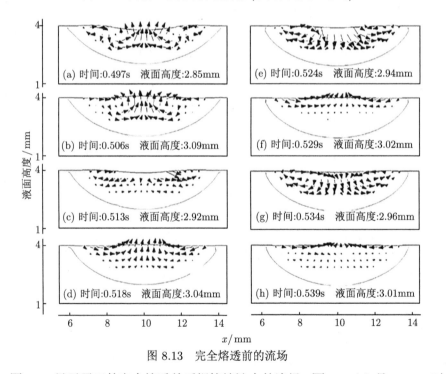

图 8.13　完全熔透前的流场

图 8.15 显示了工件完全熔透前后焊接熔池中的流场，图 8.15(a) 是 1.872s 时自由面凹到最大时的流场，此时自由面在完全熔透前已凹到最大。图 8.15(b)、(d) 和

(f) 对应的是完全熔透后自由表面在不同脉冲周期内达到最大凹度时的时间。在其他图中，自由面在不同的脉冲周期中达到最大凸度。不难发现，熔池完全贯通后，整个熔池上下一起振动，使熔池表面高于或低于工件表面。但在部分贯通后，当熔池表面在中心高于或低于工件表面时，其他区域可能低于或高于工件表面。

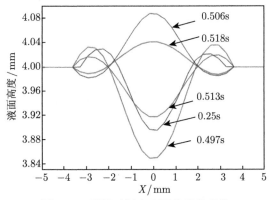

图 8.14 不同时间自由面的凹凸变化

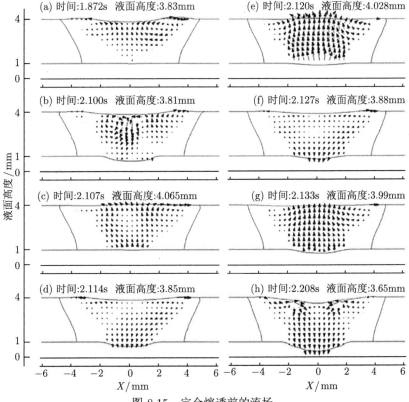

图 8.15 完全熔透前的流场

图 8.16 为峰值电流和基值电流作用时自由面上的形状图。从图中可以看出，自由面是在峰值电流和基值电流交替作用下的变化。凹度方向的自由曲面变成全熔透。但是，自由面的最低点的高度在峰值电流和基值电流时是不同的。峰值电流时的高度明显低于基值电流时的高度。

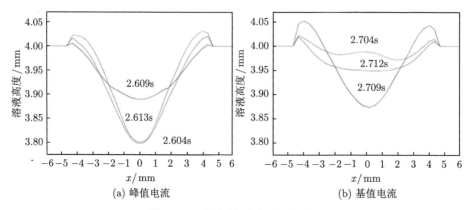

图 8.16　不同时间的自由面拓扑

图 8.17 描述了焊接过程中熔池中心自由面高度的变化。从图中可以看出，在脉冲周期的作用下，自由面发生了波动。当电流从峰值电流变为基值电流或从基值电流变为峰值电流时，自由面经历了一个阻尼的振荡。0.06s 时，自由面开始波动，熔池的振荡幅度逐渐增大。在电流峰值期间，自由面迅速下沉，并开始出现阻尼振荡。

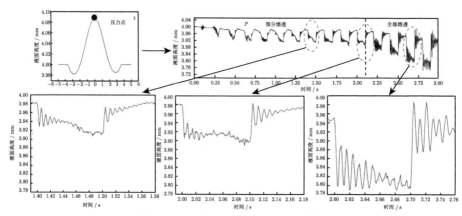

图 8.17　自由表面高度随时间的变化

熔池在表面张力、电弧压力、电磁力和浮力的作用下发生振荡。在基值电流的作用下，自由面开始上升，在电流由峰值变为基值后做较高频率的阻尼振动。同时由于输入热量的减少，熔池中的温度分布发生变化，引起表面张力和浮力的变化。熔池中力的变化加剧了液态金属的流动。随着焊接时间的增加，振荡幅度逐渐减小，如图 8.17 所示。当熔池部分熔透和完全熔透时，在峰值电流的作用下，自由面的振荡幅度是不同的。当其完全贯穿时，振荡幅度明显增大。

在图 8.18 中，自由面的中心点从最高点下降到最低点，再上升到最高点为一个周期。通过计算时间间隔，可以得到振荡频率。计算出的数据如图 8.18 所示。从图中可以得出结论，在熔池完全贯通之前，随着焊接时间的增加，振荡频率逐渐降低。同时，随着焊接时间的增加，焊接熔池宽度和熔透深度也在增加。在熔池达到全熔透后，振荡频率大致保持不变。

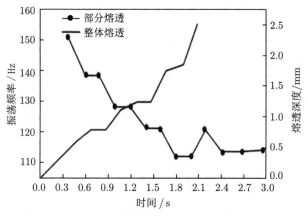

图 8.18　振荡频率与时间的关系

图 8.19 研究了焊接工艺参数对振荡频率的影响，结果表明，随着占空比的增加，振荡频率降低，而随着脉冲频率的增加，振荡频率增加。

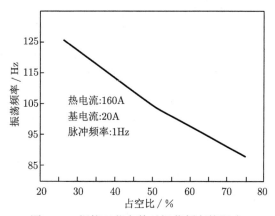

图 8.19　焊接工艺参数对振荡频率的影响

　　图 8.20 中的横断面对比表明，实验与计算在数量和质量上都有很好的一致性。在熔池中央，实验得到的上表面比计算得到的上表面高度略低，可能的误差原因是测量的电弧压力、电弧热输入边界条件、离散误差、计算误差，或者是材料的特性。

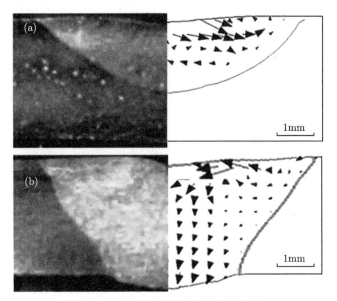

图 8.20　计算和测量的焊缝截面比较

8.2.3　熔透过程的数值分析

　　随着时间的推移，使焊件的截面 x-z 交叉点上的温度场如图 8.21 所示。随着时间的延长，母材温度的升高，导致温度场的扩大，熔透深度和熔化宽度增大。在焊接初期，熔宽迅速增加，而在后期，熔透深度迅速减小。

　　图 8.22 描述了部分熔透过程中熔池的焊缝宽度和熔透深度随时间的变化。一般情况下，焊缝宽度和穿透力随时间增加。在局部熔透阶段，从曲线的变化趋势可以看出，焊缝宽度的增长速度随时间的推移而减小，而熔池熔透深度的增长速度则会增大。这种现象是由热源热通量密度的不均匀分配决定的。GTAW 采用高斯表面热源。最大的热通量密度位于熔池表面的中心，下面也出现了最大的穿透力。它保证了热量在熔池中心深度方向的传导。随着焊缝宽度的增加，热量在母材上的传导范围扩大，焊缝宽度的递减率降低。因此，它导致了如图 8.21(a) 和图 8.21(e) 所示的熔池有关信息模式。在完全熔透阶段，热量全部横向传递，焊缝宽度增加加快，受熔池中液态金属流动方向的影响，大量热量被带到熔池底部，下表面焊缝宽度迅速增加，形成图 8.21(f) 和图 8.21(h) 所示的熔池。

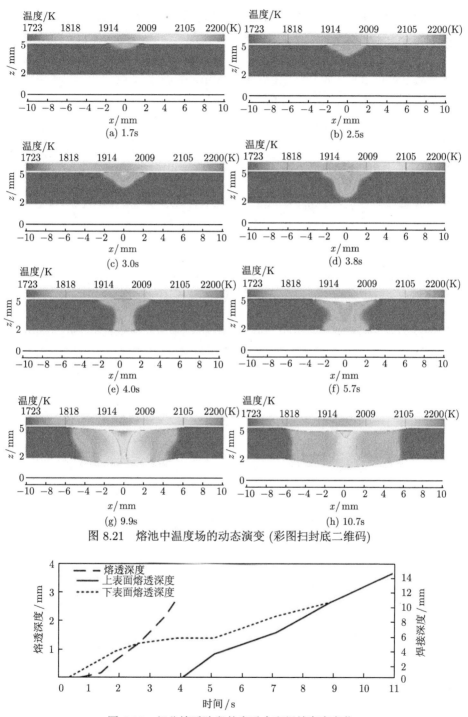

图 8.21   熔池中温度场的动态演变 (彩图扫封底二维码)

图 8.22   部分熔透阶段的穿透力和焊缝宽度变化

图 8.23 描述了不同时刻焊接熔池流场的焊接过程。在每幅图的熔池中,左侧为温度场,右侧为流场。在局部熔透过程中,随着焊接时间的延长,熔池逐渐长大。熔池表面的液态金属从熔池中心向边缘流动,而在熔池中心的液态金属向下流动。这是因为熔池表面的流动主要是由 Marangoni 力影响造成的,而熔池中心的流动主要是受电磁力驱动作用的影响。

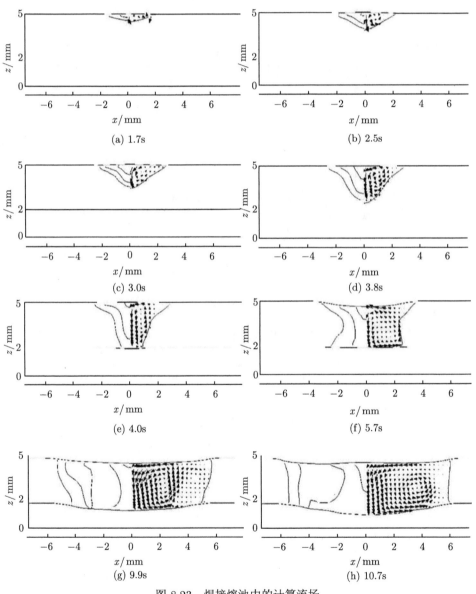

(a) 1.7s

(b) 2.5s

(c) 3.0s

(d) 3.8s

(e) 4.0s

(f) 5.7s

(g) 9.9s

(h) 10.7s

图 8.23   焊接熔池中的计算流场

当穿透力随着焊接时间的增加而增加时，电磁力成为熔池的主要推动力，并使表面的液态金属向中心流动。完全熔透后，熔池自由表面的液态金属由边缘向中心流动。当熔宽扩展到一定程度时，如图 8.23(g) 和图 8.23(h) 所示，焊接熔池底面形成两个不同的流动。在熔池中心，在重力和电磁力的共同驱动下，流动方向是由中心向边缘流动。而在熔池边缘，在 Marangoni 力的驱动下，流动方向是从边缘到中心。

图 8.24 和图 8.25 分别是通过采用数值模拟的上、下表面的三维自由曲面。明显地观察到自由面的锥、凹、凸。当熔池处于部分熔透时，如图 8.24(a) 所示，上自由面为凸面。完全熔透后不久，如图 8.24(b) 所示，自由面中心为凸面，圆周为

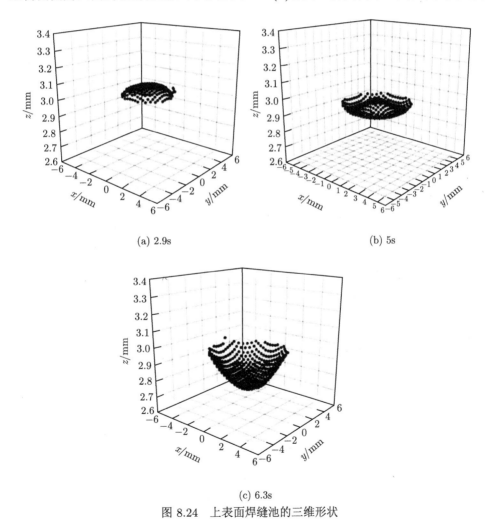

(a) 2.9s

(b) 5s

(c) 6.3s

图 8.24　上表面焊缝池的三维形状

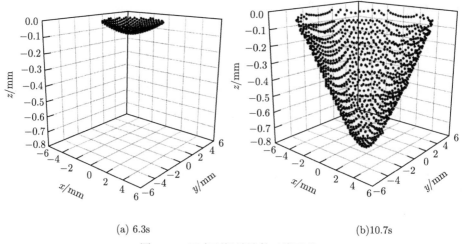

(a) 6.3s　　　　　　　　　　　　　　(b)10.7s

图 8.25　下表面焊缝池的三维形状

凹面。当焊池处于完全熔透状态时，上自由面为凸面，如图 8.24 (c) 所示，从图 8.24(c) 中可以看出，下部自由面为凹面。随着焊接的继续进行，凹面的数量增加，如图 8.25 所示。

　　图 8.26 是部分熔透条件下上表面自由面的二维形状图。可以看出，自由面随时间的变化而变化，在 1.7 s 时自由面的凸度量很小，自由面的宽度也很小。熔池的凸度主要是由液态金属的外扩引起的。此时熔化宽度小，电弧压力对表面变形的影响不大。随着焊接过程的进行，熔池宽度和熔化面积增大。由于液态金属的热膨胀，熔池表面的高度明显增加，当时间为 3.8s 时，焊缝宽度增大，熔池高度会明显降低。从图中的熔池温度分布可以看出，维持熔池所需热量的增加使熔池

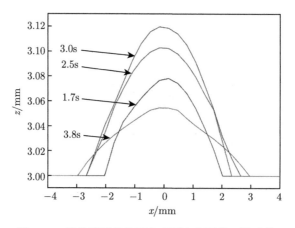

图 8.26　部分熔透条件下上表面自由面的二维形状

中心的最大温度范围减小, 从而减小了液态金属膨胀的影响。同时, 熔宽的增加使熔池中心的液态金属向边缘分布, 造成表面高度的降低。

图 8.27 为完全贯通熔池的二维形状。当时间为 5 s 时, 熔池上表面在凹陷过程中出现中心突起。熔池表面超过电弧覆盖的范围, 熔池表面受重力作用凹陷, 而熔池中心受电弧压力和表面张力的影响, 出现了一个凸起。随着熔透时间的增加, 上、下表面均出现向下凹陷, 且凹陷程度逐渐增大。由于下表面的熔体宽度增大, 重力成为熔池的主要推动力。因此, 随着时间的增加, 下表面的凹陷程度大于上表面的凹陷程度。

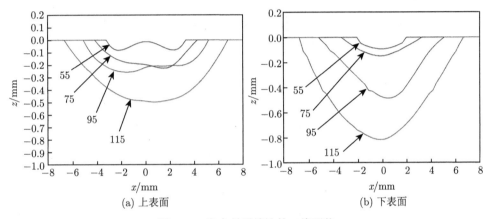

(a) 上表面　　　　　　　　　　(b) 下表面

图 8.27　完全贯通熔池的二维形状

图 8.28 为自由表面上中心点的演变。左边的纵坐标表明, 随着焊接时间的增加, 熔透深度增大。从初始时间开始, 熔透深度逐渐增大, 当时间为 3.9s 时, 熔透深度达到 3mm, 工件完全熔化。右侧纵坐标表示工件上、下表面随时间的变

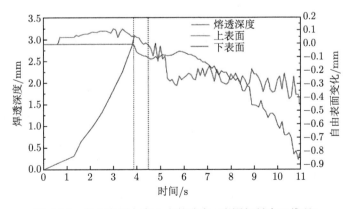

图 8.28　自由表面上中心点的演变 (彩图扫封底二维码)

化。当工件部分熔透时，由于液态金属的膨胀，上表面中心呈凸状，下表面没有变化。当工件完全熔透时，在重力的作用下，下表面中心凹陷，而上表面的高度开始逐渐减小，上表面在 4.4s 时由凸变凹，经过一段快速下降后，上表面的下降速度逐渐减小。而熔池下表面的下降速度则逐渐增加。最后上下表面的下降高度为 0.3mm，也就是说，熔池的厚度增加了 0.3mm。

图 8.29 是测量结果和模拟结果的比较。图 8.29(a) 是表面高度的比较。在刚开始的时候，表面是凸的，测量结果和模拟结果有一定的误差。当表面上升到最高时，测量数据与模拟数据有较好的一致性。随着焊接过程的进行，熔池表面由凸变凹，测量结果与模拟结果之间存在一定差值。图 8.29(b) 是焊缝高度的比较。从宽度数据来看，模拟生长速度大于测量结果。仿真过程的假设是理想状态，仿真中使用的材料参数与实际参数有偏差。在测量过程中，电弧的偏转和屏蔽气体的流动会影响熔池，因此测量数据与模拟结果之间存在差距。但模拟数据仍能反映出整个焊接过程中熔池表面由凸到凹的变化过程。

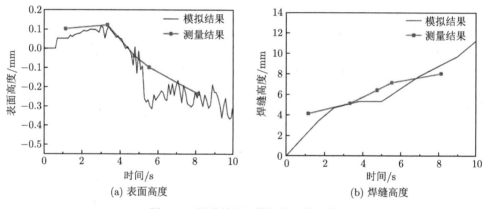

图 8.29　测量结果和模拟结果的比较

8.3　熔池表面建模仿真及结果

基于贝塞尔方程分析了熔池的振荡模式，模拟了熔池中常见的三维图像。通过结构化激光光学测量模拟，获得了振荡模式在不同时刻的激光点阵图像。基于激光点阵图像分析了静止钨极氩弧焊熔池的振荡模式。下文是具体的建模过程，对 (0,1)、(1,1)、(2,1)、(0,2) 模型进行模拟分析研究，并且对直流和脉冲电流作用下的熔池的形状进行了进一步的研究分析，并对直流和脉冲电流之间的关系和区别进行研究，最后说明熔池的表面特性。

在 COMSOL 中构建结构激光反射成像仿真系统，如图 8.30 所示，利用几何光学模块中的光线跟踪技术对光线进行精确跟踪。

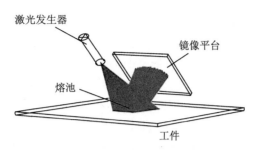

图 8.30 集成池仿真平台 (彩图扫封底二维码)

其原理如下: 第一, 根据熔池的状态, 几何尺寸和液态金属的性质, 建立了波动方程的数学模型, 根据方程建立数学界面, 然后设置源项, 使其本征频率大于或等于焊缝池频率。进行瞬态模拟, 找到并导出熔池振荡三维网格文件所需的模型。第二, 打开 "几何光学" 模块来设置网格熔池和成像平面。第三, 激光发生器是由 "栅格释放" 技术形成的 30×30 激光点阵组成, 发射的光照射到焊缝池, 反射的激光到达成像平面时被 "冻结", 可以使用内置的虚拟摄像机拍摄熔池的三维点阵图像。分别在凸、凹平面上测试, 仿真参数及结果见表 8.2。

表 8.2 模拟参数和结果

	半径 /mm	高度/mm	模型	模拟
凹面	2.1	−0.06		
平面	2.1	0		
凸面	2.1	0.06		

　　模拟表明，当结构激光反射到凹面时，由于聚焦，点之间的距离变小，成像平面的直径变小。由于凸面上的散射光，点之间的距离变大，成像平面的直径变大。无论曲率如何变化，反射到成像平面的点数都不会改变。这意味着点数与直径有关，可以通过点阵图像分析表面形状。利用数学建模分析方法，可以将金属材料的相关物理性质内置到软件中，可以大大提高仿真的效率和精度。将主流的结构光分析方法和数值模拟方法有机结合。利用结构激光测量技术，可以对熔池中的复杂过程进行可视化。该过程的模拟可以大大减少实验中的各种误差和不确定性，有利于进一步完善测量方法中的缺陷，优化设备配置，充分发挥结构激光法的潜力和优势，捕捉熔池振荡过程的动态细节，进一步开展焊接技术的基础研究工作，从而有效控制和提高焊接质量。

　　利用高速摄像机捕捉周期性外力作用下熔池表面的振荡模式，并将图像与仿真结果进行比较。

　　(0,1) 模型，对应 0 阶贝塞尔函数的第一个零点，有凸和凹两种状态。最大幅度在熔池中间，如图 8.31(a)~(l) 所示，点阵中心间距比边缘宽松，图像的水平和垂直尺寸相互接近，说明熔池凸起；点阵中间比较密，边缘间距比较松，图像的

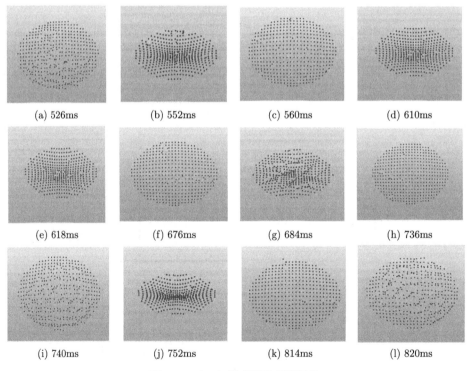

(a) 526ms　　　　(b) 552ms　　　　(c) 560ms　　　　(d) 610ms

(e) 618ms　　　　(f) 676ms　　　　(g) 684ms　　　　(h) 736ms

(i) 740ms　　　　(j) 752ms　　　　(k) 814ms　　　　(l) 820ms

图 8.31　(0,1) 模式激光点阵图像

水平尺寸大于垂直尺寸，说明池是凹的。当凸曲率较大时，点阵松动；当凹曲率较大时，点阵较紧。变化周期约为 60ms，这表明熔池处于 (0,1) 模式的衰减振荡状态。

如图 8.32 所示，通过实验收集熔池表面上的反射激光栅格的图像。实验结果与图 8.31 中的模拟结果一致。通过与熔池表面模拟结果的比较，图 8.32 显示了熔池的振荡模式为 (0,1) 模式。图 8.32(a) 显示了焊接熔池表面是凸起的。图 8.32(b) 显示了焊接熔池表面是凹形的。

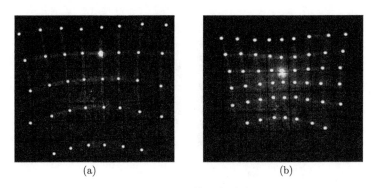

(a) (b)

图 8.32 (0,1) 模式实验结果

(1,1) 模式对应于一阶贝塞尔函数的第一个零点。图 8.33(a)~(l) 的特征是点

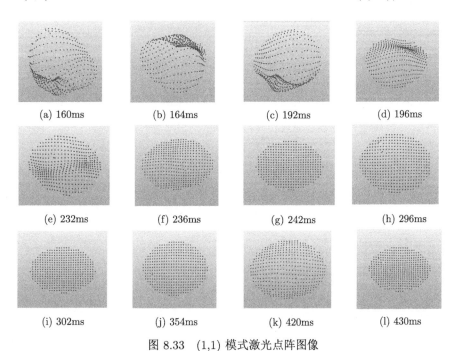

(a) 160ms (b) 164ms (c) 192ms (d) 196ms

(e) 232ms (f) 236ms (g) 242ms (h) 296ms

(i) 302ms (j) 354ms (k) 420ms (l) 430ms

图 8.33 (1,1) 模式激光点阵图像

阵的一个方向具有松散的间隔, 占据较大的面积, 另一个方向具有紧密的间隔, 占据较小的面积。点阵疏松大的一边表示熔池凸起, 反方向表示熔池凹陷。在一段时间内, 散射方向与密集位置的方向交换, 变化周期约为 32ms。点阵所占面积比、点阵发散度逐渐变小, 表明熔池处于 (1,1) 模式的衰减振荡状态。

在脉冲电流的作用下, 当达到临界熔透时, 可以观察到晃动振荡, 连续反射激光点阵的图像如图 8.34 所示。这与图 8.33 中的模拟一致。

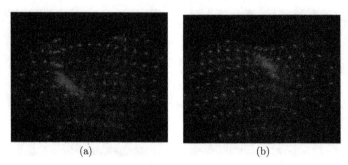

(a)　　　　　　　　　　　　(b)

图 8.34　(1,1) 模拟实验结果 (彩图扫封底二维码)

(2,1) 模式对应于二阶贝塞尔函数的第一个零点。如图 8.35(a)~(l) 所示, 点

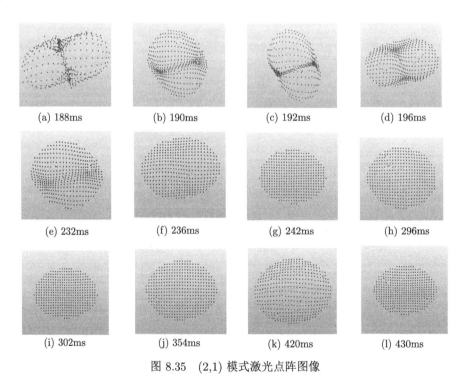

(a) 188ms　　　(b) 190ms　　　(c) 192ms　　　(d) 196ms

(e) 232ms　　　(f) 236ms　　　(g) 242ms　　　(h) 296ms

(i) 302ms　　　(j) 354ms　　　(k) 420ms　　　(l) 430ms

图 8.35　(2,1) 模式激光点阵图像

阵两边间距松散，呈不规则圆形。中间是一个窄而密的点阵作为分割线。分割线两端的闭合网格显示出不规则的三角形区域。一段时间后，分割线垂直于原来的位置，闭合三角形区域的位置变成一个松散的准圆，然后又变回原来的位置。变化周期约为 8ms，表明熔池处于 (2,1) 模式快速振荡衰减状态。

脉冲钨极氩弧焊实验采集的反射图像如图 8.36 所示，其表面振荡模式与图 8.35 的模拟结果相匹配。

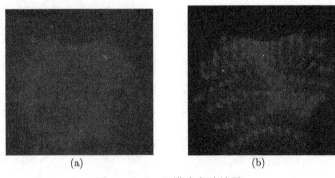

(a)　　　　　　　　　　　　　　(b)

图 8.36　(2,1) 模式实验结果

(0,2) 模式对应于零阶贝塞尔函数的第二个零点。如图 8.37(a)~(l) 所示，中

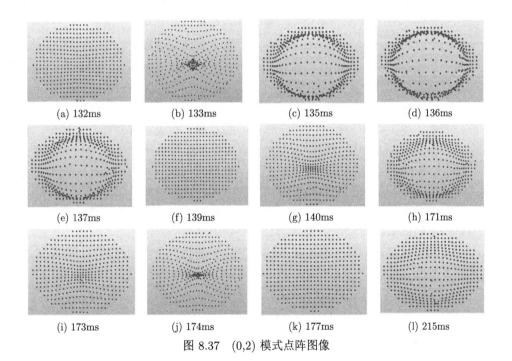

(a) 132ms　　　(b) 133ms　　　(c) 135ms　　　(d) 136ms

(e) 137ms　　　(f) 139ms　　　(g) 140ms　　　(h) 171ms

(i) 173ms　　　(j) 174ms　　　(k) 177ms　　　(l) 215ms

图 8.37　(0,2) 模式点阵图像

间芯区点阵间距较近，外芯区较松。中间大区域点阵间距松散，外缘附近有一个窄而致密的点阵圈。变化周期约为 7ms，表明熔池处于 (0,2) 模式的快速衰减振荡状态。

全熔透时熔池的振荡也相对于电弧轴线径向对称。从反射激光点特性可以清楚地看到如图 8.38 所示的熔池振荡，这与图 8.37 中的模拟结果一致。

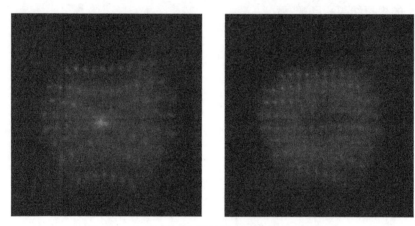

图 8.38　(0,2) 模式实验结果 (彩图扫封底二维码)

对上述现象的解释：在第一阶段，熔池的体积和深度较小。因此，表面张力对熔池的影响大于重力和电弧压力。熔池是凸形的，属于 (0,1) 模式。第二阶段，随着焊接的进行，工件内的温度逐渐升高，温度场的范围变大，熔深和熔宽都增加，随着焊接时间的延长，自由表面变形越来越大。由于电弧压力的作用，熔池中心逐渐由凸变凹，液态金属呈放射状扩张，因此呈现 (0,2) 模式的凹像。第三阶段，熔池被熔透，熔池底部不再受压，重力是主要作用力。液态金属以 (0,1) 模式下沉到凹面。整个熔池的形状相对于焊枪中心对称，激光点阵图像稳定清晰。这三个阶段在几秒钟内动态发展，所以激光点阵图像清晰可辨。(2,1) 或 (1,1) 模式也可能在焊接电流或速度突然变化时出现。在脉冲 GTAW 中，当施加峰值电流时，熔池的宽度和深度在峰值电流期间急剧增加，点阵模糊并聚集在一起，表明熔池的表面是凹形的。当施加基极电流时，激光网格由会聚变为发散，表明熔池表面是凸起的，但熔池表面仍在波动。

为了获得更多的熔池振荡表面形状特征，学者们对直流和脉冲电流下的熔池形状进行了进一步的研究：

1. 直流 (DC) 和脉冲 GTAW 下的熔池形状

为了研究静态 DC GTAW 下的行为和脉冲 GTAW 熔池上下表面的高度随时间的变化情况。在焊接开始时，熔池的上表面被加热、熔化和膨胀，由于液体表面张力的作用，熔池变得凸起。下表面不变。3.9s 时，熔池变宽，工件被熔透。上下自由面在重力作用下下落。从 5 s 到 5.5 s，上表面的变化非常明显，从凸到凹。与上表面的变化相比，下表面的变化不明显。下表面的变化先增大后减小。之后，当焊接时间达到 8.5s 时，上下表面的变化基本达到相同值。之后，上表面高度的变化不明显，但下表面的变化非常大。

2. DC 焊接和脉冲 GTAW 的关系与区别

在静态焊接过程中，如图 8.39(a) 所示，电极轴线与熔池中心线重合，电弧正好位于熔池中心。当液态金属被熔池底部支撑时，熔池中心在电弧压力下对称凹陷，液态金属被径向推动。因此熔池边缘升高，熔池类似于 (0,2) 模式；当焊接熔池底部失去固体金属支撑时，如图 8.39(b) 所示，熔池底部的液态金属由表面张力保持。由于电弧压力和底部缺乏坚固的金属支撑，熔池上下表面呈凹陷状态，类似于 (0,1) 模式。

在大多数情况下，如图 8.39(c) 所示，当熔池中心线和电子轴之间有偏移时，熔池中的金属很容易被推到熔池的后部，这导致熔池的形状明显不对称。可以用 (1,1) 模式表示。当焊枪电流突然减小时，熔池顶部的电弧压力被释放。熔池表面的最低点由于表面张力而向上伸展。对应的熔池振荡面形状为凸形，原来的凸起向相反方向变化。熔池表面的形状如图 8.39(a)~(c) 中的虚线所示变化。

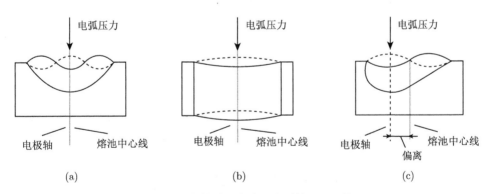

图 8.39 焊接过程中熔池表面的不同形状

GTAW 熔池行为是一个动态演化过程。最终的表面形状取决于表面张力、重力、熔池壁面的支撑力和施加的电弧压力。在这些因素的共同作用下，决定了熔池是处于准稳态还是动态过程。当熔池凹陷时，点矩阵聚集，否则点矩阵发散。通过计算两个聚集或发散的激光点阵图像之间的时间间隔，可以获得熔池中的振荡周期。DC 焊接和脉冲 GTAW 的区别：在 DC 焊接的情况下，从开始到熔透，如果焊接条件保持不变，熔池表面的形状会发生非周期性的变化，持续几秒钟，点阵图像清晰；在脉冲焊接的情况下，熔池表面的形状周期性地变化，持续几毫秒到几百毫秒，并且图像稍微模糊。然而，当 DC 焊接条件突变时，DC 焊接和脉冲焊接可以相互转换。如果电流和速度急剧变化，熔池会有短期的周期性变化，点阵图像会在短时间内模糊。

3. 熔池表面的特性

已经开发了不同的数学模型来描述熔池的振动模式，如表 8.3 所示。激光点阵的反射变化反映了熔池表面的动态变化。在不同的穿透力下，可以清楚地观察到三种振荡模式。振荡模式可用第一贝塞尔函数描述，与实验结果一致。

表 8.3　不同学者获得的熔池振型

	(0, 1)	(1, 1)	(0, 2)	(2, 1)
k_{nm}	$\dfrac{4.80}{D}$	$\dfrac{7.66}{D}$	$\dfrac{11.04}{D}$	$\dfrac{10.28}{D}$
形状				
Xiao 和 den Ouden (1990 年)	√	—	√	—
张世奇 (2016 年)	√	√	—	
Kristinn 和 ersen (1997 年)	√	√	√	—
Sorensen(1990 年)	—	—	√	
Aendenroomer(1998 年)	√	—	√	—
鞠建斌 (2004 年)	√	√	—	

可以看出，点阵图像的形状、特征值和振型之间存在一一对应的关系。然而，学者们观察到的熔池振荡模型仅限于几种类型，尤其是 (2,1) 模型很少被研究。原因应为受实验参数和设备条件的限制。由此可见，数值模拟在焊接领域是非常必要的，它可以准确地解释焊接过程中可能遇到的各种振动现象。

参 考 文 献

黄健康, 陈会子, 杨茂鸿, 等, 2019. 基于示踪粒子的摆动 TIG 填丝焊熔池行为数值分析 [J]. 焊接学报, 40(6): 7-13, 161.

黄健康, 孙天亮, 樊丁, 等, 2016. TIG 焊熔池表面流动行为的研究 [J]. 机械工程学报, 52(018): 31-37.

王新鑫, 樊丁, 黄健康, 等, 2015. TIG 焊电弧-熔池传热与流动数值模拟 [J]. 机械工程学报, 51(10): 69-78.

Andersen K, Cook G E, Barnett R J, et al., 1997. Synchronous weld pool oscillation for monitoring and control[J]. IEEE Transactions on Industry Applications, 33121: 464-471.

Du Q, Chen S, Lin T, 2006. Inspection of weld shape based on the shape from shading[J]. The International Journal of Advanced Manufacturing Technology, 27(7-8): 667-671.

Hong S S, Yu M Z, 2007. Three-dimensional reconstruction of specular surface for a gas tungsten arc weld pool[J]. Measurement Science & Technology, 18(12):3751-3767.

Jianbin J, Hasegawa H, Suga Y, 2004. Oscillation of molten pool by pulsed assist gas oscillating method and penetration control using peculiar frequency[J]. Journal of High Temperature Society, 30(5): 263-269.

Li C, Shi Y, Gu Y F, et al., 2018. Monitoring weld pool oscillation using reflected laser pattern in gas tungsten arc welding[J]. Journal of Materials Processing Technology, 876-885.

Sorensen C D, Eagar T W, 1990. Modeling of oscillations in partially penetrated weld pools[J]. Journal of Dynamic Systems, Measurement, and Control, 112(3): 469-474.

Wu C S, Zhang T, Feng Y H, 2013. Numerical analysis of the heat and fluid flow in a weld pool with a dynamic keyhole[J]. International Journal of Heat & Fluid Flow, 40(apr.):186-197.

Yamane S, Yoshiyama K, Oshima K, 2009. Numerical simulation of weld pool in narrow gap GMA welding[J]. Quarterly Journal of the Japan Welding Society, 27(2):37s-41s.

Zhang S, Hu S, Wang Z, 2016. Weld penetration sensing in pulsed gas tungsten arc welding based on arc voltage[J]. Journal of Materials Processing Technology, 229:520-527.

Zhao C X, Richardson I M, Kenjeres S, et al., 2009. A stereo vision method for tracking particle flow on the weld pool surface[J]. Journal of Applied Physics, 105(12): 123104.

第 9 章　焊缝形貌数值模拟及分析

在旁路耦合微束等离子弧焊 (DE-MPAW) 焊接过程中，等离子流力、熔滴冲击力、表面张力、电磁力、浮力等显著地影响着熔池中的温度分布、熔融金属的流动、焊缝成形和力学性能等。其中，表面张力和等离子流力作用于熔池的自由表面，影响自由表面的变形。而浮力和电磁力作用于熔池内部，属于体积力，影响液态熔池内熔融金属的流动。在熔池中各种力的综合作用下，固化后的熔池形貌发生变化。液态熔池自由表面的变形会改变熔池内部的热传条件，从而改变熔池内部的温度分布，最后改变熔池内部的液态金属流动模式。由于该焊接过程包含电弧物理、传热、传质、冶金和力学等诸多交叉学科以及实验条件的限制，采用实验方法研究焊接熔池成本高，所以运用数值模拟方法定量描述焊接熔池中的温度场和流场已经成为焊接领域的主要研究方法。

本章以 SUS304 不锈钢为焊接材料，在较全面地考虑了众多因素后，研究 DE-MPAW 焊熔池的温度场、流场和焊缝形貌，并重点分析熔池中液态金属的流动模式。

9.1　旁路耦合微束等离子弧焊熔池流动分析

9.1.1　旁路耦合微束等离子弧焊熔池模型

1. 旁路耦合微束等离子弧焊熔池模型的基本假设

为了说明熔池中的温度分布及速度分布随时间的演化过程，需要计算出不同时间点上熔池中不同位置温度及熔融金属流动速度，这是一个三维瞬态过程。为了使计算变得简单，需要对建立的 DE-MPAW 焊接熔池模型做出如下假设：

(1) 熔滴为球形，在熔池上方固定高度，以恒定的温度和初速度进入熔池；

(2) 熔池内及熔滴中的流体符合黏性不可压缩的牛顿流体；

(3) 源自于等离子弧的电流密度及热流密度符合高斯分布；

(4) 除热导率、黏度、表面张力和比热容外，其余材料热物理性能与温度无关。

2. 能量平衡

合理的能量分配是精确计算焊接过程温度分布的重要前提。由于加入了旁路电弧，DE-MPAW 焊接方法的能量分配比较复杂。如图 9.1 所示，由微束等离子

电源输入的能量 Q_p 被熔滴吸收一部分 Q_d, 从焊丝分走一部分 Q_s, 剩下的进入熔池 Q_w。同时还有一部分能量通过对流、辐射和蒸发从熔滴 Q_dr 和熔池 Q_wr 中损失。

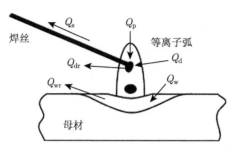

图 9.1　旁路耦合微束等离子焊能量平衡

能量平衡可由下式表示

$$Q_\mathrm{p} = Q_\mathrm{d} + Q_\mathrm{w} + Q_\mathrm{s} + Q_\mathrm{dr} + Q_\mathrm{wr} \tag{9.1}$$

熔滴吸收的能量 Q_d 由下式计算:

$$Q_\mathrm{d} = \eta_\mathrm{d} \frac{Q_\mathrm{p}}{\pi r_\mathrm{p}^2} 2\pi r_\mathrm{d}^2 \tau \tag{9.2}$$

式中, η_d 为熔滴的吸收率, r_d 为熔滴半径, r_p 为电弧有效半径。

熔滴初始温度由下式计算:

$$T - T_\mathrm{m} = \frac{3Q_\mathrm{d}}{4\pi r_\mathrm{d}^3 c_\mathrm{p} \rho_\mathrm{p}} \tag{9.3}$$

式中, T 为熔滴初始温度, T_m 为室温, c_p 为熔滴比热容, ρ_p 为熔滴密度。与熔滴相关的参数如表 9.1 所示。

表 9.1　熔滴热参数

性质	值
熔滴速度	0.01m/s
初始高度	0.0015m
接触时间	0.017s
平均熔滴半径	0.001m
熔滴能量吸收系数	0.6
熔滴温度	1800K

3. 源项的处理

1) 熔化凝固的处理

能量守恒方程中的源项主要由相变潜热变化、熔池及熔滴中的热源构成，FLOW-3D 软件使用多孔介质拖曳模型完成了液固界面相变的凝固/熔化模型，运用多孔介质拖曳模型来描述扩散相变、对流等问题，就可以在多区域里建立起单一相变的控制方程组。从材料相变的角度来看，三个不同的子区域同时出现在液/固相变区：即液相区、糊状区和固相区。在该模型中，固液界面不被明确地追踪，而是根据计算域内的热焓平衡，定义了一个函数描述每个单元内流体的体积分数。糊状区内的液体体积分数从 0 到 1 变化。通过定义多孔介质表示糊状区，其黏度随着流体体积分数的减小从 0 逐渐升高到 1。当计算域内的流体固化完成时，黏度值升高至 1，流体流动速度降为 0。

由于在实际焊接过程中只有一种流体，运用温度与热焓之间的关系来划分液相和固相。可以采用分段函数表示热焓与温度之间的关系：

$$H = \begin{cases} \rho_s C_s T & (T \leqslant T_s) \\ H(T_s) + H\dfrac{T - T_s}{T_l - T_s} & (T_s \leqslant T \leqslant T_l) \\ H(T_l) + \rho_l C_l (T - T_l) & (T_l \leqslant T) \end{cases} \tag{9.4}$$

式中，H 为热焓；ρ_s 和 ρ_l 表示金属固相和液相密度；C_s 和 C_l 表示固相和液相的比热容；T_s 和 T_l 表示固相线温度和液相线温度，H 为相变潜热。

每个单元内的热焓决定了所在单元的温度，热焓按照材料的热物理属性来计算。糊状区被定义为网格内的温度在液相线与固相线之间，依据一致性固化分数和临界固化分数可将糊状区划分为三个子区域，在每一个子区域中可以定义各自的局部拖曳系数与局部黏度。第一个子区域靠近液相线，其局部固化体积分数小于临界固化体积分数，局部黏度与固化体积分数之间有如下关系：

$$\mu = \mu_0 \left(1 - \frac{F_s}{F_{cr}}\right)^{-1.55} \tag{9.5}$$

式中，F_s 为局部固化体积分数，F_{cr} 为临界固化体积分数。

在第二个子区域中，局部固化体积分数介于一致性固化体积分数与临界固化体积分数之间，可以用多孔介质拖曳模型描述该区域的流体流动状态，其中拖曳系数 K 可用下式表示

$$K = C_0 \frac{F_s^2}{(1 - F_s)^3 + \varepsilon} \tag{9.6}$$

式中，K 是拖曳系数；F_s 是局部固化体积分数；ε 是一个很小的数 (0.001) 以防止出现计算错误；C_0 是拖曳系数常数。

在第三个子区域中，局部固化体积分数大于一致性固化体积分数，该区域的拖曳系数无限大，流体在该区域中不流动。

在凝固/熔化模型中，能量方程可以用下式表示

$$\frac{\partial}{\partial t}(\rho H) + \nabla(\rho \vec{v} H) = \nabla(k\nabla T) + S \tag{9.7}$$

式中，H 是热焓，ρ 是密度，$\vec{v}$ 是速度，S 是能量源项。

热焓 H 可表示如下

$$H = C_p T + f(T)L \tag{9.8}$$

式中，$f(T)$ 为液相分数，T 为温度，C_p 为定压比热，L 为熔化潜热。

液相体积分数 $f(T)$ 的定义如下

$$f(T) = \begin{cases} 0, & (T \leqslant T_s) \\ \dfrac{T - T_s}{T_l - T_s}, & (T_s \leqslant T \leqslant T_l) \\ 1, & (T_l \leqslant T) \end{cases} \tag{9.9}$$

求解温度场的本质是在流体体积分数与能量方程之间的迭代。

2) 熔池中体积力的加载

动量守恒方程中的源项主要包括熔池中的浮力、电磁力与凝固/熔化过程中枝晶间的流体拖拽力。压力梯度项没有包含在源项中，这主要是因为模型运用 SIMPLE 分离式算法来计算压力和速度之间的耦合问题，不需要将其作为源项单独处理。使用 Boussinesq 模型处理浮力驱动的流动，通过对软件进行二次开发将电磁力和电弧压力并入动量守恒方程中的源项中进行求解。

熔池中熔融金属受热膨胀后，使得熔池中的密度发生变化，产生密度梯度，驱动熔融金属运动。使用 Rayleigh 数判断浮力引起的流态，当 Rayleigh 数小于 10^8 时，浮力流为层流；当 Rayleigh 大于 10^{10} 时，浮力流为紊流。

如果在密封空间中计算对流，其关键是计算流体密度分布。在本模型中，假设流体密度为常数，采用 Bousinesq 模型近似计算浮力引起的对流。Boussinesq 模型假设控制方程中的密度项为常数，浮力与流体温度呈线性关系。该方法对于小温差的流场计算结果较好。

根据 Boussinesq 模型，浮力由下式计算：

$$f_b = -\beta g(T - T_0) \tag{9.10}$$

$$\beta = -\frac{1}{\rho}\left(\frac{\partial \rho}{\partial T}\right)_p \tag{9.11}$$

式中，ρ 为密度，β 为热膨胀系数；T_0 为参考温度。

电磁理论认为当电场方向与磁场方向交叉时，电场和磁场彼此相互作用产生与电场和磁场方向相垂直的洛伦兹力。DE-MPAW 焊接过程中，从阳极斑点流入熔池后的焊接电流会发生发散，由于电磁感应会在熔池中产生磁场，同电流相互作用就产生了洛伦兹力。因为电流密度在熔池中是不均匀分布的，所以熔池中洛伦兹力的分布也是不均匀的，从而引发熔融金属的对流流动。

在本章建立的模型中，洛伦兹力可表示为

$$F_{\mathrm{L}} = \vec{J} \times \vec{B} \tag{9.12}$$

式中，$\vec{J}$ 为电流密度矢量；$\vec{B}$ 为磁通量矢量。

计算 x、y、z 三个方向上的洛伦兹力分量，分别表示为 $(\vec{J} \times \vec{B})_x$、$(\vec{J} \times \vec{B})_y$ 与 $(\vec{J} \times \vec{B})_z$。通过计算洛伦兹力方程组可得出熔池中各点的电流密度矢量以及磁通量矢量。假设基板中的电场是不变的，即熔池中各点的电流密度是不变的，据此简化 Maxwell 方程组以适应于焊接过程：

$$\nabla \times \vec{E} = 0, \quad \nabla \times \vec{H} = \vec{J}, \quad \nabla \times \vec{J} = 0, \quad \nabla \times \vec{B} = 0 \tag{9.13}$$

式中，$\vec{E}$ 和 $\vec{H}$ 分别是电场矢量和磁场矢量。除此以外，通过欧姆定律分别描述磁场强度矢量 $\vec{H}$ 和磁通量矢量 $\vec{B}$、电场强度矢量 $\vec{E}$ 和电流密度矢量 $\vec{J}$ 之间的关系，这便是欧姆定律：

$$B = \mu_{\mathrm{m}} H \tag{9.14}$$

$$J = \sigma_{\mathrm{e}} E \tag{9.15}$$

σ_{e} 和 μ_{m} 分别为材料的电导率和磁导率。在本章的模型中，认为熔池上表面的电流密度符合高斯分布：

$$J_z = \frac{3I}{\pi \sigma_j^2} \exp\left(-\frac{3r^2}{\sigma_j^2}\right) \tag{9.16}$$

式中，I 为焊接电流；σ_j 为电流密度的有效分布半径。根据一系列的推导过程，可知三个方向上电磁力具体表达式。

3) 熔池中自由表面的处理

模型中熔池自由表面流动时的位置运用流体体积 (volume of fluid, VOF) 法定位，流体体积分数与熔融金属的密度之间的关系可以用下式表示

$$\frac{\partial \rho}{\partial t} + \nabla(\vec{V}\rho) = m_{\mathrm{s}} \tag{9.17}$$

$$\rho = \rho_0 F \tag{9.18}$$

$$m_\mathrm{s} = \rho_0 F_\mathrm{s} \tag{9.19}$$

式中，ρ 为网格中的密度；ρ_0 为材料的密度；F 为流体的体积分数；F_s 为流体体积分数的变化。

将方程 (9.18)、(9.19) 代入方程 (9.17) 中，便得到流体体积 (VOF) 方程：

$$\frac{\partial F}{\partial t} + \nabla(\vec{V}F) = F_\mathrm{s} \tag{9.20}$$

依据方程 (9.20)，定义流体体积分数 $F(x,y,z,t)$ 描述流体所占单元体积的比例，取计算网格内的平均值，作为该网格内流体所占单元的体积分量。若 $F=1$，则对应的网格内充满熔融金属；若 $F=0$，则网格内没有熔融金属；而当 $0 < F < 1$ 时，表示流体的自由表面位于该网格内。这样，可根据 F 确定自由表面位置及其法线方向，确定熔池中自由表面的形貌，有效描述计算域中自由表面的位置。

4. 几何模型、边界条件及参数

在根据上面描述的控制方程计算实际焊接问题时，必须给定控制方程所需要的边界条件和初始条件。熔池求解模型边界条件示意如图 9.2 所示。

母材的位置为图 9.2 中的流体区域，其初始温度为 T_0，计算域中流体的初始流速设置为零，即 $u = v = w = 0$。

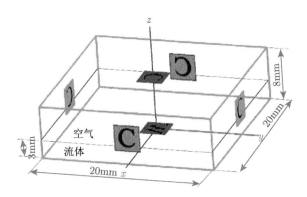

图 9.2　熔池求解模型边界条件

模型中的热损失包括对流散热、辐射散热和蒸发损失，施加在母材上自由表面的能量边界条件为

$$-\kappa\frac{\partial T}{\partial z} = q_\mathrm{arc} - q_\mathrm{conv} - q_\mathrm{radi} - q_\mathrm{evap} \tag{9.21}$$

式中，q_{arc} 是等离子弧作用于熔池上表面的热源，服从高斯分布，可用下式表示

$$q_{\mathrm{arc}} = \frac{3\eta U I}{\pi \sigma_{\mathrm{q}}^2} \exp\left(-\frac{3r^2}{\sigma_{\mathrm{q}}^2}\right) \tag{9.22}$$

式中，η 为焊接热效率；I 为焊接电流；U 为电弧电压；r 为热源分布半径，$r = \sqrt{x^2 + y^2}$；σ_{q} 为加热斑点半径。

q_{c} 为对流换热边界：

$$q_{\mathrm{c}} = h_{\mathrm{c}}(T_0 - T_\alpha) \tag{9.23}$$

式中，h_{c} 为对流换热系数；T_0 为环境温度。

q_{r} 为辐射散热边界：

$$q_{\mathrm{r}} = \varepsilon \sigma_{\mathrm{b}}(T^4 - T_\alpha^4) \tag{9.24}$$

式中，σ_{b} 为斯特藩-玻尔兹曼常量，ε 为表面辐射系数。

q_{e} 为蒸发散热边界：

$$q_{\mathrm{e}} = \omega H_{\mathrm{e}} \tag{9.25}$$

式中，H_{e} 是蒸发潜热，ω 是蒸发率，可表达为如下：

$$\lg(\omega') = 2.52 + \log P_{\mathrm{atm}} - 0.5 \log T \tag{9.26}$$

$$\lg p_{\mathrm{atm}} = 6.121 - \frac{18836}{T} \tag{9.27}$$

母材底面和侧面的能量边界条件为环境和母材间的对流和辐射散热条件：

$$-\kappa \frac{\partial T}{\partial z} = -q_{\mathrm{radi}} - q_{\mathrm{evap}} = h_{\mathrm{c}}(T - T_\alpha) + \varepsilon \sigma_{\mathrm{b}}(T^4 - T_\alpha^4) \tag{9.28}$$

熔池自由表面上的压力满足如下条件

$$P = P_{\mathrm{arc}} + \gamma \mathcal{K} \tag{9.29}$$

式中，P 是作用在自由表面上的总压力，P_{arc} 是电弧压力，γ 是表面张力，$\mathcal{K}$ 是自由表面曲率，满足如下方程：

$$\mathcal{K} = -\left[\nabla \cdot \left(\frac{\vec{n}}{|\vec{n}|}\right)\right] = \frac{1}{|\vec{n}|}\left[\left(\frac{\vec{n}}{|\vec{n}|} \cdot \nabla\right)|\vec{n}| - (\nabla \cdot \vec{n})\right] \tag{9.30}$$

式中，$|\vec{n}|$ 是自由表面上的外法向向量，是 VOF 方程中流体体积分数 $F(x, y, z, t)$ 的梯度：

$$|\vec{n}| = \nabla F \tag{9.31}$$

认为电弧压力符合高斯分布，可表示为

$$P_{\mathrm{arc}} = P_{\max} \exp\left(-\frac{r^2}{2\sigma_{\mathrm{p}}^2}\right) \tag{9.32}$$

式中，σ_{p} 为电弧压力作用半径，$P_{\max}$ 是电弧压力的峰值，r 是电弧压力分布半径，$r = \sqrt{x^2 + y^2}$。

在 DE-MPAW 焊熔池模型中，表面张力梯度显著影响熔池中温度分布和熔池表面熔融金属的流动。流体的液气表面具有表面张力，表面张力梯度 (Marangoni 效应) 与熔融金属表面的黏性剪切力相平衡：

$$-\mu\frac{\partial \vec{u}}{\partial z} = \frac{\partial \gamma}{\partial T}\frac{\partial T}{\partial x}, \quad -\mu\frac{\partial \vec{v}}{\partial z} = \frac{\partial \gamma}{\partial T}\frac{\partial T}{\partial y} \tag{9.33}$$

式中，μ 为黏度；$\partial\gamma/\partial T$ 为表面张力梯度；$\vec{u}$、$\vec{v}$ 为 x, y 方向的切向速度矢量。

纯金属和"纯净合金"的表面张力是温度和活性元素含量的函数。如果材料的表面张力温度系数是负值，随着液态金属温度的升高，表面张力降低。金属材料在制造过程中不可避免地会存在一定量的活性元素 (如 O、S、Se 等)，在熔池自由表面上聚集，影响表面张力。铁基合金中对熔融金属流动影响最大的活性元素是氧 (O) 和硫 (S)，这类材料的表面张力与活性元素的活度有关。依据热力学理论，随着温度升高，表面张力可能降低，也可能升高。当表面活性元素加入熔池后，会在自由表面产生正吸附，活性元素的吸附作用会改变熔池表面张力，改变表面张力温度系数，从而改变熔池中过热金属的流动模式，使熔深发生变化。Sahoo 等率先提出了二元系合金中表面张力和表面张力温度系数与活性元素活度和温度等变量的经验公式，把表面张力 γ 描述为温度 T 和活性元素活度 α_i 等变量的函数：

$$\gamma(T) = \gamma_{\mathrm{m}} - \gamma T(T - T_{\mathrm{m}}) - RT\Gamma_{\mathrm{s}}\ln(1 + k_1\alpha_i e^{-\Delta H^\theta/RT}) \tag{9.34}$$

方程 (9.34) 对 T 进行求导，则表面张力温度系数 $\partial\gamma/\partial T$ 可表示为

$$\frac{\partial \gamma}{\partial T} = -\gamma_T - R\Gamma_{\mathrm{s}}\ln(1 + K_{\mathrm{seg}}\alpha_i) - \frac{K_{\mathrm{seg}}}{(1 + K_{\mathrm{seg}}\alpha_i)}\frac{\Gamma_{\mathrm{s}}(\Delta H^\theta)}{T} \tag{9.35}$$

$$K_{\mathrm{seg}} = k_1 \exp\left(-\frac{\Delta H^\theta}{RT}\right) \tag{9.36}$$

式中，γ_T 是表面张力温度系数；R 是气体常量；Γ_{s} 是活性元素的过饱和参数；α_i 是活性元素的活度；k_1 是偏析焓；K_{seg} 是偏析平衡常数；ΔH^θ 是标准吸附焓。

在实际焊接和模拟中材料的热物理性质具有非常重要的作用。为了对实际焊接过程进行准确的描述，数值模型需要关于材料温度依赖性质的精确数据。温度场的分析需要依赖材料的比热容、热传导系数和密度。流场分析需要依赖材料的

密度和黏度。实验中使用的材料是 SUS304 不锈钢,其他物性参数,如热导率、比热容、液体动态黏度,与温度的关系如图 9.3 所示。

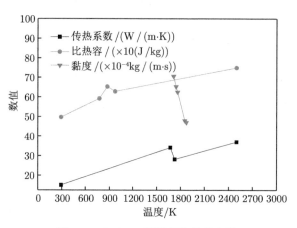

图 9.3　SUS304 不锈钢热物理参数

9.1.2　旁路耦合微束等离子弧焊焊缝尺寸研究

图 9.4 为 DE-MPAW 单道焊缝模拟结果。焊接参数为:总电流 50A,旁路电流 17A,焊接速度 0.002m/s,送丝速度为 0.01m/s。从图中可以发现焊缝成形良好,熔宽、熔深和余高分别为 4.6mm、1.1mm 和 0.55mm。从焊接开始到结束,母材的颜色逐渐变浅,说明母材温度逐渐升高。

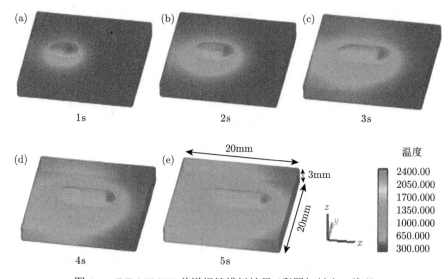

图 9.4　DE-MPAW 单道焊缝模拟结果 (彩图扫封底二维码)

　　建立的 DE-MPAW 焊接熔池流场模型是否反映了实际焊接过程物理现象的实质，运用本模型对 DE-MPAW 焊接过程熔池温度场和流场进行数值分析的结果是否与实际情况相符合，都需要用焊接工艺实验加以验证。图 9.5 为同一焊接参数下实验和模拟的对比。其中图 9.5(a) 为焊缝俯视图，用来对比焊缝宽度；图 9.5(b) 为焊缝横截面图，用来对比焊缝余高和熔深。从图中可以看出模拟结果与实验结果较为吻合，验证了模型的正确性，为以后对 DE-MPAW 焊熔池流动定量研究打下了基础。

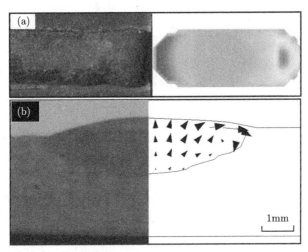

图 9.5　同一焊接参数下，实验与模拟结果对比 (彩图扫封底二维码)

9.1.3　熔池中的流动模式

　　在金属合金中，固化微观组织受到凝固边界处液体中的温度梯度和凝固速率的综合影响，如图 9.6 所示。平面晶生长模式出现在温度梯度 G 很大或固化率 R 很小的时候。随着 R 的增大，固化微观组织依次转变为胞状晶、柱状晶和等轴晶。大多数金属合金以柱状晶或胞状晶的形式固化。当晶体结构在生长的过程中没有出现任何二次枝晶臂时，就形成了胞状晶和柱状晶。如果出现额外的枝晶臂，则固化模式转化为树枝状晶。只有当 G 非常小时，才可能形成等轴晶。

　　随着 G 和 R 同时增大，冷却速率增加，产生尺寸更小的微观结构。注意较高的冷却速率造成胞状晶或枝晶臂之间的间距更小。最终，更细的微观结构导致更好的机械性质。众所周知，焊接过程中的冷却速率随着工艺参数的变化而变化且比传统的铸造更快。图 9.7 是 4.35s 时沿着焊缝方向的熔池轮廓、温度及温度梯度。熔池后部中心线上准稳态凝固率是常数且等于焊接速度 0.002m/s。计算的值 $G = 2 \times 10^5 \mathrm{K/m}$，$R = 0.002 \mathrm{m/s}$。通过与实验得到的金相组织对比，发现在这种焊接条件得到了柱状晶。如果能使得焊接过程中的冷却率和温度梯度更大, 可以得到晶粒更细的微观组织。

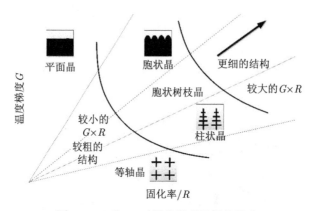

图 9.6　G 和 R 对固化微观组织的影响

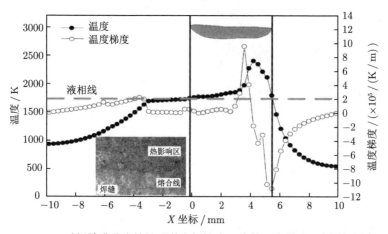

图 9.7　$T = 4.53\mathrm{s}$ 时焊缝准稳态熔池形貌和焊池中心线的温度梯度 (彩图扫封底二维码)

　　熔池中的表面张力是温度的函数。而熔池中存在的温度梯度使熔池中各处的表面张力不同, 从而在熔池表面诱发了 Marangoni 流动。模拟的熔池形状如图 9.7 所示, 以解释温度分布、温度梯度、流体流动模式和熔池形状。两条竖线间的长度是熔池长度, 在 4.53s 时从 −0.2mm 到 5.5mm。熔池中心线上的表面温度从熔池后部的液相线温度上升到 1800K, 在一定区域内保持不变同时也对应于最大的熔深。沿着焊接方向, 熔池表面被等离子束加热, 温度急剧升高。熔池中心线表面温度梯度根据表面温度对 x 坐标的一次微分计算。在等离子束斑点的中心, 温度梯度等于零, 在熔池的前沿变为负值。注意, 熔池中熔深最大的区域表面温度变化不大, 温度梯度较小。可以推断, 这一平的区域主要是由于流向熔池背面的对流。

图 9.8 是 x-z 面上熔池中的对流模式。根据熔池中不同位置处的流动特点，可将其分为 4 个区。其中 1 区是等离子电弧作用区，主要是由等离子流力和表面张力主导，使得该区域的熔深较大。造成在自由表面熔融金属从熔池中心向四周流动；在熔池中心由熔池底部向表面运动过程中，2 区和 3 区是没有作用等离子弧的自由表面区。在这两个区中，表面张力是流动的主要驱动力，可以同时发现正的表面张力梯度和负的表面张力梯度。区分这两个区域的转变温度如图中的 T_i 点所示。表面张力产生从低表面张力到高表面张力的流动。因此，表面张力趋向于将由等离子束加热的高温流体带向边缘。同时，由熔池后部较冷区域产生的流动趋向于将低温流体输送到熔池前部。两种方向相反的表面流动在等离子束和熔池边缘的中间点碰撞并混合。在碰撞点，流体表面温度等于转变温度 T_i。4 区是熔池后部靠近熔合线的区域。该区域没有受到来自等离子束的任何力，其主要驱动力是 1 区流动所造成的。1 区产生向熔池表面的流动，该表面流动在表面张力梯度的作用下向 2 区运动。熔池中的最大流动速度出现在 1 区和 2 区的交界线上，最大速度为 0.277m/s。而 1 区底部的流体空缺需要 4 区的液态金属填补，造成该区域的流动。

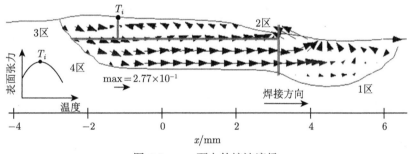

图 9.8　x-z 面上的熔池流场

在图 9.9 中，沿着 x 轴以熔池中的流动特点取了 4 个有代表性的 y-z 横截面。从图中可以看出，y-z 截面上的流动速度小于 x-z 截面上的流动速度。截面 1 是等离子弧作用点处的截面，由于等离子弧和熔滴冲击的作用，熔池底部下凸。但是熔池中的熔融金属形成从熔池中心向周边的对流，熔池最大流动速度为 0.097m/s。截面 2 是熔池中远离等离子弧作用点的截面，从图中可以看出熔池中的最大流动速度降低 (为 0.083m/s)。由于没有等离子弧作用力，自由表面向上凸起。熔融金属的流动方向还是以从熔池中心区域向周边，从熔池内部向熔池表面流动为主，但是在熔池底部区域出现了向下流动。截面 3 为靠近表面张力转变温度处的截面。从图中可以发现，熔池中的液态金属对流方向转变主要以向下流为主，最大流速为 0.084m/s。截面 4 为表面张力转变处的截面，从图中可以发现，熔池中的流动方向完全转变为向下流动，最大流速为 0.12m/s。

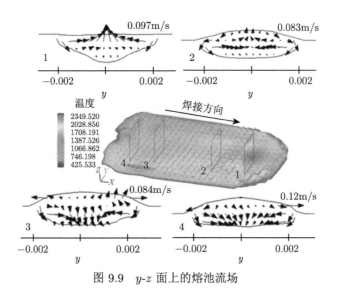

图 9.9　y-z 面上的熔池流场

图 9.10 为 x-y 面上的熔池流场。从图中可以看出，熔池中的流体流动方向在红线两侧是相反的，主要流动方向如蓝线所示。熔池中的流动从等离子弧作用中心点向周边流动。在熔池前部遇到固态金属的阻碍后向下流动；在熔池侧边遇到固态金属的阻碍后沿着熔池边缘向后部运动，之后在熔池后部固态金属的阻碍下向熔池中心汇聚，从熔池中心处向熔池前端运动。与从等离子弧中心处向熔池后方的流动汇聚。

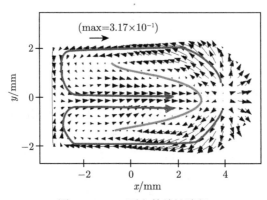

图 9.10　x-y 面上的熔池流场

主要研究了 DE-MPAW 单道焊缝的温度场、流场和焊缝形貌。发现在总电流为 50A，旁路电流为 17A，焊接速度为 0.002m/s，送丝速度为 0.01m/s 的焊接工艺参数下焊缝的熔宽、熔深和余高分别为 4.6mm、1.1mm 和 0.55mm。并通过实验验证了模拟的正确性。之后研究了在该焊接工艺参数下的温度梯度和固化梯度。发现当温度梯度 $G = 2 \times 10^5 \mathrm{K/m}$ 时，固化率 $R = 0.002 \mathrm{m/s}$ 条件下得到的熔池后部固化区的微观组织为柱状晶。如果能使得焊接过程中的冷却率和温度梯度更大，可以得到更细的微观组织。接着研究了熔池中的流动模式，在 x-z 面上根据熔池中不同位置处的流动特点，可将其分为 4 个区。等离子弧柱作用区的液态金属从熔池中心区域向熔池边缘流动，等离子弧柱之外的熔池表面由于表面张力的不同出现两种方向相反的流动。熔池底部的流体向等离子弧柱区运动。y-z 面上从等离子弧作用点到熔池后部，流体从熔池底部向自由表面运动的模式转变为由自由表面向熔池底部运动。在 x-y 面上熔池中的对流从等离子弧作用中心点向周边流动。在熔池前部遇到固态金属的阻碍后向下流动；在熔池侧边遇到固态金属的阻碍后沿着熔池边缘向后部运动，之后在熔池后部固态金属的阻碍下向熔池中心汇聚，从熔池中心处向熔池前端运动，与从等离子弧中心处向熔池后方的流动汇聚。

9.2 TIG 焊驼峰焊道形成机制的研究

在材料成形过程中，金属的熔化、流动和凝固行为是决定铸件、焊件等结构件成形质量的重要因素。在生产过程中，外热源与动力的耦合作用会使熔池自由表面变形，影响熔池内金属液的流动与传热特性，从而改变金属的熔化与凝固行为。因此，研究考虑自由表面变形的金属的熔化和凝固行为，特别是在焊接过程中具有重要意义。

研究焊接过程中金属的熔化与凝固行为，结果表明了电弧作用下表面张力温度梯度与熔池流场的关系。认为表面张力的温度梯度是引起熔池自由表面变形的主要因素。结果表明，表面张力的法向力对熔池中流体的分布和驼峰焊道的形成有重要影响。有学者发现 GTAW 熔池中的驱动力主要是表面张力和 Marangoni 力，并且发现表面张力梯度引起的对流会影响焊缝的最终形状。有学者研究发现 GTAW 电弧剪应力是熔池表面变形和液态金属回流的主要驱动力，表面张力抑制了表面变形。Marangoni 剪应力和重力对熔池表面变形和液态金属回流的影响可以忽略不计。建立了 TIG 焊熔池的二维瞬态轴对称模型，研究了熔池的瞬态流动。在研究中，考虑了熔池的自由表面变形和相变。有人认为电弧压力和熔滴冲击力是造成高速 GMAW 熔池自由表面变形的主要因素。

目前，考虑自由表面变形的焊接过程中金属熔化和凝固行为的研究主要集中在实验和理论研究上，数值研究刚刚起步。研究人员采用数值模拟的方法研究了电弧压力对 MIG 焊熔池形状的影响，并对焊接参数突变时熔池表面塌陷变形的动态演变过程进行了数值分析。考虑自由表面的变形，计算了 TIG 焊熔池的温度场、流场和自由表面的变化。一些学者提出了相位校正算法，并通过数值模拟进行了验证，同时对 TIG 焊熔池的自由表面进行了测量。这些研究在一定程度上表明了相关的应用，但为了准确地描述金属在热力耦合作用下的熔化和凝固行为，有必要进一步利用数值模拟方法对温度场，热力耦合作用下熔池的流场和自由表面变化进行研究。因此，包括自由表面变形在内的焊接过程中金属熔化和凝固行为的数值分析需要进一步研究。

　　针对 GTAW 焊接过程中金属在热力耦合作用下的熔化和凝固行为，采用 VOF 法跟踪自由表面，建立了热力耦合作用下熔池的三维数学模型。求解了 GTAW 驼峰焊道形成过程中的温度场、流场和熔池自由表面的变化，再现了 GTAW 驼峰焊道形成过程中金属在热力耦合作用下的熔化和凝固行为，并通过自由表面的变化验证了该现象的机制。

9.2.1　驼峰焊道模型建立

　　考虑自由表面变形的快速移动热力耦合作用下金属的熔化与凝固过程的物理模型如图 9.11 所示，在热力耦合作用下，固态金属发生熔化并形成凹陷，随着耦合热力的向前移动，熔融金属向熔池尾部流动，由于熔池尾部的液态金属离热源较远，在来不及回流的情况下凝固，在熔池尾部形成突起。

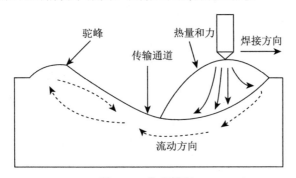

图 9.11　物理模型

　　1. 基本假设

　　为便于建立数学模型，作如下基本假设：液态金属是流动方式为层流的黏性不可压缩的牛顿流体；除黏度、热导率和表面张力外，其余的热物理参数都与温度无关；浮力驱动流假设为 Boussinesq 模型。

　　2. 控制方程

　　控制方程如式 (9.37) 所示

$$\frac{\partial(\rho\phi)}{\partial t}+\frac{\partial(\rho u\phi)}{\partial x}+\frac{\partial(\rho v\phi)}{\partial y}+\frac{\partial(\rho w\phi)}{\partial z}=\frac{\partial}{\partial x}\left(\Gamma\frac{\partial\phi}{\partial x}\right)+\frac{\partial}{\partial y}\left(\Gamma\frac{\partial\phi}{\partial y}\right)+\frac{\partial}{\partial z}\left(\Gamma\frac{\partial\phi}{\partial z}\right)+S$$

$$(9.37)$$

式中，ρ 为流体的密度；u、v、w 为流体在 x、y、z 方向的速度分量；Γ 为广义扩散系数；ϕ 是通用变量，它可以代表速度以及温度等求解的变量；S 为广义源项，包括质量源项、动量源项和热量源项。

使用流体体积的方法来对自由表面进行追踪，并引入流体体积分数 $F(x,y,z,t)$ 表示单位体积内部流体所占比例，满足下式：

$$\frac{\mathrm{d}F}{\mathrm{d}t} = \frac{\partial F}{\partial t} + \left(\vec{V} \cdot \nabla\right) F = 0 \tag{9.38}$$

式中，F 为此单元内流体所占的体积分数，在计算网格单元内取平均值。

模型采用单一流体，固相与液相用热焓和温度的关系来区分。热焓与温度间的关系表示为

$$H = \begin{cases} \rho_{\mathrm{s}} C_{\mathrm{s}} T & (T \leqslant T_{\mathrm{s}}) \\ h\left(T_{\mathrm{s}}\right) + h_{\mathrm{sl}} \dfrac{T - T_{\mathrm{s}}}{T_{\mathrm{l}} - T_{\mathrm{s}}} & (T_{\mathrm{s}} < T < T_{\mathrm{l}}) \\ h\left(T_{\mathrm{l}}\right) + \rho_{\mathrm{l}} C_{\mathrm{l}}\left(T - T_{\mathrm{l}}\right) & (T_{\mathrm{l}} \leqslant T) \end{cases} \tag{9.39}$$

式中，H 为热焓；ρ_{s} 和 ρ_{l} 分别为流体的固相和液相密度；C_{s} 和 C_{l} 分别为固相及液相比热容；T_{s} 和 T_{l} 分别为固相线及液相线温度；h_{sl} 为相变熔化潜热。

表面张力 γ 表示如下：

$$\gamma = 2.0 - \gamma_{\mathrm{T}}(T - T_0) \tag{9.40}$$

式中，γ_{T} 为表面张力温度系数，T_0 为环境温度。

根据 Boussinesq 近似模型，浮力项满足以下关系式：

$$f_{\mathrm{b}} = -\beta g(T - T_0) \tag{9.41}$$

式中，β 为热膨胀系数。

耦合热力的热流密度分布和压力分布呈双椭圆分布，热源模型表示如下：

当 $x - v_0 t \geqslant 0$ 时，

$$q_{\mathrm{arc}} = \frac{a_{\mathrm{f}}}{a_{\mathrm{f}} + a_{\mathrm{r}}} \frac{6\eta U I}{\pi a_{\mathrm{f}} b_{\mathrm{h}}} \exp\left(-\frac{3(x - v_0 t)^2}{a_{\mathrm{f}}^2}\right) \exp\left(-\frac{3y^2}{b_{\mathrm{h}}^2}\right) \tag{9.42}$$

当 $x - v_0 t < 0$ 时，

$$q_{\mathrm{arc}} = \frac{a_{\mathrm{r}}}{a_{\mathrm{f}} + a_{\mathrm{r}}} \frac{6\eta U I}{\pi a_{\mathrm{r}} b_{\mathrm{h}}} \exp\left(-\frac{3(x - v_0 t)^2}{a_{\mathrm{r}}^2}\right) \exp\left(-\frac{3y^2}{b_{\mathrm{h}}^2}\right) \tag{9.43}$$

压力分布模型表示如下：

当 $x - v_0 t \geqslant 0$ 时，

$$P_{\mathrm{arc}} = P_{\max} \exp\left(-\frac{3(x - v_0 t)^2}{a_{\mathrm{f}}^2}\right) \exp\left(-\frac{3y^2}{b_{\mathrm{h}}^2}\right) \tag{9.44}$$

当 $x - v_0 t < 0$ 时，

$$P_{\mathrm{arc}} = P_{\max} \exp\left(-\frac{3(x - v_0 t)^2}{a_{\mathrm{r}}^2}\right) \exp\left(-\frac{3y^2}{b_{\mathrm{h}}^2}\right) \tag{9.45}$$

式中，$P_{\max}$ 为最大压力；a_{f}、a_{r}、b_{h} 为热源模型参数；η 为热效率；U 为电压；I 为电流；v_0 为热力移动速度。

3. 初始条件和边界条件

熔池自由表面的总压力 P 满足下式：

$$P = P_{\mathrm{arc}} + \gamma \mathcal{K} \tag{9.46}$$

式中，P_{arc} 为电弧压力；$\mathcal{K}$ 为表面曲率，其表示为下式

$$\mathcal{K} = -\left[\nabla \cdot \left(\frac{\vec{n}}{|\vec{n}|}\right)\right] = \frac{1}{|\vec{n}|}\left[\left(\frac{\vec{n}}{|\vec{n}|} \cdot \nabla\right)|\vec{n}| - (\nabla \cdot \vec{n})\right] \tag{9.47}$$

式中，$\vec{n}$ 为自由表面法向向量，表示为式 (9.48) 中体积分数 $F(x, y, z, t)$ 的梯度：

$$\vec{n} = \nabla F \tag{9.48}$$

工件初始温度与环境温度 T_0 相同，熔池金属的初始流速为零，即 $u = 0$、$v = 0$、$w = 0$。假设热损失为对流损失、辐射散热，则作用于工件的热边界条件如下。

上表面边界条件：

$$-\lambda\frac{\partial T}{\partial z} = q_{\mathrm{arc}} - h_{\mathrm{c}}(T - T_0) - \sigma_{\mathrm{b}}\varepsilon(T^4 - T_0^4) \tag{9.49}$$

下表面和侧表面的热边界条件为工件与环境间的对流、辐射传热条件：

$$-\lambda\frac{\partial T}{\partial z} = qh_{\mathrm{c}}(T - T_0) + \sigma_{\mathrm{b}}\varepsilon(T^4 - T_0^4) \tag{9.50}$$

以上两式中，q_{arc} 为外加热源；h_{c} 为对流换热系数；λ 为流体的传热系数；σ_{b} 为斯特藩-玻尔兹曼常量；ε 为表面辐射系数。

4. 相关参数

实验和模拟所用的参数如表 9.2 所示。模拟和实验所用材料为低碳钢,涉及的材料热物理参数如表 9.3 所示。

表 9.2 焊接参数

参数	数值
焊接电压 U/V	10
焊接电流 I/A	260
电弧热效率 η	0.65
焊接速度 v_0/(mm/min)	575
最大压力 $P_{\max}$/Pa	1800
热源参数 $a_{\mathrm{f}}, a_{\mathrm{r}}, b_{\mathrm{h}}$/mm	4,7,4

表 9.3 材料热物理参数

参数	数值
液相线温度 T_{l}/K	1800
固相线温度 T_{s}/K	1750
固相密度 ρ_{s}/(kg/m^3)	7850
液相密度 ρ_{l}/(kg/m^3)	7800
环境温度 T_0/K	300
固相比热 C_{s}/(J/(kg·K))	700
液相比热 C_{l}/(J/(kg·K))	780
表面张力系数 γ/(m·K)	0.00043
玻尔兹曼常量 σ/(W·m^{-2}·K^{-4})	7.67×10^{-8}
热膨胀系数 β/K^{-1}	4.95×10^{-5}
潜热系数 h_{sl}/(J/kg)	2.47×10^5
热导率 λ/(W/(m·K))	22
热辐射 ε/K^{-1}	0.4
对流传热系数 h_{c}/(W/(m^2·K))	100

9.2.2 数值结果与分析

1. GTAW 焊驼峰焊道分析

如图 9.12 所示,截取了熔池二分之一的部分,计算时间为 $t = 12.0$s、耦合热力移动速度为 575mm/min 时,熔池温度场分布和自由表面变化情况。从图 9.12 中可清晰地看到三维情况下熔池的温度分布、自由表面变化以及明显的上凸和下凹。在靠近热力耦合作用区域,熔池的温度最高为 3201.3K,发生了较严重的下凹。在远离热力耦合作用区域,熔池的温度为 1747.5K,且产生凸起。

金属的熔化、凝固行为与温度场密切相关,为了清晰地表示熔池上表面在快速移动耦合热力作用下的温度分布情况,截取熔池 x-y 面随时间变化的温度场分布,如图 9.13 所示,随着计算时间的变长,熔池被不断拉长,在耦合热力的正下方区域,熔池温度最高,在远离热力耦合作用的区域,熔池温度逐渐降低。

图 9.12　时间 $t = 12.0\mathrm{s}$ 时熔池温度场和自由表面

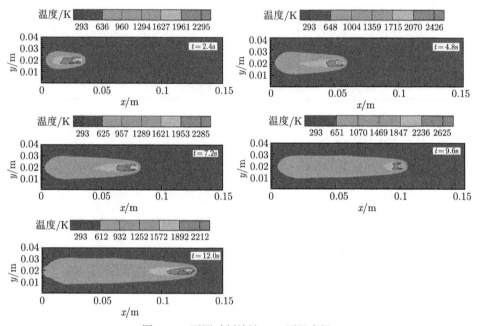

图 9.13　不同时刻熔池 x-y 面温度场

截取熔池 x-z 面随时间变化的温度分布，如图 9.14 所示，靠近热力耦合作用的正下方区域，工件的热输入较大，熔池的温度较高，最高温度达 3000K 以上，使该部分区域的金属熔化量最大，在压力的作用下，熔池形成下凹，大量熔化的金属被推向熔池后方，因熔池后方的金属温度较低，大约在工件的熔点附近，所以这部分金属就会率先凝固，在熔池后方形成一个凸起，随着时间的延长，这种凸起不断地产生，最终形成凸起和下凹。

熔池中液态金属的流向是决定熔池形貌的重要因素，即熔池表面凸起和下凹的形成与熔池流场分布相关，截取熔池 x-z 面随时间变化的流场分布，如图 9.15 所示，在热力耦合作用正下方靠近熔池表面区域，液态金属流动方向与耦合热力移动方向一致，并沿着熔合线流向熔池底部，因为受到熔池倾斜界面的反弹，所以这部分金属的流动方向改变并流向熔池后方，最后在熔池尾部堆积凝固，形成凸起，而热力耦合作用正下方区域的金属在压力的作用下形成凹陷区。

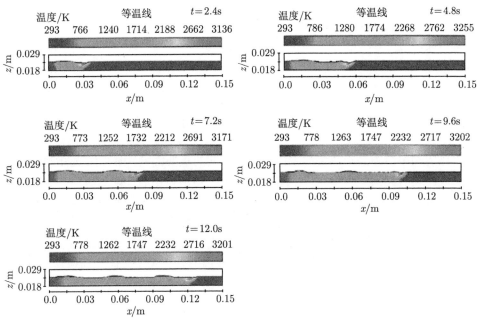

图 9.14 不同时刻熔池 x-z 面温度场

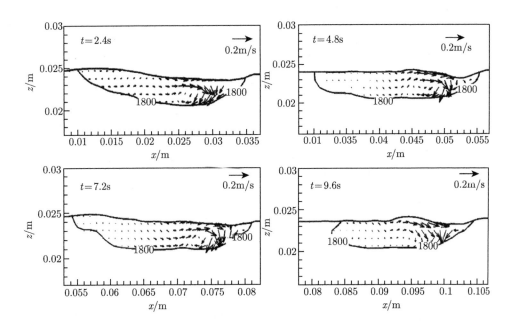

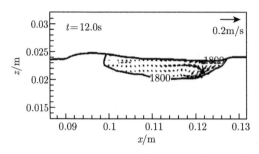

图 9.15　不同时刻熔池 x-z 面流场分布

压力和电磁力是形成熔池表面凸起和下凹的重要因素，图 9.16 为熔池 x-z 面自由表面随时间的变化情况。从图 9.16 可知，熔池自由表面随着时间的延长发生周期性波动。在靠近热力耦合作用的正下方区域，自由表面变形较为严重，这主要是因为在电磁力、压力的作用下，熔池自由表面发生下凹，将该区域原有的金属排挤到熔池后方，所以熔池后方的自由表面出现上凸。因为该过程中耦合热力快速移动，所以是一个快速冷却的过程，熔池内部金属来不及回流而快速凝固，所以熔池自由表面变形得到保留即形成连续的凸起和下凹。

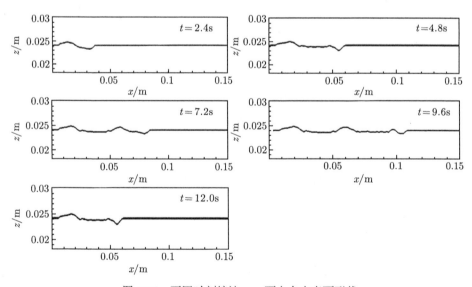

图 9.16　不同时刻熔池 x-z 面上自由表面形状

2. 采用粒子跟踪技术的数值分析

在以上数值分析的基础上，利用粒子跟踪技术的方法对 GTAW 驼峰焊道形成过程中液态金属的流动进行了数值分析。初始时刻对示踪粒子按照如图 9.17 所示两种方式进行预先随机分布，其中图 9.17(a) 为中性面上示踪粒子随机分布的示意图，图 9.17(b) 为母材上表面随机平铺 (铺展宽度为 5mm) 一层示踪粒子的示意图。

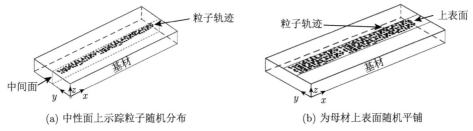

(a) 中性面上示踪粒子随机分布   (b) 为母材上表面随机平铺

图 9.17   初始时刻示踪粒子分布示意图

图 9.18(a)、图 9.18(b) 分别为 9.6s 时中性面上的粒子在 x-z 面以及 x-y 面上的分布图。从图中可以明显地看出，受 GTAW 热力耦合作用，示踪粒子由焊接前的中性面分布到焊后的整个焊缝中，并且部分粒子在流场的作用下被带入驼峰中。

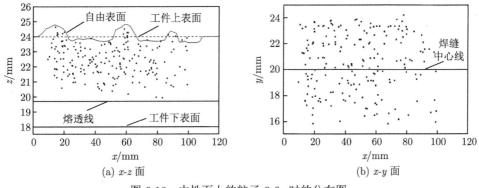

(a) x-z 面   (b) x-y 面

图 9.18   中性面上的粒子 9.6s 时的分布图

图 9.19 为 9.6s 时某一粒子在中性面的运动轨迹在 $y = 0.02$m 面的投影图，从图中可以看出示踪粒子在熔池中的运动轨迹，用示踪粒子的轨迹表征熔池中液态金属的流动情况。

图 9.20 为 9.6s 时熔池中所有示踪粒子在中性面 ($y = 0.02$m) 的分布图，从图中可以看出示踪粒子在熔池凝固以后粒子的分布情况，初始时刻示踪粒子只分布在工件表层，待到工件熔化形成熔池以后，表层的粒子在流场的作用下被带到了熔池内部，形成驼峰的部位同样可以发现示踪粒子。

图 9.21 为 9.6s 时熔池中示踪粒子在中性面 ($y = 0.02$m) 的运动轨迹图，通过分析得到，表层的粒子在流场的作用下，被带到熔池底部，形成驼峰部位的运动轨迹。

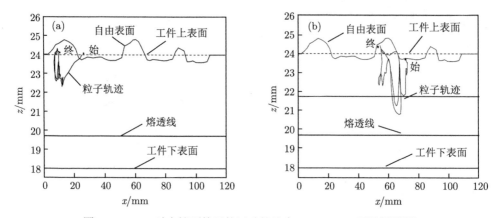

图 9.19　9.6s 时中性面粒子的运动轨迹在 $y = 0.02m$ 面的投影图

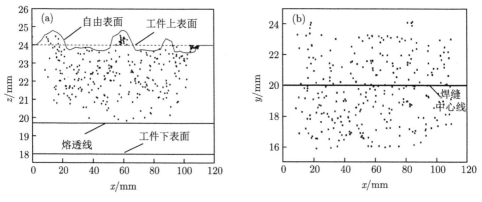

图 9.20　表层平铺粒子 9.6s 时的分布图

示踪粒子在高速移动的 GTAW 热源作用下进入熔池，示踪粒子进入熔池后受电弧压力、电磁力、表面张力及浮力的作用，首先随着液态金属向熔池后方运动并且造成熔池凸起，此时示踪粒子在凸起的熔池中做旋转运动，当电弧热不足

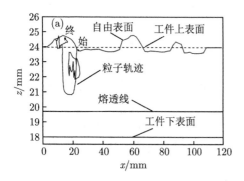
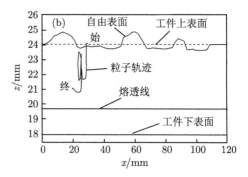

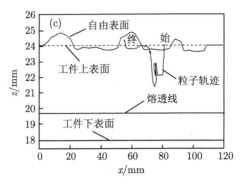

图 9.21 9.6s 时表面平铺粒子的运动轨迹在 $y = 0.02m$ 面上的投影图

以使流向熔池后方的部分液态金属保持液态时，这部分液态金属会先凝固，最后示踪粒子会随着液态金属的凝固而留在突起的焊缝中，此时，就形成了驼峰缺陷。

通过追踪粒子的运动轨迹，分析发现粒子的运动轨迹如图 9.22 所示，熔池中的液态金属凝固以后，表层分布的粒子部分位于驼峰中，部分位于焊缝中间或者熔合线附近。从粒子的分布可以得出，在热和力的作用下，液态金属的流动不是表面流动，而是在熔池内部做较为复杂的旋转运动。

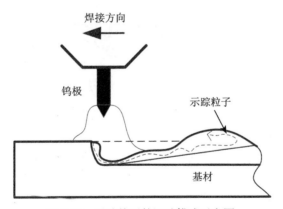

图 9.22 示踪粒子的运动模式示意图

3. 实验对比及讨论分析

图 9.23 为实验得到的 GTAW 热力耦合作用下低碳钢凝固后的表面，凝固后的表面出现了明显的上凸和下凹，计算结果与实验结果吻合良好。

在 GTAW 中，电弧压力呈高斯分布，电弧压力作用在熔池表面垂直方向上，如图 9.24 所示，当电弧压力大于液态金属的静压力时，在电弧压力作用下熔池金属会凹陷，出现液态金属薄层，使熔池表面发生下塌变形。从研究的结果可以得到，在耦合热力快速移动的过程中，电弧压力和热流分布的共同作用是熔池表面产生凸起和下凹的主要原因。当电流较大时 (超过 260A)，工件热输入较大，温度较高，熔池金属的熔化量较大，在压力的作用下，这部分熔化的金属被推向熔池后方，熔池前部会形成孔洞，熔池的后部会形成隆起，因为较大动量的后向液体流促进液态金属在熔池尾部不断堆积、变大，同时熔池后方受到的电弧热比较分散，热输入量较小、温度较低，所以该区域液态金属出现提前凝固现象，这部分金属则来不及向熔池前方回流，形成凸起。又由于该过程是一个快速冷却的过程，凸起的部分将不会被再次熔化。随着热力的向前移动，凸起不断产生，而在两个凸起之间形成下凹。

(a) 上凸　　　　　　　　　　　　　　　　　　(b) 下凹

图 9.23　GTAW 热力耦合作用下低碳钢凝固后的表面 (彩图扫封底二维码)

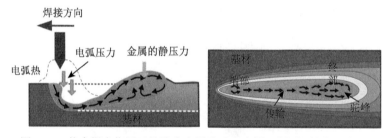

图 9.24　热力耦合作用下的液态金属流动示意图 (彩图扫封底二维码)

9.3　不同条件下熔池的数值模拟

9.3.1　相同电流不同焊接速度下的 TIG 焊数值模拟

采用所建立的模型，对相同电流不同焊接速度下的 TIG 焊熔池温度场、流场及自由表面进行数值分析。采用的焊接参数如表 9.4 所示。

表 9.4　移动 TIG 焊接参数

焊接电流 I/A	电弧电压 U/V	焊接速度 v/(mm/min)	电弧热效率 η	高斯热流分布半径 r/mm
50	20	240,300,360	0.65	4.5

图 9.25 为焊接时间 $t = 7.0$s 时熔池的温度场和自由表面，为清楚地表示，只截取二分之一。

从图 9.25 可以看出，电弧下方熔池自由表面发生了明显的凹凸变形，且电弧左侧熔池温度随着焊接时间的延长逐渐下降，熔池逐渐凝固形成焊缝。在电弧压力的作用下，电弧下方熔池自由表面发生了熔池中心明显下凹的现象，变形程度比熔池周边更大，这是由于电弧压力在熔池中心的作用力最大，向熔池周边逐渐递减，导致熔池中心变形较大，周围变形较小。

图 9.25   焊接时间 $t = 7.0$s 时熔池的温度场和自由表面

图 9.26 为焊接时间 $t = 8.0$s 时，不同焊接速度下工件 x-y 面的温度场和流场分布情况。熔池形成初期，x-y 平面 (熔池上表面) 温度场是以热源中心为中心的圆形，温度梯度大；随着时间的延长及焊接速度的提高，x-y 平面温度场呈拖尾状，热源前方等温线密集，温度梯度大，后方等温线稀疏，温度梯度小。

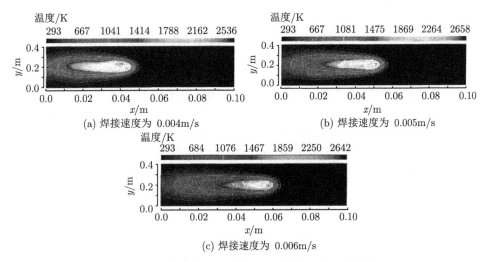

(a) 焊接速度为 0.004m/s

(b) 焊接速度为 0.005m/s

(c) 焊接速度为 0.006m/s

图 9.26   不同焊接速度下工件 x-y 面的温度场和流场分布

图 9.27 为焊接时间 $t = 8.0$s 时，不同焊接速度下工件 x-z 面的温度场和流场分布情况。热源在沿 x 轴向右运动的过程中，尾部后拖，随焊接速度的提高，整个热影响区宽度变窄，长度变长，温度等值线被拉长。熔池前部的温度分布比较密集，温度梯度较大，相对的熔池后部温度分布比较平缓，温度梯度比较小。

从图 9.26 和图 9.27 可以看出熔池尺寸随焊接速度的增大而变小，这是由于在相同电流作用情况下，焊接速度的增大会使得电弧对焊件每一网格的加热时间变短，热输入量减少，从而导致熔池的熔宽和熔深变小。熔池中 x-y 面上的液态金属由熔池中心流向周边，x-z 面上有由熔池中心流向边缘的向外的涡流，涡流的大小和强度受移动热源的影响而不同，熔池后部的涡流较强。由于电弧的后托效应，随焊接速度的增大，熔深和熔宽都减小。

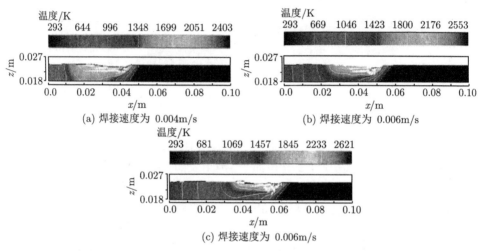

图 9.27   不同焊接速度下工件 x-z 面的温度场和流场分布

图 9.28 为焊接时间 $t = 8.0\text{s}$ 时，不同焊接速度下工件 x-z 面熔池形状。从图中可以看出，随着焊接速度的增大，熔池的长度、熔宽、熔深均不断减小。

图 9.29 为焊接时间 $t = 8.0\text{s}$ 时，不同焊接速度下工件 x-z 面熔池熔深、熔宽及深宽比的变化情况。从图中可以看出，熔池的熔深和熔宽均随着焊接速度的增大而减小，而熔深减小的幅度要大于熔宽。相同焊接电流时，焊件温度场的温度梯度随焊接速度的增大而增大，熔池动态深宽比随焊接速度的增大而减大。根据熔池深宽比与焊缝咬边产生之间的关系可知，相同电流作用下，焊接速度越高，越容易产生咬边。

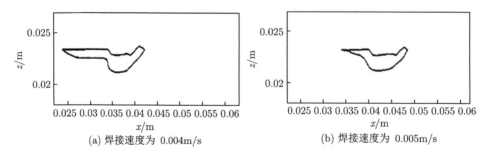

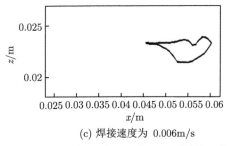

(c) 焊接速度为 0.006m/s

图 9.28　不同焊接速度下工件 x-z 面熔池形状

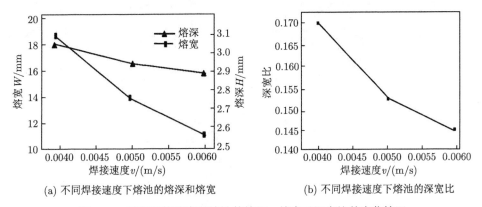

(a) 不同焊接速度下熔池的熔深和熔宽

(b) 不同焊接速度下熔池的深宽比

图 9.29　不同焊接速度下熔池的熔深、熔宽及深宽比的变化情况

　　图 9.30 为焊接时间 $t = 8.0$s 时，不同焊接速度下工件 x-z 面熔池自由表面的变化情况。从图中可以看出，随着焊接速度的增大，熔池的自由表面变形不断减小。

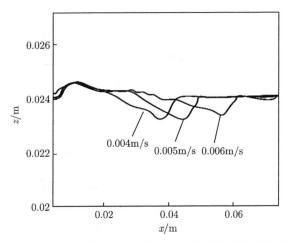

图 9.30　不同焊接速度下工件 x-z 面熔池自由表面变化

9.3.2　相同焊接速度不同电流下的 TIG 焊数值模拟

建立三维 TIG 焊熔池数学模型，对相同焊接速度不同电流下的 TIG 焊熔池温度场、流场及自由表面进行数值模拟。模拟所用的材料为低碳钢，焊接速度为 0.004m/s。焊接电流分别为 100A，150A，200A。图 9.31(a)、(b)、(c) 所示分别为焊接时间 $t = 8.0$s，焊接电流分别为 100A、150A、200A，熔池 x-y 面的温度场和流场分布情况。

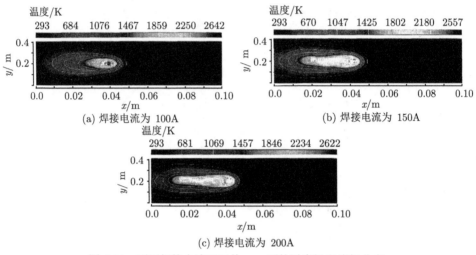

图 9.31　不同焊接电流下工件 x-y 面的温度场和流场分布

由图 9.31 和图 9.32 可以看出，当电流较大时，电弧尾部后拖较严重，由于电流较大，单位时间输入到工件上的热量比较多，熔池表面的温度较高，热影响

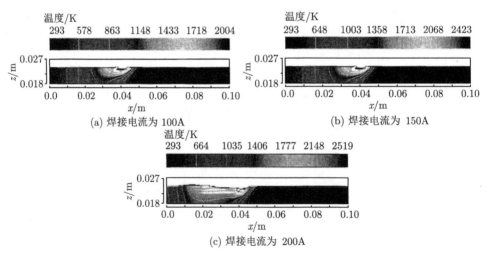

图 9.32　不同焊接电流下工件 x-z 面的温度场和流场分布

区较大，温度分布比较密集，温度梯度大；当电流较小时，电弧后拖很小，单位时间内输入到工件上的能量很小，熔池表面的最高温度较小，热影响区比较小，温度分布比较平缓，温度梯度较小。

图 9.33 为不同焊接电流下工件 x-z 面的熔池形状。从图中可以看出，随着焊接电流的增大，熔池的长度、熔宽、熔深逐渐增大。

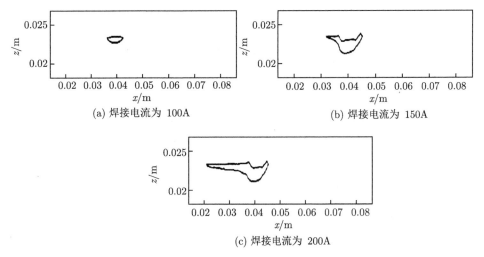

图 9.33 不同焊接电流下工件 x-z 面的熔池形状

图 9.34 为不同焊接电流下熔池的熔深、熔宽及深宽比的变化情况。从图中可以看出，熔深和熔宽都随着焊接电流的增大而增大，但熔深增大的幅度要小于熔宽，即随着焊接电流的增大，熔池最大熔宽处的深宽比是逐渐减小的。

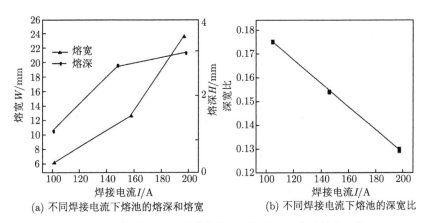

图 9.34 不同焊接电流下熔池的熔深、熔宽及深宽比的变化情况

　　图 9.35 为不同焊接电流下工件 x-z 面熔池自由表面的变化情况。由图可知，随着焊接电流的增大，电弧下方熔池变形较大。

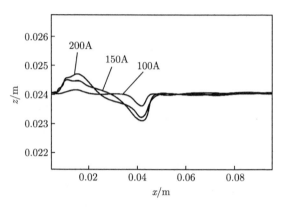

图 9.35　不同焊接电流下工件 x-z 面熔池自由表面变化

　　综合上述分析，焊件温度场温度梯度随着焊接电流的增大而增大，熔池动态深宽比随着焊接电流的增大而减小。根据熔池深宽比与焊缝咬边产生之间的关系，可以知道，大电流焊接时比较容易产生咬边。

参 考 文 献

黄健康, 杨茂鸿, 李挺, 等, 2016. 旁路耦合微束等离子弧增材制造 [J]. 上海交通大学学报, 50(12): 113-117.

王新鑫, 樊丁, 黄健康, 等, 2013. 双钨极耦合电弧数值模拟 [J]. 物理学报, 62(22): 412-421.

张瑞华, 樊丁, 杜华云, 2004. GTA 焊接熔池特性的数值模拟 [J]. 兰州理工大学, 30(5): 21-23.

郑炜, 武传松, 吴林, 1997. 脉冲 TIG 焊接熔池流场与热场动态过程的数值模拟 [J]. 焊接学报, (04):37-41.

Huang J K, Pan W, Chen J S, et al., 2018. The transient behaviours of free surface in a fully penetrated weld pool in gas tungsten arc welding[J]. Journal of Manufacturing Processes, 36: 405-416.

Huang J K, Yang M H, Fan D, 2018. The oscillation of stationary weld pool surface in the GTA welding[J]. Journal of Materials Processing Tech, 256: 57-68.

Kothe D B, Mjolsness R C, 1992. A new model for incompressible flows with free surfaces[J]. AIAA Journal, 30(11): 2694-2700.

Rao Z H, Zhou J, Liao S M, et al, 2010. Three-dimensional modeling of transport phenomena and their effect on the formation of ripples in gas metal arc welding[J]. Journal of Applied Physics, 107(5):05490501-054905014.

Sahoo P, Debroy T, Mcnallan M J, 1988. Surface tension of binary metal-surface active solute systems under conditions relevant to welding metallurgy[J]. Metal. Trans, 19B(6): 483-491.

Tsai N S, Eagar T W, 1985. Distribution of the heat and current fluxes in gas tungsten arcs[J]. Metallurgical Transactions B, 16(4): 841-846.

Ushio M, Wu C S, 1997. Mathematical modeling of three-dimensional heat and fluid flow in a moving gas metal arc weld pool[J]. Metal Mater Trans B, 28(3): 509-516.

Wu X P, Huang J K, He J, et al, Study on oscillation modes of weld pool in stationary GTA welding using structure laser method[J]. Chinese Journal of Mechanical Engineering, 2021, 34: 89.